"十二五"普通高等教育规划教材

基础化学 第二版

Basic Chemistry

主编 ◎ 阎 芳 马丽英

U0298167

山东人民出版社

全国百佳图书出版单位 国家一级出版社

"十二五"普通高等教育规划教材
编委会成员名单

主　编　阎　芳　马丽英

副主编　（以姓氏笔画为序）

　　　　王　雷　韦柳娅　石玮玮　李嘉霖

　　　　程远征　韩玮娜

编　委　（以姓氏笔画为序）

　　　　刘　君　赵全芹　胡　威　高宗华

　　　　潘芊秀

前 言

　　基础化学是医药类院校各专业学生的一门极其重要的基础课,它包括了无机化学、分析化学、物理化学及结构化学的一些基础知识和基本原理。基础化学的学习可以为后续课程及从事医药学研究打下必要的基础。为了适应现代医药学教育的发展,我们以科学发展观为指导,树立以人为本、教材为学生服务的理念;以学科、课程发展与改革的成果为依托,以提高学生的科学素养为目的编写该书。本书在编写时力求体现内容的基础性、科学性和先进性。在保证科学、系统、细致的讲解基础化学的基本原理、基础知识的前提下,紧密联系医学相关知识,突出化学在医学中的应用,这将会极大调动学生学习化学的主动性。本书在第一版基础上重新进行修编,增加了与医学紧密相关的新知识。

　　本书在注重"三基"的同时,还注重了新知识、新信息和新技术、新成果的融入,同时结合化学理论的介绍,书中还插入了一些与医学密切相关的化学知识介绍,重大科学发现、重要临床应用等,这对于拓宽学生知识面,提高教材的可读性,提高学生的科学和人文素养都有极大帮助。

　　本书采用国家法定计量单位,遵循中华人民共和国国家标准 GB3100～3102-93 所规定的符号和单位。使用本书时,各院校可根据具体情况,在保证课程基本要求的前提下对内容斟酌取舍。

　　编写过程中得到山东出版集团和山东人民出版社及山东省教育厅的大力支持和帮助,这里一并表示感谢。

　　参加本书编写工作的有潍坊医学院阎芳、韦柳娅、石玮玮、韩玮娜、程远征、潘芊秀,滨州医学院马丽英、王雷、李嘉霖、高宗华、胡威,济宁医学院刘君,山东大学赵全芹。

　　此外,本书在编写时参考了兄弟院校的教材和正式出版的书刊中的有关内容,在此向有关作者和出版社表示感谢。

　　限于编者水平,本书难免有错误和不当之处,恳切希望专家、同行及使用本书的教师和同学们提出宝贵意见,以便改进和完善。

编　者

2014 年 6 月

目 录

第一章
绪　论

　　化学是研究物质的组成、结构、性质以及变化规律的科学。世界是由物质组成的，化学则是人类用以认识和改造物质世界的主要方法和手段之一，它是一门历史悠久而又富有活力的学科，它的成就是社会文明的重要标志。

　　从古代开始人们就有了与化学相关的生产实践，例如制陶、炼金术、炼丹术、医药学及火药的应用等。在20世纪的100年中，化学学科取得了空前的辉煌成就，化学已经渗透到国民经济的各个领域。目前国际上最关心的几个重大问题，例如环境保护、能源的开发利用、功能材料的研究、生命现象奥秘的探索都与化学紧密相关。

第一节　医用基础化学概述

一、化学与生命科学的联系

　　化学与生命科学的关系非常密切。医学研究的主要对象是人体，人体的各种组织是由蛋白质、脂肪、糖类、无机盐和水等物质组成，包含着由几十种化学元素构成的上万种物质。人体的生命过程，包括生理现象和病理现象都是体内化学变化的反映。与健康有关的环境问题、预防医学和卫生监测、诊断学和治疗学、药理和药剂学、中草药有效成分的提取、鉴定和新药的开发研制等，无不涉及丰富的化学知识。

　　利用药物治疗疾病是化学对医学和人类文明的一大贡献。1800年英国化学家戴维（H. Davy）发现了一氧化二氮的麻醉作用，以后又发现了更好的麻醉剂——乙醚。麻醉剂的应用，使无痛外科手术和牙科手术成为可能。20世纪，有两种物质的发现对于人类的健康和寿命产生了巨大影响。其一是维生素（Vitamin），1911年由波兰化学家Casmir Fank在谷物中发现，当时他拿它来治脚气，后来人们确定了它的结构，明确了它在体内的作用机制。随后，在诸如蔬菜、水果等食物中不断发现并分离出新的维生素，并逐渐了解了缺乏特定维生素与特定疾病之间的关系，这些工作无不与化学的分离和确定结构的技术有关。对人类健康产生巨大影响的另外一种物质则是1928年由Alesander Fleming在一次偶然的实验中发现的第一代抗生素盘尼西林（Penicillin）。尽管盘尼西林的发现发明者应属Fleming，但由于他化学底子比较薄，一直没有解决好富集、浓缩盘尼西林的技术问题。后来牛津大学化学家Florey和E. B. Chain解决了这个技术问题，才使得盘尼西林真正成为人类的良药。由于盘尼西林等抗生素的出现，人类长期以来束手无策的肺炎、梅毒、猩红热等都药到病除。后来他们三人都获得了 Nobel 奖。

现代医学与化学的联系更为密切。人类已经开始从分子、原子乃至量子的水平来认识疾病的致病机理、遗传和治疗措施。由于量子化学近似法和计算机技术的快速发展，对于生物体重要组成物质核酸、蛋白质等大分子的高度近似处理将成为可能，而使得现代医学向着量子生物学的水平发展。化学家和生物学家联手证明了作为遗传因子的基因就是脱氧核糖核酸分子(DNA)。现在可以用更先进的化学方法测定基因的分子结构，并通过改变这些结构制造出不同的基因。这些成就将为人类抵抗遗传性疾病及恶性肿瘤等目前无法治愈的疾病提供可靠的方法。

可以说，人体的进化和生命过程都是无数化学变化的综合体现。自古以来，关于生命起源的学说很多，但得到现代科学实验强有力支持的就只有"化学进化论"。化学进化论认为在原始地球条件下，无机物可以转化为有机物，有机物可以发展为生物大分子和多分子体系，直到出现原始的生命体。

这些简单的生命体就是最初的生命，它具备了最简单的代谢和繁殖功能，这些就是生命属性的基本特征。虽然这种最低级的生命形式比今天最简单的微生物还要简单得多，但它们都是靠自然选择进化，成为各种各样的生命体。

为了证明化学进化学说，历代科学家作了辛勤的工作，取得了可喜的成就。美国科学家 Stanley Miller 在 1952 年做了一个著名的实验。他在实验室中模拟原始地球的大气成分和电闪雷鸣的自然环境，将甲烷、氨气、氢气、水蒸气等泵入密闭容器，进行连续一个星期的火花放电，得到了组成生命不可缺少的蛋白质原料——氨基酸。随后的 50 多年，科学家们利用类似 Miller 实验的条件，合成出了许多被认为与生命起源有关的有机物质。这些实验结果给予了关于生命起源的化学进化学说有力的支持。

1965 年 9 月 17 日，我国科学家用没有生命的简单的有机物合成了具有生命活性的结晶牛胰岛素！这一成果为人类做出了划时代的贡献，同时也对生命的化学进化学说提供了有力的支持。分子生物学的发展使人们对生命的了解深入到分子水平，对医学和其他相关学科产生了重大影响。本世纪初科学家们完成的具有划时代意义的人类基因组计划，确定了人体细胞核中遗传性 DNA 的全部物质(即基因组)，测定了其中每种基因的化学序列。这一成就应用于医学，对人类遗传性疾病可以作出分子水平的解释。在生命科学日新月异的发展中，化学研究工作者尝试用外源性活性小分子——天然化合物或以天然化合物为模板设计合成的天然化合物类的新颖分子为探针，去探索生命体中的分子间相互作用和细胞发育与分化的调控作用及其所包含的分子机制。于 20 世纪 90 年代后期，一个新的前沿交叉学科领域——化学生物学应运而生。化学生物学的诞生，不仅会创制出更多对生物体的生理过程具有调控功能的生物活性小分子，极大地促进生物学的发展和变革，同时也会给其他相关学科如医药、农业、环境带来新的发展机遇。

二、医用基础化学的任务与作用

医用基础化学主要介绍高等医学教育所需的溶液理论、物理化学原理、物质结构基础知识、容量分析和仪器分析方法等化学知识。作为医药学的基础课，医用基础化学课担负着为医学基础课程如生物化学、生理学、药理学、卫生学等打好基础的任务。

扎实的化学及其他理工科基础，是从事现代生命科学研究所必需的。现代医学的发展已突破传统和经典的生物学范畴，形成多学科的交叉。学习医用基础化学的目的并不单纯是为后继课程作铺垫，或者说不单是为了学好生化、生理、药理等医学课程才学化学，而是作为整体知识体系的基本积累，从化学的角度进行科学思维和科学研究的基本手段和方法的综合素质训练，是从中学到大学转变和适应的过程中知识、能力和素质的共同提高。在学习过程中可能会发现许多基础知识，虽然表面上找不到与医学的直接联系，但这些知识却是今后生物医学研究的重要基石。

在化学发展史上，化学工作者把所搜集的大量事实和实验现象加以整理、比较、分析归纳，找出其中的规律，用简明的词句加以概括，提出一个理论模型（或称之为假说），再经实践反复证实，或在实践中不断修正，才成为定律、学说或理论。在这个过程中，每一个新的学说都是化学发展的一座里程碑，但也并不是说这些学说已经很完美。例如，酸碱理论的发展过程就经历了 1889 年 S. A. Arrhenius 的电离理论，1905 年 E. C. Franklin 的溶剂理论，1923 年 J. N. Bronsted 的质子理论，同年 G. N. Lewis 的电子理论以及 1960 年 R. G. Pearson 提出的由电子理论发展而来的软硬酸碱学说。在本课程及今后的学习中，我们还会遇到许多这样的过程，应当用辩证唯物主义发展的眼光来看待这个认识不断完善的过程。

化学发展至今，虽然一些理论臻于成熟，但总体上讲仍然属于实验科学的范畴。化学离不开实验，化学实验是化学理论产生的基础，化学的规律和成果建筑在实验成果之上，化学实验也是检验化学理论正确与否的唯一标准，并且化学学科发展的最终目的是利用化学理论和实验技术发展生产力。因此，化学实验课亦是基础化学课程的重要组成部分。通过化学实验教学使学生掌握基本的操作技能，实验技术，培养其分析问题和解决问题的能力，养成严谨的实事求是的科学态度，树立勇于开拓的创新意识。

三、怎样学好基础化学

基础化学提炼和融会了高等医学教育所需的化学基础知识和基本理论，其特点是内容紧凑，覆盖面广。课程的安排较之中学时代有较大的差异，因此，不应该在大学学习阶段仍抱着中学时代的学习方法不放，而是应该尽快建立一套能够适应大学阶段学习的科学学习方法。大学学习和中学学习最主要的区别在于，大学学习对于学生独立思考、分析问题、解决问题的能力的要求更高。所以要求学生努力提高学习的主动性和自觉性。

要提高听课效率，首先要养成课前预习的好习惯。在每一章教学之前，最好通读浏览一下整章内容，以求对这章全貌有一个初步的认识。预习过程中找出教材中的疑、难点和重点内容，以便在课堂上能够有的放矢地集中精力去听懂那些疑、难点和重点内容。

听课时要紧跟老师的思路，积极思考产生共鸣。要注意老师提出问题、分析问题和解决问题的思想方法，从中得到启发。听课时还应适当地记笔记。也就是说有选择、有侧重地记录讲课的内容，以备复习回味和深入思考。

课后的复习是消化和掌握所学知识的重要过程。本门课程的特点是理论性比较强，有些概念比较抽象，并不是一听就懂、一看就会的，一定要通过课后反复地阅读和思考才能加深理解、掌握其实质。复习时应该对课堂上学到的内容进行分析对比、联系归纳、及时小结。这样做才能搞清弄懂基本概念、基本原理和方法以及各公式的应用条件和使用范围。做到熟练掌握、灵活运用、融会贯通。

大学阶段的学习应以自主学习为主。课堂授课和教材内容的学习只是把学生引进门，课后应根据自己的兴趣特长多阅读参考文献书刊，通过网络获取最新信息，进一步扩大知识面，活跃思想，培养自身的综合能力和创新精神。

第二节　SI 制和法定计量单位

国际单位制的产生和发展是人类社会几千年生产和科学技术发展的结果。1875 年，17 个国家在巴黎成立国际计量委员会(CIPM)，设立国际计量局。我国于 1977 年加入该组织。

1954 年第 10 届国际计量大会采用米、千克、秒、开尔文、坎德拉安培作为新单位制的基本单位。1960 年第 11 届国际计量大会建议用这六个基本单位为基础，建立了国际单位制(SI 制)。1971 年第 14 届国际计量大会决定增加第七个基本单位**摩尔**(mole)。这些基本单位目前在国际上已普遍采用。

我国从 1984 年开始全面推行以国际单位制为基础的法定计量单位。一切属于国际单位制的单位都是我国的法定计量单位。根据我国的实际情况，在法定计量单位中还明确规定采用了若干可与国际单位制并用的非国际单位制单位。本书附录一收录了可与国际单位制并用的我国法定计量单位。法定计量单位是适合于当今我国文化教育、经济建设以及科学技术各个领域的简单、科学、实用、先进的计量单位体系。为了在各学科中具体地、正确地使用国家法定计量单位，"全国量和单位标准化技术委员会"于 1983 年制定了有关量和单位的 15 项国家标准，即 GB(GB 是汉语拼音 Guojia Biaozhun 的缩写)。于 1986 年和 1993 年进行两次修订。这套新标准的代号是 GB3100～3102-93，于 1994 年 7 月 1 日开始实施。它是我国非常重要的基础性强制标准。本书所用量和单位均遵照这套标准编写。

我国现行法定计量单位制(国家标准 GB3100～3102 量和单位)包括：

(1) SI 基本单位(m、kg、s、A、K、mol、cd)；

(2) SI 导出单位；

(3) SI 单位的倍数单位；

(4) 可与 SI 单位并用的我国法定计量单位。常见的有时间 min(分钟)、h(小时)、d(天)；质量 t(吨)、u(原子质量单位)；体积 L(升)；能量 eV(电子伏)等。

在法定单位的基础上制定和颁布了不同专业系列量和单位的国家标准，在"物理化学和分子物理学的量和单位"(GB3102.8—93)中,规定了化学中常用的量的名称、符号、定义。

在医学领域施行法定计量单位,对于加强医药学计量的准确性和规范化具有重要意义。为此,全国各医学学术机构和专业期刊都相继提出了采用法定计量单位的明确要求。医用基础化学作为医学基础课,担负着培养学生正确使用法定计量单位的任务。

化学视窗

核酸的发现

核酸的发现已有 100 多年的历史,但人们对它真正有所认识不过是近 60 年的事。远在 1868 年瑞士化学家米歇尔(Miesher,F. 1844~1895),首先从脓细胞分离出细胞核,用碱抽提再加入酸,得一种含氮和磷特别丰富的沉淀物质,当时曾把它叫做核质。1872年又从鲑鱼的精子细胞核中,发现了大量类似的酸性物质,随后有人在多种组织细胞中也发现了这类物质的存在。因为这类物质都是从细胞核中提取出来的,而且都具有酸性,所以称为核酸。多年以后,才有人从动物组织和酵母细胞中分离出含蛋白质的核酸。

本世纪 20 年代,德国生理学家柯塞尔(Kossel,A. 1853~1927)和他的学生琼斯(Johnew,W. 1865~1935)、列文(Levene,P. A. 1896~1940)经过研究,明确了核酸的化学成分及其最简单的基本结构。证实它由四种不同的碱基,即腺嘌呤(A)、鸟嘌呤(G)、胸腺嘧啶(T)和胞嘧啶(C),以及核糖、磷酸等组成。其最简单的单体结构是碱基—核糖—磷酸构成的核苷酸。1929 年又确定了核酸有两种,一种是脱氧核糖核酸(DNA),另一种是核糖核酸(RNA)。核酸一般由几千到几十万个原子组成,分子量比较大,可达几十万甚至几百万,是一种生物大分子。这种复杂的结构决定了它的特殊性质。1928 年生理学家格里菲斯(Griffith,J.),在研究肺炎球菌时发现肺炎双球菌有两种类型:一种是 S 型双球菌,外包有荚膜,不能被白细胞吞噬,具有强烈毒性;另一种是 R 型双球菌,外无荚膜,容易被白细胞吞噬,没有毒性。格里菲斯取 R 型细菌少量,与大量已被高温杀死的有毒的 S 型细菌混在一起,注入小白鼠体内,照理应该没有问题。但是出乎意料,小白鼠全部死亡。检验它的血液,发现了许多 S 型活细菌。活的 S 型细菌是从哪里来的呢?格里菲斯反复分析认为一定有一种什么物质,能够从死细胞中进入活的细胞中,改变了活细胞的遗传性状,把它变成了有毒细菌。这种能转移的物质,格里菲斯把它叫做转化因子。细菌学家艾弗里(Avery,O. T. 1877~1955)认为这一工作很有意义,立刻研究这种转化因子的化学成分。

1944 年得到研究的结果,证明了转化因子就是核酸(DNA),是 DNA 将 R 型肺炎双球细菌转化为 S 型双球细菌的信息载体。但是,这样重要的发现没有被当时的科学家所接受,主要原因是过去错误假说的影响。以前柯塞尔发现核酸时,列文等化学家曾错误地认为核酸是由四个含有不同碱基的核苷酸为基础的高分子化合物,其中四种碱基的含量为 1:1:1:1。在这个错误假说的影响下,许多科学家对艾弗里的新发现提出了种种责难,怀疑他的实验是不严格的,很可能在做实验时带入了其他蛋白质,因而产生了与列文假说不相符的现象。艾弗里在大量舆论的压力下,也不敢坚持他的正确结论,采取了模棱两可的说法:"可能不是核酸自有的性质,而是由于微量的、别的某些附着于核酸上的其他物质引起了遗传信息的作用。"后来,美国生理学家德尔布吕克(Delbuck,M. 1906～1981)发现噬菌体比细菌还小,只有 DNA 和外壳蛋白,构造简单、繁殖快,是研究基因自我复制的最好材料。于是他成立了噬菌体研究小组,开始选用大肠杆菌和它的噬菌体研究基因复制。1952 年小组成员赫希尔(Heishey,A. D.)和蔡斯(Chase,M.),用同位素标记法进行实验。他们的实验进一步证明了 DNA 就是遗传物质基础。差不多与此同时,还有人观察到凡是分化旺盛或生长迅速的组织,如胚胎组织等,其蛋白质的合成都很活跃,RNA 的含量也特别丰富,这表明 RNA 与蛋白质的生命合成之间存在着密切的关系。

由于核酸生物学功能的发展,进一步促进了核酸化学的发展。尤其是本世纪的 50 年代以来,用于核酸分析的各种先进技术不断的被创造和使用,用于核酸的提取和分离方法的不断革新和完善,从而为研究核酸的结构和功能奠定了基础。人们对核酸分子中各个核苷酸之间的连接方式已有所认识,对 DNA 分子的双螺旋结构已经提出学说,对有关核酸的代谢、核酸在遗传中以及在蛋白质生物合成中的作用机理也都有比较深入的了解。近年来,遗传工程学的突起,在揭示生命现象的本质,用人工方法改变生物的性状和品种,以及在人工合成生命等方面都显示了核酸历史性的广阔远景。

参考文献

1. 张欣荣,阎芳主编. 基础化学. 北京:高等教育出版社,2011
2. 傅献彩主编. 大学化学(上). 北京:高等教育出版社,1999
3. 徐春祥主编. 基础化学. 北京:高等教育出版社,2003
4. 魏祖期,刘德育. 基础化学(第 8 版). 北京:人民卫生出版社,2013
5. D E Goldberg. Fundamentals of Chemistry, McGraw-Hill Higher Education, 2001

习　题

1. 指出下列哪些单位属于 SI 单位,哪些不是。

时间单位 s、能量单位 J、体积单位 mL、质量单位 μg、长度单位 nm、温度单位℃

2. SI 制的基本单位有哪几个?

(阎芳　编写)

第二章
溶 液

溶液(solution)是指含有两种或两种以上物质的均匀混合物。按聚集状态分类,溶液有气态溶液、液态溶液和固态溶液。大气是一种气态溶液,锌和铜形成的黄铜是固态溶液,而医院消毒用的"酒精"(乙醇和水的混合物)则是液态溶液。通常所讲的溶液多是指液态溶液。若液态溶液中只有一种组分是液态物质,其余是固态和气态物质,则该液态物质称作**溶剂**(solvent),其余物质称作**溶质**(solute)。若溶液的组成都是液态物质,通常把含量较多的物质称作溶剂。但是当有水的时候,即使水的含量较少,习惯上还是把水看作溶剂,如"75%的消毒酒精"、"98%的浓硫酸"。

溶液对人体的生理活动有重大意义。人体摄取食物里的养分,经过消化,变成溶液,然后吸收。人体内氧气和二氧化碳也是溶解在血液中进行循环的。在药物的研究、生产和临床使用中,也常常涉及到溶液,如医疗上用的葡萄糖溶液和生理盐水,医治细菌感染引起的各种炎症的注射液(如庆大霉素、卡那霉素),各种眼药水等。本章首先介绍以水为溶剂的溶液形成和溶液组成的表示方法,然后着重介绍稀溶液的依数性及渗透压在医学上的意义。

第一节　溶液的组成标度

溶液的性质除与溶质、溶剂的本性有关外,还常与溶液中溶质和溶剂的相对含量有关,溶液的组成标度是指溶液中溶质和溶剂的相对含量。为了实际工作的需要或方便,对溶液的组成标度规定了相应的标准。

一、物质的量和物质的量浓度

物质的量(amount of substance)是表示物质数量的基本物理量。物质 B 的物质的量用符号 n_B 表示。物质的量的基本单位是**摩尔**(mole),单位符号为 mol。

摩尔的定义是:摩尔是一系统的物质的量,该系统中所包含的基本单元数目与 0.012 kg ^{12}C 的原子数目相等。也就是说,只要系统中的基本单元 B 的数目与 0.012 kg ^{12}C 的原子数目相等,B 的物质的量就是 1 mol。

在使用物质的量及其单位摩尔时,应注意的问题:

1. 0.012 kg ^{12}C 的原子数目是**阿伏伽德罗常数**(Avogadro constant)的数值,阿伏伽

德罗常数 $L=(6.0221367\pm0.0000036)\times10^{23}\ mol^{-1}$，这个数的精确程度是随测量技术水平提高而提高的。可见，摩尔的定义是绝对定义，不随测量技术而改变。

2. 摩尔是物质的量的单位，不是质量的单位。质量的单位是千克，单位符号 kg。

3. 基本单元应予指明。基本单元可以是分子、原子、离子、电子等实物微粒，也可以是它们的特定组合。例如，我们说 H、H_2、H_2O、$\frac{1}{2}H_2O$、$\frac{1}{2}SO_4^{2-}$、$(2H_2+O_2)$ 等的物质的量都是可以的。但是，如果说硫酸的物质的量，含义就不清了，因为没有用化学式指明基本单元，基本单元可能是 H_2SO_4 或是 $\frac{1}{2}H_2SO_4$。我们说 1 mol 的 H_2SO_4 具有质量 98 g，1 mol 的 $\frac{1}{2}H_2SO_4$ 具有质量 49 g，1 mol 的 $\left(H_2+\frac{1}{2}O_2\right)$ 具有质量 18.015 g 都是正确的。

4. "物质的量"是一个整体的专用名词，文字上不能分开使用和理解。

物质 B 的物质的量 n_B 可以通过 B 的质量和**摩尔质量**（molar mass）求算。B 的摩尔质量 M_B 定义为 B 的质量除以 B 的物质的量，即

$$M_B \overset{\mathrm{def}}{=\!=} \frac{m_B}{n_B} \tag{2.1}$$

式中 m_B 为物质 B 的质量，n_B 是物质 B 的物质的量，摩尔质量的单位是千克每摩，符号为 $kg\cdot mol^{-1}$。当以 $g\cdot mol^{-1}$ 为单位时，某原子的摩尔质量的数值等于其相对原子质量 A_r，某分子的摩尔质量的数值等于其相对分子质量 M_r。相对原子质量和相对分子质量的量纲是一。

例 2.1 1.06 g Na_2CO_3 的物质的量是多少？

解 $$n(Na_2CO_3)=\frac{m(Na_2CO_3)}{M(Na_2CO_3)}=\frac{1.06\ g}{106\ g\cdot mol^{-1}}=0.010\ mol$$

物质的量浓度（amount-of-substance concentration）用符号 c_B 表示，定义为物质 B 的物质的量 n_B 除以混合物的体积 V。对溶液而言，物质的量浓度定义为溶质的物质的量除以溶液的体积，即

$$c_B \overset{\mathrm{def}}{=\!=} \frac{n_B}{V} \tag{2.2}$$

式中 c_B 为 B 的物质的量浓度，n_B 为物质 B 的物质的量，V 是溶液的体积。

物质的量浓度的 SI 单位是摩每立方米，符号为 $mol\cdot m^{-3}$。由于立方米单位太大，物质的量浓度的单位常以摩每立方分米代替，符号为 $mol\cdot dm^{-3}$，医学上常使用摩每升、毫摩每升及微摩每升这样一些单位，符号分别为 $mol\cdot L^{-1}$、$mmol\cdot L^{-1}$ 及 $\mu mol\cdot L^{-1}$。

在使用物质的量浓度时，必须指明物质的基本单元。如 $c(Na_2CO_3)=1\ mol\cdot L^{-1}$，$c\left(\frac{1}{2}Ca^{2+}\right)=4\ mmol\cdot L^{-1}$ 等。括号中的化学式符号表示物质的基本单元。基本单元系数不同时，以下列关系换算

$$c(xB)=\frac{1}{x}c(B) \tag{2.3}$$

例 2.2 临床上治疗碱中毒时常用 NH_4Cl 针剂,其规格为每支 20.0 mL,含氯化铵 $(NH_4Cl)0.16$ g,试计算每支针剂中含 NH_4Cl 的物质的量和该针剂的浓度(单位 $mmol \cdot L^{-1}$)。

解 NH_4Cl 摩尔质量为 53.5 g·mol^{-1}

$$n(NH_4Cl)=\frac{m(NH_4Cl)}{M(NH_4Cl)}=\frac{0.16 \text{ g}}{53.5 \text{ g} \cdot mol^{-1}}=3.0 \times 10^{-3} \text{ mol}$$

$$c(NH_4Cl)=\frac{n(NH_4Cl)}{V}=\frac{3.0 \times 10^{-3} \text{ mol} \times 1000 \text{ mL} \cdot L^{-1}}{20.0 \text{ mL}}=150 \text{ mmol} \cdot L^{-1}$$

二、摩尔分数和质量摩尔浓度

摩尔分数(mole fraction)又称为**物质的量分数**(amount-of-substance fraction)用符号 x_B 表示,B 的摩尔分数定义为 B 的物质的量与混合物的物质的量之比,即

$$x_B \stackrel{def}{=\!=} \frac{n_B}{\sum_i n_i} \tag{2.4}$$

式中,n_B 为 B 的物质的量,$\sum_i n_i$ 为混合物的物质的量。

若溶液由溶质 B 和溶剂 A 组成,则溶质 B 的摩尔分数为:

$$x_B = \frac{n_B}{n_A + n_B}$$

式中 n_B 为溶质 B 的物质的量,n_A 为溶剂 A 的物质的量。同理,溶剂 A 的摩尔分数为:

$$x_A = \frac{n_A}{n_A + n_B}$$

显然 $\qquad\qquad x_A + x_B = 1$

溶质 B 的**质量摩尔浓度**(molality)用符号为 b_B 表示,定义为溶质 B 的物质的量 n_B 除以溶剂的质量 $m_A(kg)$,即

$$b_B \stackrel{def}{=\!=} \frac{n_B}{m_A} \tag{2.5}$$

式中 n_B 为溶质 B 的物质的量,m_A 为溶剂 A 的质量。b_B 的单位是 $mol \cdot kg^{-1}$。溶质 B 的质量摩尔浓度也可以使用符号 m_B,为避免与质量符号 m 混淆,本书中使用符号 b_B。

由于摩尔分数和质量摩尔浓度与温度无关,因此在物理化学中广为应用。

例 2.3 将 7.00 g 结晶草酸 $(H_2C_2O_4 \cdot 2H_2O)$ 溶于 93.0 g 水中,求草酸的质量摩尔浓度 $b(H_2C_2O_4)$ 和摩尔分数 $x(H_2C_2O_4)$。

解 结晶草酸的摩尔质量 $M(H_2C_2O_4 \cdot 2H_2O)=126$ g·mol^{-1},而 $M(H_2C_2O_4)=90.0$ g·mol^{-1},故 7.00 g 结晶草酸中草酸的质量为

$$m(H_2C_2O_4)=\frac{7.00 \text{ g} \times 90.0 \text{ g} \cdot mol^{-1}}{126 \text{ g} \cdot mol^{-1}}=5.00 \text{ g}$$

溶液中水的质量为

$$m(H_2O)=93.0 \text{ g}+(7.00-5.00) \text{ g}=95.0 \text{ g}$$

则 $\qquad b(H_2C_2O_4)=\frac{5.00 \text{ g} \times 1000 \text{ g} \cdot kg^{-1}}{90.0 \text{ g} \cdot mol^{-1} \times 95.0 \text{ g}}=0.585 \text{ mol} \cdot kg^{-1}$

$$x(H_2C_2O_4) = \frac{\dfrac{5.00\ g}{90.0\ g \cdot mol^{-1}}}{\dfrac{5.00\ g}{90.0\ g \cdot mol^{-1}} + \dfrac{95.00\ g}{18.0\ g \cdot mol^{-1}}} = 0.0104$$

三、质量分数和质量浓度

物质 B 的**质量分数**（mass fraction）用符号 ω_B 表示，定义为物质 B 的质量 m_B 除以溶液的质量 m，即

$$\omega_B \overset{def}{=\!=} \frac{m_B}{m} \tag{2.6}$$

式中 m_B 为溶质 B 的质量，m 为溶液的质量。

质量分数也可用百分数表示，如将 15 克氯化钠溶于 45 克水，则其质量分数 $\omega(NaCl)$ $= \dfrac{15\ g}{15\ g + 45\ g} = 0.25$，也可表示为 25%。

质量浓度（mass concentration）用 ρ_B 表示。定义为物质 B 的质量 m_B 除以混合物的体积 V。即

$$\rho_B \overset{def}{=\!=} \frac{m_B}{V} \tag{2.7}$$

式中 m_B 为 B 的质量、V 是溶液的体积。质量浓度常用的单位为千克每升或克每升，符号为 $kg \cdot L^{-1}$ 或 $g \cdot L^{-1}$ 等。

世界卫生组织提议：在医学上表示体液的组成时，凡体液中相对分子质量 M_r 已知的物质，均应用物质的量浓度。例如人体血液葡萄糖含量的正常值，过去习惯表示为 70 mg% ～ 100 mg%，意为每 100 mL 血液含葡萄糖 70 mg～100 mg，按此建议应表示为 $c(C_6H_{12}O_6) = 3.9\ mmol \cdot L^{-1} \sim 5.6\ mmol \cdot L^{-1}$。对于未知其相对分子质量的物质则使用质量浓度 ρ_B。

物质 B 的质量浓度 ρ_B 与 B 的浓度 c_B 之间的关系为：

$$\rho_B = c_B M_B \tag{2.8}$$

例 2.4 市售浓硫酸密度为 $1.84\ kg \cdot L^{-1}$，H_2SO_4 的质量分数为 0.96，计算物质的量浓度 $c(H_2SO_4)$ 和 $c\left(\dfrac{1}{2}H_2SO_4\right)$，单位用 $mol \cdot L^{-1}$。

解 H_2SO_4 的摩尔质量为 $98\ g \cdot mol^{-1}$，$\dfrac{1}{2}H_2SO_4$ 的摩尔质量为 $49\ g \cdot mol^{-1}$。

$$c(H_2SO_4) = \frac{0.96 \times 1.84\ kg \cdot L^{-1} \times 1000}{98\ g \cdot mol^{-1}} = 18\ mol \cdot L^{-1}$$

$$c\left(\frac{1}{2}H_2SO_4\right) = \frac{0.96 \times 1.84\ kg \cdot L^{-1} \times 1000}{49\ g \cdot mol^{-1}} = 36\ mol \cdot L^{-1}$$

第二节　稀溶液的依数性

溶质溶解在溶剂中形成溶液。溶液的性质可分为两类：一类决定于溶质的本性，如溶液的颜色、体积、导电性和表面张力等；另一类与溶质的本性无关，主要取决于溶液中所含溶质微粒数的多少，如溶液的蒸气压下降、沸点升高、凝固点降低以及渗透压等，这类性质具有一定的规律性，但其变化规律只适用于稀溶液，所以统称为**稀溶液的依数性**（colligative properties of dilute solution）。

一、稀溶液的蒸气压下降

（一）蒸气压

在一定温度下，将某纯溶剂（如水）置于一密闭容器中，由于分子的热运动，液面上一些动能较高的水分子将克服液体分子间的引力自液面逸出，成为蒸气分子，形成气相（系统中物理性质和化学性质都相同的组成部分称为相），这一过程称为**蒸发**（evaporation）。同时，气相中的蒸气分子也会接触到液面并被吸引到液相中，这一过程称为**凝结**（condensation）。开始时，蒸发过程占优势，但随着气相蒸气密度的增大，凝结的速率也随之增大，当液体蒸发的速率与蒸气凝结的速率相等时，**气相**（gas phase）与**液相**（liquid phase）达到平衡：

$$H_2O(l) \rightleftharpoons H_2O(g) \tag{2.9}$$

式中 l 代表液相，g 代表气相。这时，水蒸气的密度不再改变，它具有的压力也不再改变。当液相蒸发速率与气相凝结速率相等时，液相和气相达到平衡，此时，蒸气所具有的压强称为该温度下的饱和蒸气压，简称**蒸气压**（vapor pressure），用符号 P 表示，单位是 Pa（帕）或 kPa（千帕）。蒸气压仅与液体的本性和温度有关，与液体的量以及液面上方空间体积无关。

蒸气压的大小与液体的本性有关，不同物质的蒸气压不同。一些液体的饱和蒸气压见表 2.1。

表 2.1　一些液体的饱和蒸气压（20℃）

物质	水	乙醇	苯	乙醚	汞
蒸气压/kPa	2.34	5.85	9.96	57.6	$1.6×10^{-4}$

蒸气压的大小还与温度有关。温度不同，同一液体的蒸气压亦不相同。由于蒸发是一个吸热过程，因此当温度升高时，式（2.9）所表示的液相与气相间的平衡将向右移动，即蒸气压将随温度升高而增大。水的蒸气压与温度的关系见表 2.2。

表 2.2　不同温度下水的蒸气压

T/K	P/kPa	T/K	P/kPa
273	0.6106	333	19.9183
278	0.8719	343	35.1574
283	1.2279	353	47.3426
293	2.3385	363	70.1001
303	4.2423	373	101.3247
313	7.3754	423	476.0262
323	12.3336		

图 2.1 反映了乙醚、乙醇、水的蒸气压随温度升高而增大的情况。

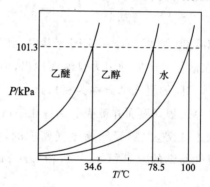

图 2.1　蒸气压与温度的关系图

固体直接蒸发为气体，这一现象称为**升华**(sublimation)，因此固体也具有一定的蒸气压。大多数固体的蒸气压都很小，只有少数固体如冰、碘、樟脑、萘等有较大的蒸气压。固体的蒸气压也随温度的升高而增大，表 2.3 列出了不同温度下冰的蒸气压。

表 2.3　不同温度下冰的蒸气压

T/K	P/kPa	T/K	P/kPa
248	0.0635	268	0.4013
253	0.1035	272	0.5626
258	0.1653	273	0.6106
263	0.2600		

无论固体还是液体，蒸气压大的称为易挥发性物质，蒸气压小的则称为难挥发性物质。本章讨论稀溶液依数性时，忽略难挥发性溶质自身的蒸气压，只考虑溶剂的蒸气压。

（二）溶液的蒸气压下降——Raoult 定律

实验证明，在相同温度下，当难挥发的非电解质溶于溶剂形成稀溶液后，稀溶液的蒸气压比纯溶剂的蒸气压低。这是因为纯溶剂的部分表面被溶质分子所占据，单位时间内从溶液中蒸发出的溶剂分子数比从纯溶剂中蒸发出的分子数少，因此，平衡时溶液的蒸气压必然低于纯溶剂的蒸气压,这种现象称为溶液的**蒸气压下降**(vapor pressure lowering)。由于溶质是难挥发性的,因此这里所说的溶液的蒸气压实际上是指溶液中溶剂的蒸气压。图 2.2 表示纯溶剂和溶液在密闭容器内蒸发—凝聚的情况。显然,溶液的浓度越大,溶液的蒸气压下降就越多。

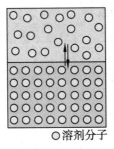 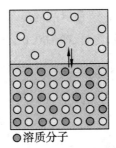

○溶剂分子　　　　　　　　　　●溶质分子

（a）纯溶剂蒸发—凝聚示意图　　（b）溶液蒸发—凝聚示意图

图 2.2　纯溶剂和溶液蒸发—凝聚示意图

1887 年法国化学家 Raoult FM 根据大量实验结果,总结出如下规律:在一定温度下,难挥发性非电解质稀溶液的蒸气压等于纯溶剂的蒸气压乘以溶液中溶剂的摩尔分数。即

$$p = p^0 x_A \tag{2.10}$$

式中 p^0 为纯溶剂的蒸气压,p 为同温度下溶液的蒸气压,x_A 为溶液中溶剂的摩尔分数。

因为 $x_A < 1$,$p < p^0$。对于只有一种溶质的稀溶液,若 x_B 为溶质的摩尔分数,由于

$$x_A + x_B = 1$$

因此

$$p = p^0(1 - x_B)$$

$$p^0 - p = p^0 x_B$$

即

$$\Delta p = p^0 x_B \tag{2.11}$$

式中 Δp 为溶液的蒸气压下降。式(2.11)表明,在一定温度下,难挥发性非电解质稀溶液的蒸气压下降与溶液中溶质的摩尔分数成正比,而与溶质的本性无关。这是 Raoult 定律的另一数学表达式。

在稀溶液中,溶质的物质的量 n_B 远远小于溶剂的物质的量 n_A,所以

$$x_B = \frac{n_B}{n_A + n_B} \approx \frac{n_B}{n_A} = \frac{n_B}{m_A/M_A}$$

$$\Delta p = p^0 \frac{n_B}{m_A/M_A} = p^0 M_A \frac{n_B}{m_A} \tag{2.12}$$

式中 m_A 与 M_A 分别为溶剂的质量和摩尔质量。设溶液的质量摩尔浓度为 b_B,则

$$b_B = \frac{n_B}{m_A} \tag{2.13}$$

由式(2.12)和式(2.13)得

$$\Delta p = p^0 M_A b_B = K b_B \tag{2.14}$$

在一定温度下,p^0 为一定值,$p^0 \cdot M_A$ 为一常数,用 K 表示。式(2.14)表明稀溶液的

蒸气压下降与溶液的质量摩尔浓度成正比,是 Raoult 定律的另一种表示式。它说明了难挥发性非电解质稀溶液的蒸气压下降只与一定量的溶剂中所含溶质的微粒数有关,而与溶质的本性无关。

例 2.5 已知 293 K 时水的饱和蒸气压为 2.338 kPa,将 3.00 g 尿素[$CO(NH_2)_2$]溶于 100 g 水中,试计算这种溶液的质量摩尔浓度和蒸气压分别是多少?

解 尿素的摩尔质量 $M = 60.0 \text{ g} \cdot \text{mol}^{-1}$,溶液的质量摩尔浓度

$$b[CO(NH_2)_2] = \frac{3.00 \text{ g}}{60.0 \text{ g} \cdot \text{mol}^{-1}} \times \frac{1000 \text{ g} \cdot \text{kg}^{-1}}{100 \text{ g}} = 0.500 \text{ mol} \cdot \text{kg}^{-1}$$

H_2O 的摩尔分数

$$x(H_2O) = \frac{\dfrac{100 \text{ g}}{18 \text{ g} \cdot \text{mol}^{-1}}}{\dfrac{100}{18 \text{ g} \cdot \text{mol}^{-1}} + 0.500 \text{ mol} \cdot \text{kg}^{-1} \times 0.1 \text{ kg}} = 0.991$$

尿素溶液的蒸气压

$$p = p^0(H_2O) \cdot x(H_2O) = 2.338 \text{ kPa} \times 0.991 = 2.32 \text{ kPa}$$

二、稀溶液沸点的升高

(一)液体的沸点

液体的**沸点**(boiling point)是液体的蒸气压等于外压时的温度。液体的**正常沸点**(normal boiling point)是指外压为标准大气压即 101.3 kPa 时的沸点。例如水的正常沸点为 373.15 K。通常情况下,没有注明压力条件的沸点都是指正常沸点,简称沸点。

液体的沸点,随着外界压力的改变而改变。这种性质,常被应用于实际工作中。例如,采用减压蒸馏或减压浓缩的方法提取和精制物质,尤其是对热稳定性差的物质。又如,医学上常见的高压灭菌法,即在密闭的高压消毒器内加热,对热稳定性好的注射液和某些医疗器械、敷料消毒灭菌。

(二)溶液的沸点升高

实验证明,溶液的沸点高于纯溶剂的沸点,这一现象称为溶液的**沸点升高**(boiling point elevation)。溶液沸点升高的原因是溶液的蒸气压低于纯溶剂的蒸气压。在图 2.3 中,横坐标表示温度,纵坐标表示蒸气压。AA' 表示纯水的蒸气压曲线,BB' 表示稀溶液的蒸气压曲线。由于溶液的蒸气压在任何温度下都低于同温度下纯水的蒸气压,所以 BB' 处于 AA' 的下方。当温度为 $T_b^0 = 373.15$ K 时,纯水的蒸气压等于外压 101.3 kPa,纯水开始沸腾,温度 T_b^0 是纯水的沸点。而在此温度下,溶液的蒸气压低于 101.3 kPa,溶液并不沸腾,只有将温度升高到 T_b 时,溶液的蒸气压等于外压 101.3 kPa,溶液才沸腾,T_b 为溶液的沸点。溶液的沸点升高 ΔT_b,$\Delta T_b = T_b - T_b^0$。溶液沸点升高是由溶液的蒸气压下降引起的。溶液浓度越大,其蒸气压下降越多,沸点升高就越多,即稀溶液的沸点升高与蒸气压下降成正比

$$\Delta T_b = K' \Delta P$$

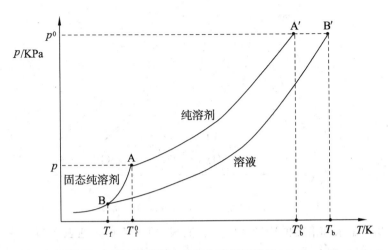

图 2.3　稀溶液的沸点升高和凝固点降低

根据 Raoult 定律　　　　　　　　　$\Delta p = K b_B$

所以　　　　　　　　　$\Delta T_b = K' K b_B = K_b b_B$　　　　　　　　　(2.15)

式中 K_b 称为溶剂的沸点升高常数,它只与溶剂有关。表 2.4 列出了常见溶剂的沸点及 K_b 值。

从式(2.15)可以看出,在一定条件下,难挥发性非电解质稀溶液的沸点升高只与溶液的质量摩尔浓度成正比,而与溶质的本性无关。

表 2.4　常见溶剂的沸点(T_b^0)及沸点升高常数(K_b)

溶剂	$T_b^0/℃$	$K_b/(K \cdot kg \cdot mol^{-1})$
萘	218	5.80
乙酸	118	2.93
水	100	0.512
苯	80	2.53
乙醇	78.4	1.22
四氯化碳	76.7	5.03
氯仿	61.2	3.63
乙醚	34.7	2.02

三、稀溶液凝固点的下降

（一）纯液体的凝固点

凝固点(freezing point)是物质的固、液两相蒸气压相等时的温度。纯水的凝固点(273.15 K)又称为冰点,即在此温度时水和冰的蒸气压相等。

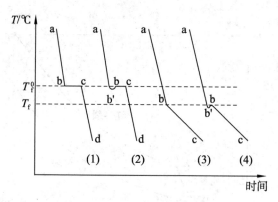

图 2.4 水和溶液的冷却曲线图

图 2.4 是水和溶液的冷却曲线图。曲线(1)为纯水的理想冷却曲线。从 a 点处无限缓慢地冷却,达到 b 点(273.15 K)时,水开始结冰。在结冰过程中温度不再变化,曲线上出现一段平台 bc,此时液体和晶体平衡共存。如果继续冷却,全部水将结成冰,然后温度再下降。在冷却曲线上,这个不随时间而变的平台相对应的温度 T_f^0 称为该液体的凝固点。

曲线(2)是实验条件下水的冷却曲线。因为实验做不到无限缓慢地冷却,而是较快速强制冷却,当温度降到 T_f^0 时不凝固,出现过冷现象。一旦固相出现,温度又回升而出现平台。

(二)溶液的凝固点降低

图 2.4 中的曲线(3)是溶液的理想冷却曲线。与曲线(1)不同,当温度由 a 点处冷却,达到 T_f 时,溶液才开始结冰,$T_f < T_f^0$。随着冰的结出,溶液浓度不断增大,溶液的凝固点也不断下降,于是 bc 并不是一段平台,而是一段缓慢下降的斜线。因此,溶液的凝固点是指刚有溶剂固体析出(即 b 点)的温度 T_f。

曲线(4)是实验条件下溶液的冷却曲线。可以看出,适当的过冷使溶液凝固点的观察变得容易(温度降到 T_f 以下 b' 点又回升到最高点 b)。

实验证明,溶液的凝固点总是低于纯溶剂的凝固点,这一现象称为溶液的**凝固点降低**(freezing point depression)。溶液的凝固点降低也是由溶液的蒸气压下降而引起的。如图 2.3 所示,AB 表示冰的蒸气压曲线,AB 与 AA′ 相交于 A 点,此时冰和水两相平衡共存,A 对应的温度即纯水的凝固点 $T_f^0 = 273.15$ K,但在 273.15 K 时水溶液的蒸气压低于纯水的蒸气压,这时溶液与冰不能共存,冰将融化,即溶液在 273.15 K 时不能结冰。若温度继续下降,由于冰的蒸气压比溶液的蒸气压随温度降低得更快,当温度降至 T_f 时,冰和溶液的蒸气压相等,此时,冰和溶液共存,这个平衡温度 T_f 就是溶液的凝固点。溶剂的凝固点与溶液的凝固点之差($T_f^0 - T_f$)就是溶液的凝固点降低 ΔT_f。

对于稀溶液而言,溶液的凝固点降低 ΔT_f 与溶液的蒸气压下降 Δp 成正比

$$\Delta T_f = K'' \Delta p$$

而

$$\Delta p = K b_B$$

所以

$$\Delta T_f = K'' K b_B = K_f b_B \tag{2.16}$$

式中 K_f 称为溶剂的凝固点降低常数，它只与溶剂的本性有关。表 2.5 列出了一些溶剂的凝固点 T_f^0 及 K_f 值。

从式(2.16)可以看出，难挥发性非电解质稀溶液的凝固点降低与溶液的质量摩尔浓度成正比，而与溶质的本性无关。

表 2.5 常见溶剂的凝固点(T_f^0)及凝固点降低常数(K_f)

溶剂	$T_f^0/℃$	$K_f/(K \cdot kg \cdot mol^{-1})$
萘	80	6.90
乙酸	17	3.90
苯	5.5	5.10
水	0.0	1.86
四氯化碳	−22.9	32.0
乙醚	−116.2	1.80

通过测定溶液的沸点升高和凝固点降低都可以推算溶质的摩尔质量(或相对分子质量)。但由于大多数溶剂的 K_f 值大于 K_b 值，因此同一溶液的凝固点降低值比沸点升高值大，所以灵敏度相对较高且实验误差相对较小。而且溶液的凝固点测定是在低温下进行的，不会引起生物样品的变性或破坏，溶液浓度也不会变化。因此，在医学和生物科学实验中凝固点降低法的应用更为广泛。

由式(2.16)，实验测定溶液的凝固点降低值 ΔT_f，即可计算溶质的摩尔质量

$$\Delta T_f = K_f b_B = K_f \frac{m_B/M_B}{m_A}$$

所以
$$M_B = K_f \frac{m_B}{\Delta T_f \cdot m_A} \tag{2.17}$$

式中 m_B 为溶质的质量，m_A 为溶剂的质量，M_B 为溶质的摩尔质量。

例 2.6 孕酮是一种雌性激素，将 1.50 克孕酮试样溶于 10.0 克苯中，所得溶液的凝固点下降 2.45 K，求孕酮的相对分子质量。

解 苯的 $K_f = 5.10$ K·kg·mol^{-1}，根据式(2.17)有

$$M_B = K_f \frac{m_B}{\Delta T_f m_A} = 5.10 \text{ K} \cdot \text{kg} \cdot \text{mol}^{-1} \times \frac{1.50 \text{ g}}{10.0 \times 10^{-3} \text{ kg} \times 2.45 \text{ K}} = 0.312 \text{ kg} \cdot \text{mol}^{-1}$$

$$= 312 \text{ g} \cdot \text{mol}^{-1}$$

所以孕酮的相对分子质量为 312。

溶液凝固点降低原理还有许多实际应用。在严寒的冬天，为防止汽车水箱冻裂，常在水箱中加入甘油或乙二醇以降低水的凝固点，防止水因结冰体积膨大而引起水箱胀裂。在实验室中，常用食盐和冰的混合物做制冷剂，可使温度降至 −22℃，用氯化钙和冰混合，可使温度降至 −55℃。在水产业和食品贮藏及运输中，食盐和冰混合而成的冷却剂使用广泛。

四、稀溶液的渗透压

(一)渗透现象与渗透压

若在某容器中加入一定量的蔗糖溶液,再在蔗糖溶液的液面上小心地加一层水,在避免任何机械振动的情况下静置一段时间,由于分子本身的热运动,蔗糖分了将由溶液层向水层中运动,水分子从水层向溶液层运动,最后成为一个均匀的蔗糖溶液,这一过程称为**扩散**(diffusion)。

若用一种**半透膜**(semipermeable membrane)将蔗糖溶液和纯水隔开,如图2.5(a)所示。一段时间后,可以看到蔗糖一侧的液面不断上升,说明水分子不断地通过半透膜转移到蔗糖溶液中。这种溶剂分子通过半透膜进入到溶液中的过程,称为**渗透作用**,简称**渗透**(osmosis)。不同浓度的两种溶液用半透膜隔开,都会发生渗透作用。

半透膜的种类很多,通透性也不相同。它是一种只允许某些物质透过,而不允许另一些物质透过的薄膜,如动物的肠衣、动植物的细胞膜、毛细血管壁、人工制备的羊皮纸、火棉胶等都是半透膜。

图2.5(a)中的半透膜只允许水分子自由透过而不允许蔗糖分子透过。由于膜两侧单位体积内溶剂分子数不相等,单位时间内由纯溶剂进入溶液的溶剂分子数要比由溶液进入纯溶剂的溶剂分子数多,膜两侧渗透速度不同,其结果是溶液一侧的液面升高。因此,渗透现象的产生必须具备两个条件:一是有半透膜存在;二是膜两侧单位体积内溶剂分子数不相等。由此,我们可以知道,渗透现象不仅在溶液和纯溶剂之间可以发生,在浓度不同的两种溶液之间也可以发生。渗透的方向总是溶剂分子从纯溶剂向溶液或是从稀溶液向浓溶液进行渗透。

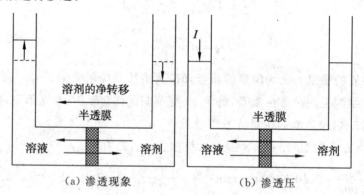

(a)渗透现象　　　　　　　(b)渗透压

图2.5　渗透现象与渗透压

由于渗透作用,在上述实验过程中蔗糖溶液的液面上升,随着溶液液面的升高,静水压增大,水分子从溶液进入纯水的速度加快。当静水压增大至一定值后,单位时间内从膜两侧透过的溶剂分子数相等,两侧液面不再发生变化,达到渗透平衡。

如图2.5(b)所示,为了使渗透现象不发生,必须在溶液液面上施加一额外的压力。**渗透压**(osmotic pressure)在数值上等于:将纯溶剂与溶液以半透膜隔开时,为维持渗透平衡所需要加给溶液的额外压强。渗透压用符号 Π 表示,单位为 Pa 或 kPa。如果被半透膜隔开的是两种不同浓度的溶液,为阻止渗透现象发生,应在浓溶液液面上施加一额外压力,实验证明,是浓溶液与稀溶液的渗透压之差。

若选用一种高强度且耐高压的半透膜将溶液和纯溶剂隔开,在溶液液面上施加大于渗透压的外压,则溶液中将有更多的溶剂分子通过半透膜进入溶剂一侧,这种使渗透作用逆向进行的过程称为**反渗透**(reverse osmosis)。反渗透可应用于溶液浓缩及海水淡化等方面。

(二)溶液的渗透压与浓度的关系

实验证明,在一定温度下,溶液的渗透压与它的浓度成正比;在一定浓度下,溶液的渗透压与绝对温度成正比。1886 年,荷兰物理化学家 van't Hoff 通过实验得出非电解质稀溶液的渗透压与溶液浓度及绝对温度的关系:

$$\Pi = c_B RT \tag{2.18}$$

式中 Π 为溶液的渗透压(kPa);c_B 为溶液的物质的量浓度($mol \cdot L^{-1}$);T 为绝对温度(K);R 为气体常数($kPa \cdot L \cdot K^{-1} \cdot mol^{-1}$)。

van't Hoff 公式的意义:在一定温度下,稀溶液渗透压的大小仅与单位体积溶液中溶质微粒数的多少有关,而与溶质的本性无关。

对于非电解质稀溶液来说,其物质的量浓度与质量摩尔浓度近似相等,即 $c_B \approx b_B$,因此,式(2.18)可改写为

$$\Pi \approx b_B RT \tag{2.19}$$

例 2.7 将 2.00 g 蔗糖($C_{12}H_{22}O_{11}$)溶于水,配制成 50.0 mL 溶液,求溶液在 37℃时的渗透压。

解 $M(C_{12}H_{22}O_{11}) = 342 \ g \cdot mol^{-1}$

$$c(C_{12}H_{22}O_{11}) = \frac{2.00 \ g}{342 \ g \cdot mol^{-1} \times 0.05 \ L} = 0.117 \ mol \cdot L^{-1}$$

$\Pi = c_B RT = 0.117 \ mol \cdot L^{-1} \times 8.314 \ kPa \cdot L \cdot K^{-1} \cdot mol^{-1} \times 310.15 \ K = 302 \ kPa$

通过实验测定难挥发性非电解质稀溶液的渗透压,可以推算溶质的摩尔质量(或相对分子质量)。

$$\Pi V = n_B RT = \frac{m_B}{M_B} RT$$

所以
$$M_B = \frac{m_B RT}{\Pi V} \tag{2.20}$$

式中 m_B 为溶质的质量(g),M_B 为溶质的摩尔质量($g \cdot mol^{-1}$)。

此法主要用于测定高分子物质(如蛋白质)的相对分子质量。例如,浓度为 $1.00 \times 10^{-4} \ mol \cdot kg^{-1}$ 的某高分子化合物溶液的凝固点降低值 ΔT_f 为 1.86×10^{-4} K,一般已无法进行测量,而该溶液的渗透压 Π 为 0.226 kPa,还能较准确地测量。因此,常用渗透压法测定高分子化合物的相对分子质量。但是,测定小分子溶质的相对分子质量用测定渗透压的方法则相当困难,故多用凝固点降低法测定。

例 2.8 将 35.0 g 血红蛋白溶于适量水中,配制成 1.00 L 溶液,在 298.15 K 时,测得溶液的渗透压为 1.33 kPa,试求血红蛋白的相对分子质量。

解 根据式(2.20)有

$$M_B = \frac{35.0 \text{ g} \times 8.314 \text{ kPa} \cdot \text{L} \cdot \text{K}^{-1} \cdot \text{mol}^{-1} \times 298.15 \text{ K}}{1.33 \text{ kPa} \times 1.00 \text{ L}} = 6.52 \times 10^4 \text{ g} \cdot \text{mol}^{-1}$$

所以血红蛋白的相对分子质量为 6.52×10^4。

(三)渗透压在医学上的意义

1. 渗透浓度

由于渗透压具有依数性,它仅与溶液中溶质粒子的浓度有关,而与溶质的本性无关。我们把溶液中能产生渗透效应的溶质粒子(分子、离子等)统称为渗透活性物质。渗透活性物质的物质的量除以溶液的体积称为溶液的**渗透浓度**(osmolarity),用符号 c_{os} 表示,单位为 $\text{mol} \cdot \text{L}^{-1}$ 或 $\text{mmol} \cdot \text{L}^{-1}$。根据 van't Hoff 定律,在一定温度下,对于任一稀溶液,其渗透压与溶液的渗透浓度成正比。因此,医学上常用渗透浓度来衡量溶液渗透压的大小。

例 2.9 计算 $50.0 \text{ g} \cdot \text{L}^{-1}$ 葡萄糖溶液、$9.0 \text{ g} \cdot \text{L}^{-1}$ NaCl 溶液和 $12.5 \text{ g} \cdot \text{L}^{-1}$ NaHCO$_3$ 溶液的渗透浓度(用 $\text{mmol} \cdot \text{L}^{-1}$ 表示)。

解 葡萄糖($C_6H_{12}O_6$)的摩尔质量为 $180 \text{ g} \cdot \text{mol}^{-1}$,$50.0 \text{ g} \cdot \text{L}^{-1}$ 葡萄糖溶液的渗透浓度为

$$c_{os} = \frac{50.0 \text{ g} \cdot \text{L}^{-1} \times 1000 \text{ mmol} \cdot \text{mol}^{-1}}{180 \text{ g} \cdot \text{mol}^{-1}} = 278 \text{ mmol} \cdot \text{L}^{-1}$$

NaCl 的摩尔质量为 $58.5 \text{ g} \cdot \text{mol}^{-1}$,生理盐水的渗透浓度为

$$c_{os} = 2 \times \frac{9.0 \text{ g} \cdot \text{L}^{-1} \times 1000 \text{ mmol} \cdot \text{mol}^{-1}}{58.5 \text{ g} \cdot \text{mol}^{-1}} = 308 \text{ mmol} \cdot \text{L}^{-1}$$

NaHCO$_3$ 的摩尔质量为 $84 \text{ g} \cdot \text{mol}^{-1}$,$12.5 \text{ g} \cdot \text{L}^{-1}$ NaHCO$_3$ 溶液的渗透浓度为

$$c_{os} = 2 \times \frac{12.5 \text{ g} \cdot \text{L}^{-1} \times 1000 \text{ mmol} \cdot \text{mol}^{-1}}{84 \text{ g} \cdot \text{mol}^{-1}} = 298 \text{ mmol} \cdot \text{L}^{-1}$$

表 2.6 列出了正常人血浆、组织间液和细胞内液中各种渗透活性物质的渗透浓度。

表 2.6　正常人血浆、组织间液和细胞内液中各种渗透活性物质的渗透浓度

渗透活性物质	血浆中浓度 /(mmol·L^{-1})	组织间液中浓度 /(mmol·L^{-1})	细胞内液中浓度 /(mmol·L^{-1})
Na$^+$	144	137	10
K$^+$	5.0	4.7	141
Ca^{2+}	2.5	2.4	
Mg^{2+}	1.5	1.4	31
Cl$^-$	107	112.7	4.0
HCO$_3^-$	27	28.3	10

续表

渗透活性物质	血浆中浓度 /(mmol·L^{-1})	组织间液中浓度 /(mmol·L^{-1})	细胞内液中浓度 /(mmol·L^{-1})
HPO_4^{2-}、$H_2PO_4^-$	2.0	2.0	11
SO_4^{2-}	0.5	0.5	1.0
磷酸肌酸			45
肌肽			14
氨基酸	2.0	2.0	8.0
肌酸	0.2	0.2	9.0
乳酸盐	1.2	1.2	1.5
三磷酸腺苷			5.0
一磷酸己糖			3.7
葡萄糖	5.6	5.6	
蛋白质	1.2	0.2	4.0
尿素	4.0	4.0	4.0
c_{os}	303.7	302.2	302.2

2. 等渗、低渗和高渗溶液

渗透压相等的溶液互称为**等渗溶液**(isotonic solution)。渗透压不相等的溶液,相对而言,渗透压高的称为**高渗溶液**(hypertonic solution),渗透压低的则称为**低渗溶液**(hypotonic solution)。

在临床医学上,溶液的等渗、低渗和高渗是以血浆的总渗透压为标准来衡量的。由表2.6可知,正常人血浆的渗透浓度约为303.7 mmol·L^{-1},所以临床上规定,凡渗透浓度在280 mmol·L^{-1}～320 mmol·L^{-1}范围内的溶液称为等渗溶液;渗透浓度低于280 mmol·L^{-1}的溶液称为低渗溶液;渗透浓度高于320 mmol·L^{-1}的溶液称为高渗溶液。生理盐水(9.0 g·L^{-1}的NaCl溶液)和12.5 g·L^{-1}的NaHCO$_3$溶液是临床上常用的等渗溶液。但是,在实际应用时,个别略低于或略高于此范围的溶液,在临床上也看做是等渗溶液,如50.0 g·L^{-1}的葡萄糖溶液和18.7 g·L^{-1}的乳酸钠溶液。

体液渗透压的高低对人体的生理功能起着重要作用,现以红细胞在低渗、高渗和等渗溶液中的形态变化为例加以说明。

若将红细胞置于稀NaCl溶液[如ρ(NaCl)<9.0 g·L^{-1}]中,在显微镜下观察,可以看到红细胞逐渐膨胀,最后破裂,释放出红细胞内的血红蛋白将溶液染成红色,这种现象医学上称之为**溶血**(hemolysis)[图2.6(b)]。产生这种现象的原因是细胞内溶液的渗透压高于细胞外液,细胞外液的水向细胞内渗透所致。

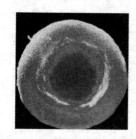  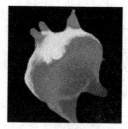

(a) 9.0 g·L⁻¹的 NaCl 溶液　(b) 小于 9.0 g·L⁻¹的 NaCl 溶液　(c) 大于 9.0 g·L⁻¹的 NaCl 溶液

图 2.6　红细胞在不同浓度 NaCl 溶液中的形态变化

若将红细胞置于较浓的 NaCl 溶液[如 $\rho(NaCl)>9.0$ g·L⁻¹]中,在显微镜下观察可见红细胞逐渐皱缩[图 2.6(c)],皱缩的红细胞互相聚结成团,若此现象发生于血管中,将产生"栓塞"。产生这种现象的原因是细胞内溶液的渗透压低于细胞外液,红细胞内的水向细胞外渗透所致。

若将红细胞置于生理盐水(9.0 g·L⁻¹的 NaCl 溶液)中,从显微镜下观察,红细胞既不会膨胀,也不会皱缩,维持原来的形态不变[图 2.6(a)],这是由于生理盐水和红细胞内液的渗透压相等,细胞内外液处于渗透平衡状态。

从以上实例可知,溶液渗透压的高低直接影响着置于其中的红细胞的存在形态,溶液渗透压过高或过低都会使细胞活性遭到破坏,只有等渗溶液才能维持细胞的正常活性,保持正常的生理功能。所以在临床上,当病人需要大剂量补液时,一般要用等渗溶液。但是,也有使用高渗溶液的情况,如 2.8 mol·L⁻¹的葡萄糖溶液,就是常用的高渗溶液之一,只是在使用时,应当小剂量、慢速度注射,这样浓溶液会被体液逐渐稀释和吸收,不致引起局部高渗,否则将会产生不良后果。

3. 晶体渗透压和胶体渗透压

在血浆等生物体液中含有电解质(如 NaCl、KCl、NaHCO₃ 等)、小分子物质(如葡萄糖、尿素、氨基酸等)以及高分子物质(如蛋白质、核酸等)等。在医学上,习惯把电解质和小分子物质统称为晶体物质,它们所产生的渗透压称为**晶体渗透压**(crystalloid osmotic pressure);把高分子物质称为胶体物质,它们所产生的渗透压称为**胶体渗透压**(colloidal osmotic pressure)。血浆中胶体物质的含量(约为 70 g·L⁻¹)虽高于晶体物质的含量(约为 7.5 g·L⁻¹),但是晶体物质的分子量小,而且其中的电解质可以解离,单位体积血浆中的微粒数较多,而胶体物质的分子量很大,单位体积血浆中的微粒数少,因此,人体血浆的渗透压主要是由晶体物质产生的。如 310.15 K 时,血浆的总渗透压约为 $7.7×10^2$ kPa,其中胶体渗透压仅为 2.9~4.0 kPa。

由于人体内各种半透膜(如毛细血管壁和细胞膜)的通透性不同,晶体渗透压和胶体渗透压在维持体内水、盐平衡功能上也各不相同。

细胞膜将细胞内液和细胞外液隔开,并且只让水分子自由通过,而 K⁺、Na⁺ 等离子却不易通过。因此,晶体渗透压对维持细胞内、外的水盐平衡起主要作用。如果由于某种原因引起人体内缺水,则细胞外液中盐的浓度将相对升高,晶体渗透压增大,细胞内液的水分子就会透过细胞膜向细胞外液渗透,造成细胞内失水。若大量饮水或输入过多葡萄糖溶液,则使细胞外液中盐的浓度降低,晶体渗透压减小,细胞外液中的水分子就向细胞内液中渗透,严重时可产生水中毒。向高温作业者供给盐汽水,就是为了维持细胞外液晶体渗透压的恒定。

　　毛细血管壁与细胞膜不同,它允许水分子、离子和小分子物质自由透过,而不允许蛋白质等高分子物质透过。因此,晶体渗透压对维持血浆与组织间液两者间的水盐平衡不起作用。胶体渗透压虽然很小,却对维持毛细血管内外的水盐平衡起主要作用。如果由于某种疾病造成血浆蛋白质减少时,则血浆的胶体渗透压降低,血浆中的水和盐等小分子物质就会透过毛细血管壁进入组织间液,造成血容量降低而组织间液增多,这是形成水肿的原因之一。因此,临床上对大面积烧伤或失血的病人,除补给电解质溶液外,还要输给血浆或右旋糖酐等代血浆,以恢复血浆的胶体渗透压并增加血容量。

　　一般说来,人体血液的渗透压值较为恒定,而尿液渗透压值的变化较大。临床检验时,测定尿液的渗透压值对于评价肾脏功能和作为一些疾病的诊断指标有重要意义。

　　4. 体液渗透压的测定

　　由于直接测定溶液的渗透压比较困难,而测定溶液的凝固点降低比较方便,因此,临床上对血液、胃液、唾液、尿液、透析液、组织细胞培养液的渗透压的测定通常是用"冰点渗透压计"测定溶液的凝固点降低值来推算。

　　例 2.10　测得人体血液的凝固点降低值 $\Delta T_f = 0.56$ K,求在体温 37℃时的渗透压。

　　解　水的 $K_f = 1.86$ K·kg·mol^{-1},根据式 $\Delta T_f = K_f b_B$

$$b_B = \frac{\Delta T_f}{K_f}$$

$$\Pi = b_B RT = \frac{\Delta T_f}{K_f} RT = \frac{0.56 \text{ K}}{1.86 \text{ K·kg·mol}^{-1}} \times 8.314 \text{ kPa·L·K}^{-1}\text{·mol}^{-1} \times (273.15$$

$+37)\text{K} = 7.8 \times 10^2$ kPa

所以人体血液在体温 37℃时的渗透压为 7.8×10^2 kPa。

　　五、稀溶液依数性之间的关系

　　难挥发性非电解质稀溶液的蒸气压降低、沸点升高、凝固点降低和渗透压都与溶剂中所含溶质的物质的量有关,即与单位体积内溶质的微粒数有关,而与溶质的本性无关,这些性质统称为稀溶液的依数性。

　　稀溶液的依数性之间有着内在联系,可以相互换算。由于是稀溶液,可以认为质量摩尔浓度 b_B 与物质的量浓度 c_B 近于相等。因此

$$\frac{\Delta p}{K} = \frac{\Delta T_b}{K_b} = \frac{\Delta T_f}{K_f} = \frac{\Pi}{RT} = b_B \tag{2.21}$$

　　稀溶液的依数性只适用于难挥发性非电解质的稀溶液。对于非电解质稀溶液来说,只要各溶液物质的量浓度相同,则单位体积内溶质的微粒数相同,其渗透压等依数性质的变化也相同,完全符合稀溶液定律。但是,电解质溶液就不一样,由于电解质在溶液中

23

发生解离,单位体积溶液中溶质的微粒(分子和离子)数比相同浓度的非电解质溶液多,电解质稀溶液依数性的实验测定值与理论计算值之间存在着较大的偏差。为了使稀溶液的依数性公式适用于电解质溶液,van't Hoff 建议在公式中应引入一个校正因子 i,因此沸点升高、凝固点降低和渗透压的公式可改写为

$$\Delta T_b = iK_b b_B \qquad (2.22)$$

$$\Delta T_f = iK_f b_B \qquad (2.23)$$

$$\Pi = ic_B RT \approx ib_B RT \qquad (2.24)$$

这样计算才能比较符合实验结果。校正因子 i 的数值,严格说来应由实验测得,但由于强电解质在溶液中完全解离,对于强电解质的稀溶液来说,可忽略阴、阳离子间的相互影响,则 i 值就近似等于"分子"电解质解离出的粒子个数。例如,AB 型强电解质(KCl、$CaSO_4$、$NaHCO_3$ 等)及 AB_2 或 A_2B 型强电解质($MgCl_2$、Na_2SO_4 等)的校正因子 i 分别为 2 和 3。

例 2.11 临床上常用的生理盐水是 $9.0\ g \cdot L^{-1}$ 的 NaCl 溶液,求该溶液在 310.15 K 时的渗透压。

解 NaCl 在稀溶液中完全解离,$i=2$,NaCl 的摩尔质量为 $58.5\ g \cdot mol^{-1}$,则

$$\Pi = ic_B RT = \frac{2 \times 9.0\ g \cdot L^{-1} \times 8.314\ kPa \cdot L \cdot K^{-1} \cdot mol^{-1} \times 310.15\ K}{58.5\ g \cdot mol^{-1}}$$

$$= 7.9 \times 10^2\ kPa$$

化学视窗

正渗透——水处理技术的新方法

水是人类及一切生物赖以生存必不可少的源泉,是工农业生产、经济发展和环境改善不可替代的宝贵自然资源。由于地球上水资源日益紧张,水处理技术得到了广泛的发展,反渗透技术就是其中发展比较成熟的一种。但是反渗透技术面临着需要外加动力,消耗能源大等缺点。正渗透作为一种新兴的水处理技术,由于不需要外加动力,靠渗透压差进行分离,正受到越来越多的关注,成为目前水处理研究的一个新的热点。

正渗透过程中半透膜的一侧是浓度较小的溶液(称为原料液),另一侧是浓度较原料液高的溶液(称为汲取液),在渗透压作用下水分子从原料液一侧透过半透膜扩散到汲取液一侧。从渗透的原理可以看出,正渗透不需要外加压力,靠渗透压差使水通过渗透膜,而把溶质截留下来,达到脱盐的目的。例如美国 HTI 公司将醋酸纤维素正渗透膜置于水袋中,用运动糖浆作为汲取液(浓度较高的溶液),在远足、军事和被困海上等缺水情况下,利用正渗透方法将就近的水源(浓度较小的溶液,如污水、海水等)作为原料液制备含糖饮用水,并根据不同的需要开发了不同体积的水袋,适用于各种紧急缺水情况。在 2010 年海地大地震发生后,HTI 技术团队为海地送去了大量水袋,可以就地将污水和废

水通过正渗透作用净化为可饮用水(含糖),不但保证了至少6000人每人每天有1L的饮用水,同时饮用水中的糖也为虚弱的幸存者提供了足够的能量,保证了地震幸存者的饮水安全。

正渗透技术由于自身的优点,在很多工业领域中有着广泛的应用前景。但实际上,目前正渗透技术的应用大多还处于实验室研究阶段,距离真正的工业化应用还有一定的距离。相信随着正渗透膜性能的不断提高,高渗透压且易于回收汲取液的不断开发,正渗透必将得到更多的发展和应用。

参考文献

1. 魏祖期,刘德育. 基础化学(第8版). 北京:人民卫生出版社,2013

2. 乔春玉,闫鹏.基础化学. 北京:北京大学出版社,2013

3. 冯清等. Basic Chemistry. 武汉:华中科技大学出版社,2008

4. 席晓岚. 基础化学(案例版,第2版).北京:科学出版社,2011

5. 吕以仙,李荣昌. 医用基础化学(第3版). 北京:北京大学医学出版社,2008

习　题

1. 每100 mL血浆含K^+和Cl^-分别为20 mg和366 mg,试计算它们的物质的量浓度,单位用$mmol \cdot L^{-1}$表示。

2. 如何用含结晶水的葡萄糖($C_6H_{12}O_6 \cdot H_2O$)配制质量浓度为50 $g \cdot L^{-1}$的葡萄糖溶液500 mL? 设溶液密度为1.00 $kg \cdot L^{-1}$,该溶液的物质的量浓度和葡萄糖$C_6H_{12}O_6$的摩尔分数是多少?

3. 静脉注射用KCl溶液的极限质量浓度为2.7 $g \cdot L^{-1}$,如果在250 mL葡萄糖溶液中加入1安瓿(10 mL)100 $g \cdot L^{-1}$ KCl溶液,所得混合溶液中KCl的质量浓度是否超过了极限值?

4. 10.00 mL饱和NaCl溶液重12.003 g,将其蒸发干后得到NaCl为3.173 g,试计算:(1) 该溶液的质量分数;(2) 该溶液的质量摩尔浓度;(3) 该溶液的浓度。

5. 质量摩尔浓度均为0.01 $mol \cdot kg^{-1}$蔗糖、葡萄糖、HAc、NaCl、$BaCl_2$,其水溶液凝固点哪一个最高,哪一个最低?

6. 为了防止水在仪器中结冰,可以加入甘油(分子式$C_3H_8O_3$)以降低其凝固点,如需要冰点降至271 K,则在100克水中应加入甘油多少克?

7. 将5.00 g某难挥发性非电解质固体溶于100 g水中,测得该溶液的沸点为100.512℃,试求溶质的相对分子质量及该溶液的凝固点。

8. 为什么在淡水中游泳,眼睛会红肿、疼痛?

9. 将1.01 g胰岛素溶于适量水中配制成100 mL溶液,测得298.15 K时该溶液的渗透压为4.34 kPa,试问该胰岛素的相对分子质量为多少?

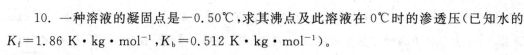

10. 一种溶液的凝固点是$-0.50℃$,求其沸点及此溶液在 $0℃$ 时的渗透压(已知水的 $K_f=1.86\ K\cdot kg\cdot mol^{-1}$, $K_b=0.512\ K\cdot kg\cdot mol^{-1}$)。

11. 临床用的等渗溶液有(a)生理盐水;(b) $12.5\ g\cdot L^{-1}$ NaHCO$_3$ 溶液;(c) $18.7\ g\cdot L^{-1}$ NaC$_3$H$_5$O$_3$(乳酸钠)溶液。若按下述比例混合,试问这几个混合溶液是等渗、低渗还是高渗溶液?

(1) $\frac{2}{3}$(a)$+\frac{1}{3}$(c)　　　(2) $\frac{2}{3}$(a)$+\frac{1}{3}$(b)

(3) 在(a)、(b)、(c)三种等渗溶液中,任意取其中两种且以任意比例混合所得的混合溶液。

12. Glucose, $C_6H_{12}O_6$, is a sugar that occurs in fruits. It is also known as "blood sugar" because it is found in blood and is the body's main source of energy. What is the molality of a solution containing 5.67 g of glucose dissolved in 25.2 g of water?

13. Automotive antifreeze consists of ethylene glycol($C_2H_6O_2$), a nonvolatile non-electrolyte. Calculate the boiling point and freezing point of a 25.0 mass % solution of ethylene glycol in water.

14. Hemoglobin is a large molecule that carries oxygen in human blood. A water solution that contains 0.263 g of hemoglobin(abbreviated here as Hb) in 10.0 mL of solution has an osmotic pressure of 1.00 kPa at 25℃. What is the molar mass of hemoglobin?

(胡威　编写)

第三章
酸碱解离平衡和缓冲溶液

电解质(electrolyte)是指在溶于水或在熔融状态下能够导电的化合物。它们在水中能够解离,产生电解质离子。人体的血液、组织液和细胞内含有多种电解质离子,如 Na^+、K^+、Ca^{2+}、Mg^{2+}、Cl^-、HCO_3^-、HPO_4^{2-}、$H_2PO_4^-$ 等。它们都属于酸碱质子理论或酸碱电子理论当中的酸或碱,其中 HCO_3^-、CO_3^{2-}、HPO_4^{2-}、$H_2PO_4^-$ 等是弱电解质,在水溶液中存在酸碱解离平衡。而由 HCO_3^- 与 CO_3^{2-}、HPO_4^{2-} 与 $H_2PO_4^-$ 等共轭酸碱对组成的缓冲溶液,具有一定的 pH 且能保持体液的 pH 基本不变。除此以外,生物体内的一些生物化学变化只有在一定的 pH 范围内才能正常进行,各种生物催化剂——酶也只有在一定的 pH 值时才有活性。因此,学习电解质的酸碱解离平衡和缓冲溶液的基础知识,对医学课程学习具有重要的意义。

第一节　强电解质溶液理论

一、强电解质溶液理论要点

根据电解质在水溶液中解离程度的不同,可以把电解质分为强电解质和弱电解质。**强电解质**(strong electrolyte)就是在水溶液中完全解离成离子的化合物,如 NaCl、$CuSO_4$ 等物质,它们的晶体是由离子组成的,因而在熔融状态下也能导电;**弱电解质**(weak electrolyte)是在水溶液中部分解离成离子的化合物,如 HAc、$NH_3 \cdot H_2O$ 等物质,它们大部分还是以分子的形式存在于溶液中。从结构上看,强电解质包括离子型化合物(如 NaCl)和强极性共价化合物(如 HCl)。它们在水溶液中全部解离为离子,不存在解离平衡。例如:

$$离子型化合物: Na^+Cl^- \longrightarrow Na^+ + Cl^-$$
$$强极性分子: HCl \longrightarrow H^+ + Cl^-$$

其解离度理论上应该为 100%。**解离度**(degree of dissociation)α 指已解离的电解质分子数与原有的电解质分子总数之比,表达式为

$$\alpha = \frac{已解离的分子数}{原有分子总数} \tag{3.1}$$

由于强电解质已解离的分子数等于原有的分子数,所以其解离度应为 100%。实际上通过凝固点降低法测得强电解质的解离度并不是 100%(如 $25℃$,$0.1 \ mol \cdot kg^{-1}$ 的

NaCl 实验测得其解离度 α 为 93%），如何解释这种现象呢？

1923 年 Debye P 和 Hückel E 提出了**离子相互作用理论**（ion interaction theory），这个理论是对强电解质而言的，因此又称为强电解质溶液理论。

该理论认为，强电解质在溶液中是完全离解的，离子之间通过静电力相互作用，每一个离子都被周围电荷相反的离子包围着，形成所谓**离子氛**（ion atmosphere）。每一个阳离子周围有一个带负电荷的"离子氛"，每一个阴离子周围又有一个带正电荷的"离子氛"。由于同种电荷相互排斥，异种电荷相互吸引，使得一个离子周围带相反电荷的离子并不均匀分布，从统计的角度来看，离子氛呈球形对称分布，如图 3.1 所示。

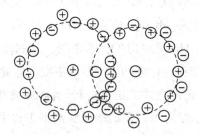

图 3.1　离子氛示意图

由于离子氛的存在，强电解质溶液中的离子并不是独立的自由离子，在外电场作用下，中心离子和它的离子氛向相反方向迁移，而且在迁移过程中离子氛不断被拆散又随时形成。这样，离子迁移的速率显然比没有离子氛时慢一些，使溶液的导电性降低，相当于溶液中离子数目的减少。当离子浓度较高时，阴阳离子之间还可以部分缔合形成离子对。离子对作为独立单位进行运动，会进一步降低自由离子的数目。

由于离子氛和离子对的存在，电解质溶液中的离子不能完全自由运动，离子的有效浓度降低。因此，强电解质溶液的导电性比理论上要低一些，溶液的沸点升高、凝固点下降数值，以及用依数性或导电性测得的解离度与理论值之间都存在着一定的偏差。所以，实验测出的解离度，并不代表强电解质在溶液中的实际解离度，故称为"表观解离度"。

二、离子的活度和活度因子

根据离子相互作用理论，强电解质溶液中的离子不能百分之百的发挥离子应有的效能，离子的有效浓度比理论浓度小。美国化学家 Lewis 将离子的有效浓度称为**活度**（activity），它是电解质溶液中实际上能起作用的离子浓度，通常用 a_B 表示。物质 B 的活度 a_B 与溶液浓度 c_B 的关系为

$$a_B = \gamma_B \cdot c_B / c^\theta \tag{3.2}$$

式中 γ_B 称为溶质 B 的**活度因子**（activity factor），c^θ 为标准态浓度（$1\ \mathrm{mol \cdot L^{-1}}$）。本教材将 c_B/c^θ 定义为物质 B 的相对浓度，用符号 c_r 表示，它是一个单位为 1 的量。式（3.2）可写成

$$a_B = \gamma_B \cdot c_r \tag{3.3}$$

一般来说，由于 $a_B < c_r$，故 $\gamma_B < 1$。溶液离子浓度越大，离子之间的距离越小，离子间

的牵制作用越强,活度与浓度间的差别越大,活度因子就越小。因此,我们可以得出:

(1) 当离子浓度很小,且离子所带的电荷数也较少时,$a_B \approx c_r$,$\gamma_B \approx 1$。

(2) 中性分子虽有活度和浓度的区别,但不像离子的区别那么大,一般把中性分子的活度因子视为 1。对于弱电解质溶液,因其离子浓度很小,通常也把弱电解质的活度因子视为 1。

在电解质溶液中,由于正、负离子同时存在,某一种离子的活度因子还不能由实验方法测定,但可用实验方法测出电解质溶液中离子的平均活度因子 $\gamma_\pm$。对于 1-1 型电解质(如 NaCl、$CuSO_4$ 等)的离子平均活度因子 $\gamma_\pm$,定义为阳离子和阴离子活度因子的几何平均值,即:$\gamma_\pm = \sqrt{\gamma_+ \cdot \gamma_-}$。式中 γ_+、γ_- 分别是正、负离子的活度因子。电解质的离子平均活度等于阳离子和阴离子活度的几何平均值,即 $a_\pm = \sqrt{a_+ \cdot a_-}$。表 3.1 列出了一些强电解质的离子平均活度因子。

表 3.1　一些强电解质的离子平均活度因子(25℃)

$c/(mol \cdot L^{-1})$	0.001	0.005	0.01	0.05	0.1	0.5	1.0
HCl	0.966	0.928	0.904	0.803	0.796	0.753	0.809
KOH	0.96	0.93	0.90	0.82	0.80	0.73	0.76
KCl	0.965	0.927	0.901	0.815	0.769	0.651	0.606
H_2SO_4	0.830	0.637	0.544	0.340	0.265	0.154	0.130
$Ca(NO_3)_2$	0.88	0.77	0.71	0.54	0.48	0.38	0.35
$CuSO_4$	0.74	0.53	0.41	0.21	0.16	0.068	0.047

对于一般的稀溶液,当准确度要求不高时,常用离子(或分子)浓度代替活度。

三、离子强度

离子的活度因子不仅与自身的浓度和所带的电荷有关,还受溶液中其他离子的浓度和所带电荷的影响,为了表达这些影响,引入**离子强度**(ionic strength)的概念,其定义为

$$I \stackrel{def}{=\!=} \frac{1}{2} \sum_i c_i z_i^2 \tag{3.4}$$

式中 I 为离子强度,单位为 $mol \cdot L^{-1}$;c_i 和 z_i 分别为溶液中离子 i 的浓度和该离子的电荷数。

例 3.1　计算 $0.10\ mol \cdot L^{-1} Na_2SO_4$ 溶液的离子强度。

解　$I = \frac{1}{2}\left[c(Na^+)z^2(Na^+) + c(SO_4^{2-})z^2(SO_4^{2-})\right]$

$= \frac{1}{2}\left[(0.20\ mol \cdot L^{-1})(+1)^2 + (0.10\ mol \cdot L^{-1})(-2)^2\right] = 0.30\ mol \cdot L^{-1}$

例 3.2　正常人体血浆中主要电解质离子浓度如下表 3.2 所示,计算血浆的离子强度。

表 3.2　人体血浆中主要电解质离子浓度

阳离子	浓度($mmol \cdot L^{-1}$)	阴离子	浓度($mmol \cdot L^{-1}$)
Na^+	142	Cl^-	103
K^+	5	HCO_3^-	27
Ca^{2+}	2.5	HPO_4^{2-}	1
Mg^{2+}	1.5	SO_4^{2-}	0.5

解　$I = \dfrac{1}{2} \sum_i c_i z_i^2$

$= \dfrac{1}{2}(142 \; mmol \cdot L^{-1} \times 1^2 + 5 \; mmol \cdot L^{-1} \times 1^2 + 2.5 \; mmol \cdot L^{-1} \times 2^2 + 1.5 \; mmol \cdot L^{-1}$

$\times 2^2 + 103 \; mmol \cdot L^{-1} \times 1^2 + 27 \; mmol \cdot L^{-1} \times 1^2 + 1 \; mmol \cdot L^{-1} \times 2^2 + 0.5 \; mmol \cdot L^{-1}$

$\times 2^2) \times 10^{-3} = 0.15 \; mol \cdot L^{-1}$

离子强度 I 反映了离子间作用力的强弱,I 值越大,离子间的作用力越强,活度因子就越小;I 值越小,离子间的作用力越弱,活度因子就越大。

Debye—Hückel 从理论上推导出某离子的活度因子与溶液的离子强度的关系,方程如下

$$\lg \gamma_i = -A z_i^2 \sqrt{I} \tag{3.5}$$

式中 z_i 为离子 i 的电荷数,A 为常数,在 298.15 K 的水溶液中,A 值约等于 0.509。

若求电解质离子的平均活度因子,式(3.5)可改为下列形式

$$\lg \gamma \pm = -A |z_+ \cdot z_-| \sqrt{I} \tag{3.6}$$

z_+ 和 z_- 分别表示正、负离子所带的电荷数,但式(3.5)和式(3.6)只适用于离子强度小于 $0.01 \; mol \cdot L^{-1}$ 的极稀溶液。对于离子强度较高的溶液,Debye—Hückel 方程可修正为

$$\lg \gamma_i = \dfrac{-A z_i^2 \sqrt{I}}{1+\sqrt{I}} \text{ 或 } \lg \gamma \pm = \dfrac{-A |z_+ \cdot z_-| \sqrt{I}}{1+\sqrt{I}} \tag{3.7}$$

此式对离子强度高达 $0.1 \; mol \cdot L^{-1} \sim 0.2 \; mol \cdot L^{-1}$ 的 1-1 型电解质溶液,均可得到较好的结果。对于稀溶液,一般不考虑活度因子的校正;但在生物体内,电解质以一定浓度和一定比例存在于体液中,离子强度对酶、激素和维生素的功能影响却不能忽视。

例 3.3　计算 $0.010 \; mol \cdot L^{-1} NaCl$ 溶液在 25℃ 时的离子强度、活度因子、活度和渗透压。

解　$I = \dfrac{1}{2} \sum_i c_i z_i^2$

$= \dfrac{1}{2}[0.010 \; mol \cdot L^{-1} \times (+1)^2 + 0.010 \; mol \cdot L^{-1} \times (-1)^2] = 0.010 \; mol \cdot L^{-1}$

$\lg \gamma \pm = -A |z_+ \cdot z_-| \sqrt{I} = -0.509 \times |(+1) \times (-1)| \times \sqrt{0.010} = 0.051$

$$\gamma_{\pm} = 0.89$$

$$a_{\pm} = \gamma_{\pm} \cdot c_r = 0.89 \times 0.010 = 0.0089$$

根据 $\Pi = iaRT, i = 2$

$$\Pi = 2 \times 0.0089 \times 8.314 \times 298.15 = 44.1(kPa)$$

实验测得 Π 值为 43.1 kPa，与上面计算出的 Π 值比较接近。若不考虑活度，Π 的计算值为 49.6 kPa，与实验值相差较大。

第二节　弱电解质溶液

弱电解质在水溶液中只有少部分离解成阴、阳离子，大部分仍以分子状态存在，它的导电能力较弱。其中，弱酸、弱碱、配离子和少数盐[如 $HgCl_2$、$Pb(Ac)_2$ 等]属于弱电解质，从结构上看，弱电解质是弱极性共价化合物。

一、弱电解质的解离平衡

弱电解质在溶液中部分分子解离成阴离子和阳离子；同时，一部分阴、阳离子又会重新结合生成分子。当溶液中分子的数目不再减少，离子的数目也不再增加，解离和结合就达到了动态平衡，这种平衡称为弱电解质的解离平衡。

如弱电解质 HA 在水中的解离反应为

$$HA + H_2O \rightleftharpoons A^- + H_3O^+$$

当弱电解质在水中解离达到平衡时，产物中各活度幂次方乘积与反应物活度幂次方乘积的比值为一常数，此常数称为**弱电解质的解离平衡常数**（dissociation constant of weak electrolyte），用符号 K^{θ} 表示。表达式为

$$K^{\theta} = \frac{a_{H_3O^+} a_{A^-}}{a_{HA} a_{H_2O}}$$

其中，$a_{H_3O^+}$、a_{A^-}、a_{HA}、a_{H_2O} 分别表示平衡时水溶液中 H_3O^+、A^-、HA、H_2O 的活度。K^{θ} 又称弱电解质的标准解离常数，指在标准压力下，弱电解质的解离平衡常数。当溶液为稀溶液时，常用相对浓度来代替活度。物质 B 的**相对平衡浓度**（relative concentration）用符号[B]表示，它是一个量纲为 1 的物理量。上式可转换为

$$K^{\theta} = \frac{[H_3O^+][A^-]}{[HA][H_2O]}$$

如 HA 为一元弱酸，在稀溶液中，$[H_2O]$ 变化很小可视为常数，令 $[H_2O]K^{\theta} = K_a^{\theta}$，则

$$K_a^{\theta} = \frac{[H_3O^+][A^-]}{[HA]} \tag{3.8}$$

K_a^{θ} 称为**酸标准解离平衡常数**（dissociation constant of acid），$[H_3O^+]$、$[A^-]$ 和 $[HA]$ 分别为水溶液中 H_3O^+、A^- 和 HA 的相对浓度。在一定温度下，K_a^{θ} 为定值。对于

31

同类型的电解质，在起始浓度 c_r 相等的情况下，K_a^θ 值越大，弱电解质的解离度就越大，酸性越强；反之 K_a^θ 值越小，酸性越弱。例如 $0.10\ mol \cdot L^{-1}$ HAc、NH_4^+ 和 HCN 的 K_a^θ 分别为 1.8×10^{-5}、5.6×10^{-10} 和 6.2×10^{-10}，则这三种酸的强弱顺序为 HAc>HCN>NH_4^+。因此，K_a^θ 可以作为衡量酸强弱的量度。

类似地，一元弱碱 A^- 在水溶液中有下列平衡

$$A^- + H_2O \Longrightarrow HA + OH^-$$

$$K_b^\theta = \frac{[HA][OH^-]}{[A^-]} \tag{3.9}$$

K_b^θ 称为**碱标准解离平衡常数**（dissociation constant of base），它可以作为衡量碱强弱的量度。K_b^θ 值越大，解离程度就越大，碱性就越强。例如 Ac^-、NH_3 的 K_b^θ 分别为 5.8×10^{-10}、1.8×10^{-5}，则 NH_3 的碱性比 Ac^- 的碱性大。

总之，K_a^θ 与 K_b^θ 作为弱酸与弱碱的标准解离常数，可以衡量弱电解质酸碱性的强弱。但由于 K_a^θ 与 K_b^θ 的值一般都比较小，为了方便，常用其负对数表示：

$$pK_a^\theta = -\lg K_a^\theta; pK_b^\theta = -\lg K_b^\theta \tag{3.10}$$

pK_a^θ、pK_b^θ 分别表示弱酸与弱碱标准解离常数的负对数。显然，pK_a^θ 越小，酸性越强；pK_b^θ 越大，碱性越弱。表 3.3 列出一些常见的弱酸和弱碱的标准解离平衡常数。

表 3.3　一些常见弱酸弱碱的 K_a^θ 和 K_b^θ 值（25℃）

弱酸名称	$K_a^\theta(aq)$	$pK_a^\theta(aq)$	弱碱名称	$K_b^\theta(aq)$	$pK_b^\theta(aq)$
H_3O^+	0	0	H_2O	1.0×10^{-14}	14.0
H_2SO_3	1.4×10^{-2}	1.85	HSO_3^-	7.1×10^{-13}	12.15
HSO_4^-	1.0×10^{-2}	1.99	SO_4^{2-}	1.0×10^{-12}	12.01
H_3PO_4	7.6×10^{-3}	2.16	$H_2PO_4^-$	1.4×10^{-12}	11.84
HF	6.3×10^{-4}	3.20	F^-	1.6×10^{-11}	10.80
HCOOH	1.8×10^{-4}	3.75	$HCOO^-$	5.6×10^{-11}	10.25
HAc	1.8×10^{-5}	4.75	Ac^-	5.6×10^{-10}	9.25
H_2CO_3	4.5×10^{-7}	6.35	HCO_3^-	2.2×10^{-8}	7.65
H_2S	8.9×10^{-8}	7.05	HS^-	1.1×10^{-7}	6.95
HSO_3^-	1.0×10^{-7}	7.00	SO_3^{2-}	1.0×10^{-7}	7.00
$H_2PO_4^-$	6.2×10^{-8}	7.21	HPO_4^{2-}	1.6×10^{-7}	6.79
HCN	4.9×10^{-10}	9.31	CN^-	2.0×10^{-5}	4.69
NH_4^+	5.6×10^{-10}	9.25	NH_3	1.8×10^{-5}	4.75
HCO_3^-	4.7×10^{-11}	10.33	CO_3^{2-}	2.1×10^{-4}	3.67
HPO_4^{2-}	4.8×10^{-13}	12.32	PO_4^{3-}	2.1×10^{-2}	1.68
HS^-	1.1×10^{-12}	11.96	S^{2-}	9.1×10^{-3}	2.04
H_2O	1.0×10^{-14}	14.0	OH^-	1.0	0

对于多元弱酸或弱碱,它们的解离是分级进行的,每一级都有其对应的标准解离平衡常数。如 H_3PO_4 是三元弱酸,其解离分三步进行。25℃时,H_3PO_4 的解离和解离平衡常数为:

第一步解离　　　　　　$H_3PO_4 + H_2O \Longrightarrow H_2PO_4^- + H_3O^+$

$$K_{a1}^{\theta} = \frac{[H_2PO_4^-][H_3O^+]}{[H_3PO_4]} = 7.6 \times 10^{-3}$$

第二步解离　　　　　　$H_2PO_4^- + H_2O \Longrightarrow HPO_4^{2-} + H_3O^+$

$$K_{a2}^{\theta} = \frac{[HPO_4^{2-}][H_3O^+]}{[H_2PO_4^-]} = 6.2 \times 10^{-8}$$

第三步解离　　　　　　$HPO_4^{2-} + H_2O \Longrightarrow PO_4^{3-} + H_3O^+$

$$K_{a3}^{\theta} = \frac{[PO_4^{3-}][H_3O^+]}{[HPO_4^{2-}]} = 4.8 \times 10^{-13}$$

K_{a1}^{θ}、K_{a2}^{θ} 和 K_{a3}^{θ} 分别为 H_3PO_4 的一级、二级和三级标准解离平衡常数,且 $K_{a1}^{\theta} \gg K_{a2}^{\theta} \gg K_{a3}^{\theta}$,因而溶液中$[H_2PO_4^-] \gg [HPO_4^{2-}] \gg [PO_4^{3-}]$,$[H_3O^+]$是各级解离产生的$[H_3O^+]$的总和。

PO_4^{3-} 作为三元弱碱,它在水中的解离也分三步进行。

第一步解离　　　　　　　$PO_4^{3-} + H_2O \Longrightarrow HPO_4^{2-} + OH^-$

$$K_{b1}^{\theta} = \frac{[HPO_4^{2-}][OH^-]}{[PO_4^{3-}]} = 2.1 \times 10^{-2}$$

第二步解离　　　　　　$HPO_4^{2-} + H_2O \Longrightarrow H_2PO_4^- + OH^-$

$$K_{b2}^{\theta} = \frac{[H_2PO_4^-][OH^-]}{[HPO_4^{2-}]} = 1.6 \times 10^{-7}$$

第三步解离　　　　　　$H_2PO_4^- + H_2O \Longrightarrow H_3PO_4 + OH^-$

$$K_{b3}^{\theta} = \frac{[H_3PO_4][OH^-]}{[H_2PO_4^-]} = 1.3 \times 10^{-12}$$

K_{b1}^{θ}、K_{b2}^{θ} 和 K_{b3}^{θ} 分别为 PO_4^{3-} 的一级、二级和三级标准解离平衡常数,由于 $K_{b1}^{\theta} \gg K_{b2}^{\theta} \gg K_{b3}^{\theta}$,因而 PO_4^{3-} 在水溶液中解离以第一步解离为主。

二、弱电解质解离平衡的移动

弱电解质的解离平衡是一定条件下的动态平衡,当条件发生改变时,解离平衡也会随即发生移动。影响解离平衡的因素有浓度、同离子效应和盐效应。

(一)浓度对平衡移动的影响

弱酸 HA 在水溶液中存在下列解离平衡

$$HA + H_2O \Longrightarrow H_3O^+ + A^-$$

若增大溶液中 HA 的浓度,平衡向 HA 解离的方向移动;同时溶液中 H_3O^+ 和 A^- 的浓度增大。设弱酸 HA 的初始相对浓度为 c_r,解离度为 α,则有

$$HA + H_2O \Longrightarrow H_3O^+ + A^-$$

起始浓度 $\qquad\qquad\qquad c_r \qquad\qquad\qquad 0 \qquad 0$

平衡浓度 $\qquad\qquad c_r - c_r\alpha \qquad\qquad c_r\alpha \quad c_r\alpha$

$$K_a^\theta = \frac{[H_3O^+][A^-]}{[HA]} = \frac{c_r\alpha \cdot c_r\alpha}{c_r - c_r\alpha} = \frac{c_r\alpha^2}{1-\alpha}$$

当 K_a^θ 很小时，HA 的解离程度也很小，$1-\alpha \approx 1$，则

$$K_a^\theta = c_r\alpha^2$$

得 $$\alpha = \sqrt{\frac{K_a^\theta}{c_r}} \tag{3.11}$$

在一定温度下，K_a^θ 为定值，则弱电解质的解离度与其浓度的平方根成反比，即解离度随弱电解质浓度的增大而减小；同时，弱酸的解离平衡常数越大，解离度越大。

例 3.4 计算 25℃时浓度分别为 $0.10\ \text{mol} \cdot L^{-1}$ 和 $0.010\ \text{mol} \cdot L^{-1}$ 时，HCN 的解离度和溶液中的 $[H_3O^+]$。

解 查表得 HCN 的 $K_a^\theta = 4.9 \times 10^{-10}$

当浓度为 $0.10\ \text{mol} \cdot L^{-1}$ 时

$$\alpha = \sqrt{\frac{K_a^\theta}{c_r}} = \sqrt{\frac{4.9 \times 10^{-10}}{0.10}} = 7 \times 10^{-5}$$

$$[H_3O^+] = c_r\alpha = (0.10 \times 7 \times 10^{-5}) = 7 \times 10^{-6}$$

当浓度为 $0.010\ \text{mol} \cdot L^{-1}$ 时

$$\alpha = \sqrt{\frac{K_a^\theta}{c_r}} = \sqrt{\frac{4.9 \times 10^{-10}}{0.010}} = 2.2 \times 10^{-4}$$

$$[H_3O^+] = c_r\alpha = 0.010 \times 2.2 \times 10^{-4} = 2.2 \times 10^{-6}$$

通过上述计算可以发现，降低弱酸的浓度，可使其解离度增加，但 $[H_3O^+]$ 也随着降低。

（二）同离子效应

向弱电解质 HAc 的溶液中，加入少量 NaAc 固体时，HAc 的离解平衡会发生什么变化呢？

$$HAc + H_2O \Longrightarrow H_3O^+ + Ac^-$$

平衡向左移动 $\qquad\qquad Ac^- + Na^+ \longleftarrow NaAc$

由于 NaAc 为强电解质，在水中完全离解为 Na^+ 和 Ac^-，使溶液中 Ac^- 的浓度增大。这时，HAc 在水中的解离平衡被打破，为减小 NaAc 的影响，平衡向左移动，这导致 HAc 的解离度降低。

同理，向 $NH_3 \cdot H_2O$ 溶液中加入少量 NH_4Cl 固体，$NH_3 \cdot H_2O$ 的解离平衡向左移动，其解离度也随之降低。

这种向弱电解质（弱酸或弱碱）溶液中，加入与弱电解质含有相同离子的强电解质

时,使弱电解质的解离度降低的现象称为**同离子效应**(common ion effect)。

例 3.5　25℃时,向 $0.1 \ mol \cdot L^{-1}$ 醋酸溶液中加入固体 NaAc,使溶液中 NaAc 的浓度为 $0.1 \ mol \cdot L^{-1}$,计算加入 NaAc 固体前后醋酸的解离度各为多少。

解　(1) 已知 HAc 的 $K_a^{\theta} = 1.8 \times 10^{-5}$,加入 NaAc 前

$$HAc + H_2O \Longrightarrow H_3O^+ + Ac^-$$

平衡时　　　　　　　　$0.1 - 0.1\alpha$　　　　　0.1α　　0.1α

$$K_a^{\theta} = \frac{[H_3O^+][Ac^-]}{[HAc]} = \frac{0.1\alpha \cdot 0.1\alpha}{0.1 - 0.1\alpha} = \frac{0.1\alpha^2}{1-\alpha} \approx 0.1\alpha^2$$

$$\alpha = \sqrt{\frac{K_a^{\theta}}{c_r}} = \sqrt{\frac{1.8 \times 10^{-5}}{0.10}} = 1.3 \times 10^{-2}$$

(2) 加入 NaAc 后

$$HAc + H_2O \Longrightarrow H_3O^+ + Ac^-$$

平衡时　　　　　　　　$0.1 - 0.1\alpha$　　　　　0.1α　$0.1\alpha + 0.1$

$$K_a^{\theta} = \frac{[H_3O^+][Ac^-]}{[HAc]} = \frac{0.1\alpha \times (0.1\alpha + 0.1)}{0.1 \times (1 - \alpha)} \approx 0.1\alpha$$

$$\alpha = \frac{K_a^{\theta}}{0.1} = \frac{1.8 \times 10^{-5}}{0.1} = 1.8 \times 10^{-4}$$

(三) 盐效应

向弱电解质溶液中,加入不含有与此弱电解质相同离子的强电解质时,弱电解质的解离度亦会发生变化。例如:在 25℃时,向 $0.1 \ mol \cdot L^{-1}$ HAc 中加入 NaCl,使溶液中 NaCl 的浓度为 $0.1 \ mol \cdot L^{-1}$,HAc 的解离度则由 1.32% 增大到 1.82%。这是由于强电解质的加入,使溶液中阴、阳离子浓度增大,由于阴、阳离子间的静电吸引作用,使 H^+ 和 Ac^- 结合成 HAc 分子的机会降低,从而使解离平衡向右移动,HAc 的解离度增大。

这种由于在弱电解质溶液中加入了不含有与此弱电解质相同离子的强电解质,而使弱电解质的解离度增大的现象称为**盐效应**(salt effect)。当向弱电解质溶液中加入含有与弱电解质相同离子的强电解质时,在发生同离子效应的同时,必然伴随盐效应的发生,但同离子效应远比盐效应大得多,所以当两者共存时,通常可忽略盐效应的影响。

第三节　酸碱理论

人们对酸碱的认识是一个由浅入深,由现象到本质的逐步完善的过程,先后提出了多种酸碱理论。其中 Arrhenius 的电离理论认为:酸碱就是能电离出 H^+ 或 OH^- 的物质,酸碱反应的实质就是 H^+ 与 OH^- 作用产生 H_2O,但它无法解释 Na_2CO_3 溶液为何具有碱性,NH_4Cl 溶液为何具有酸性。1923 年丹麦的 Brønsted J N 与英国的 Lowry T M

提出了酸碱质子理论,同年美国化学家 Lewis G N 又提出了酸碱电子理论。它们克服了电离理论的局限性,为化学的发展做出了积极的贡献。

一、酸碱质子理论

（一）酸碱的定义

酸碱质子理论(proton theory of acid and base)认为:凡能给出质子（H^+）的物质都是酸(acid),凡能接受质子的物质都是碱(base)。酸是质子的给体,又称为质子酸;碱是质子的受体,又称为质子碱。酸与碱的关系可用下列通式表示:

$$酸 \Longrightarrow 质子 + 碱$$

$$HB \Longrightarrow H^+ + B^-$$

$$HAc \Longrightarrow H^+ + Ac^-$$

$$HCl \Longrightarrow H^+ + Cl^-$$

$$H_2CO_3 \Longrightarrow H^+ + HCO_3^-$$

$$HCO_3^- \Longrightarrow H^+ + CO_3^{2-}$$

$$NH_4^+ \Longrightarrow H^+ + NH_3$$

$$H_3O^+ \Longrightarrow H^+ + H_2O$$

$$H_2O \Longrightarrow H^+ + OH^-$$

$$[Al(H_2O)_6]^{3+} \Longrightarrow H^+ + [Al(H_2O)_5(OH)]^{2+}$$

这种酸与碱的关系式又称为**酸碱半反应**(half reaction of acid-base)。酸 HB 给出质子后变成碱 B^-,碱 B^- 接受了质子又可以变成酸 HB,酸与碱的这种相互依存、相互转化的关系称为共轭关系。其中,HB 是 B^- 的**共轭酸**(conjugate acid),碱 B^- 是 HB 的**共轭碱**(conjugate base),HB-B^- 组成**共轭酸碱对**(conjugated pair of acid-base)。显然,酸若容易给出质子,其共轭碱接受质子的能力就比较弱;反之,若共轭碱容易接受质子,其共轭酸给出质子的倾向就比较弱。

从酸碱的概念中,我们可以得出:

(1) 酸可以是分子、阳离子或阴离子,如 HAc、HCO_3^-、NH_4^+;碱也可以是分子、阳离子或阴离子,如 NH_3、$[Al(H_2O)_6]^{3+}$、CO_3^{2-}。相对于酸碱电离理论,质子理论扩大了酸碱的范围。

(2) H_2O 相对于 OH^- 是酸,但相对于 H_3O^+ 却是碱;HCO_3^- 对于 CO_3^{2-} 是酸,但相对于 H_2CO_3 却是碱。像 H_2O、HCO_3^- 这样,在某个共轭酸碱对中是酸,在另一个共轭酸碱对中却是碱的物质称为**两性物质**(amphoteric substance)。

(3) 在酸碱电离理论中,Na_2CO_3 称为盐,而在酸碱质子理论中却没有"盐"的概念,CO_3^{2-} 为碱,Na^+ 是非酸非碱物质,它既不给出质子,也不接受质子。

（二）酸碱反应的实质

共轭酸与共轭碱的关系为:

$$酸 \Longrightarrow 质子 + 碱$$

　　它是酸碱半反应的表达形式,但并不是一种实际的反应式,即 HAc 分子不可能自发地解离为 H^+ 和 Ac^-。但在 HAc 水溶液中发现了 Ac^-,说明 HAc 分子存在解离,如何解释这种现象呢? 原来,HAc 作为质子酸,H_2O 作为质子碱。HAc 将质子转移给 H_2O 后转化成 Ac^-,H_2O 转变成 H_3O^+。如果没有 H_2O 的存在,质子就不能发生传递,HAc 也就不能发生解离反应。

$$\overset{\displaystyle H^+}{\overbrace{HAc+H_2O}}\Longrightarrow H_3O^+ + Ac^-$$
$$\text{酸}_1 \quad \text{碱}_2 \quad \text{酸}_2 \quad \text{碱}_1$$

　　通过上面的反应可以看出在 HAc 解离过程中,存在两个酸碱半反应,它们通过质子的传递联系起来。所以说,酸碱反应的实质是两对共轭酸碱对之间**质子传递反应**(protolysis reaction)。以下是几种常见的质子传递反应:

$$\overset{\displaystyle H^+}{\overbrace{H_2O+H_2O}}\Longrightarrow OH^- + H_3O^+$$

$$\overset{\displaystyle H^+}{\overbrace{H_2O+Ac^-}}\Longrightarrow OH^- + HAc$$

$$\overset{\displaystyle H^+}{\overbrace{H_2O+NH_3}}\Longrightarrow OH^- + NH_4^+$$

$$\overset{\displaystyle H^+}{\overbrace{HCl(g)+NH_3(g)}}\Longrightarrow NH_4Cl(g)$$

　　通过上面的反应可以看出,质子传递反应可以在水溶液中进行,也可以在非水溶剂或气相中进行。这就为研究质子反应开辟了更广阔的空间。在这种质子传递反应中,两个共轭酸碱对之间存在着争夺质子的过程。其结果是强碱夺取强酸的质子,强碱转化为它的共轭酸——弱酸,强酸转化为它的共轭碱——弱碱。所以,酸碱反应也就是由较强的酸和较强的碱作用,向着生成较弱的酸和较弱的碱的方向进行;同时,相互作用的酸和碱越强,反应就进行得越完全。

(三)酸碱强度

　　根据酸碱质子理论,酸或碱的强度取决于它们给出或接受质子能力的大小。酸给出质子的能力越强,则酸性越强,像 HCl、HNO_3、H_2SO_4、$HClO_4$ 都是强酸;碱接受质子的能力越强,则碱性越强,像 NaOH,KOH 都是强碱。强酸或强碱在水中发生完全的质子传递反应,而弱酸和弱碱则在水中发生部分的质子传递反应,它们的强度可以通过解离平衡常数来进行比较。$K_a^{\ominus}$ 值越大,酸在水中释放质子能力就越大,酸性就越强。一些常见的弱电解质的解离常数见附录二。

　　一种物质酸碱性的强弱,除了与其本性有关外,还与溶剂有关。例如:HAc 在水中是弱酸,但在液氨中却是强酸,这是由于液氨接受质子的能力比水强。又如,HNO_3 在水中为强酸,但在冰醋酸中却为弱酸。反应分别如下:

$$\overset{\overset{\displaystyle H^+}{\underset{\displaystyle \downarrow}{\rule{2cm}{0.4pt}}}}{HAc+NH_3} \Longrightarrow AC^-+NH_4^+$$

$$\overset{\overset{\displaystyle H^+}{\underset{\displaystyle \downarrow}{\rule{2cm}{0.4pt}}}}{HNO_3+HAc} \Longrightarrow H_2Ac^++NO_3^-$$

通过以上反应可以得出,各种物质酸碱性的强弱是相对的,要衡量彼此酸碱性的强弱必须以某种物质作为参照标准。由于化学反应一般是在水溶液中进行的,通常以水作为衡量各种物质酸碱性强弱的标准。若以 HB 代表酸,B^- 为其共轭碱,它们在水溶液中存在如下质子传递平衡:

$$HB+H_2O \Longrightarrow H_3O^++B^-$$

$$K_a^\theta = \frac{[H_3O^+][B^-]}{[HB]}$$

$$B^-+H_2O \Longrightarrow OH^-+HB$$

$$K_b^\theta = \frac{[OH^-][HB]}{[B^-]}$$

HB-B^- 作为一对共轭酸碱对,存在共轭关系,那么它们的解离平衡常数之间又是什么关系呢?

$$K_a^\theta \cdot K_b^\theta = \frac{[H_3O^+][Ac^-]}{[HA]} \cdot \frac{[OH^-][HAc]}{[Ac^-]} = [H_3O^+][OH^-] = K_w^\theta$$

即
$$K_a^\theta \cdot K_b^\theta = K_w^\theta \tag{3.12}$$

从上式可以得出,在水溶液中,任何共轭酸碱对的酸标准解离常数 K_a^θ 与碱标准解离常数 K_b^θ 的乘积等于水的离子积 K_w^θ。这也说明了共轭酸的 K_a^θ 越大,酸性越强,其共轭碱的 K_b^θ 就越小,碱性就越弱,反之亦然。

二、酸碱电子理论

酸碱质子理论在解决酸碱的强度方面,给我们提供了很大的方便,但它的局限性是把酸归纳为能提供 H^+ 质子的物质,很多被实验证实为酸性物质,如 SO_3、BF_3 等却被排除在酸的行列之外。1923 年,Lewis G N 结合酸碱的电子层结构,提出了酸碱电子理论。

(一) 酸碱的定义

酸碱电子理论认为:凡是能接受电子对的物质都是酸;凡是能给出电子对的物质都是碱。酸是电子对的受体,碱是电子对的给体。例如:

$$H^+ + :NH_3 \Longrightarrow NH_4^+$$

$$Ag^+ + 2(:NH_3) \Longrightarrow [Ag(NH_3)_2]^+$$

$$\underset{\displaystyle F}{\overset{\displaystyle F}{F-B}} + [:\ddot{F}:]^- \Longrightarrow \left[\underset{\displaystyle F}{\overset{\displaystyle F}{F-B\leftarrow F}}\right]^-$$

H^+、Ag^+、BF_3 是电子对的受体,都是酸;NH_3、F^- 是电子对的给体,都是碱。酸或碱可以是分子、离子或原子团,酸碱反应的产物是通过配位键结合而成的。为了与其他的酸碱理论进行区分,电子理论当中的酸碱称为 Lewis 酸碱。

(二)酸碱反应的实质

Lewis 酸碱反应可用下列通式表示:

$$A + :B \rightleftharpoons A:B$$
$$\text{酸} \quad \text{碱} \quad \text{酸碱配合物}$$

A 为 Lewis 酸,B 为 Lewis 碱,酸碱反应的实质是通过配位键的形成,生成酸碱配合物 A:B。由于含有配位键的化合物普遍存在,所以 Lewis 酸碱范围极其广泛,几乎所有化合物都可以看作酸碱配合物。例如:NaOH 可以看作由 Na^+(酸)和 OH^-(碱)以配位键结合而成的酸碱配合物。有机化合物也是如此,如 C_2H_5OH 可以看作由 $C_2H_5^+$ 和 OH^-(碱)以配位键结合而成的酸碱配合物。

根据酸碱电子理论,可把酸碱反应分为以下四种类型

酸碱加合反应,如 $BF_3 + F^- \rightleftharpoons BF_4^-$

碱取代反应,如 $[Ag(NH_3)_2]^+ + 2S_2O_3^{2-} \rightleftharpoons [Ag(S_2O_3)_2]^{3-} + 2NH_3$

酸取代反应,如 $[Cu(NH_3)_4]^{2+} + 4H^+ \rightleftharpoons Cu^{2+} + 4NH_4^+$

双取代反应,如 $HCl + NaOH \rightleftharpoons NaCl + H_2O$

酸碱电子理论以电子对的给出和接受来定义酸碱,摆脱了酸必须含有氢元素的限制,也不受溶剂的束缚,相对于 Arrhenius 的电离理论和 Brønsted-Lowry 的质子理论,酸碱电子理论扩大了酸碱的范围,并应用更为广泛。但是电子理论对酸碱的认识过于笼统,因而不易掌握酸碱的特征,也不易确定酸碱的相对强度。

第四节　酸碱溶液 pH 的计算

一、水的质子自递平衡和水的离子积

H_2O 是一种两性物质,分子之间可以发生质子传递反应:

$$H_2O + H_2O \rightleftharpoons H_3O^+ + OH^-$$

这种质子从一个水分子传递给另一个水分子的反应称为水的**质子自递反应**(proton self-transfer reaction)。自递反应达到平衡时,平衡常数的表达式为

$$K^\theta = \frac{[H_3O^+][OH^-]}{[H_2O][H_2O]}$$

由于水是极弱的电解质,在整个过程中浓度基本不变,可看作常数,将其与 K^θ 合并,得

$$K_w^\theta = [H_3O^+][OH^-] \tag{3.13}$$

为简便起见,一般常用 $[H^+]$ 代替 $[H_3O^+]$,则

$$K_w^\theta = [H^+][OH^-] \tag{3.14}$$

K_w^θ 称为水的**质子自递平衡常数**(proton self-transfer constant),又称**水的离子积**(ion product of water),其数值与温度有关。例如在 0℃ 时为 1.1×10^{-15},25℃ 时为 1.0×10^{-14}。表 3.4 列出了不同温度下水的离子积数值。

表 3.4　不同温度水的离子积常数

T/K	K_w^θ	T/K	K_w^θ
273	1.1×10^{-15}	323	5.5×10^{-14}
283	2.9×10^{-15}	333	9.6×10^{-14}
298	1.0×10^{-14}	353	2.5×10^{-13}
313	2.9×10^{-14}	373	5.5×10^{-13}

从表 3.4 中可以看出,随着温度的升高,K_w^θ 值增大,这是由于水的解离是一个吸热反应。在常温下,水的离子积 $K_w^\theta = 1.0 \times 10^{-14}$,$[H_3O^+] = [OH^-] = 1.0 \times 10^{-7}$。值得注意的是,水的离子积 K_w^θ 不仅适用于纯水,也适用于所有水的稀溶液。如果知道了稀溶液中 OH^- 的浓度,根据公式(3.13)就可以计算出 H_3O^+ 的浓度,从而判断溶液的酸碱性。

$$[H_3O^+] = [OH^-] = 1.0 \times 10^{-7} \text{ 为中性溶液}$$

$$[H_3O^+] > 1.0 \times 10^{-7} > [OH^-] \text{ 为酸性溶液}$$

$$[H_3O^+] < 1.0 \times 10^{-7} < [OH^-] \text{ 为碱性溶液}$$

但当溶液的酸碱性较弱,H_3O^+ 浓度很小时,如血清中 $[H_3O^+] = 3.98 \times 10^{-8} \text{ mol} \cdot L^{-1}$,常用 pH 来表达溶液的酸碱性。pH 为氢离子活度的负对数。表达式为

$$pH = -\lg a_{H^+} \tag{3.15}$$

在稀溶液中,由于活度和浓度的数值十分接近,故可用浓度代替活度。

$$pH = -\lg[H^+] \tag{3.16}$$

溶液的酸碱性也可用 pOH 表示,pOH 是 OH^- 离子活度的负对数值

$$pOH = -\lg a_{OH^-} \text{ 或 } pOH = -\lg[OH^-] \tag{3.17}$$

常温下,由于 $[H^+][OH^-] = 1.0 \times 10^{-14}$

所以

$$pH + pOH = 14 \tag{3.18}$$

通常溶液的 pH 范围在 0~14,相当于溶液中 H^+ 浓度为 $1 \text{ mol} \cdot L^{-1} \sim 10^{-14} \text{ mol} \cdot L^{-1}$。当 $[H^+] = 1.0 \times 10^{-7}$,即 pH=7 时,表示溶液为中性溶液;pH>7 时,为碱性溶液;pH<7 时,为酸性溶液。

pH 的概念不仅在化学中具有重要的作用,在医学、生物学中也具有重要的意义。如微生物的培养需要一定 pH 的培养基,各种生物催化剂——酶也只有在一定 pH 时才有活性,并且人体的各种体液也都有一定的 pH 范围。如果 pH 超出此范围,将影响机体的正常生理活动。表 3.5 列出了正常人各种体液的 pH 范围。

表 3.5　人体各种体液的 pH 值

体液	pH 值	体液	pH 值
血清	7.35～7.45	大肠液	8.3～8.4
成人胃液	0.9～1.5	乳汁	6.0～6.9
婴儿胃液	5.0	泪水	7.4
唾液	6.35～6.85	尿液	4.8～7.5
胰液	7.5～8.0	脑脊液	7.35～7.45
小肠液	7.5 左右		

二、一元弱酸或弱碱溶液

一元弱酸 HA 在水溶液中,存在以下两种质子传递平衡:

$$HA + H_2O \rightleftharpoons H_3O^+ + A^-$$

$$K_a^\theta = \frac{[H_3O^+][A^-]}{[HA]}$$

$$H_2O + H_2O \rightleftharpoons H_3O^+ + OH^-$$

$$K_w^\theta = [H_3O^+][OH^-]$$

在此水溶液中,存在 HA、H_2O、H_3O^+、A^- 和 OH^- 五种微粒,其中 HA、H_3O^+、A^- 和 OH^- 四种物质的浓度都是未知的。要精确求得[H_3O^+],计算相当麻烦。因此,我们可考虑采用下面的近似处理。

(1) 设 HA 起始相对浓度为 c_r,当 $K_a^\theta \cdot c_r \geqslant 20\ K_w^\theta$ 时,可忽略水的解离,认为 H_3O^+ 全部来自于 HA 的解离,即

$$[H_3O^+] = [A^-], [HA] = c_r - [H_3O^+]$$

$$HA + H_2O \rightleftharpoons H_3O^+ + A^-$$

平衡时浓度　　　　　$c_r - [H_3O^+]$　　$[H_3O^+][H_3O^+]$

则

$$K_a^\theta = \frac{[H_3O^+][A^-]}{[HA]} = \frac{[H_3O^+]^2}{c_r - [H_3O^+]} \tag{3.19}$$

上式转化为

$$[H_3O^+]^2 + K_a^\theta[H_3O^+] - K_a^\theta c_r = 0$$

得

$$[H_3O^+] = \frac{-K_a^\theta + \sqrt{(K_a^\theta)^2 + 4K_a^\theta c_r}}{2} \tag{3.20}$$

式(3.20)是计算一元弱酸溶液 H_3O^+ 浓度的近似公式,但必须满足 $c_r K_a^\theta \geqslant 20K_w^\theta$。

(2) 当 $K_a^\theta \cdot c_r \geqslant 20\ K_w^\theta$,$c_r/K_a^\theta \geqslant 500$ 时,弱酸 HA 的解离度极小,$c_r - [H_3O^+] \approx c_r$,式(3.19)转化为

$$[H_3O^+] = \sqrt{K_a^\theta c_r} \tag{3.21}$$

式(3.21)为计算一元弱酸溶液中[H_3O^+]的最简公式。但使用此式要满足两个条件

$c_r K_a^\theta \geqslant 20 K_w^\theta$ 和 $c_r/K_a^\theta \geqslant 500$,此时的计算误差在 5% 以内。

同理可导出一元弱碱溶液的计算公式

当 $K_b^\theta \cdot c_r \geqslant 20 K_w^\theta$ 时

$$[OH^-] = \frac{-K_b^\theta + \sqrt{(K_b^\theta)^2 + 4K_b^\theta c_r}}{2} \qquad (3.22)$$

当 $K_b^\theta \cdot c_r \geqslant 20 K_w^\theta$,且 $c_r/K_b^\theta \geqslant 500$ 时

$$[OH^-] = \sqrt{K_b^\theta c_r} \qquad (3.23)$$

式(3.23)为计算一元弱碱溶液中$[OH^-]$的最简公式,但必须满足上面两个条件。

例 3.6 计算 0.100 mol·L^{-1} HAc 溶液的 pH,已知 $K_a^\theta = 1.8 \times 10^{-5}$。

解 $K_a^\theta \cdot c_r = 0.100 \times 1.8 \times 10^{-5} = 1.8 \times 10^{-6} > 20 K_w^\theta$

$c_r/K_a^\theta = 0.100/(1.8 \times 10^{-5}) = 5556 > 500$,可用式(3.21)计算

$$[H_3O^+] = \sqrt{K_a^\theta c_r} = \sqrt{1.8 \times 10^{-5} \times 0.100} = 1.32 \times 10^{-3}$$

即 $$pH = 2.88$$

例 3.7 已知 $K_a^\theta(HAc) = 1.8 \times 10^{-5}$,计算 0.100 mol·L^{-1} NaAc 溶液的 pH 值。

解 HAc 与 Ac$^-$ 为共轭酸碱对,已知 $K_a^\theta(HAc) = 1.8 \times 10^{-5}$,则

$$K_b^\theta(Ac^-) = \frac{K_w^\theta}{K_a^\theta(HAc)} = \frac{1.0 \times 10^{-14}}{1.8 \times 10^{-5}} = 5.6 \times 10^{-10}$$

因为 $c_r K_b^\theta \geqslant 20 K_w^\theta$,$c_r/K_b^\theta = 0.100/(5.6 \times 10^{-10}) > 500$,

则 $$[OH^-] = \sqrt{K_b^\theta c_r} = \sqrt{5.6 \times 10^{-10} \times 0.100} = 7.5 \times 10^{-6}$$

得 $$pOH = 5.11, pH = 14 - 5.11 = 8.89$$

三、多元酸碱溶液

H_2CO_3、$H_2C_2O_4$、H_3PO_4 等都是多元弱酸,S^{2-}、$C_2O_4^{2-}$、PO_4^{3-} 等都是多元弱碱,它们在水溶液中的质子传递都是分步、逐级进行的,每一步都有其对应的解离平衡常数。例如 H_2A 在水溶液中质子传递反应为

第一步质子传递反应 $\quad H_2A + H_2O \Longrightarrow HA^- + H_3O^+$

$$K_{a1}^\theta = \frac{[H_3O^+][HA^-]}{[H_2A]}$$

第二步质子传递反应 $\quad HA^- + H_2O \Longrightarrow A^{2-} + H_3O^+$

$$K_{a2}^\theta = \frac{[H_3O^+][A^{2-}]}{[HA^-]}$$

水的质子自递反应 $\quad H_2O + H_2O \Longrightarrow H_3O^+ + OH^-$

$$K_w^\theta = [H_3O^+][OH^-]$$

在水溶液中,上述质子传递反应同时存在,H_3O^+ 来自于三个反应中。计算$[H_3O^+]$时,可作以下近似处理。

(1) 当 $K_{a2}^\theta c_r \geqslant 20 K_w^\theta$,可忽略水的质子自递平衡。

（2）当 $K_{a1}^{\theta}/K_{a2}^{\theta}>10^{2}$ 时,溶液中 H_3O^+ 主要来自第一步反应,可忽略第二步反应所产生的 H_3O^+,H_2A 当作一元弱酸处理,此时

$$[H_3O^+]\approx[HA^-]$$

（3）若 $c_r/K_{a1}^{\theta}\geqslant500$,$[H_2A]\approx c_r(H_2A)$,$[H_3O^+]$ 可按一元弱酸的最简式计算

$$[H_3O^+]=\sqrt{K_{a1}^{\theta}[H_2A]}=\sqrt{K_{a1}^{\theta}c_r(H_2A)}$$

综上所述,对于多元弱酸如 H_2CO_3、$H_2C_2O_4$、H_3PO_4 等的水溶液,当 $K_{a2}^{\theta}c_r\geqslant20K_w^{\theta}$,$K_{a1}^{\theta}/K_{a2}^{\theta}>10^{2}$ 时

$$[H_3O^+]=\frac{-K_{a1}^{\theta}+\sqrt{(K_{a1}^{\theta})^2+4K_{a1}^{\theta}c_r}}{2} \tag{3.24}$$

当 $K_{a2}^{\theta}c_r\geqslant20K_w^{\theta}$,$K_{a1}^{\theta}/K_{a2}^{\theta}>10^{2}$ 且 $c_r/K_{a1}^{\theta}\geqslant500$ 时

$$[H_3O^+]=\sqrt{K_{a1}^{\theta}c_r} \tag{3.25}$$

对于多元弱碱如 Na_2CO_3、$Na_2C_2O_4$、Na_3PO_4 等的水溶液,情况与多元弱酸类似。

当 $K_{b2}^{\theta}c_r\geqslant20K_w^{\theta}$,$K_{b1}^{\theta}/K_{b2}^{\theta}>10^{2}$ 且 $c_r/K_{b1}^{\theta}\geqslant500$ 时

$$[OH^-]=\sqrt{K_{b1}^{\theta}c_r} \tag{3.26}$$

对于多元弱酸或弱碱溶液中其他物质的浓度,可根据 $[H_3O^+]$ 或 $[OH^-]$ 及各种解离平衡常数进行计算。

例 3.8　计算 $0.10\ mol\cdot L^{-1}\ H_3PO_4$ 溶液的 pH 值,并求出 $[H_2PO_4^-]$、$[HPO_4^{2-}]$ 和 $[PO_4^{3-}]$。已知 H_3PO_4 的 $K_{a1}^{\theta}=7.6\times10^{-3}$,$K_{a2}^{\theta}=6.2\times10^{-8}$,$K_{a3}^{\theta}=4.8\times10^{-13}$。

解　H_3PO_4 为三元弱酸,由于 $c_r=0.10$;$K_{a2}^{\theta}c_r\geqslant20K_w^{\theta}$,$K_{a1}^{\theta}/K_{a2}^{\theta}>10^{2}$,$c_r/K_{a1}^{\theta}<500$,可按一元弱酸的近似式(3.24)计算 $[H_3O^+]$。

$$[H_3O^+]=\frac{-K_{a1}^{\theta}+\sqrt{(K_{a1}^{\theta})^2+4K_{a1}^{\theta}c_r}}{2}$$

$$=\frac{-7.6\times10^{-3}+\sqrt{(7.6\times10^{-3})^2+4\times0.10\times7.6\times10^{-3}}}{2}$$

$$=2.4\times10^{-2}$$

$$pH=1.82$$

因为 $K_{a1}^{\theta}/K_{a2}^{\theta}>10^{2}$,所以只考虑第一步解离,则

$$[H_3O^+]=[H_2PO_4^-]=2.4\times10^{-2}$$

根据

$$K_{a2}^{\theta}=\frac{[HPO_4^{2-}][H_3O^+]}{[H_2PO_4^-]}=6.2\times10^{-8}$$

得

$$[HPO_4^{2-}]=6.2\times10^{-8}$$

根据

$$K_{a3}^{\theta}=\frac{[PO_4^{3-}][H_3O^+]}{[HPO_4^{2-}]}=4.8\times10^{-13}$$

得

$$[PO_4^{3-}]=1.2\times10^{-8}$$

例 3.9　计算 $0.100\ mol\cdot L^{-1}\ Na_2CO_3$ 溶液的 pH 值,并求 $[HCO_3^-]$,$[H_2CO_3]$ 和

$[OH^-]$。已知 H_2CO_3 的 $K_{a1}^\theta = 4.5 \times 10^{-7}$，$K_{a2}^\theta = 4.7 \times 10^{-11}$。

解 CO_3^{2-} 为二元弱碱，在水中存在二步解离

$$CO_3^{2-} + H_2O \Longrightarrow HCO_3^- + OH^-$$

$$K_{b1}^\theta = K_w^\theta / K_{a2}^\theta = 1.0 \times 10^{-14} / (4.7 \times 10^{-11}) = 2.1 \times 10^{-4}$$

$$HCO_3^- + H_2O \Longrightarrow H_2CO_3 + OH^-$$

$$K_{b2}^\theta = K_w^\theta / K_{a1}^\theta = 1.0 \times 10^{-14} / (4.5 \times 10^{-7}) = 2.24 \times 10^{-8}$$

$K_{b2}^\theta c_r \geqslant 20 K_w^\theta$，$K_{b1}^\theta / K_{b2}^\theta > 10^2$，$c_r / K_{b1}^\theta > 500$，可按一元弱碱最简式(3.26)计算 $[OH^-]$

$$[OH^-] = \sqrt{K_{b1}^\theta c_r} = \sqrt{2.1 \times 10^{-4} \times 0.100} = 4.6 \times 10^{-3}$$

$$pOH = 2.33$$

$$pH = 14.00 - 2.33 = 11.67$$

因为 $K_{b1}^\theta / K_{b2}^\theta > 10^2$，只考虑第一步解离，则

$$[HCO_3^-] = [OH^-] = 4.6 \times 10^{-3}$$

$$K_{b2}^\theta = \frac{[OH^-][H_2CO_3]}{[HCO_3^-]} = [H_2CO_3] = 2.24 \times 10^{-8}$$

四、两性物质溶液

两性物质为既能够给出质子又能够接受质子的物质，有多元酸的酸式盐（如 $NaHCO_3$、NaH_2PO_4、Na_2HPO_4）、弱酸弱碱盐（如 NH_4Ac）和氨基酸（H_2NCH_2COOH）等。它们在水溶液中的解离平衡十分复杂，可根据具体情况进行合理简化和近似处理。

现以酸式盐 NaHB 为例，来说明两性物质溶液 pH 值的计算。NaHB 在水溶液中存在下列质子传递平衡

(1) $HB^- + H_2O \Longrightarrow H_3O^+ + B^{2-}$（$HB^-$ 作为酸）

$$K_a^\theta = \frac{[H_3O^+][B^{2-}]}{[HB^-]}$$

(2) $HB^- + H_2O \Longrightarrow OH^- + H_2B$（$HB^-$ 作为碱）

$$K_b^\theta = \frac{[OH^-][H_2B]}{[HB^-]} \quad (K_a^\theta)' = \frac{K_w^\theta}{K_b^\theta}$$

(3) $H_2O + H_2O \Longrightarrow H_3O^+ + OH^-$

$$K_w^\theta = [H_3O^+][OH^-]$$

当 $K_a^\theta c_r > 20 K_w^\theta$，$c_r > 20 (K_a^\theta)'$ 时，

$$[H_3O^+] = \sqrt{(K_a^\theta)' K_a^\theta} \text{ 或 } pH = \frac{1}{2}[p(K_a^\theta)' + pK_a^\theta] \tag{3.27}$$

这是计算两性物质溶液 $[H_3O^+]$ 的最简式，它只有在两性物质浓度不是太小，且 $K_a^\theta c_r > 20 K_w^\theta$ 和 $c_r > 20 (K_a^\theta)'$ 时才能应用。

例 3.10 计算 25℃ 时 0.10 $mol \cdot L^{-1}$ $NaHCO_3$ 溶液的 pH 值。已知 H_2CO_3 的 $K_{a1}^\theta = 4.5 \times 10^{-7}$，$K_{a2}^\theta = 4.7 \times 10^{-11}$。

解 HCO_3^- 为两性物质,其共轭酸为 H_2CO_3,则 $(K_a^\theta)' = K_{a1}^\theta$,$K_a^\theta = K_{a2}^\theta$。因 $K_a^\theta c_r > 20K_w^\theta$,且 $c_r > 20(K_a^\theta)'$,符合最简式(3.27)的计算条件,所以

$$[H_3O^+] = \sqrt{K_{a1}^\theta K_{a2}^\theta} = \sqrt{4.5 \times 10^{-7} \times 4.7 \times 10^{-11}} = 4.9 \times 10^{-9}$$

$$pH = -\lg(4.9 \times 10^{-9}) = 8.31$$

例 3.11 计算 $0.10\ mol \cdot L^{-1}\ NH_4CN$ 溶液的 pH 值。已知 NH_3 的 K_b^θ 为 1.8×10^{-5},HCN 的 $K_a^\theta = 4.9 \times 10^{-10}$。

解 NH_4CN 在水中完全解离为 NH_4^+ 和 CN^-,NH_4^+ 为一元弱酸,CN^- 为一元弱碱,故 NH_4CN 为两性物质,计算两性物质溶液 $[H_3O^+]$ 公式中,K_a^θ 为 NH_4^+ 的解离常数,$(K_a^\theta)'$ 为 CN^- 共轭酸,HCN 的解离常数。则

$$K_a^\theta = K_a^\theta(NH_4^+) = K_w^\theta/K_b^\theta(NH_3) = 1.0 \times 10^{-14}/1.8 \times 10^{-5} = 5.6 \times 10^{-10}$$

$$(K_a^\theta)' = K_a^\theta(HCN) = 4.9 \times 10^{-10}$$

由于 $K_a^\theta c_r > 20K_w^\theta$,且 $c_r > 20(K_a^\theta)'$,符合最简式(3.27)的计算条件,所以

$$[H_3O^+] = \sqrt{\frac{K_w^\theta}{K_b^\theta(NH_3)} \times K_a^\theta(HCN)} = \sqrt{5.6 \times 10^{-10} \times 4.9 \times 10^{-10}} = 5.2 \times 10^{-10}$$

$$pH = -\lg(5.2 \times 10^{-10}) = 9.28$$

例 3.12 已知氨基乙酸(NH_2CH_2COOH)在水中既可以作酸释放质子,传递方程为

$$NH_2CH_2COOH + H_2O \rightleftharpoons NH_2CH_2COO^- + H_3O^+ \qquad K_a^\theta = 1.6 \times 10^{-10}$$

又可以作碱接受质子,传递方程为

$$NH_2CH_2COOH + H_2O \rightleftharpoons NH_3^+CH_2COOH + OH^- \qquad K_b^\theta = 2.2 \times 10^{-12}$$

计算 $0.10\ mol \cdot L^{-1}$ 氨基乙酸(NH_2CH_2COOH)溶液的 pH 值。

解 NH_2CH_2COOH 是两性物质,它的共轭酸为 $NH_3^+CH_2COOH$

$$(K_a^\theta)' = K_w^\theta/K_b^\theta = 1.0 \times 10^{-14}/(2.2 \times 10^{-12}) = 4.5 \times 10^{-3}$$

由于 $K_a^\theta c_r > 20K_w^\theta$,且 $c_r > 20(K_a^\theta)'$,可采用式(3.27)计算。

$$[H_3O^+] = \sqrt{(K_a^\theta)' K_a^\theta} = \sqrt{4.5 \times 10^{-3} \times 1.6 \times 10^{-10}} = 8.5 \times 10^{-7}$$

$$pH = 6.07$$

第五节 缓冲溶液

一、缓冲溶液的组成和作用机制

(一)溶液的缓冲作用

纯水和一般溶液不易保持稳定的 pH 值,它们容易受外界因素的影响而发生改变。例如,25℃时纯水的 pH 为 7.0,如向 1 L 纯水中加入 0.01 mol HCl 后,其 pH 值由 7.0

下降至 2.0,减小了五个单位;如改成加入 0.01 mol NaOH,其 pH 值则由 7.0 上升至 12.0,增加了五个单位。然而,向含 HAc 和 NaAc 均为 0.10 mol 的 1.0 L 混合溶液中,加入 0.01 mol HCl 或 NaOH 后,溶液的 pH 从 4.75 下降到 4.66 或上升到 4.84,pH 值仅仅改变了 0.09。同样,向 HAc 和 NaAc 的混合溶液中加少量水稀释时,其 pH 值也基本不变。这说明由 HAc 和 NaAc 组成的混合溶液,具有抵抗少量外加强酸、强碱或有限稀释而保持 pH 基本不变的能力。这种能抵抗少量外来强酸、强碱或有限稀释而保持其 pH 值基本不变的溶液称为**缓冲溶液**(buffer solution)。缓冲溶液这种对强酸、强碱或稀释的抵抗作用称为**缓冲作用**(buffer action)。

（二）缓冲溶液的组成

缓冲溶液一般是由足够浓度、适当比例的共轭酸碱对两种物质组成。如在 HAc 与 NaAc 组成的缓冲溶液中,HAc 为共轭酸,Ac^- 为共轭碱;在 NaH_2PO_4 与 Na_2HPO_4 组成的缓冲溶液中,$H_2PO_4^-$ 为共轭酸,HPO_4^{2-} 为共轭碱等。把组成缓冲溶液共轭酸碱对的这两种物质合称为**缓冲系**(buffer system)或**缓冲对**(buffer pair)。一些常见的缓冲溶液的缓冲系列于表 3.6 中。

表 3.6 常见的缓冲系

缓冲系	弱酸	共轭碱	质子传递平衡	pK_a^θ(25℃)
HAc-NaAc	HAc	Ac^-	$HAc+H_2O \rightleftharpoons Ac^-+H_3O^+$	4.75
H_2CO_3-$NaHCO_3$	H_2CO_3	HCO_3^-	$H_2CO_3+H_2O \rightleftharpoons HCO_3^-+H_3O^+$	6.35
H_3PO_4-NaH_2PO_4	H_3PO_4	$H_2PO_4^-$	$H_3PO_4+H_2O \rightleftharpoons H_2PO_4^-+H_3O^+$	2.16
Tris・HCl-Tris①	Tris・H^+	Tris①	$Tris・H^++H_2O \rightleftharpoons Tris+H_3O^+$	7.85
$H_2C_8H_4O_4$-$KHC_8H_4O_4$②	$H_2C_8H_4O_4$	$HC_8H_4O_4^-$	$H_2C_8H_4O_4+H_2O \rightleftharpoons HC_8H_4O_4^-+H_3O^+$	2.89
NH_4Cl-NH_3	NH_4^+	NH_3	$NH_4^++H_2O \rightleftharpoons NH_3+H_3O^+$	9.25
$CH_3NH_3^+Cl^-$-CH_3NH_2	$CH_3NH_3^+$	CH_3NH_2	$CH_3NH_3^++H_2O \rightleftharpoons CH_3NH_2+H_3O^+$	10.63
NaH_2PO_4-Na_2HPO_4	$H_2PO_4^-$	HPO_4^{2-}	$H_2PO_4^-+H_2O \rightleftharpoons HPO_4^{2-}+H_3O^+$	7.21
Na_2HPO_4-Na_3PO_4	HPO_4^{2-}	PO_4^{3-}	$HPO_4^{2-}+H_2O \rightleftharpoons PO_4^{3-}+H_3O^+$	12.32

① 三(羟甲基)甲胺盐酸盐-三(羟甲基)甲胺盐

② 邻苯二甲酸-邻苯二甲酸氢钾

（三）缓冲机制

现以 HAc-NaAc 组成的缓冲溶液为例,来说明溶液的缓冲作用原理。

在 HAc-NaAc 混合溶液中,存在如下质子传递平衡

$$HAc+H_2O \rightleftharpoons H_3O^++Ac^-$$

HAc 是弱电解质,仅有小部分电离成 H^+ 和 Ac^-,大部分仍以 HAc 分子的形式存在;而 NaAc 是强电解质,在溶液中完全解离成 Na^+ 和 Ac^- 存在。由于 NaAc 中 Ac^- 的

同离子效应,进一步抑制了 HAc 的解离,使 HAc 几乎完全以分子状态存在。当体系达到平衡时,溶液中存在着大量的 HAc 分子和 Ac⁻。

当向此溶液中加入少量强酸(如 HCl)时,共轭碱 Ac⁻ 与增加的 H_3O^+ 结合,使平衡向左移动,生成 HAc 和 H_2O 分子。达到新平衡时,溶液中[H_3O^+]并无明显增大,从而保持 pH 基本不变。在这个过程中共轭碱 Ac⁻ 起到了抵抗少量外来强酸的作用,故称 Ac⁻ 为缓冲系的抗酸成分。

当向溶液中加入少量强碱(如 NaOH)时,OH⁻ 会与溶液中的 H_3O^+ 作用,生成 H_2O。[H_3O^+]浓度的改变,促使质子传递平衡向右移动。HAc 分子的进一步解离,补充了被消耗掉的 H_3O^+。当达到新的平衡时,[H_3O^+]并无明显下降,即仍保持 pH 基本不变。在这个过程中共轭酸 HAc 分子起到了抵抗少量外来强碱的作用,故称 HAc 为缓冲系的抗碱成分。

可见,缓冲溶液的缓冲作用,是由于在溶液中存在足量共轭酸碱对的前提下,通过自身的质子传递平衡来调节溶液的 H_3O^+ 浓度,使 pH 保持基本不变,起到抵抗外来少量强酸或强碱的作用。

二、缓冲溶液 pH 的计算

(一) 缓冲溶液 pH 值的近似计算

以 HB 表示缓冲系的共轭酸,B⁻ 表示缓冲系的共轭碱,它们在水溶液中存在如下的质子传递平衡:

$$HB + H_2O \Longrightarrow H_3O^+ + B^-$$

$$K_a^\theta = \frac{[H_3O^+][B^-]}{[HB]}$$

公式可转化为

$$[H_3O^+] = K_a^\theta \times \frac{[HB]}{[B^-]}$$

等式两边各取负对数,得

$$-\lg[H_3O^+] = -\lg K_a^\theta - \lg \frac{[HB]}{[B^-]}$$

$$pH = pK_a^\theta + \lg \frac{[B^-]}{[HB]} = pK_a^\theta + \lg \frac{[共轭碱]}{[共轭酸]} \tag{3.28}$$

式(3.28)就是计算缓冲溶液 pH 的 Henderson-Hassebalch 方程式,一般称为缓冲公式。式中 pK_a^θ 为弱酸解离平衡常数的负对数,[B⁻]和[HB]均为相对平衡浓度,[B⁻]与[HB]的比值称为**缓冲比**(buffer-component ratio)。

在缓冲溶液中,HB 是弱酸,解离度较小;同时,溶液中又有足量的共轭碱 B⁻ 存在,B⁻ 的同离子效应,使 HB 的解离度更小,故[HB]和[B⁻]可以分别用初始相对浓度 $c_r(HB)$ 和 $c_r(B^-)$ 来表示,上式又可以表示为

$$pH = pK_a^\theta + \lg \frac{[B^-]}{[HB]} = pK_a^\theta + \lg \frac{c_r(B^-)}{c_r(HB)} \tag{3.29}$$

47

若以 $n(HB)$ 和 $n(B^-)$ 分别表示体积为 V 的缓冲溶液中所含共轭酸碱对的物质的量，则

$$pH = pK_a^\theta + \lg \frac{n(B^-)/V}{n(HB)/V} = pK_a^\theta + \lg \frac{n(B^-)}{n(HB)} \quad (3.30)$$

由以上各式可知：

(1) 缓冲溶液的 pH 主要取决于缓冲系中弱酸的 pK_a^θ，其次是缓冲比。若缓冲系选定，pK_a^θ 就一定，缓冲溶液的 pH 则随缓冲比的改变而改变。当缓冲比等于 1 时，pH $= pK_a^\theta$。

(2) 弱酸的解离平衡常数 K_a^θ 与温度有关，所以温度对缓冲溶液的 pH 也有影响，但是温度对 pH 的影响比较复杂，在此不做讨论。

(3) 在一定范围内向缓冲溶液加水时，由于共轭酸碱对的浓度受到同等程度地稀释，其缓冲比不变，则 pH 不变。但稀释时，会引起溶液离子强度的改变，使 HB 和 B^- 的活度因子受到影响，因此缓冲溶液的 pH 也会随之有微小的改变。如果过分稀释，会使共轭酸碱的浓度大大下降，不能维持缓冲系物质的足够浓度，从而丧失缓冲能力。

例 3.13 计算由 $0.20\ mol \cdot L^{-1}$ HAc 和 $0.10\ mol \cdot L^{-1}$ NaAc 各 50 mL 组成的混合溶液的 pH。（HAc 的 $pK_a^\theta = 4.75$）

解 根据缓冲公式得

$$pH = pK_a^\theta + \lg \frac{n(B^-)}{n(HB)}$$

$$= 4.75 + \lg \frac{0.10 \times 0.05}{0.20 \times 0.05}$$

$$= 4.75 - 0.3 = 4.45$$

例 3.14 计算体积为 50 mL Na_2HPO_4 和 NaH_2PO_4 浓度均为 $0.10\ mol \cdot L^{-1}$ 的缓冲溶液的 pH，并分别计算在该溶液中加入 0.05 mL $1.0\ mol \cdot L^{-1}$ HCl 或 $1.0\ mol \cdot L^{-1}$ NaOH 后，溶液 pH 值的变化。（$H_2PO_4^-$ 的 $pK_a^\theta = 7.21$）

解 (1) $[H_2PO_4^-] = 0.10$，$[HPO_4^{2-}] = 0.10$，代入缓冲公式，得

$$pH = pK_a^\theta + \lg \frac{[HPO_4^{2-}]}{[H_2PO_4^-]} = 7.21 + \lg \frac{0.1}{0.1} = 7.21$$

(2) 加入 HCl 后，H_3O^+ 与溶液中的 HPO_4^{2-} 结合生成 $H_2PO_4^-$，故

$$[H_2PO_4^-] = \frac{0.10 \times 50 \times 10^{-3} + 1.0 \times 0.05 \times 10^{-3}}{50.05 \times 10^{-3}} = 0.101$$

$$[HPO_4^{2-}] = \frac{0.10 \times 50 \times 10^{-3} - 1.0 \times 0.05 \times 10^{-3}}{50.05 \times 10^{-3}} = 0.099$$

$$pH = pK_a^\theta + \lg \frac{[HPO_4^{2-}]}{[H_2PO_4^-]} = 7.21 + \lg \frac{0.099}{0.101} = 7.21 - 0.009 = 7.20$$

溶液的 pH 值比原来降低了约 0.01。

(3) 加入 NaOH 后，OH^- 与溶液中的 $H_2PO_4^-$ 结合生成 HPO_4^{2-}，故

$$[H_2PO_4^-] = \frac{0.10 \times 50 \times 10^{-3} - 1.0 \times 0.05 \times 10^{-3}}{50.05 \times 10^{-3}} = 0.099$$

$$[HPO_4^{2-}] = \frac{0.10 \times 50 \times 10^{-3} + 1.0 \times 0.05 \times 10^{-3}}{50.05 \times 10^{-3}} = 0.101$$

$$pH = pK_a^\theta + \lg \frac{[HPO_4^{2-}]}{[H_2PO_4^-]} = 7.21 + \lg \frac{0.101}{0.099} = 7.21 + 0.009 = 7.22$$

溶液的 pH 值比原来升高了约 0.01。

（二）缓冲溶液 pH 计算公式的校正

利用 Henderson-Hassebalch 方程式计算缓冲溶液的 pH 值是一个近似值，它没有考虑离子强度的影响。要使计算值与测定值接近，应在式（3.28）中引入活度因子，即以活度代替相对平衡浓度，则式（3.28）可改写为

$$pH = pK_a^\theta + \lg \frac{a(B^-)}{a(HB)} = pK_a^\theta + \lg \frac{[B^-] \cdot \gamma(B^-)}{[HB] \cdot \gamma(HB)} = pK_a^\theta + \lg \frac{[B^-]}{[HB]} + \lg \frac{\gamma(B^-)}{\gamma(HB)}$$

$$pH = \left[pK_a^\theta + \lg \frac{\gamma(B^-)}{\gamma(HB)} \right] + \lg \frac{[B^-]}{[HB]}$$

式中 $\gamma(HB)$ 和 $\gamma(B^-)$ 分别为溶液中 HB 和 B^- 的活度因子，$\lg \frac{\gamma(B^-)}{\gamma(HB)}$ 为缓冲溶液的校正因数。活度因子与弱酸的电荷数和溶液的离子强度有关，故校正因数也与弱酸的电荷数和溶液的离子强度有关，0～30℃之间的校正因数与 20℃ 时的基本相同。表 3.7 列出了不同离子强度 I 与电荷数 z 的缓冲系的校正因数。

表 3.7 不同 I 和 z 的缓冲溶液的校正因数（20℃）

I	$z = +1$	$z = 0$	$z = -1$	$z = -2$
0.01	+0.04	-0.04	-0.13	-0.22
0.05	+0.08	-0.08	-0.25	-0.42
0.10	+0.11	-0.11	-0.32	-0.53

例 3.15 取 $0.10 \text{ mol} \cdot L^{-1} KH_2PO_4$ 和 $0.050 \text{ mol} \cdot L^{-1} NaOH$ 各 50 mL 混合成缓冲溶液。求此缓冲溶液的近似 pH 值和准确 pH 值。

解 （1）当两种溶液混合后，形成 $H_2PO_4^- - HPO_4^{2-}$ 的缓冲溶液，它的近似 pH 值计算为

$$n(H_2PO_4^-) = n(HPO_4^{2-}) = 2.5 \text{ mmol}$$

代入公式得

$$pH = pK_{a2}^\theta + \lg \frac{n(HPO_4^{2-})}{n(H_2PO_4^-)}$$

$$= 7.21 + \lg \frac{2.5}{2.5}$$

$$= 7.21$$

（2）缓冲溶液的准确 pH 值

溶液中各种离子的浓度为:

$$c(K^+)=0.10 \text{ mol} \cdot L^{-1}/2=0.050 \text{ mol} \cdot L^{-1}$$

$$c(Na^+)=0.050 \text{ mol} \cdot L^{-1}/2=0.025 \text{ mol} \cdot L^{-1}$$

$$c(HPO_4^{2-})=2.5 \text{ mmol}/100 \text{ mL}=0.025 \text{ mol} \cdot L^{-1}$$

$$c(H_2PO_4^-)=2.5 \text{ mmol}/100 \text{ mL}=0.025 \text{ mol} \cdot L^{-1}$$

$$I=\frac{1}{2}(0.050\times1^2+0.025\times1^2+0.025\times2^2+0.025\times1^2) \text{ mol} \cdot L^{-1}=0.10 \text{ mol} \cdot L^{-1}$$

缓冲溶液的 I 为 0.10,弱电解质 $H_2PO_4^-$ 的 z 为 -1,查表得校正因数为 -0.32。此缓冲溶液得精确 pH 为

$$pH=7.21+(-0.32)=6.89$$

三、缓冲容量和缓冲范围

(一)缓冲容量

缓冲溶液具有抵抗少量外来强酸、强碱而保持溶液的 pH 基本不变的能力。当加入的强酸或强碱超过一定量时,缓冲溶液的 pH 将发生较大的变化,溶液失去缓冲作用,因此任何一种缓冲溶液的缓冲能力都是有限的。1922 年,Slyke V 提出用**缓冲容量**(buffer capacity)β 作为衡量缓冲溶液缓冲能力大小的尺度。它在数值上等于使单位体积(1 L 或 1 mL)缓冲溶液的 pH 改变 1 个单位所需加入一元强酸或一元强碱的物质的量(mol 或 mmol)。其数学表示式为:

$$\beta\overset{\text{def}}{=\!=\!=}\frac{\Delta n_{a(b)}}{V|\Delta pH|} \text{ 或 } \beta\overset{\text{def}}{=\!=\!=}\frac{dn_{a(b)}}{V|dpH|} \tag{3.31}$$

式中 V 是缓冲溶液的体积,$\Delta n_{a(b)}$(或 $dn_{a(b)}$)是缓冲溶液中加入的一元强酸或一元强碱的物质的量,$|\Delta pH|$(或 $|dpH|$)为缓冲溶液 pH 的改变量。由上式可知,在 $dn_{a(b)}$ 和 V 一定的条件下,pH 的改变 $|dpH|$ 越小,β 值就越大,溶液的缓冲能力就越强。

例如:向 50.0 mL 总浓度为 0.2 mol $\cdot$ L^{-1}(或 0.02 mol $\cdot$ L^{-1})HAc-Ac$^-$ 的缓冲溶液中,加入 0.05 mL 1.0 mol $\cdot$ L^{-1} 的 NaOH 溶液,根据不同缓冲比时各溶液 pH 的变化情况,可算出相应的 β,见表 3.8。

表 3.8　HAc-Ac$^-$ 的缓冲容量 β 与总浓度 $c_{总}$ 和缓冲比[Ac$^-$]/[HAc]的关系

编号	$c_{总}$/mol $\cdot$ L^{-1}	[Ac$^-$]/[HAc]	反应前 pH	反应后 pH	ΔpH	β
1	0.2	1:1	4.75	4.76	0.01	0.10
2	0.2	1:9	3.80	3.83	0.03	0.03
3	0.2	9:1	5.70	5.72	0.02	0.05
4	0.02	1:1	4.75	4.83	0.08	0.01

通过上表可知,缓冲容量 β 与缓冲溶液的总浓度 $c_{总}$ 以及共轭酸碱对的缓冲比[B$^-$]/[HB]有关。

(1)总浓度对缓冲容量 β 的影响

对于同一缓冲溶液,当缓冲比一定时,总浓度越大,则抗酸、抗碱成分越多,缓冲容量就越大;反之,浓度较小时,缓冲容量也较小。

(2) 缓冲比对缓冲容量 β 的影响

对于同一缓冲溶液,当总浓度一定时,缓冲比越接近 1,缓冲容量越大;相反,缓冲比越远离 1,缓冲容量越小。通过实验和计算可以证明,当缓冲比等于 1 时,缓冲系有最大缓冲容量。

(二) 缓冲范围

当缓冲比大于 10 或小于 1/10 时,即缓冲溶液的 $pH > pK_a^\theta + 1$ 或 $pH < pK_a^\theta - 1$ 时,可以认为缓冲溶液失去了缓冲能力。因此,缓冲溶液的 pH 在 $pH = pK_a^\theta \pm 1$ 范围内,缓冲溶液可以发挥缓冲作用,此范围称为缓冲溶液的**有效缓冲范围**(buffer effective range)。不同的缓冲系,由于各自弱酸的 pK_a^θ 不同,缓冲范围也各不相同;同时,缓冲系的实际缓冲范围与理论缓冲范围也不一定完全相同。

强酸(HCl)或强碱(NaOH)溶液虽然不属于共轭酸碱组成的缓冲溶液,但它们的缓冲能力却很强,这是由于溶液中 $[H_3O^+]$ 或 $[OH^-]$ 本来就很高,外加的少量强酸或强碱对它的浓度改变很小,故溶液的 pH 没有明显的变化。

四、缓冲溶液的配制

(一) 缓冲溶液的配制方法

在实际工作中需要配制一定 pH 的缓冲溶液,其配制需遵循以下原则和步骤:

(1) 选择合适的缓冲系。配制缓冲溶液的 pH 在所选择的缓冲系的缓冲范围之内,并且尽可能等于或接近共轭酸的 pK_a^θ,以使所配制的缓冲溶液有较大的缓冲容量。例如配制 pH 为 4.50 的缓冲溶液,可选择 HAc-Ac$^-$ 缓冲系,因为 HAc 的 $pK_a^\theta = 4.75$,与 4.5 接近。同时,所配制的缓冲系的物质不能对主反应有干扰。对医用缓冲系,还应无毒,具有一定的热稳定性,对酶稳定,能透过生物膜等。例如硼酸—硼酸盐的缓冲系有毒,不能作为培养细菌或注射用的缓冲溶液。

(2) 缓冲溶液的总浓度要适当,以使溶液有较大的缓冲容量。缓冲系的总浓度太低,缓冲容量小;总浓度太高,离子强度太大或渗透压过高而不适用,并且造成试剂的浪费,一般使总浓度在 $0.05\ mol \cdot L^{-1} \sim 0.2\ mol \cdot L^{-1}$ 范围内为宜。

(3) 缓冲系选择好后,可根据 Henderson-Hasselbalch 方程式计算所需弱酸及其共轭碱的量。为配制方便,常常使用相同浓度的弱酸和共轭碱来配制。此时缓冲比也等于共轭碱与共轭酸的体积比。即

$$pH = pK_a^\theta + \lg \frac{V_{B^-}}{V_{HB}} \qquad (3.32)$$

(4) 用 pH 酸度计对计算结果进行校正。根据 Henderson-Hasselbalch 方程的计算值配制的缓冲溶液,由于未考虑离子强度等因素的影响,使计算结果与实测值有差别。因此对 pH 要求严格的实验,可在 pH 计监控下,通过加强酸或强碱的方法,对所配缓

溶液的 pH 进行校正。

例 3.16 如何配制 pH＝5.00 的缓冲溶液 500 mL。

解 （1）选择缓冲系：查表可得 HAc 的 pK_a^θ＝4.75,接近所配缓冲溶液的 pH,故选择 HAc-Ac⁻ 缓冲系。

（2）确定总浓度：一般缓冲溶液的总浓度在 0.05 mol·L⁻¹～0.2 mol·L⁻¹ 之间,考虑计算的方便,可用 0.1 mol·L⁻¹ HAc 和 0.1 mol·L⁻¹ NaAc,应用式(3.32)得

$$pH = pK_a^\theta + \lg\frac{V_{Ac^-}}{V_{HAc}}$$

$$5.00 = 4.75 + \lg\frac{V_{Ac^-}}{V_{HAc}}$$

$$\lg\frac{V_{Ac^-}}{V_{HAc}} = 5.00 - 4.75 = 0.25$$

$$\frac{V_{Ac^-}}{V_{HAc}} = 1.78$$

由于

$$V_{HAc} + V_{Ac^-} = 500 \text{ mL}$$

解得

$$V_{HAc} = 179.9 \text{ mL} \qquad V_{Ac^-} = 320.1 \text{ mL}$$

将 179.9 mL 0.1 mol·L⁻¹ HAc 溶液和 320.1 mL 0.1 mol·L⁻¹ NaAc 溶液混合,可配制 500 mL pH＝5.00 的缓冲溶液,必要时可进行 pH 校正。

例 3.17 如果用某二元弱酸 H_2B 配制 pH＝6.00 的缓冲溶液,应在 450 mL $c(H_2B)$＝0.100 mol·L⁻¹ 的溶液中加入 0.100 mol·L⁻¹ NaOH 的溶液多少毫升? 已知 H_2B 的 pK_{a1}^θ＝1.52, pK_{a2}^θ＝6.30。

解 根据配制原则,应选 HB⁻-B²⁻ 缓冲系,质子转移反应分两步进行：

（1） $$H_2B + NaOH \rightleftharpoons NaHB + H_2O$$

将 H_2B 完全中和生成 NaHB,需 0.100 mol·L⁻¹ NaOH 450 mL,生成 NaHB

$$450 \text{ mL} \times 0.100 \text{ mol·L}^{-1} = 45.0 \text{ mmol}$$

（2） $$NaHB + NaOH \rightleftharpoons Na_2B + H_2O$$

设中和部分 NaHB 需 NaOH 溶液的体积 $V(NaOH) = x$ mL,则生成 Na_2B $0.100x$ mmol,剩余 NaHB $(45.0 - 0.100x)$ mmol,

$$pH = pK_{a2}^\theta + \lg\frac{n_{B^{2-}}}{n_{HB^-}}$$

$$6.00 = 6.30 + \lg\frac{0.100x \text{ mmol}}{(45.0 - 0.100x)\text{mmol}}$$

解得

$$x = 150 \text{ mL}$$

共需 NaOH 溶液的体积为 450 mL＋150 mL＝600 mL

为了能准确而又方便地配制所需 pH 的缓冲溶液,科学家们曾对缓冲溶液的配制进行了系统的研究,并制订了许多配制准确 pH 缓冲溶液的配方。如在医学上广泛使用的三(羟甲基)甲胺及其盐酸盐(Tris 和 Tris·HCl)缓冲系的配方列于表 3.9 以供参考。

表 3.9 Tris 和 Tris·HCl 组成的缓冲溶液

缓冲溶液组成/(mol·kg⁻¹)			pH	
Tris	Tris·HCl	NaCl	25℃	37℃
0.02	0.02	0.14	8.220	7.904
0.05	0.05	0.11	8.225	7.908
0.006667	0.02	0.14	7.745	7.428
0.01667	0.05	0.11	7.745	7.427
0.05	0.05		8.173	7.851
0.01667	0.05		7.699	7.382

　　Tris 是一种弱碱,其性质稳定,易溶于体液且不会使体液中的钙盐沉淀,对酶的活性几乎无影响。因而广泛应用于生理、生化研究中。在 Tris 缓冲溶液中加入 NaCl 是为了调节离子强度至 0.16,使得溶液与生理盐水等渗。

（二）标准缓冲溶液

　　所谓标准缓冲溶液是指缓冲溶液的 pH 在一定温度下通过实验可以准确测定。标准缓冲溶液性质稳定,有一定的缓冲容量和抗稀释能力,常作为测量溶液 pH 时的参比,如校准 pH 计等。通常是由规定浓度的某些标准解离常数较小的单一两性物质或由共轭酸碱对组成。一些常用标准缓冲溶液的 pH 及温度系数列于表 3.10。

表 3.10 标准缓冲溶液

溶液	浓度/(mol·L⁻¹)	pH/(25℃)	温度系数/(ΔpH·℃⁻¹)*
$KHC_4H_4O_6$	饱和,25℃	3.557	−0.001
$KHC_8H_4O_4$	0.05	4.008	+0.001
KH_2PO_4-Na_2HPO_4	0.025,0.025	6.865	−0.003
KH_2PO_4-Na_2HPO_4	0.008695,0.03043	7.413	−0.003
$(Na_2B_4O_7·10H_2O)$	0.01	9.180	−0.008

　　在表 3.10 中,酒石酸氢钾、邻苯二甲酸氢钾和硼砂标准缓冲溶液,都是由一种化合物配制而成的。这些化合物溶液之所以具有缓冲作用,一种情况是由于化合物溶于水解离出大量的两性离子所致。如酒石酸氢钾溶于水完全解离成 K^+ 和 $HC_4H_4O_6^-$,而 $HC_4H_4O_6^-$ 是两性离子,可接受质子生成其共轭酸($H_2C_4H_4O_6$);也可给出质子生成其共轭碱($C_4H_4O_6^{2-}$),形成 $H_2C_4H_4O_6$-$HC_4H_4O_6^-$ 和 $HC_4H_4O_6^-$-$C_4H_4O_6^{2-}$ 两个缓冲系。在这两个缓冲系中,$H_2C_4H_4O_6$ 和 $HC_4H_4O_6^-$ 的 pK_a^θ(分别为 2.98 和 4.30)比较接近,使它们的缓冲范围重叠,增强了缓冲能力。由于酒石酸氢钾饱和溶液中的抗酸、抗碱成分均有足够的浓度,因而用酒石酸氢钾一种化合物就可配成满意的缓冲溶液。另一种情况是化合物溶液的组成成分就相当于一对缓冲对,如硼砂溶液中,1 mol 的硼砂相当于 2 mol

的偏硼酸（HBO_2）和 2 mol 的偏硼酸钠（$NaBO_2$），使得硼砂溶液中存在同浓度的弱酸（HBO_2）和共轭碱（BO_2^-）。因此，用硼砂一种化合物也可以配制缓冲溶液。

五、缓冲溶液在医学上的意义

缓冲溶液在医学上有着广泛地应用，如微生物的培养、组织切片与细菌染色、血液的冷藏、生物化学实验等都需要一定 pH 的缓冲溶液。缓冲作用在人体内也很重要。正常人体血液的 pH 总是维持在 7.35～7.45 的狭小范围内，其中一个重要因素就是血液中存在着多种缓冲对。

$$\text{血浆中：} \frac{NaHCO_3}{H_2CO_3} \qquad \frac{Na\text{-蛋白质}}{H\text{—蛋白质}} \qquad \frac{Na_2HPO_4}{NaH_2PO_4}$$

$$\text{红细胞中：} \frac{KHb}{HHb} \qquad \frac{KHbO_2}{HHbO_2} \qquad \frac{KHCO_3}{H_2CO_3} \qquad \frac{K_2HPO_4}{KH_2PO_4}$$

其中最重要的是 H_2CO_3—HCO_3^- 缓冲系。在血液中 H_2CO_3 主要以溶解的 CO_2 形式存在，它们之间存在下述平衡：

$$CO_{2,\text{溶解}} + H_2O \rightleftharpoons H^+ + HCO_3^-$$

$$K_{a1}^\theta = \frac{[H^+][HCO_3^-]}{[CO_2]_{\text{溶解}}}$$

在体温 37℃ 时，血液中离子强度为 0.15～0.16，此时 $pK_{a1}^\theta = 6.10$（纯水中 $pK_{a1}^\theta = 6.35$）。在正常人血浆中，$[HCO_3^-]:[CO_2]_{\text{溶解}}$ 约为 20:1，故血液中：

$$pH = 6.10 + \lg\frac{[HCO_3^-]}{[CO_2]_{\text{溶解}}} = 6.10 + \lg\frac{20}{1} = 7.4$$

在体内代谢过程中产生的 CO_2，主要通过血红蛋白和氧合血红蛋白的运输作用，被运到肺部排出，故不影响血浆的 pH。当产生比 CO_2 酸性更强的酸（如磷酸、硫酸、乳酸等）及一些碱性物质，这些物质进入血液时，H_2CO_3-HCO_3^- 缓冲对中的 HCO_3^- 或 H_2CO_3 立即发挥抗酸或抗碱作用，增加的 CO_2 从肺部排出，而减少的 HCO_3^- 可通过肾脏进行调节而得到补充，从而使 $[HCO_3^-]$、$[CO_2]_{\text{溶解}}$ 保持恒定，维持血液 pH 不变。

这也解释了为什么 H_2CO_3-HCO_3^- 缓冲系的缓冲比为 20:1 时，超出前面讨论的缓冲溶液有效缓冲比 1:10～10:1 的范围，仍具有很强的缓冲能力。正是由于人体是一个开放的体系，肺呼吸和肾脏的排泄作用的调节，使血液中 $[HCO_3^-]$ 与 $[CO_2]_{\text{溶解}}$ 的浓度及比值始终保持相对稳定的缘故。

在药剂生产中，植物药材、生化制剂中有效成分的提取，液体药物制剂的贮存等，都要控制一定的 pH 才能达到预期的效果。因此，学习缓冲溶液的基本原理及掌握配制缓冲溶液的基本方法是十分必要的。

化学视窗

酸碱平衡紊乱

人体的正常代谢和生理功能必须是在具备适宜酸碱度的体液环境中进行。正常人体血浆的酸碱度为 7.35～7.45,呈弱碱性。机体虽然不断地摄入或生成酸性和碱性的物质,但依靠各种缓冲系统以及肺、肾的调节功能,内环境的酸碱度总是保持相对稳定。倘若某种原因破坏了体液酸碱度的稳定性,引起了酸中毒或碱中毒,称为酸碱平衡紊乱。通常情况下,酸碱平衡紊乱是多种疾病发展过程中的继发现象,一旦发生,又会加重病情,严重危害患者的健康。

酸碱平衡紊乱分为单纯性酸碱平衡紊乱和混合性酸碱平衡紊乱。单纯性酸碱平衡紊乱最常见,常分为代谢性酸中毒、呼吸性酸中毒、代谢性碱中毒和呼吸性碱中毒四种类型。代谢性酸中毒是临床上酸碱平衡紊乱中最常见的一种类型,形成的主要原因是体内酸性产物过多、消化道直接丢失 HCO_3^- 和肾排酸功能障碍,呼吸加深、加快是代谢性酸中毒的最突出表现;呼吸性酸中毒常见于某些颅脑外伤、麻醉过深、吗啡中毒等中枢抑制或呼吸肌麻痹及术后并发肺不张、肺炎等情况,机体表现为呼吸困难;代谢性碱中毒主要见于静脉输入碱性液体超量、消化道梗阻或反复呕吐的患者,机体主要表现为呼吸变慢、变戏、嗜睡、谵妄等;呼吸性碱中毒见于高热、休克早期、手术麻醉时辅助呼吸太深和太快,机体表现为呼吸浅慢或不规则,脑缺氧而意识障碍、反应迟钝等。混合型酸碱平衡紊乱是指同一患者有两种或两种以上的单纯型酸碱平衡紊乱同时存在。混合型酸碱平衡紊乱可以有不同的组合形式,通常把两种酸中毒或两种碱中毒合并存在,使 pH 向同一方向移动的情况称为相加性酸碱平衡紊乱,如果是一种酸中毒与一种碱中毒合并存在,使 pH 向相反的方向移动时,称为相消性酸碱平衡紊乱。

参考文献

1. 魏祖期,刘德育. 基础化学(第 8 版). 北京:人民卫生出版社,2013

2. 席晓岚. 基础化学(案例版,第 2 版).北京:科学出版社,2011

3. 吕以仙,李荣昌. 医用基础化学(第 3 版). 北京:北京大学医学出版社,2008

4. 王建枝,殷莲华,吴立玲等. 病理生理学,北京:人民卫生出版社,2013

习 题

1. 计算 $0.001\ mol \cdot L^{-1}$ NaCl 溶液的离子强度。

2. 指出下列各酸的共轭碱:H_2O、$^+NH_3CH_2COO^-$、NH_4^+、H_2S、HSO_4^-、$H_2PO_4^-$、H_2CO_3、$[Zn(H_2O)_4]^{2+}$

3. 指出下列各碱的共轭酸：H_2O、$NH_2CH_2COO^-$、S^{2-}、PO_4^{3-}、NH_3、CN^-、$H_2PO_4^-$、$[Zn(H_2O)_3(OH)]^+$

4. 将下列溶液按酸性由强到弱的顺序排列起来：

(1) $[H^+]=10^{-5}$ mol·L^{-1}　　(2) $[OH^-]=10^{-3}$ mol·L^{-1}　　(3) pH＝8　　(4) pH＝2　　(5) $[OH^-]=10^{-10}$ mol·L^{-1}

5. 正常成人胃液的 pH 为 1.4，婴儿胃液的 pH 为 5.0。成人胃液的 H_3O^+ 离子浓度是婴儿胃液的多少倍？

A. 3.6　　　　　B. 0.28　　　　　C. 4.0　　　　　D. 4.0×10^3

E. 4.0×10^{-3}

6. 在纯水中,加入一些酸,其溶液的

A. $[H^+]$ 与 $[OH^-]$ 乘积变大　　　　B. $[H^+]$ 与 $[OH^-]$ 乘积变小

C. $[H^+]$ 与 $[OH^-]$ 乘积不变　　　　D. $[H^+]$ 等于 $[OH^-]$

E. 以上说法都不对

7. 在 NH_3 的水解平衡 $NH_3(aq)+H_2O(l) \rightleftharpoons NH_4^+(aq)+OH^-(aq)$ 中,为使 $[OH^-]$ 增大,可行的方法是

A. 加 H_2O　　　　B. 加 NH_4Cl　　　　C. 加 HAc　　　　D. 加 NaCl

E. 加 HCl

8. 乳酸 $HC_3H_5O_3$ 是糖酵解的最终产物,在体内积蓄会引起机体疲劳和酸中毒,已知乳酸的 $K_a^\theta=1.4 \times 10^{-4}$,试计算浓度为 0.1 mol·$L^{-1}$ 乳酸溶液的 pH。

9. 向 0.2 mol·L^{-1} HAc 溶液中,加入同浓度同体积的 NaOH 溶液,计算此溶液的 pH。

10. 邻苯二甲酸[邻羟基苯甲酸,$C_6H_4(COOH)_2$]为二元酸,已知 $K_{a1}^\theta=1.30 \times 10^{-3}$,$K_{a2}^\theta=3.9 \times 10^{-6}$,求用 3.32 g 邻苯二甲酸加水配制 500 mL 溶液,计算该溶液的 pH。

11. 计算下列混合溶液的 pH。

(1) 20 mL 0.1 mol·L^{-1} HCl 与 20 mL 0.1 mol·L^{-1} NaOH

(2) 20 mL 0.10 mol·L^{-1} HCl 与 20 mL 0.10 mol·L^{-1} $NH_3 \cdot H_2O$

(3) 20 mL 0.10 mol·L^{-1} HAc 与 20 mL 0.10 mol·L^{-1} NaOH

(4) 20 mL 0.10 mol·L^{-1} HAc 与 20 mL 0.10 mol·L^{-1} $NH_3 \cdot H_2O$

12. 在 1 L 0.1 mol·L^{-1} H_3PO_4 溶液中,加入 4 g NaOH 固体,完全溶解后,设溶液体积不变,求

(1) 溶液的 pH；

(2) 37 ℃时溶液的渗透压；

(3) 在溶液中加入 18 g 葡萄糖,其溶液的渗透浓度为多少？是否与血液等渗？

13. 什么是缓冲溶液？以 $NaH_2PO_4 - Na_2HPO_4$ 为例说明缓冲作用原理。

14. 什么是缓冲容量? 影响缓冲容量的因素有哪些?

15. 在下列溶液中,尽可能地选出能配制缓冲溶液的缓冲对。

HCl, HAc, NaOH, NaAc, H_2CO_3

16. 求下列各缓冲溶液的 pH。

(1) $0.20\ mol \cdot L^{-1}$ HAc 50 mL 和 $0.10\ mol \cdot L^{-1}$ NaAc 100 mL 的混合溶液。

(2) $0.10\ mol \cdot L^{-1}$ $NaHCO_3$ 和 $0.10\ mol \cdot L^{-1}$ Na_2CO_3 各 50 mL 的混合溶液。

(3) $0.50\ mol \cdot L^{-1}$ NH_3 100 mL 和 $0.10\ mol \cdot L^{-1}$ HCl 200 mL 的混合溶液。

17. 柠檬酸(缩写为 H_3Cit)及其盐为一多质子酸缓冲体系,常用于配制培养细菌生长的缓冲溶液。如用 $0.20\ mol \cdot L^{-1}$ 柠檬酸 500 mL,需加入多少 $0.40\ mol \cdot L^{-1}$ NaOH 溶液,才能配成 pH 等于 5.00 的缓冲溶液?

18. 三位住院患者的化验报告如下:

(1) 甲: $[HCO_3^-] = 24.00\ mmol \cdot L^{-1}$, $[H_2CO_3] = 1.20\ mmol \cdot L^{-1}$

(2) 乙: $[HCO_3^-] = 21.60\ mmol \cdot L^{-1}$, $[H_2CO_3] = 1.35\ mmol \cdot L^{-1}$

(3) 丙: $[HCO_3^-] = 56.00\ mmol \cdot L^{-1}$, $[H_2CO_3] = 1.40\ mmol \cdot L^{-1}$

在血浆中校正后的 $pK^{\theta'}_{a1}(H_2CO_3) = 6.10$,计算三位患者血浆的 pH,并判断是否正常。

19. (a) How many ions are there in H_3PO_4 solution? Arrange species present in this solution in decreasing order of concentration. Is the concentration of $[H^+]$ three times as that of $[PO_4^{3-}]$? Why?

(b) Explain with relationship between K_a^{θ} and K_b^{θ}: $NaHCO_3$ solution is weakly basic while NaH_2PO_4 solution is weakly acidic. For H_3PO_4, $K_{a1}^{\theta} = 7.5 \times 10^{-3}$, $K_{a2}^{\theta} = 6.2 \times 10^{-8}$, $K_{a3}^{\theta} = 2.2 \times 10^{-13}$. For H_2CO_3, $K_{a1}^{\theta} = 4.46 \times 10^{-7}$, $K_{a2}^{\theta} = 4.68 \times 10^{-11}$.

20. At 298.15K, the K_a^{θ} for lactic acid is 1.4×10^{-4}. Calculate the buffer pH of the following buffers.

(a) Mixing 0.1 mol of lactic acid, $CH_3CHOHCOOH$, and 0.1 mol of $CH_3CHOHCOONa$ in one liter of water (final volume).

(b) Mixing 0.01 mol of lactic acid, $CH_3CHOHCOOH$, and 0.01 mol of $CH_3CHOHCOONa$ in one liter of water (final volume).

(c) Mixing 0.01 mol of lactic acid, $CH_3CHOHCOOH$, and 0.1 mol of $CH_3CHOHCOONa$ in one liter of water (final volume).

(王雷 编写)

第四章
难溶强电解质的沉淀溶解平衡

任何难溶的电解质在水中总是或多或少地溶解,绝对不溶解的物质是不存在的。通常把在 100 g 水中溶解度小于 0.01 g 的物质称为难溶物质。难溶电解质在水中溶解的部分是完全离解的,例如 $AgCl$、$CaCO_3$、PbS 等在水中的溶解度很小,但它们在水中溶解的部分全部解离,这类电解质称为难溶强电解质。难溶强电解质的水溶液中存在沉淀溶解平衡,该平衡属多相平衡。

第一节 溶度积原理

一、标准溶度积常数及其与沉淀溶解度的关系

1. 标准溶度积常数

在 $AgCl$ 的水溶液中,一方面,固态的 $AgCl$ 微量地溶解为 Ag^+ 和 Cl^-,这个过程称为沉淀的溶解;另一方面 Ag^+ 和 Cl^- 又不断地从溶液回到晶体表面而析出,这个过程称为沉淀的形成。在一定条件下,当沉淀的形成与溶解速率相等时,便达到固体难溶电解质与溶液中离子间的平衡,这种平衡称为难溶强电解质的沉淀溶解平衡。$AgCl$ 的沉淀溶解平衡可表示为

$$AgCl(s) \rightleftharpoons Ag^+(aq) + Cl^-(aq)$$

反应的标准平衡常数为

$$K^{\theta} = \frac{[Ag^+] \cdot [Cl^-]}{[AgCl(s)]} \quad K^{\theta}[AgCl(s)] = [Ag^+] \cdot [Cl^-]$$

其中各物质的浓度为平衡时的相对平衡浓度。由于 $[AgCl(s)]$ 是常数,并入常数项,得

$$K^{\theta}_{sp} = [Ag^+][Cl^-]$$

K^{θ}_{sp} 称为**标准溶度积常数**(standard solubility product constant),简称**溶度积**(solubility product)。它反映了难溶强电解质在水中的溶解能力。对于 $A_a B_b$ 型的难溶电解质

$$A_a B_b(s) \rightleftharpoons a A^{n+} + b B^{m-}$$

$$K^{\theta}_{sp} = [A^{n+}]^a [B^{m-}]^b \tag{4.1}$$

上式表明:在一定温度下,难溶电解质的饱和溶液中离子浓度幂次方的乘积为一常数。严格地说,溶度积应是离子活度的幂次方乘积,但在稀溶液中,由于离子强度很小,

活度因子趋近于 1,通常可用浓度代替活度。一些常见的难溶电解质的溶度积常数列于附录三中。

2. 标准溶度积常数与溶解度的关系

溶度积 K_{sp}^{θ} 越大,说明难溶电解质的溶解能力越强。溶解度 S 是指难溶电解质的饱和溶液的浓度(在计算过程中,本书以其相对浓度表示)。溶度积和溶解度都可以反映难溶电解质溶解能力的大小,两者之间有内在联系,在一定条件下,可以进行换算。

$A_a B_b$ 型难溶电解质的溶解度 S 和溶度积 K_{sp}^{θ} 的关系:

$$A_a B_b(s) \Longleftrightarrow aA^{n+} + bB^{m-}$$
$$aS \qquad bS$$
$$K_{sp}^{\theta} = [A^{n+}]^a [B^{m-}]^b = (aS)^a (bS)^b$$
$$S = \sqrt[(a+b)]{\frac{K_{sp}^{\theta}}{a^a b^b}}$$

式中溶解度以相对浓度表示。

$1:1$ 型:$AgCl(s) \Longleftrightarrow Ag^+ + Cl^-$ $\qquad K_{sp}^{\theta} = S^2$

$1:2$ 型:$Ag_2CrO_4 \Longleftrightarrow 2Ag^+ + CrO_4^{2-}$ $\qquad K_{sp}^{\theta} = (2S)^2 S = 4S^3$

例 4.1 AgCl 在 298.15 K 时的溶解度为 $1.91 \times 10^{-3} \text{ g} \cdot \text{L}^{-1}$,求其溶度积。

解 已知 AgCl 的摩尔质量为 143.4 $\text{g} \cdot \text{mol}^{-1}$,以相对浓度表示的 AgCl 的溶解度 S 为

$$S = \frac{1.91 \times 10^{-3} \text{ g} \cdot \text{L}^{-1}}{143.4 \text{ g} \cdot \text{mol}^{-1}} / c^{\theta} = 1.33 \times 10^{-5}$$

所以
$$[Ag^+] = [Cl^-] = S = 1.33 \times 10^{-5}$$
$$AgCl(s) \Longleftrightarrow Ag^+(aq) + Cl^-(aq)$$
$$K_{sp}^{\theta}(AgCl) = [Ag^+][Cl^-] = S^2 = (1.33 \times 10^{-5})^2 = 1.77 \times 10^{-10}$$

例 4.2 Ag_2CrO_4 在 298.15 K 时的溶解度为 $6.54 \times 10^{-5} \text{ mol} \cdot \text{L}^{-1}$,计算其溶度积。

解 $Ag_2CrO_4(s) \Longleftrightarrow 2Ag^+(aq) + CrO_4^{2-}(aq)$

在 Ag_2CrO_4 饱和溶液中,每生成 1 mol CrO_4^{2-},同时生成 2 mol Ag^+,即

$$[Ag^+] = 2S = 2 \times 6.54 \times 10^{-5}, [CrO_4^{2-}] = S = 6.54 \times 10^{-5}$$

$$K_{sp}^{\theta}(Ag_2CrO_4) = [Ag^+]^2 [CrO_4^{2-}] = (2 \times 6.54 \times 10^{-5})^2 (6.54 \times 10^{-5}) = 1.12 \times 10^{-12}$$

例 4.3 $Mg(OH)_2$ 在 298.15 K 时的 K_{sp}^{θ} 为 5.61×10^{-12},求该温度时 $Mg(OH)_2$ 的溶解度。

解 根据 $Mg(OH)_2(s) \Longleftrightarrow Mg^{2+} + 2OH^-$,设 $Mg(OH)_2$ 的溶解度为 S,在饱和溶液中 $[Mg^{2+}] = S$,$[OH^-] = 2S$,则有

$$K_{sp}^{\theta}(Mg(OH)_2) = [Mg^{2+}][OH^-]^2 = S(2S)^2 = 4S^3 = 5.61 \times 10^{-12}$$

$$S = \sqrt[3]{\frac{5.61 \times 10^{-12}}{4}} = 1.12 \times 10^{-4}$$

对于同类型的难溶电解质,溶解度愈大,溶度积也愈大,对于不同类型的难溶电解质,不能直接根据溶度积来比较溶解度的大小。例如 AgCl 的溶度积比 Ag_2CrO_4 的大,但 AgCl 的溶解度反而比 Ag_2CrO_4 的小。这是由于 Ag_2CrO_4 的溶度积的表示式与 AgCl 的不同,前者与 Ag^+ 浓度的平方成正比。

注意:溶度积属于平衡常数,只与难溶强电解质的本性和温度有关,而溶解度除了与这些因素有关之外,还与溶液中其他离子的存在有关。

例 4.4 分别计算 Ag_2CrO_4:(1) 在 $0.10 \ mol \cdot L^{-1} AgNO_3$ 溶液中的溶解度;(2) 在 $0.10 \ mol \cdot L^{-1} Na_2CrO_4$ 溶液中的溶解度。已知 $K_{sp}^{\theta}(Ag_2CrO_4)=1.12\times10^{-12}$。

解 (1) 达到平衡时,设 Ag_2CrO_4 的溶解度为 S,则

$$Ag_2CrO_4(s) \Longrightarrow 2Ag^+ \ + \ CrO_4^{2-}$$

平衡时　　　　　　　　　　$2S+0.10\approx0.10 \qquad S$

$$K_{sp}^{\theta}(Ag_2CrO_4)=[Ag^+]^2[CrO_4^{2-}]$$

$$S=[CrO_4^{2-}]=K_{sp}^{\theta}(Ag_2CrO_4)/[Ag^+]^2=1.12\times10^{-12}/0.10^2=1.12\times10^{-10}$$

(2) 在有 CrO_4^{2-} 存在的溶液中,沉淀溶解达到平衡时,设 Ag_2CrO_4 的溶解度为 S,则

$$Ag_2CrO_4(s) \Longrightarrow 2Ag^+ + CrO_4^{2-}$$

平衡时　　　　　　　　　　$2S \qquad 0.10+S\approx0.10$

$$K_{sp}^{\theta}(Ag_2CrO_4)=[Ag^+]^2[CrO_4^{2-}]=(2S)^2(0.10)=0.40S^2$$

$$S=\sqrt{\frac{K_{sp}^{\theta}}{0.4}}=\sqrt{\frac{1.12\times10^{-12}}{0.4}}=1.7\times10^{-6}$$

二、溶度积规则

任一条件下离子浓度幂次方的乘积称为沉淀的**离子积** IP(ion product)。IP 和 K_{sp}^{θ} 的表达形式类似,但是其含义不同。K_{sp}^{θ} 表示沉淀溶解平衡时难溶电解质的离子浓度幂次方的乘积,仅是 IP 的一个特例。对某一溶液:

1. 当 $IP=K_{sp}^{\theta}$ 时,溶液中的沉淀与溶解达到动态平衡,既无沉淀析出又无沉淀溶解。

2. 当 $IP<K_{sp}^{\theta}$ 时,溶液是不饱和的,若加入难溶电解质,则会继续溶解。

3. 当 $IP>K_{sp}^{\theta}$ 时,溶液为过饱和,会有沉淀析出。

上述三点结论称为溶度积规则。它是难溶电解质沉淀溶解平衡移动规律的总结,也是判断沉淀生成和溶解的依据。

第二节　沉淀反应的利用和控制

一、沉淀的生成

根据溶度积规则,当溶液中 $IP>K_{sp}^{\theta}$,将会有沉淀生成,这是产生沉淀的必要条件。

析出沉淀后,当溶液中这种物质的离子浓度小于 10^{-5} mol·L^{-1} 时,认为已经沉淀完全。

例 4.5 判断下列条件下是否有沉淀生成(均忽略体积的变化):(1) 将 0.020 mol·L^{-1} $CaCl_2$ 溶液 10 mL 与等体积同浓度的 $Na_2C_2O_4$ 溶液相混合;(2) 在 1.0 mol·L^{-1} $CaCl_2$ 溶液中通入 CO_2 气体至饱和。

解 (1) 溶液等体积混合后

$c_r(Ca^{2+})=0.010$,$c_r(C_2O_4^{2-})=0.010$,此时

$IP(CaC_2O_4)=c_r(Ca^{2+})c_r(C_2O_4^{2-})=(1.0\times10^{-2})\times(1.0\times10^{-2})=1.0\times10^{-4}$

所以 $\qquad IP>K_{sp}^{\theta}(CaC_2O_4)=2.32\times10^{-9}$

因此溶液中有 CaC_2O_4 沉淀析出。

(2) 饱和 CO_2 水溶液中,$[CO_3^{2-}]=K_{a2}^{\theta}=4.68\times10^{-11}$,则

$$IP(CaCO_3)=c_r(Ca^{2+})c_r(CO_3^{2-})=1.0\times4.68\times10^{-11}$$
$$=4.68\times10^{-11}<K_{sp}^{\theta}(CaCO_3)=3.36\times10^{-9}$$

因此 $CaCO_3$ 沉淀不会析出。

二、沉淀的溶解

根据溶度积规则,要使难溶电解质溶解,就必须降低相关离子的浓度,使 $IP<K_{sp}^{\theta}$。减少离子浓度的方法有:

(一)生成难解离的物质使沉淀溶解

难解离的物质包括水、弱酸、弱碱、配离子和其他难解离的分子等。

1. 金属氢氧化物沉淀的溶解

$$Mg(OH)_2(s)\Longleftrightarrow Mg^{2+}+2OH^-$$
$$+$$
$$\downarrow 2H^+\Longleftrightarrow 2H_2O$$

$Mg(OH)_2$ 中加酸,H^+ 与溶液中的 OH^- 反应生成弱电解质 H_2O,$[OH^-]$ 降低,$IP(Mg(OH)_2)<K_{sp}^{\theta}(Mg(OH)_2)$,于是沉淀溶解。

2. 碳酸盐沉淀的溶解

$$CaCO_3(s)\Longleftrightarrow Ca^{2+}+CO_3^{2-}$$
$$+$$
$$\downarrow H^+\Longleftrightarrow HCO_3^- \xrightarrow{H^+} CO_2+H_2O$$

在 $CaCO_3$ 中加酸后,H^+ 与溶液中的 CO_3^{2-} 反应生成难解离的 HCO_3^- 或 CO_2,使溶液中 $[CO_3^{2-}]$ 降低,沉淀溶解。

3. 金属硫化物沉淀的溶解

$$ZnS(s)\Longleftrightarrow Zn^{2+}+S^{2-}$$
$$+$$
$$\downarrow H^+\Longleftrightarrow HS^-\Longleftrightarrow H_2S$$

在 ZnS 沉淀中加酸,S^{2-} 与 H^+ 结合生成 HS^-,进而生成 H_2S,使 ZnS 沉淀溶解。

4. 卤化银沉淀的溶解

$$AgCl(s) \Longrightarrow Ag^+ + Cl^-$$

$$2NH_3 \Longrightarrow [Ag(NH_3)_2]^+$$

在 AgCl 沉淀中加入氨水,由于 Ag^+ 和 NH_3 结合成难解离的配离子 $[Ag(NH_3)_2]^+$,溶液中 $[Ag^+]$ 降低,AgCl 沉淀溶解。

（二）利用氧化还原反应使沉淀溶解

Ag_2S、CuS 等 K_{sp}^θ 很小的金属硫化物不能溶于盐酸,只能通过加入氧化剂如 HNO_3,将溶液中的 S^{2-} 氧化为游离的 S,使硫化物溶解,其氧化还原反应式为

$$CuS(s) \Longrightarrow Cu^{2+} + S^{2-}$$

$$HNO_3 \Longrightarrow S\downarrow + NO\uparrow$$

总反应式为:$3CuS + 8HNO_3 \Longrightarrow 3Cu(NO_3)_2 + 3S\downarrow + 2NO\uparrow + 4H_2O$

即 S^{2-} 被 HNO_3 氧化为单质硫,因而降低了 $[S^{2-}]$,导致 CuS 沉淀的溶解。

三、沉淀的转化

将一种难溶化合物转化为另一种难溶化合物,这种过程称为沉淀的转化。例如,锅炉的水垢中含有 $CaSO_4$,用 Na_2CO_3 溶液处理,可以使 $CaSO_4$ 转化为疏松的易溶于酸的 $CaCO_3$,使水垢便于除去,其反应式为

$$CaSO_4(s) + Na_2CO_3 \Longrightarrow CaCO_3(s) + Na_2SO_4$$

反应平衡常数 K^θ 为

$$K^\theta = \frac{[SO_4^{2-}]}{[CO_3^{2-}]} = \frac{[SO_4^{2-}][Ca^{2+}]}{[CO_3^{2-}][Ca^{2+}]} = \frac{K_{sp}^\theta(CaSO_4)}{K_{sp}^\theta(CaCO_3)} = \frac{4.93 \times 10^{-5}}{3.36 \times 10^{-9}} = 1.47 \times 10^4$$

由于 $K_{sp}^\theta(CaCO_3)$ 小于 $K_{sp}^\theta(CaSO_4)$,因此,向 $CaSO_4$ 的饱和溶液中加入 Na_2CO_3 溶液时,CO_3^{2-} 就会与 Ca^{2+} 生成 K_{sp}^θ 更小的 $CaCO_3$ 沉淀,从而实现了沉淀的转化。

四、分步沉淀

溶液中有两种以上的离子可与同一试剂反应产生沉淀,首先析出的是离子积最先达到溶度积的化合物。这种按先后顺序沉淀的现象称为**分步沉淀**(fractional precipitate)。例如在含有同浓度的 I^- 和 Cl^- 的溶液中,逐滴加入 $AgNO_3$ 溶液,最先看到淡黄色 AgI 沉淀,当加到一定量 $AgNO_3$ 溶液后,才生成白色 AgCl 沉淀。利用分步沉淀可进行离子间的相互分离。

例 4.6 在 $0.010\ mol \cdot L^{-1}\ K_2CrO_4$ 和 $0.010\ mol \cdot L^{-1}\ KCl$ 的混合溶液中,滴加 $AgNO_3$ 溶液,CrO_4^{2-} 和 Cl^- 哪种离子先沉淀?能否利用分步沉淀的方法将两者分离?

解 生成 Ag_2CrO_4、AgCl 沉淀所需 Ag^+ 离子最低浓度分别为

$$[Ag^+] = \sqrt{\frac{K_{sp}^\theta(Ag_2CrO_4)}{[CrO_4^{2-}]}} = \sqrt{\frac{1.12 \times 10^{-12}}{0.0100}} = 1.06 \times 10^{-5}$$

$$[Ag^+] = \frac{K_{sp}^\theta(AgCl)}{[Cl^-]} = \frac{1.77 \times 10^{-10}}{0.010} = 1.77 \times 10^{-8}$$

AgCl 沉淀所需 Ag^+ 离子浓度小,所以 AgCl 先沉淀。当 Ag_2CrO_4 开始沉淀时,溶液中残留的 Cl^- 浓度为

$$[Cl^-] = \frac{K_{sp}^\theta(AgCl)}{[Ag^+]} = \frac{1.77 \times 10^{-10}}{1.06 \times 10^{-5}} = 1.67 \times 10^{-5}$$

可见,当 CrO_4^{2-} 开始沉淀时,Cl^- 已基本沉淀完全。所以,将 $AgNO_3$ 滴加到 CrO_4^{2-} 和 Cl^- 的混合溶液中,先生成白色的 AgCl 沉淀,当砖红色的 Ag_2CrO_4 沉淀出现时,意味着 Cl^- 已基本沉淀完全,利用分步沉淀就可将两者分离。

利用沉淀反应来检验离子、分离离子及除去杂质是化学上常用的方法。关于这方面用得最多的是难溶的硫化物、氢氧化物及碳酸盐等。对同一种金属离子来说,硫化物具有最小的溶解度,用硫化物沉淀金属离子可将溶液中残留离子的浓度控制到很低的程度。不同的难溶金属硫化物具有不同的溶度积,因此可以分步沉淀而得到分离。

例 4.7 某溶液中含有 $0.10 \text{ mol} \cdot L^{-1}$ Cl^- 和 $0.10 \text{ mol} \cdot L^{-1}$ I^-。为了使 I^- 形成 AgI 沉淀与 Cl^- 分离,应控制 Ag^+ 浓度在什么范围?

解 查表得 $K_{sp}^\theta(AgCl) = 1.77 \times 10^{-10}$,$K_{sp}^\theta(AgI) = 8.52 \times 10^{-17}$
使 I^- 完全沉淀(即溶液中该离子浓度 $\leqslant 10^{-5} \text{ mol} \cdot L^{-1}$)时所需 $[Ag^+]$ 为

$$[Ag^+] \geqslant \frac{K_{sp}^\theta(AgI)}{[I^-]} = \frac{8.52 \times 10^{-17}}{1.0 \times 10^{-5}} = 8.52 \times 10^{-12}$$

不使 AgCl 沉淀形成,溶液中 Ag^+ 的浓度为

$$[Ag^+] \leqslant \frac{K_{sp}^\theta(AgCl)}{[Cl^-]} = \frac{1.77 \times 10^{-10}}{0.10} = 1.77 \times 10^{-9}$$

所以,为使 I^- 形成 AgI 沉淀,而 Cl^- 仍留在溶液中,应控制 $[Ag^+]$ 在 $8.52 \times 10^{-12} \text{ mol} \cdot L^{-1} \sim 1.77 \times 10^{-9} \text{ mol} \cdot L^{-1}$。当 $[Ag^+] = 1.77 \times 10^{-9} \text{ mol} \cdot L^{-1}$ 时,溶液中残留的 I^- 为

$$[I^-] = \frac{K_{sp}^\theta(AgI)}{[Ag^+]} = \frac{8.52 \times 10^{-17}}{1.77 \times 10^{-9}} = 4.81 \times 10^{-8}$$

此时 I^- 已经沉淀完全。从以上计算可知,控制 $[Ag^+]$ 在 $8.52 \times 10^{-12} \text{ mol} \cdot L^{-1} \sim 1.77 \times 10^{-9} \text{ mol} \cdot L^{-1}$,$I^-$ 和 Cl^- 可以分离完全。

第三节　沉淀溶解平衡在医学中的应用

一、骨骼的形成与龋齿的产生

骨骼的组成主要是羟基磷灰石结晶,占骨骼重量 40％ 以上,其次是碳酸盐、柠檬酸盐以及少量氯化物和氟化物。人体在体温 37℃、pH 为 7.4 的生理条件下,Ca^{2+} 和 PO_4^{3-} 混合时,首先析出无定形磷酸钙,而后转变成磷酸八钙,最后变成最稳定的羟基磷灰石。在

生物体内,这种羟基磷灰石又叫生物磷灰石。骨骼的形成涉及了沉淀的生成与转化的原理。当血钙浓度增加时,可促进骨骼的形成,反之,当血钙浓度降低时,羟基磷灰石溶解,可造成骨质疏松,骨骼存在着造骨与侵蚀的动态平衡。

牙齿的化学组成与骨骼大致相同,牙齿的表层为牙釉质,除了 5％水外,全部由羟基磷灰石及氟磷酸石组成。其中羟基磷灰石所占比例超过 98％,结构非常严密,成为人体中最硬的部分,对牙齿咀嚼、磨碎食物具有重要意义。而牙本质中羟基磷灰石占 70％左右。它们的结构与骨类似。牙齿一旦形成和钙化后,新陈代谢就降到最低程度。然而,当人们用餐后,如果食物长期滞留在牙缝处腐烂,就会滋生细菌,从而产生有机酸类物质,这类酸性物质会使牙釉质中的羟基磷灰石溶解:

$$Ca_{10}(OH)_2(PO_4)_6(s) + 8H^+ \rightleftharpoons 10Ca^{2+} + 6HPO_4^{2-} + 2H_2O$$

羟基磷灰石溶解,时间一长则会产生龋齿。为了防止龋齿的产生,人们除注意口腔卫生外,适当地使用含氟牙膏也是降低龋齿病的措施之一。含氟牙膏中的氟离子和牙釉质中的羟基磷灰石的氢氧根离子交换形成更难溶的氟磷灰石,能提高牙釉质的抗酸能力。其反应为:

$$Ca_{10}(OH)_2(PO_4)_6(s) + 2F^- \rightleftharpoons Ca_{10}F_2(PO_4)_6(s) + 2OH^-$$

羟基磷灰石 $Ca_{10}(OH)_2(PO_4)_6$ 其 K_{sp}^{θ} 为 6.8×10^{-37},而氟磷灰石 $Ca_{10}F_2(PO_4)_6(s)$ 的 K_{sp}^{θ} 为 1.0×10^{-60},具有更强的抗酸能力。含氟牙膏能降低龋齿发病率约 25％,最适宜牙齿尚在生长期的儿童和青少年使用。

二、尿结石的形成

尿是生物体液通过肾脏排泄出来的液体。其中包括人体代谢产生的有机物和无机物,如 Ca^{2+}、Mg^{2+}、CO_3^{2-}、$C_2O_4^{2-}$、PO_4^{3-} 等,这些物质可以形成尿结石。在体内,进入肾脏的血在肾小球的组织内过滤,将蛋白质、细胞等大分子保留,滤出来的液体就是原始的尿,这些尿经过肾小管进入膀胱。通常,来自肾小球的滤液中草酸钙是过饱和的。由于血液中有蛋白质等大分子的保护作用,草酸钙难以形成沉淀。经过肾小球过滤后,蛋白质等大分子被去掉,黏度也大大降低,因此在进入肾小管之前或在管内会有 CaC_2O_4 结晶形成。这种现象在许多没有尿结石病的人的尿中也会发生,不过不能形成大的结石堵塞通道,这种 CaC_2O_4 小结石在肾小管中停留时间短,容易随尿液排出,不会形成结石。有些人之所以形成结石,是因为尿中成石抑制物浓度太低,或肾功能不好,滤液流动速率太慢,在肾小管内停留时间较长,CaC_2O_4 等结晶微小晶体黏附于尿中脱落细胞或细胞碎片表面,形成结石的核心,以此核心为基础,晶体不断地沉淀、生长和聚集,最终形成结石。因此,医学上常用加快排尿速率、加大尿量等方法防治尿结石。

三、钡餐

由于 X 射线不能透过钡原子,因此临床上可用钡盐作 X 光造影剂,诊断肠胃道疾病。然而 Ba^{2+} 对人体有毒害,所以可溶性钡盐如 $BaCl_2$、$Ba(NO_3)_2$ 等不能用作造影剂。$BaCO_3$ 虽然难溶于水,但可溶解在胃酸中。致使碳酸钡的溶解度增大,钡离子增多而对人体产生毒性。在钡盐中能够作为诊断肠胃道疾病的 X 光造影剂就只有硫酸钡。硫酸钡既难溶于水,也难溶于酸。硫酸钡的溶度积为 1.07×10^{-10},在水中的溶解度则为 $1.02 \times 10^{-5} \ mol \cdot L^{-1}$,即使在胃酸的作用下,溶解度也不会增加,是一种较理想的 X 光造影剂。

硫酸钡的制备是以 $BaCl_2$ 和 Na_2SO_4 为原料,在适当的稀氯化钡热溶液中,缓慢加入硫酸钠,发生下列反应:

$$BaCl_2 + Na_2SO_4 \Longrightarrow 2NaCl + BaSO_4$$

当沉淀析出后,将沉淀和溶液放置一段时间,使沉淀的颗粒变大,过滤得纯净的硫酸钡晶体。临床上使用的钡餐是硫酸钡造影剂,它是由硫酸钡加适当的分散剂及矫味剂制成干的混悬剂。使用时,临时加水调制成适当浓度的混悬剂口服或灌肠。

化学视窗

沉淀法制备纳米微粒

纳米微粒由于具有一系列既不同于单个原子、分子,也不同于宏观物体的理化特征,目前已经成为研究的热点。沉淀法是液相合成高纯度纳米微粒的方法之一,它包括均匀沉淀法、直接沉淀法和共沉淀法等。

1. 直接沉淀法

直接沉淀法是制备超细微粒广泛采用的一种方法,其原理是在金属盐溶液中加入沉淀剂,于一定条件下生成沉淀析出,将阴离子除去,沉淀经洗涤、热分解等处理可制得超细产物。选用不同的沉淀剂可以得到不同的沉淀产物,常见的沉淀剂有 $NH_3 \cdot H_2O$、$NaOH$、$(NH_4)_2CO_3$、$(NH_4)_2C_2O_4$ 等。以制备 ZnO 为例,以 $NH_3 \cdot H_2O$ 为沉淀剂,发生如下反应

$$Zn^{2+} + NH_3 \cdot H_2O \Longrightarrow Zn(OH)_2 + 2NH_4^+$$

$$Zn(OH)_2 \Longrightarrow ZnO(s) + H_2O$$

直接沉淀法操作简便易行,对设备技术要求不高,不易引入杂质,产品纯度高,有良好的化学计量性,成本较低。该法的缺点是洗除原溶液中的阴离子较困难,得到的粒子粒径分布较宽,分散性较差。

2. 均匀沉淀法

一般的沉淀过程是不平衡的,但如果控制溶液中的沉淀剂浓度,使之缓慢增加,可使溶液中的沉淀处于平衡状态,且沉淀在整个溶液中均匀地出现,这种方法称为均匀沉淀法。通常,通过溶液中的化学反应使沉淀剂慢慢地生成,从而克服由外部向溶液中直接加沉淀剂使得沉淀剂分布不均造成的沉淀不能在整个溶液中均匀出现的缺点。在均匀沉淀过程中,构晶离子的过饱和度在整个溶液中比较均匀,所得沉淀物的颗粒均匀而细

密,便于洗涤过滤。目前,常用的均匀沉淀剂有六次甲基四胺和尿素。例如,以 $MgCl_2$ 和 $CO(NH_2)_2$ 为原料,采用均匀沉淀法制备纳米 MgO,所得纳米 MgO 分散性良好,粒度分布均匀,其反应原理为:

$$CO(NH_2)_2 + 3H_2O = CO_2 + 2NH_3 \cdot H_2O$$

$$Mg^{2+} + 2NH_3 \cdot H_2O = Mg(OH)_2 + 2NH_4^+$$

$$Mg(OH)_2 = MgO + H_2O$$

3. 共沉淀法

共沉淀法是最早采用的液相化学合成金属氧化物和盐类纳米微粒的方法,它是在有两种或多种阳离子的溶液中加入沉淀剂,这种多元体系的溶液经过沉淀反应后,可得各种成分均一的沉淀。例如,以硝酸钙、磷酸混合水溶液为前驱体,以氨水为沉淀剂,可以制备出粒度小、分散性好的纳米羟基磷灰石粒子。改变工艺条件以及加入适当的有机助剂,可以得到不同成分、不同形貌的纳米微粒。其反应原理:

$$NH_3 \cdot H_2O + H_2O = NH_4^+ + OH^-$$

$$10Ca(NO_3)_2 + 6H_3PO_4 + 20NH_3 \cdot H_2O = Ca_{10}(PO_4)_6(OH)_2 + 20NH_4NO_3 + 18H_2O$$

共沉淀法具有工艺流程简单、成本较低、纳米粉体的结晶程度与粒径可控等优点。

参考文献

1. 魏祖期,刘德育. 基础化学(第8版).北京:人民卫生出版社,2013

2. 席晓兰. 基础化学(案例版,第2版).北京:科学出版社,2011

3. 冯清,刘绍乾. Basic Chemistry:for Students of Medicine and Biology,武汉:华中科技大学出版社,2008

4. 天津大学无机化学教研室,无机化学(第四版),北京:高等教育出版社,2010

5. 袁哲俊,纳米材料与技术,哈尔滨:哈尔滨工业大学出版社,2005

习 题

1. 难溶强电解质的溶度积和溶解度有何关系?

2. 试述离子积和溶度积的异同点与它们之间的联系。

3. $CaCO_3$ 在纯水、$0.1 \text{ mol} \cdot L^{-1}$ $NaHCO_3$ 溶液、$0.1 \text{ mol} \cdot L^{-1}$ $CaCl_2$ 溶液、$0.1 \text{ mol} \cdot L^{-1}$ Na_2CO_3 溶液中,何者溶解度最大?请说明原因。

4. 将固体 CaF_2 溶于水,测得其溶解度为 $2.05 \times 10^{-4} \text{ mol} \cdot L^{-1}$。求:(1) $K_{sp}^{\theta}(CaF_2)$;(2) 在 $0.10 \text{ mol} \cdot L^{-1} CaCl_2$ 溶液中 CaF_2 的溶解度;(3) 在 $1.0 \text{ mol} \cdot L^{-1} NaF$ 溶液中 CaF_2 的溶解度。

5. 已知 $K_{sp}^{\theta}(BaC_2O_4) = 1.61 \times 10^{-7}$,$K_{sp}^{\theta}(BaCO_3) = 2.58 \times 10^{-9}$,$K_{sp}^{\theta}(BaSO_4) = 1.08 \times 10^{-10}$。在粗食盐提纯中,为除去所含的 SO_4^{2-},应加入何种沉淀试剂?为使 NaCl 中不引进新的杂质,过量的沉淀试剂又应如何处理。

6. 据研究调查,有相当一部分的肾结石是由 CaC_2O_4 组成的。正常人每天排尿量约为 1.4 L,其中约含 0.1 g Ca^{2+}。为了不使尿中形成 CaC_2O_4 沉淀,其中 $C_2O_4^{2-}$ 离子的最高浓度为多少? 对肾结石患者来说,医生总让其多次饮水,试简单加以解释。已知 $K_{sp}^{\theta}(CaC_2O_4)=2.32\times10^{-9}$。

7. 室温下,将纯 $CaCO_3$ 固体溶解于水中。平衡后,测得 $c(Ca^{2+})=5.8\times10^{-5}$ mol·L^{-1}。试计算:(1) $K_{sp}^{\theta}(CaCO_3)$;(2)要使 0.010 mol $CaCO_3$ 完全溶解,在 1.0 L 溶液中最少应加入多少 6.00 mol·L^{-1} HCl。($K_{a1}^{\theta}(H_2CO_3)=4.4\times10^{-7}$,$K_{a2}^{\theta}(H_2CO_3)=4.7\times10^{-11}$)

8. 在 100 mL 0.20 mol·L^{-1} $MgCl_2$ 溶液中加入等体积含有 NH_4Cl 的 0.20 mol·L^{-1} $NH_3\cdot H_2O$ 溶液,未生成 $Mg(OH)_2$ 沉淀。计算原 $NH_3\cdot H_2O$ 溶液中 NH_4Cl 的物质的量及原溶液的 pH 值。已知 $K_b^{\theta}(NH_3\cdot H_2O)=1.8\times10^{-5}$,$K_{sp}^{\theta}(Mg(OH)_2)=5.61\times10^{-12}$。

9. $K_{sp}^{\theta}(BaCrO_4)=1.2\times10^{-10}$,在 0.10 mol·$L^{-1}$ $BaCl_2$ 溶液中,加入等体积 0.10 mol·L^{-1} K_2CrO_4 溶液。通过计算说明能否生成 $BaCrO_4$ 沉淀? 若能生成沉淀,Ba^{2+} 能否沉淀完全?

10. K_{sp}^{θ} for $BaSO_4$ is 1.08×10^{-10}. (1) Calculate the solubility of $BaSO_4$ in H_2O. (2) What would be the solubility of $BaSO_4$ in a solution of 0.1000 mol·L^{-1} Na_2SO_4?

11. (1) A solution is 0.15 mol·L^{-1} in Pb^{2+} and 0.20 mol·L^{-1} in Ag^+. If a solid of Na_2SO_4 is added slowly to this solution, which will precipitates first? (2) The addition of Na_2SO_4 is continued until the second cation just starts to precipitate as the sulfate. What is the concentration of the first cation at this point? K_{sp}^{θ} for $PbSO_4=2.53\times10^{-8}$, $Ag_2SO_4=1.20\times10^{-5}$.

(高宗华　编写)

第五章
胶体分散系

胶体在自然界中普遍存在,与医学的关系十分密切。构成机体组织和细胞的基础物质如蛋白质、核酸、糖原等都是胶体物质;体液如血浆、细胞内液、组织液、淋巴液等都具有胶体性质;许多药物是以胶体的形式进行生产和使用。要了解生理机能、病理原因和药物疗效等,都需要胶体的知识,因此学习胶体的基础知识和基本性质十分必要。本章主要阐述溶胶和高分子溶液的组成和性质,以及与胶体有一定联系的乳状液。

第一节　分散系概述

一、分散系的分类

一种物质或几种物质分散在另一种物质中所形成的体系称为**分散系**(dispersed system)。其中被分散的物质称为**分散相**(dispersed phase)或分散质,容纳分散相的连续介质称为**分散介质**(dispersed medium)或分散剂。例如,碘酒、蛋白质水溶液、泥浆都是分散系。其中碘、蛋白质、泥土是分散相,而酒精、水是分散介质。

按分散相粒子的直径大小可将分散系分为三类。分散相粒子直径小于 1 nm 的分散系称为**真溶液**(real solution),又叫做分子和离子分散系,如葡萄糖水溶液、NaCl 溶液、$CuSO_4$ 溶液等;分散相粒子直径在 1~100 nm 之间的分散系称为胶体分散系,简称**胶体**(colloid)。它包括**溶胶**(sol)和**高分子溶液**(solution of high molecule)。固态分散相分散于液态分散介质中所形成的胶体称为**溶胶**。溶胶的分散相粒子是由许多低分子、离子或原子聚集而成的**胶粒**(colloidal particle),如 $Fe(OH)_3$ 溶胶、As_2S_3 溶胶及金、银、硫等单质溶胶等。高分子溶液的分散相粒子是单个的高分子,如蛋白质溶液、核酸溶液等;分散相粒子直径大于 100 nm 的分散系称为**粗分散系**(coarse dispersion system),它包括**悬浊液**(suspension)和**乳状液**(emulsion),如泥浆、豆浆等。见表 5.1。

表 5.1 分散系的分类

类型		分散相粒子	粒子直径	性质	举例
真溶液		原子、离子、小分子	<1 nm	均相,热力学稳定体系,扩散快,能透过半透膜及滤纸	氯化钠、蔗糖的水溶液
胶体分散系	溶胶	胶粒(原子或分子的聚集体)	1~100 nm	多相,热力学不稳定体系,扩散慢,不能透过半透膜,能透过滤纸	金溶胶、氢氧化铁溶胶
	高分子溶液	高分子		均相,热力学稳定体系,扩散慢,不能透过半透膜,能透过滤纸	蛋白质、明胶水溶液
粗分散系		粗颗粒	>100 nm	多相,热力学不稳定体系,扩散慢或不扩散,不能透过半透膜及滤纸	悬浊液和乳状液,如泥浆、牛奶

根据分散相和分散介质是否属于同一相,分散系又可分为均相分散系和非均相分散系两大类。非均相分散系的分散相和分散介质为不同的相,均相分散系只有一个相。真溶液是均相分散系,粗分散系是非均相分散系,胶体分散系的溶胶是非均相分散系,而高分子溶液是均相分散系。

分散体系的上述分类是相对的,粗分散体系与胶体分散体系之间没有严格的界限,一些粗分散体系,例如乳状液、泡沫等,它们的许多性质,特别是表面性质,与胶体分散体系有密切的联系,通常也归在胶体分散体系中加以讨论。

二、胶体分散系

胶体分散相粒子的直径大小为 1~100 nm,它可以是一些小分子、离子或原子的聚集体,例如氢氧化铁溶胶、金溶胶等;也可以是单个的大分子,如蛋白质溶液。分散介质可以是液体、气体或是固体。

胶体不是一种特殊的物质,而是物质的一种特殊分散状态,无论任何物质,凡是粒子以 1~100 nm 分散于分散介质中,就成为胶体。实验表明,任何典型的晶体物质都可以用降低其溶解度或选用适当分散介质而制成溶胶。如氯化钠分散在水中为水溶液,分散在苯中形成溶胶;硫磺分散在乙醇中形成溶液,分散在水中则形成硫磺溶胶。

第二节 表面现象

一、表面积与表面能

在一个分散体系中,如果存在不同的相,那么在相与相之间必然存在着相界面。在相界面上物质的性质有明显的改变,从而产生许多独特的现象。物质在任何两相的界面上发生的物理化学现象统称为**界面现象**(interface phenomena)。当形成界面的一方为气体时,习惯上称这种**界面**(interface)为**表面**(surface),因此,界面现象也称为表面现象。

物质的表面现象与表面积密切相关。一定量的物质,分割得越细,则分散的程度越高,所暴露的面积就越大。例如边长为 1 cm 立方体的表面积是 6 cm²,当它分散为 10^{12} 个小立方体,达到胶体分散相粒子的大小后,总体积不变,而总表面积却增大了一万倍,为 60000 cm²,或 6 m²。对于多相分散体系,常用**比表面** A_0(specific surface area)表示其分散程度。其定义为:每单位体积的物质所具有的表面积,即

$$A_0 = \frac{A}{V} \tag{5.1}$$

式中 A 是物质的总表面积,V 是物质的体积。比表面越大,分散程度也越大。从上式可以看出,对于一定量的物质,颗粒越小,总表面积就越大,则比表面也就越大,即体系的分散程度就越高。只有高度分散的体系,表面现象才能达到可以觉察的程度。如胶体分散系分散程度高,具有很大的表面积,因此,表面现象非常明显。

任何两相界面上的分子与相内部分子所处的环境都是不一样的。以图 5.1 所示气—液体系为例。处于液体内部的分子,所受周围分子的引力是对称的,可以相互抵消,合力为零。但液体表面的分子与内部分子不同,由于下面密集的液体分子对它们的引力远大于上方稀疏的气体分子对它们的引力,所以不能相互抵消,合力垂直于液面而指向液体内部,也就是说液体表面分子有向内移动,使表面积自动收缩到最小的趋势。若要增大表面积,就必须克服内部分子的引力,将液体内部分子移到液体表面而做功,所做的功以势能形式储存于表面分子内。所以,液体表面分子比内部分子要多出一部分能量,多出的这部分能量称为**表面能**(surface energy),用符号 E 表示,单位为焦耳(J)。

$$E = \sigma \cdot A \tag{5.2}$$

式中 σ 为增加单位表面积时体系表面能的增量,称为**比表面能**(specific surface energy),单位焦耳·米$^{-2}$(J·m^{-2});A 为增加的表面积。

表面能不仅存在于液体表面,同样存在于固体表面,只要有表面或界面存在,就一定有表面能或界面能存在。

σ 在数值上等于在液体表面上垂直作用于单位长度线段上的表面紧缩力。因此 σ 又称为**表面张力**(surface tension),单位为牛顿·米$^{-1}$(N·m^{-1})。表面张力和比表面能是同一物理现象的两种不同描述,前者表示力,后者表示能量,数值和符号都相同,但物理意义却有所不同。

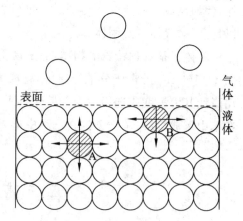

图 5.1　表面能产生的示意图

由(5.2)式可知,表面能的大小与表面积及比表面能有关。体系的分散程度越大,表面积越大,表面能也就越高,则体系处于不稳定状态,所以表面能有自动降低的趋势,以便使体系变得较为稳定。表面能的降低可通过自动减小 A 或自动减小 σ 来实现。对于

纯液体,在一定温度下 σ 是一个常数,因此表面能的降低可通过缩小表面积来实现。例如,通常水珠、汞滴总是呈球形,几个小水珠会自动合并成一个较大的水珠,就是通过减小表面积来降低表面能,使体系处于稳定状态。对于表面积难于改变的体系,可通过改变 σ 来降低表面能。例如对于固体物质,往往通过吸引其他物质的分子或离子聚集在其表面上来改变表面组成以降低比表面能,从而使体系表面能降低。

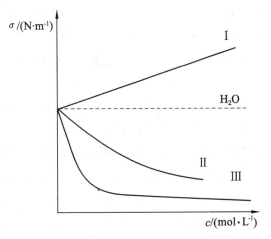

图 5.2　表面张力与浓度的关系示意图

溶胶是一个高度分散的多相体系,比表面大,所以表面能也大,是热力学不稳定体系,它们有自动聚积成大颗粒而减小表面积的趋势。高分子溶液为均相系统,分散相与分散介质为同一相,是热力学稳定系统。

二、表面活性剂

在一定的温度和压力下,液体的表面张力 σ 是一定的。向液体中加入溶质以后,由于溶液表面对溶质的吸附作用,使其表面张力发生变化。以水溶液为例,在一定的温度下,在纯水中分别加入不同种类的溶质时,溶液表面张力的变化如图 5.2 所示:曲线 Ⅰ 表明,溶液的表面张力随溶液浓度的增加而升高,属于此类型的溶质有无机盐类(如 NaCl)、不挥发性的酸(如 H_2SO_4)、碱(如 KOH)以及含有多羟基的有机化合物(如蔗糖)等物质;曲线 Ⅱ 表明,溶液的表面张力随溶液浓度的增加而逐渐降低。大部分低脂肪酸、醇、醛等有机化合物的水溶液有此性质;曲线 Ⅲ 表明,在水中加入少量的某溶质,却能使溶液的表面张力急剧下降,达到某一浓度后溶液的表面张力几乎不随溶液浓度的增加而变化。属于此类的溶质有长碳链的脂肪酸盐、烷基苯磺酸盐、烷基硫酸酯盐等。像烷基苯磺酸盐这种溶入少量就能显著降低水的表面张力的物质称为**表面活性物质**(surface active substance)或**表面活性剂**(surfactant,surface active agent),而如 NaCl 等能使溶液的表面张力升高的物质,称为非表面活性物质或表面惰性物质。

为降低表面张力,溶液表面会自动吸附较多的表面活性剂分子,而排斥表面惰性物质。溶液表层的表面活性剂浓度大于液体内部的浓度,这种吸附称为正吸附;反之,对于表面惰性物质,溶液表层浓度则小于其内部浓度,这种吸附称为负吸附。

从结构上看,表面活性剂分子既含有亲水性(hydrophilic)极性基团,如—COOH,—OH,—SO_3H,—NH_2,—SH 等,又含有疏水性(hydrophobic)非极性基团,如直链或带苯环的有机烃基。极性基团和非极性基团都分别处于表

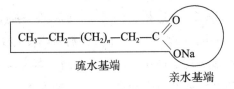

$$CH_3—CH_2—(CH_2)_n—CH_2—C \begin{matrix} O \\ ONa \end{matrix}$$

疏水基端　　　　　　亲水基端

图 5.3　表面活性剂结构示意图

面活性剂分子的两端,形成不对称结构,如图 5.3 所示。表面活性剂是既亲油又亲水的**两亲**

分子(amphiphilic molecular),在水溶液中,表面活性剂分子的亲水基团受到极性很强的水分子吸引,有竭力钻入水中的趋势,而疏水性基团则力图离开水相或钻入非极性的有机溶剂相中。表面活性剂分子定向地排列在界面层中,使界面的不饱和力场得到某种程度的平衡,从而降低了表面张力。

根据其分子在水中能否解离,通常将表面活性剂分为离子型和非离子型两大类。离子表面活性剂包括阳离子表面活性剂、阴离子表面活性剂和两性表面活性剂。阴离子表面活性剂有阴离子亲水基,常见的有脂肪酸盐(肥皂类),它的脂肪酸烃链一般在 $C_{11} \sim C_{17}$ 之间,通式为 RCOO-M,M 为碱金属、碱土金属及 NH_4^+。其他阴离子表面活性剂有如十二烷基硫酸钠($R-OSO_3Na$)等。阳离子表面活性剂分子中有阳离子亲水基,在医药上较重要的是季胺盐型阳离子表面活性剂。如新洁尔灭是常用的外用消毒杀菌的阳离子表面活性剂。两性离子表面活性剂分子既有阳离子亲水基也有阴离子亲水基,主要有氨基酸型(RNH_2CHCH_2COOH)和甜菜碱型$[RN^+H_2(CH_2)_2CH_2COO^-]$两类。两性离子表面活性剂主要用于去污和杀菌。非离子型表面活性剂是以水中不解离的羟基(—OH)或以醚键(—O—)为亲水基的表面活性剂。

当表面活性剂的浓度很低时,增大浓度可使溶液的表面张力急剧降低,当表面活性剂的浓度超过某一数值之后,溶液的表面张力几乎不随浓度的增加而变化。这可以通过示意图5.4得到解释。

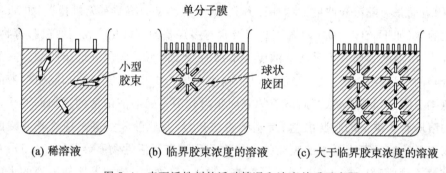

图 5.4　表面活性剂的活动情况和浓度关系示意图

图(a)表示当表面活性剂的浓度很稀时,表面活性剂分子在溶液表面和溶液内部的分布情况。此时,若稍微增加表面活性剂的浓度,表面活性剂的一部分很快地聚集在水面,使水和空气的接触面减少,从而使表面张力急剧下降。另一部分则分散在水中,有的以单分子的形式存在,有的三三两两地相互接触,疏水基靠在一起,形成最简单的**胶束**(micelle)。这相当于图 5.2 曲线Ⅲ表面张力急剧下降部分。

图(b)表示当表面活性剂的浓度加大到一定程度时,表面活性剂分子在液面上刚刚排满一层定向排列的单分子膜。若再增加浓度,则只能使水溶液中的表面活性分子开始以几十或几百个聚集在一起,排列成疏水基向里、亲水基向外的胶束。胶束中的许多表面活性剂分子的极性基团与水分子相接触;而非极性基团则被包在胶束中,几乎完全脱离了与水分子的接触,因此胶束可以在水中比较稳定的存在。这相当于图 5.2 曲线Ⅲ的转折处。我们把形成一定形状的胶束时,所需表面活性剂的最低浓度,称为**临界胶束浓度**(Critical Micelle Concentration,CMC)。

图(c)是超过临界胶束浓度的情况。这时液面上已形成紧密、定向排列的单分子膜,达到饱和状态。若再增加表面活性剂的浓度,则只能增加胶束的个数或使每个胶束所包含的分子数增多。由于胶束是亲水性的,它不具有表面活性,不能使表面张力进一步降低,这相当于图 5.2 曲线Ⅲ的平缓部分。

在临界胶束浓度的前后,不仅溶液的表面张力有显著变化,其他许多物理性质如电导率、渗透压、蒸气压、光学性质、去污能力及增溶作用等皆发生很大的差异。要充分发挥表面活性物质的作用(如去污作用、增加可溶性、润湿作用等),必须使表面活性物质的浓度稍大于 CMC。

三、乳化作用

借助表面活性剂可以降低界面张力的作用,可以制得稳定的乳状液。乳状液是以液体为分散相分散在另一种不相溶的液体分散介质中所形成的粗分散系。其中一个相是水,另一相统称为油(包括极性小的有机溶剂)。把油和水混合在一起剧烈振荡即可形成乳状液,但用这种方法制成的乳状液很不稳定,一旦停止振荡,小液滴就会自动合并而分成两层。这是因为形成乳状液时,油和水之间的界面面积大为增加,则体系的界面能升高而处于不稳定状态。要制得比较稳定的乳状液,则必须加入表面活性物质来降低两相间的界面张力,增加体系的稳定性。这种能增加乳状液稳定性的作用称为**乳化作用**(emulsification)。具有乳化作用的表面活性物质称为**乳化剂**(emulsifying agent)。

乳化作用是由于表面活性物质被吸附到水油界面上并作定向排列,即分子中的亲水基团伸向水中,而疏水基团伸向油中,其结果不仅降低了界面张力,而且还在细小液滴周围形成了具有一定机械强度的单分子层保护膜,阻止了液滴之间的聚集合并,从而增强了乳状液的稳定性。

乳状液包括两种类型。油分散在水中形成的乳状液称为**水包油型乳状液**(oil in water emulsion),用 O/W 表示,如牛奶、豆浆、农药乳剂等;水分散在油中形成的乳状液为**油包水型乳状液**(water in oil emulsion),用 W/O 表示,如原油等。图 5.5 为两种不同类型乳状液示意图。

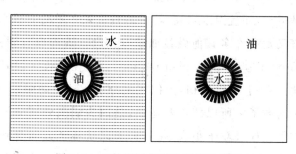

图 5.5 两种不同类型乳状液示意图

乳状液的类型取决于乳化剂的类型。乳化剂分为水溶性乳化剂和油溶性乳化剂。

水溶性乳化剂(如钠肥皂、钾肥皂等)分子中的亲水基团较大,它可降低水的界面能,使水滴不易形成,而使油滴分散在水中,形成 O/W 型乳状液;油溶性乳化剂(如钙肥皂、铝肥皂等)分子中的疏水基团较大,它能降低油的界面张力,使油滴不易形成,而使水珠分散在油中,形成 W/O 型乳状液。乳状液的类型可以用染色法、稀释法、电导法及其他方法鉴别。染色法是在乳状液中加入少量溶于"油"而不溶于水的染料轻轻摇动,如整个乳状液呈现染料的颜色,则说明分散介质为"油",即为 W/O 型,若只有分散的液滴呈染料的颜色,则说明分散相为油,即为 O/W 型。稀释法是根据乳状液易被分散介质稀释的道理来鉴别的,方法是将乳状液置于洁净的玻璃片上,然后滴加水,能与水均匀混合的为 O/W 型乳状液,否则为 W/O 型乳状液。电导法是利用"油"和水的电导不同,多数"油"为电的不良导体,因此测定电导即可确定分散介质的类型。

乳状液和乳化作用在生物学和医学上有重要意义。如食用的乳汁、药用的鱼肝油乳剂及临床上用的脂肪乳剂输液等都是各种形式的乳状液。食物中的油脂进入人体后,要先由胆汁酸盐进行乳化,使之成为极小的乳滴才易被肠壁吸收。此外,消毒和杀菌用的药剂常制成乳剂,以增加药物和细菌的接触,提高药效。

第三节　溶　胶

一、溶胶的基本性质

溶胶的胶粒是由许多的原子(或分子、离子)构成的聚集体。直径为 1 nm～100 nm 的胶粒分散在分散介质中,形成热力学不稳定性分散系统。多相性、高度分散性和聚结不稳定性是溶胶的基本特性,其光学性质、动力学性质和电学性质都是由这些基本特性引起的。

(一)溶胶的动力学性质

1. Brown 运动

1827 年,英国植物学家 Brown 在显微镜下观察悬浮在水面上的花粉时,发现它们在做永不停息的无规则运动,而且温度越高,粒子的质量和介质粘度越小,这种无规则运动表现得越明显。后来又发现许多其他微粒如矿石、金属、碳等也有同样的现象。人们称微粒的这种运动为 Brown 运动(Brownian motion)。但在很长一段时间中,Brown 运动的本质没有得到阐明。直到 19 世纪初,人们才用分子运动论阐明了 Brown 运动产生的原因。悬浮在液体中的粒子之所以能不断运动,是因为周围介质分子处于热运动状态,因此不断撞击悬浮粒子。如果粒子很大,每秒钟可以从各个方向受到几百万次的撞击,结果这些碰撞相互抵消,所以观察不到 Brown 运动。如果粒子小到胶体程度,它所受到的撞击次数比大粒子所受到的要少很多,因此在各个方向受到的撞击力不能相互抵消,合力使粒子向某一方向运动,显然合力方向会随时不同,所以粒子的运动方向不断地变化,这就是粒子的 Brown 运动,见图 5.6。

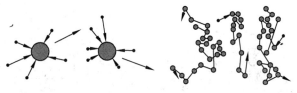

（a）介质分子对胶粒的撞击　　　（b）胶粒的布朗运动

图 5.6　Brown 运动

2. 扩散

当溶胶存在浓度差时,溶胶粒子在介质中由高浓度区自发地向低浓度区迁移,这种现象称为扩散(diffusion)。正是布朗运动,才使胶粒能够实现扩散。在生物体内,扩散是物质输送或物质的分子、离子透过细胞膜的动力之一。胶粒的扩散速率与温度、粒子大小有关。温度越高、粒子越小,扩散速率就越快。因胶粒半径和质量大于真溶液中溶质分子的半径和质量,所以胶粒的扩散速率比真溶液中溶质分子的扩散速率要小得多。

胶粒的扩散能透过滤纸,但不能透过半透膜。利用胶粒不能透过半透膜这一性质,可除去溶胶中的小分子杂质,使溶胶净化。净化溶胶常用的方法是透析(或渗析)。透析时,可将溶胶装入半透膜袋内,放入流动的水中,溶胶中的小分子杂质可透过膜进入溶剂,随水流去。临床上,利用透析原理,用人工合成的高分子膜作半透膜制成人工肾,帮助肾脏患者清除血液中的毒素,使血液净化。

3. 沉降和沉降平衡

分散在液态介质中的胶粒受到两方面的作用力,一是方向向下的重力,二是方向向上的扩散。胶粒受重力作用而下沉并与分散介质分离的过程称为**沉降**(sedimentation)。由 Brown 运动引起的扩散作用力图使溶胶的浓度均匀一致,而由重力引起的沉降作用则力图使胶粒下沉。当沉降速率和扩散速率相等时即达到平衡状态,称为沉降平衡(sedimentation equilibrium)。平衡时,底层浓度最大,但随着高度的增加逐渐降低,形成了一定的浓度梯度(图 5.7)。这时粒子的分布与地球大气层的分布相似。

实际上,由于高度分散的溶胶颗粒很小,达到平衡的时间将非常长,为了加速沉降平衡的建立,使用超速离心机,在比地球重力场大数十万倍的离心力场的作用下,可使溶胶迅速达到沉降平衡。超离心技术广泛用于医学研究,以测定各种蛋白质的分子量及病毒的分离提纯。在临床诊断中,使用超速离心机可以发现和检查病变血清蛋白质,从而对某些疾病起到确诊或辅助诊断的作用。

（二）溶胶的光学性质

图 5.7　沉降平衡示意图

1896 年,英国物理学家 Tyndall 发现,在暗室内用一束光线照射溶胶时,在与光束垂直的方向可以看到一个发亮的光柱(图 5.8)。这种现象称为 **Tyndall 现象**(Tyndall phenomena),又称为乳光。

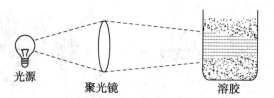

光源　　　　　　聚光镜　　　　　溶胶

图 5.8　Tyndall 现象

Tyndall 现象的产生与分散相粒子的大小及入射光的波长有关。当光照射到分散相粒子上,如果分散相粒子的直径大于入射光的波长时,光在粒子表面发生反射,此时表现出光无法透过体系而出现浑浊。若分散相粒子的直径小于入射光波长,则主要发生光的散射。此时光波绕过粒子而向各个方向散射出去,散射出来的光称为乳光或散射光。可见光的波长约在 380 nm～780 nm 之间,而溶胶粒子的半径一般在 1 nm～100 nm 之间,小于可见光的波长,因此发生光散射作用,这时粒子本身好像是一个发光体,无数发光体汇集就产生了 Tyndall 现象。此时观察到的不是胶体粒子本身,而是被散射出来的光。

真溶液中分散相粒子是单个小分子、原子或离子,它们的直径很小(小于 1 nm),对光的散射非常微弱,肉眼无法观察到乳光;粗分散体系的粒子直径大于可见光的波长,只有反射光而无乳光,呈浑浊状。对于高分子溶液,由于它属于均相体系,无界面存在,所以散射光很弱。因此,Tyndall 现象是区别溶胶与真溶液、悬浮液和高分子溶液的简便而有效的方法。临床上,注射用真溶液在灯光照射下应无乳光现象,若出现乳光现象则为不合格,不能作注射用,此检测方法称为灯检。

(三)溶胶的电学性质

溶胶的电学性质主要有电泳和电渗。

1. 电泳和电渗

将两个电极插入溶胶,通直流电后,可以观察到溶胶的胶粒向某一电极方向移动。这种在外加电场作用下,分散相粒子在分散介质中作定向移动的现象称为**电泳**(electrophoresis)。如图 5.9 所示,在 U 型管中注入橙色的 As_2S_3 溶胶,小心地在溶胶上面加一层水,使 As_2S_3 溶胶和纯水间有清晰的界面。通直流电后,As_2S_3 溶胶中的胶粒向正极移动,U 形管中正极一侧橙色液面上升,负极一侧橙色液面下降,这说明溶胶带电。由电泳方向可确定出 As_2S_3 溶胶胶粒带负电荷,为

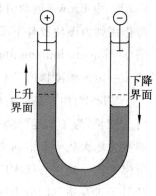

上升界面　　　下降界面

图 5.9　电泳示意图

负溶胶(negative sol)。大多数金属硫化物溶胶、硅胶和金、银、硫等单质溶胶都是带负电的负溶胶。若在 U 形管中注入棕红色的 $Fe(OH)_3$ 溶胶,通直流电后,胶粒向负极移动,说明 $Fe(OH)_3$ 溶胶胶粒带正电荷,为**正溶胶**(positive sol)。大多数氢氧化物溶胶是带正电荷的正溶胶。

由于整个溶胶是电中性的,所以液体介质必然与胶粒带相反电荷。若设法使胶粒不运动,通直流电后,可以观察到介质的移动情况。例如把溶胶充满在多孔性物质(如活性炭)中,使胶粒被多孔性物质固定,在多孔性物质两侧通以直流电后,则可以观察介质的定向移动(图 5.10)。这种在外加电场作用下,胶粒固定不动而液体介质通过多孔性物质定向移动的现象称为**电**

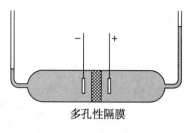

多孔性隔膜

图 5.10　电渗示意图

渗(electro-osmosis)。在同一电场中,电泳和电渗现象往往同时发生。电泳和电渗现象的存在说明胶体粒子带有电荷。

2. 胶粒带电的原因

通常所说溶胶带电是指胶粒带电,胶粒带电的原因主要有两方面。

(1) 选择性吸附　由于溶胶的分散程度高,表面能大,则分散相粒子会吸附其他物质的分子或离子而降低其表面能,使体系趋于稳定。因此,胶粒中的胶核(分子、原子、离子的聚集体)常常选择性吸附与其组成相类似的离子而带电。例如,由 As_2S_3 分子聚集成的胶核会优先吸附溶液中和它组成相类似的 HS^- 而使胶粒带负电,而 $Fe(OH)_3$ 胶核可优先吸附与其组成类似的 FeO^+ 而带正电。

(2) 表面分子解离　当胶核与介质接触时,表面层上的分子与介质分子作用而发生解离,其中一种离子扩散到介质中,另一种离子留在胶核表面,使粒子带电。例如,硅胶的胶核是由很多 SiO_2 分子聚集而成的,其表面层的 SiO_2 分子与 H_2O 分子作用生成 H_2SiO_3 分子,它是一种弱电解质,在溶液中可发生解离:

$$SiO_2 + H_2O \Longrightarrow H_2SiO_3$$

$$H_2SiO_3 \Longrightarrow 2H^+ + SiO_3^{2-}$$

其中 H^+ 离子进入水中,而 SiO_3^{2-} 离子却留在胶核表面,使硅胶的胶粒带负电。

3. 胶团结构

将 $AgNO_3$ 稀溶液和 KI 稀溶液混合即可得到 AgI 溶胶,由 m 个 AgI 分子(约 10^3 个)聚集成直径为 1 nm～100 nm 的固体粒子,它是溶胶分散相粒子的核心,即胶核。由于胶核能选择性吸附和它组成相类似的离子,因此,当体系中 KI 过量时,溶液中存在 NO_3^-、K^+ 和 I^-,胶核表面优先吸附 n(n 比 m 要小得多)个 I^- 而带电,带相反电荷的 K^+(称为反离子)则分布在周围的介质中。这些反离子,一方面受到胶核的静电引力有力图靠近胶核表面的趋势,另一方面因离子的扩散作用又有远离胶核表面的趋势。当这两种作用达到平衡时,有($n-x$)个 K^+ 被胶核紧密地吸附在其表面上,这($n-x$)个 K^+ 和被吸附在胶核表面的 n 个 I^- 所形成的带电层称为吸附层。胶核和吸附层组成胶粒,胶粒带 x 个负电荷。在吸附层外面,还有 x($n>x$)个 K^+ 疏散地分布在胶粒周围,离胶核越远越稀,形成与胶粒电荷相反的另一带电层,称为扩散层。这种由吸附层和扩散层组成的电性相反的两带电层称为双电层。扩散层和胶粒所带电荷符号相反,电量相等,组成**胶团**

(colloidal micell)。该 AgI 溶胶的胶团结构可用简式表示为：

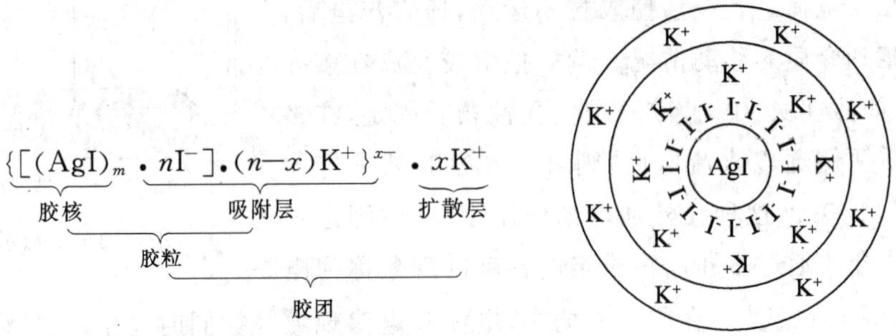

$$\{[(AgI)_m \cdot nI^-] \cdot (n-x)K^+\}^{x-} \cdot xK^+$$

胶核　　　　吸附层　　　　扩散层

胶粒

胶团

(a) 胶团结构表示式　　　　　(b) 胶团结构示意图

图 5.11　AgI 胶团结构

由以上胶团结构可知胶粒带电，整个胶团是电中性的。电泳时胶团从吸附层和扩散层间断裂，胶粒作为一个整体向与其电性相反的电极移动，而扩散层中带相反电荷的反离子就向另一电极移动。胶粒带电是溶胶稳定存在的重要原因。

二、溶胶的稳定性与聚沉

在科学实验或实际生活中，常常遇到胶体体系，有时需要形成稳定的胶体，有时又不希望胶体产生。只有了解溶胶稳定的原因，才能选择适当条件，使胶体稳定或破坏。

（一）溶胶的稳定性

溶胶为高度分散的多相体系，具有聚结不稳定性，有自动聚集的趋势。虽然溶胶本质上属于热力学不稳定体系，但有的能稳定存在很长时间，甚至达数十年之久。溶胶稳定的原因可归纳为：

1. 动力稳定性

溶胶粒子颗粒很小，Brown 运动激烈，能够克服重力影响不下沉。溶胶的这种性质称为动力稳定性。

2. 胶粒带电的稳定作用

根据胶团结构可知，在胶粒周围存在着反离子的扩散层，同一溶胶的胶粒带相同符号的电荷，当胶粒相互靠近到一定程度时，扩散层相互重叠，产生静电斥力，结果两个胶粒相互碰撞后又重新分开，保持了溶胶的稳定性。

3. 溶剂化的稳定作用

物质与溶剂之间所起的化合作用称为溶剂化，若溶剂为水，则称为水化。溶胶吸附的离子和反离子都是溶剂化的，结果在胶粒周围形成水化层。当胶粒相互靠近时，水化层被挤压变形，而水化层具有弹性，成为胶粒接近时的机械阻力，从而防止了溶胶的聚沉。

上述稳定因素中，胶粒带电产生静电斥力是溶胶稳定的主要原因。

（二）溶胶的聚沉

溶胶的稳定性是相对的,有条件的。当溶胶的稳定因素受到破坏时,胶粒就会互相碰撞聚集成较大的颗粒而沉降,最后产生沉淀。这种分散相粒子聚集变大到 Brown 运动克服不了重力作用时就会从介质中沉淀出来的过程称为**聚沉**(coagulation)。使溶胶聚沉的方法很多,但主要有以下几种方法。

1. 加入电解质

溶胶对电解质十分敏感,少量的电解质就能促使溶胶聚沉。这是由于电解质中的反离子可以压缩胶粒周围的扩散层,使之变薄,胶粒带电量减少,使胶粒间的排斥力减少。不同的电解质对溶胶的聚沉能力不同,电解质的聚沉能力常用临界聚沉浓度来表示。**临界聚沉浓度**是使一定量溶胶在一定时间内完全聚沉所需电解质的最低浓度。电解质的临界聚沉浓度越小,其聚沉能力越大。表 5.2 是几种电解质对三种溶胶聚沉的临界聚沉浓度。

表 5.2　不同电解质对几种溶胶的临界聚沉浓度/mmol·L^{-1}

As_2S_2(负溶胶)		AgI(负溶胶)		Al_2O_3(正溶胶)	
NaCl	51	$NaNO_3$	140	NaCl	43.5
KCl	49.5	KNO_3	136	KCl	46
KNO_3	50	$Ca(NO_3)_2$	2.40	KNO_3	60
$CaCl_2$	0.65	$Mg(NO_3)_2$	2.60	K_2SO_4	0.30
$MgCl_2$	0.72	$Pb(NO_3)_2$	2.43	$K_2Cr_2O_7$	0.63
$MgSO_4$	0.81	$Al(NO_3)_3$	0.067	$K_2C_2O_4$	0.69
$AlCl_3$	0.093	$Ce(NO_3)_3$	0.069	$K_3[Fe(CN)_6]$	0.08

使溶胶聚沉的主要是反离子,聚沉能力主要决定于反离子的价数,价数越高,其聚沉能力越大。对于给定的溶胶,反离子为 1、2、3 价时,其聚沉值与反离子价数的 6 次方成反比。相同价数的反离子聚沉值虽然接近,但也存在差异,特别是一价离子表现得比较明显。例如一价正电反离子聚沉能力由大到小的顺序为

$$H^+>Cs^+>Rb^+>NH_4^+>K^+>Na^+>Li^+$$

一价负电反离子聚沉能力由大到小的顺序为

$$F^->IO_3^->H_2PO_4^->BrO_3^->Cl^->ClO_3^->Br^->I^->CNS^-$$

同价离子聚沉能力的这一顺序称为**感胶离子序**(lyotropic series)。它与水化离子半径由小到大的次序大体一致,这可能是因为水化离子半径越小,离子越容易靠近胶体粒子的缘故。

2. 加入带相反电荷的溶胶

将两种带相反电荷的溶胶适量混合,也能发生相互聚沉作用。当其中一种溶胶的总电荷恰能中和另一溶胶的总电荷时才能发生完全聚沉,否则只能发生部分聚沉,甚至不

聚沉。用明矾净化水就是溶胶相互聚沉的典型例子。天然水中的胶体悬浮粒子一般是负溶胶,固体明矾($KAl(SO_4)_2 \cdot 12H_2O$)溶于水中,产生的 Al^{3+} 离子水解形成 $Al(OH)_3$ 正溶胶。把适量的明矾放入水中,正、负溶胶相互聚沉,再加上 $Al(OH)_3$ 絮状沉淀的吸附作用,可使污物清除,达到净化水的目的。

3. 加热

很多溶胶在加热时可发生聚沉。因为升高温度,胶粒的运动速率加快,碰撞机会增加,同时降低了它对反离子的吸附作用,从而降低了胶粒所带电荷和水化程度,使粒子在碰撞时聚沉。例如,将 As_2S_3 溶胶加热至沸,便会析出 As_2S_3 沉淀。

三、溶胶的制备与净化

(一)溶胶的制备

要制得比较稳定的溶胶,需满足两个条件:一是分散相粒子直径必须在 $1 \sim 100$ nm 之间;二是分散相粒子在液体介质中保持分散而不聚集,一般需加入稳定剂。制备溶胶的方法原则上有两种,将大的固体颗粒或液滴分散成胶粒大小,称为分散法;将小分子或离子聚集成胶粒,称为凝聚法。

1. 分散法

分散法包括机械分散法(即研磨法)、溶胶法、电弧分散法、超声波分散法等,其中常用的是前两种方法。研磨法是用胶体磨把大颗粒固体磨细,在研磨的同时加入丹宁、明胶、表面活性剂等作稳定剂。如医药用的硫溶胶、工业用的胶体石墨都是用胶体磨研磨而制成的。溶胶法是一种使暂时凝聚起来的分散相又重新分散的方法。把新生成的沉淀洗涤后,加入适宜的电解质溶液作稳定剂,经搅拌后沉淀就会重新分散成胶体粒子而形成溶胶。例如新制得的 $AgCl$ 沉淀,洗涤除去杂质后再加入适量的 $AgNO_3$ 溶液作稳定剂,经搅拌即可制得 $AgCl$ 溶胶。

2. 凝聚法

凝聚法有物理凝聚法和化学凝聚法。改换溶剂法属于物理凝聚法,它是利用同一物质在不同溶剂中的溶解度相差悬殊的特点来制备溶胶的。例如,向硫的乙醇溶液滴加水,由于硫在水中溶解度很小,故硫能以胶粒大小析出而形成硫溶胶。化学凝聚法是利用化学反应使生成物凝聚而形成溶胶。例如,H_2S 水溶液中通入 O_2 利用氧化还原反应可以制得 S 溶胶,加热煮沸稀的 $FeCl_3$ 水溶液,利用 $FeCl_3$ 水解反应,可以得到 $Fe(OH)_3$ 溶胶。

$$2H_2S + O_2 == 2S(溶胶) + 2H_2O$$

$$FeCl_3(稀) + 3H_2O \xrightarrow{煮沸} Fe(OH)_3(溶胶) + 3HCl$$

(二)溶胶的净化

化学方法制得的溶胶中,往往含有电解质和其他杂质。而过量电解质的存在会影响溶胶的稳定性。除去溶胶中过量电解质及其杂质的过程,称为溶胶的净化。净化溶胶的常用方法是渗析和超过滤。

　　渗析法是利用胶粒不能透过半透膜,而低分子或离子能透过半透膜的性质,将溶胶装入半透膜袋内,放入流动的溶剂水中,因膜内外存在浓度差,膜内的杂质离子或低分子可透过半透膜随水流去,这样就可以降低溶胶中电解质等杂质的浓度,达到净化溶胶的目的。超过滤是在减压(或加压)下,使胶体粒子与分散介质、低分子杂质分开的方法,其基本装置是超过滤器。渗析和超过滤不仅可以提纯溶胶及高分子化合物,而且可以测定蛋白质分子、酶分子以及病毒和细菌分子的大小。临床上,利用渗析和超过滤原理,用人工合成的高分子膜(如聚丙烯腈薄膜等)作半透膜制成人工肾,帮助肾功能衰竭的患者清除血液中的毒素和水分。用于严重肾脏病患者的透析方法也是基于这种原理,让患者的血液在体外通过装有特定半透膜的装置,在保持血液中的重要蛋白质和红细胞的情况下,将血液中的有害物质除去。

第四节　高分子溶液

一、高分子化合物的结构特点与稳定性

　　高分子化合物(macromolecule)是指相对分子质量在 1 万以上,甚至高达几百万的物质。高分子化合物有天然的和人工合成的。蛋白质、核酸和多糖类物质都是与生命有关的生物高分子,人造纤维、塑料等高聚物和药物制剂中的血浆代用品均是人工合成的高分子化合物。药物制剂中常用的增溶剂、乳化剂、增粘剂等,其中许多也都是高分子化合物。有些高分子化合物(如蛋白质)在水溶液中往往是以带电离子形式存在的,因此常称为**高分子电解质**(macromolecular electrolyte)。

　　(一)高分子化合物的结构

　　高分子化合物相对分子质量虽然很大,但组成一般比较简单,是由一种或几种小的结构单位连接而成的,每个结构单位称为链节,链节重复的次数叫聚合度,以 n 表示。如天然橡胶的分子是由几千个异戊二烯单位($-C_5H_8-$)连接而成的长链分子,所以其化学式可以写成$(C_5H_8)_n$。天然橡胶的聚合度 n 为 $2000 \sim 20000$。再如纤维素、淀粉、糖原等聚糖类的高分子化合物都是由许多个葡萄糖单位($-C_6H_{10}O_5-$)连接而成,只是各物质分子链的聚合度及其葡萄糖单位的连接方式不同。高分子化合物是不同聚合度的同系物分子组成的混合物,因而高分子化合物的相对分子质量实际上是一个平均值。

　　(二)高分子化合物的性质

　　高分子化合物的性质与它们的结构有密切的关系。高分子的长链结构决定了它们在自然状态下一般要卷曲起来,卷曲时不规则地形成多种形状,在拉力作用下可以被伸直,但伸直的链具有自动弯曲恢复原来状态的趋势,所以高分子化合物具有一定的弹性。我们把高分子长链易卷曲可伸展的性质称为高分子结构的柔性。高分子化合物在溶液

中的形态,除与其自身的柔性有关外,还受到介质的影响。如果介质和高分子化合物间的作用力强,分子长链卷曲成团的内聚力将被削弱,因而高分子化合物在溶液中就表现得舒展松弛,这种分散介质称为"良溶剂"。反之,如介质和高分子化合物间的作用力弱,分子长链就会卷缩起来,这种分散介质称为"不良溶剂"。高分子化合物因具有链状或分枝状结构,在溶液中能牵引介质使其运动困难,故表现为一定的黏度。

(三)高分子溶液的稳定性

大多数高分子化合物能自动地分散到适宜的分散介质中形成均匀的溶液。如蛋白质在水中,橡胶在苯中都能自动溶解成为高分子溶液。高分子化合物在溶解前必先经过一个溶胀过程,这与低分子化合物的溶解是不同的。当把高分子化合物置于良性溶剂中时,小分子量的溶剂分子很容易扩散到高分子化合物中。高分子化合物的长链弯曲,链间又有很多空隙,可被进入的溶剂充满,这时,高分子卷曲的分子链慢慢地舒展开来,体积相对地增加。这种溶胀过程是高分子化合物溶解的起始阶段,随着溶胀过程的进行,高分子显得更加松散,并逐渐扩散到溶剂中去,直至完全溶解。在溶液中的高分子被高度溶剂化。另外,很多高分子化合物分子中含有—OH、—COOH、—NH$_2$等亲水基团,这些基团的水化作用非常强,在其表面上牢固地吸引着许多水分子而形成了水化膜,这层水化膜与溶胶胶粒的水化膜相比,在厚度和紧密程度上都要大得多,这是高分子溶液具有稳定性的主要原因。

高分子溶液的分散相粒子大小在胶体分散系的范围内,因而具有溶胶的某些性质,如不能通过半透膜、扩散速率慢等。但是,由于高分子溶液的分散相粒子是单个分子,其组成和结构与胶粒不同,高分子溶液的很多性质与溶胶不同而类似于真溶液。高分子和分散介质间没有界面,因而和小分子溶液一样是均相体系,这是高分子溶液区别于溶胶的基本特征。虽然高分子溶液的本质是真溶液,但是由于高分子化合物的相对分子质量很大,其粒子大小大致在胶体分散系的范围内,而且分子的形状比较复杂,所以高分子溶液又具有溶胶的某些性质,因此高分子溶液也被列入胶体分散系,表 5.3 归纳了高分子溶液和溶胶及真溶液性质的差异。

表 5.3 高分子溶液和溶胶的性质比较

高分子溶液	真溶液	溶胶
分散相直径 1 nm～100 nm	分散相直径小于 1 nm	分散相直径 1 nm～100 nm
分散相粒子是单个高分子	分散相粒子是单个分子或离子	分散相粒子是许多分子、原子或离子的聚集体
均相、稳定体系	均相、稳定体系	非均相、不稳定体系
扩散速率慢	扩散速率快	扩散速率慢
不能透过半透膜	能透过半透膜	不能透过半透膜
Tyndall 现象弱	Tyndall 现象弱	Tyndall 现象明显
加入大量电解质时盐析	电解质不影响稳定性	加入少量电解质时聚沉
黏度大	黏度小	黏度小

二、高分子电解质溶液

具有可解离基团,在水溶液中可以解离成带电离子的高分子化合物称为高分子**电解质**(macromolecular electrolyte)。高分子电解质溶液除了具有一般高分子溶液的通性外,它还具有其自身的特性。

(一)高分子电解质溶液的电性

高分子电解质溶液的电性对其性质有很大影响,以蛋白质溶液为例,蛋白质分子是由若干个氨基酸分子以肽链连接而成的两性高分子电解质。蛋白质分子中的羧基和氨基,在水中可以解离成—COO^- 或—NH_3^+,整个大分子就带正电或负电荷。蛋白质分子链上—NH_3^+ 与—COO^- 数目的多少受溶液 pH 值的影响。

当溶液 pH 值高时由于发生下述反应而带负电

$$NH_2RCOOH + OH^- \longrightarrow NH_2RCOO^- + H_2O$$

当溶液 pH 值低时由于发生下述反应而带正电

$$NH_2RCOOH + H_3O^+ \longrightarrow NH_3^+RCOOH + H_2O$$

当溶液 pH 调至某一数值时,可使高分子蛋白质链上的—NH_3^+ 与—COO^- 数目相等,这时蛋白质处于等电状态,该 pH 值称为蛋白质的**等电点**(isoelectric point),以 pI 表示。当溶液的 pH 值大于等电点时,蛋白质分子上—COO^- 数目多于—NH_3^+ 数目,蛋白质带负电;反之,则带正电。不同的蛋白质,其结构不同,等电点也各异。

在等电点时不发生电泳现象,而且蛋白质溶液的性质也会发生明显变化,其黏度、渗透压、溶解度、电导以及稳定性等都最低。例如在等电点时,蛋白质对水的亲和力大为减小,蛋白质水合程度降低,蛋白质分子链相互靠拢并聚结在一起,造成蛋白质溶解度降低。当介质的 pH 偏离蛋白质等电点时,蛋白质分子链上的净电荷量增多,分子链舒展开来,水合程度也随之提高,因而蛋白质的溶解度也相应增大。

在电场作用下,水溶液中的带电高分子会产生电泳现象,其电泳速度取决于高分子所带电荷多少、分子大小和形状结构等因素。利用电泳速度的不同,在蛋白质、氨基酸和核酸等物质的分离和鉴定方面有重要的应用。在临床检验中,应用电泳法分离血清中各种蛋白质,为疾病的诊断提供依据。

(二)盐析作用

前面讨论过电解质对溶胶的聚沉作用。溶胶对电解质很敏感,但对于高分子溶液来说,加入少量电解质时,它的稳定性并不会受到影响,到了等电点也不会聚沉,直到加入更多的电解质,才能使它发生聚沉。我们把高分子溶液的这种聚沉现象称为**盐析**(salting out)。

我们知道离子在水溶液中都是水化的。当大量电解质加入高分子化合物溶液时,由于离子发生强烈水化作用,使原来高度水化的高分子化合物去水化,因而发生聚沉作用。可见发生盐析作用的主要原因是去水化。

在盐析中无机盐离子的化合价数不太重要,盐析能力主要与离子的种类有关。对同

一种阳离子的盐来说,阴离子的盐析能力有如下的顺序:

$$SO_4^{2-}>C_6H_5O_7^{3-}>C_4H_4O_6^{2-}>CH_3COO^->Cl^->NO_3^->Br^->I^->CNSI^-$$

阳离子的盐析能力的顺序是

$$Li^+>K^+>Na^+>NH_4^+>Mg^{2+}$$

这也称为感胶离子序。蛋白质的盐析效果在等电点时为最佳,一般采用中性盐,如 $(NH_4)_2SO_4$、Na_2SO_4、$NaCl$ 等。

除无机盐外,在蛋白质溶液中加入与水作用强烈的有机溶剂(如甲醇、乙醇、丙酮等)也能使蛋白质沉淀出来。这是因为乙醇、丙酮等与水分子结合后,降低了蛋白质的水合程度,蛋白质因脱水而沉淀。

三、高分子化合物对溶胶的保护作用

在一定量的溶胶中,加入足量的高分子溶液,可显著提高溶胶的稳定性,当外界因素干扰时也不易发生聚沉,这种现象称为高分子溶液对溶胶的保护作用。高分子溶液之所以对溶胶具有保护作用,是因为高分子化合物分子易被胶粒吸附在它的表面上,将整个胶粒包裹起来,形成了保护层。同时,由于高分子化合物含有亲水基团,在它的外面又形成了一层水化膜,阻止了胶粒之间的聚集,从而提高了溶胶的稳定性。

高分子溶液对溶胶的保护作用在生理过程中具有重要意义。正常人血液中 $CaCO_3$、$Ca_3(PO_4)_2$ 等微溶电解质都是以溶胶的形式存在,由于血液中蛋白质等高分子化合物对这些溶胶起到了保护作用,所以它们在血液中的浓度虽然比其在水中的溶解度大,但仍能稳定存在而不聚沉。如果由于某些疾病使血液中蛋白质减少,那么就会减弱其对溶胶的保护作用,这些微溶盐就会在肾、胆囊等器官中沉积,这是形成各种结石的原因之一。

四、高分子溶液的渗透压和膜平衡

(一)高分子溶液的渗透压

将一定浓度的高分子溶液与溶剂用半透膜隔开,如同低分子溶液一样,可产生渗透现象。通常线型高分子溶液的渗透压数值并不符合 Van't Hoff 公式,浓度改变时渗透压的增加比浓度的增加要大得多。产生这种现象的一个原因是呈卷曲状的高分子长链的空隙间包含和束缚着大量溶剂,随着浓度增大,单位体积内溶剂的有效分子数明显减小。另外,由于高分子的柔性,一个高分子可以在空间形成不同的结构域(即相当于较小分子的结构单位),这些结构域具有相对独立性,这可能使得一个高分子产生相当于多个较小分子的渗透效应。因此高分子溶液在低浓度范围内不是理想溶液,其渗透压 Π 与溶液的质量浓度 ρ_B(单位为 $g \cdot L^{-1}$)的关系近似的符合下面的校正公式:

$$\frac{\Pi}{\rho_B}=RT\left(\frac{1}{M_r}+\frac{B\rho_B}{M_r}\right) \tag{5.3}$$

式中 M_r 为高分子化合物的相对分子质量;B 是常数。通过测定溶液的渗透压,以 $\frac{\Pi}{\rho_B}$ 对 ρ_B 作图得到一条直线,外推至 $\rho_B \to 0$ 时的截距为 $\frac{RT}{M_r}$,可计算出高分子化合物的相对分子

质量。

在生物体内,由蛋白质等高分子化合物引起的胶体渗透压,对维持血容量和血管内外水、电解质的相对平衡起着重要作用。

（二）膜平衡

当用半透膜将高分子电解质（如 NaP）溶液与低分子电解质（如 NaCl）溶液隔开时,由于高分子电解质离子 P^- 不能透过半透膜,而低分子离子 Na^+ 和 Cl^- 能透过半透膜,并且 Na^+ 离子的透过要受到 P^- 的静电引力的影响,为了使溶液保持电中性,达到渗透平衡时,低分子电解质离子在膜两侧呈不均匀分布。这种由于高分子电解质离子的存在而引起低分子电解质离子不均等分布在膜两侧的平衡状态,称为膜平衡（membrane equilibrium）。由于 Donnan 首先对此现象进行了研究,故又称为 **Donnan 平衡**（Donnan equilibrium）。

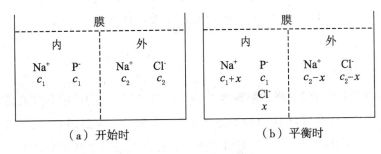

图 5.12　膜平衡示意图

如图 5.12 所示,将高分子电解质 NaP 溶液与 NaCl 溶液用半透膜隔开,设膜内外溶液的体积相等,膜内侧 Na^+、P^- 的初始浓度为 c_1,膜外侧 Na^+、Cl^- 的初始浓度为 c_2,如图 5.12(a)。P^- 离子不能透过半透膜,Cl^- 从膜外向膜内渗透,为了保持溶液的电中性,必有相等数目的 Na^+ 同时进入膜内。设有 x mol·L^{-1} 的 Cl^- 和 x mol·L^{-1} 的 Na^+ 由膜外进入膜内,达平衡时各离子的浓度分布如图 5.12(b)所示。离子透过半透膜扩散的速率 v 与离子的浓度成正比

$$v = kc(Na^+) \times c(Cl^-)$$

平衡时,$v_{进} = v_{出}$,所以

$$c(Na^+)_外 \times c(Cl^-)_外 = c(Na^+)_内 \times c(Cl^-)_内 \tag{5.4}$$

式(5.4)中 $c(Na^+)_外$、$c(Cl^-)_外$、$c(Na^+)_内$、$c(Cl^-)_内$ 为膜内外各离子的平衡浓度。

平衡时膜两侧电解质离子浓度的乘积相等,这是建立 Donnan 平衡的条件。将平衡浓度代入式(5.4),

$$(c_1 + x)x = (c_2 - x)^2$$

$$x = \frac{c_2^2}{c_1 + 2c_2} \text{ 或 } \frac{x}{c_2} = \frac{c_2}{c_1 + 2c_2} \tag{5.5}$$

式(5.5)表明,达 Donnan 平衡时,膜外 Na^+、Cl^- 进入膜内的浓度 x,或进入膜内的分数 $\frac{x}{c_2}$

决定于膜内 NaP 及膜外 NaCl 的初始浓度。

当 $c_1 \gg c_2$ 时，$x = \dfrac{c_2^2}{c_1 + 2c_2} \approx 0$，这表明膜外 NaCl 几乎一点也不透入膜内。

当 $c_2 \gg c_1$ 时，$x = \dfrac{c_2^2}{c_1 + 2c_2} \approx \dfrac{c_2}{2}$，这表明接近一半的 NaCl 透入膜内，膜内外 NaCl 浓度近似相等。

当 $c_2 = c_1$ 时，$x = \dfrac{c_2^2}{c_1 + 2c_2} \approx \dfrac{c_2}{3}$，这表明 $\dfrac{1}{3}$ 的 NaCl 透入膜内。

膜平衡在生理学和生物学上有一定意义。蛋白质、核酸等都是高分子电解质，它们在体液中都能解离出高分子离子，细胞膜相当于半透膜，但细胞膜对离子的透过并不完全取决于膜孔的大小，膜内蛋白质的含量对膜外低分子电解质离子的透入以及它们在膜两侧的分布有一定影响。当然细胞膜不是一般的半透膜，它有复杂的结构和功能，影响细胞内外电解质离子分布的因素是多方面的，膜平衡仅是其中的原因之一。

五、凝胶

（一）凝胶的形成

在一定条件下，如温度下降或溶解度减小时，不少高分子溶液的黏度会逐渐变大，最后失去流动性，形成具有网状结构的半固态物质，这个过程为**胶凝**（gelation），所形成的立体网状结构物质叫**凝胶**（gel）。例如将琼脂、明胶、动物胶等物质溶解在热水中，静置冷却后，即变成凝胶。胶凝时，溶液中的线形高分子互相接近，在很多结合点上交联起来形成网状骨架，溶剂包含在网状骨架内形成凝胶。凝胶中包含的溶剂量可以很大，如固体琼脂的含水量仅约 0.2%，而琼脂凝胶的含水量可达 99.8%。人体的肌肉、组织等在某种意义上说均是凝胶。一方面它们具有一定强度的网状骨架，维持一定的形态，另一方面又可使代谢物质在其间进行物质的交换。

有的凝胶由一种或几种物质通过化学反应交联聚合而成。如葡聚糖凝胶、聚丙烯酰胺凝胶等，它们是分子生物学和生物化学研究中进行柱色谱或电泳时常用的人工交联聚合凝胶材料。

凝胶可分为刚性凝胶和弹性凝胶两大类。刚性凝胶粒子间的交联强，网状骨架坚固，若将其干燥，网孔中的液体可被驱出，而凝胶的体积和外形无明显变化，如硅胶、氢氧化铁凝胶等就属于此类。由柔性高分子化合物形成的凝胶一般是弹性凝胶，如明胶、琼脂、聚丙烯酰胺胶等，这类凝胶经干燥后，体积明显缩小而变得有弹性，但如将干凝胶再放到合适的液体中，它又会溶胀变大，甚至完全溶解。

（二）凝胶的性质

1. 溶胀

干燥的弹性凝胶在合适的溶剂中，能自动吸收溶剂而使体积增大的过程称为**溶胀**（swelling）。例如，植物的种子只有在溶胀后才能发芽生长；生物体中凝胶的溶胀能力随着年龄的增大而降低。老年人皮肤出现皱纹就是有机体溶胀能力减小的缘故。刚性凝胶不具有溶胀这种性质。

2. 离浆

将凝胶放置一段时间,一部分液体会自动从凝胶中分离出来,使凝胶的体积逐渐缩小,这种现象称为**离浆**(syneresis)或**脱液收缩**(synersis)。我们也可以把离浆看成是胶凝过程的继续,即组成网状结构的高分子化合物间的连接点在继续发展增多,凝胶的体积逐渐缩小,结果把液体挤出网状骨架。脱液收缩后,凝胶体积虽变小,但仍能保持最初的几何形状。离浆现象十分普遍,例如,浆糊、果浆等脱水收缩,腺体的分泌,细胞失水,老年皮肤变皱等都属离浆现象。

凝胶在生物体的组织中占重要地位,生物体中的肌肉组织、皮肤、脏器、细胞膜、软骨等都可看作是凝胶。一方面它们具有一定强度的网状骨架维持某种形态,另一方面又可使代谢物质在其间进行交换。人体中约占体重三分之二的水,也基本上保存在凝胶里。因此,凝胶与生物学、医学有十分密切的关系。凝胶制品有广泛的应用。如中成药"阿胶"是凝胶制剂;干硅胶是实验室常用的干燥剂。在生命科学实验中,凝胶可作为支持介质用于电泳及色谱分离。

化学视窗

胶体药物载体

胶体药物载体通常是指粒径在 10 nm～1000 nm,特别是 500 nm 以下的胶体体系,可通过溶解、分散、掺杂、包封或吸附等方式来承载药物。一方面,胶体粒子容易穿越体内的各种障碍,成为药物的运输工具,将药物护送到其作用靶点,避免与肌体其他部位作用;另一方面,作为介质,可调节肌体对药物的作用,控制药物的释放规律。这种靶向和控制释放特性可使药物在体内实现精确给药,即药物在一定的周期内,仅在肌体特定的部位,以恰当的速度释放出恰当的剂量,从而降低药物的毒副作用。

胶体药物载体通常包括各种纳米粒、脂质体、胶束和纳米乳液等类型。其中最常见的是纳米粒,可分为纳米球和纳米囊两类。在纳米球中,药物掺杂分散于基材之中;在纳米囊中,药物则被基材形成的囊所包裹。根据基质材料,胶体药物载体又可分为无机载体、有机载体和复合载体。无机载体主要包括氧化硅、氧化铝和氧化钛等,药物以掺杂的形式进入载体。有机载体则可分为脂类载体和大分子载体。脂类包括各种类型的脂肪、脂肪酸、磷脂、胆固醇或它们的混合物,这类物质一般无毒,生物相容性好,其构成的药物载体主要包括脂质纳米乳液、脂质体、固体脂质纳米粒和纳米结构脂质载体等。大分子分为水溶性、脂溶性和两亲性等几种类型。水溶性大分子一般是指蛋白质、多聚糖和多元醇聚合物等,适于承载亲水性药物;脂溶性大分子包括聚丙烯酸酯、聚甲基丙烯酸酯、聚苯乙烯、聚酸酐、聚异氰基丙烯酸烷基酯、聚膦嗪、聚酯等,适于承载脂溶性药物;两亲大分子可以形成高分子胶束,适于承载脂溶性药物,加之表面亲水,可避免免疫系统的吞噬,在体内可长时间循环,有利于药物的控制释放。

胶体药物载体可以提高药物的稳定性和利用度,降低药物用量和毒性,同时拓展药物的服用途径,目前正受到越来越多的关注。例如,治疗糖尿病的胰岛素系易失活的蛋白质类药物,利用胶体药物载体,患者可以通过口服或黏膜喷剂的途径服用,将给病人带来极大的便利。再如,砒霜是剧毒物质,采用传统的剂型治疗疾病是不可想象的,如果采用胶体药物载体,则可使微剂量的砒霜只在癌细胞中聚集,杀死癌细胞的同时并不伤害身体。胶体药物载体在医药卫生领域有着广泛的应用和明确的产业化前景,将在疾病诊断、治疗和卫生保健方面发挥重要作用。相信随着纳米生物技术的发展,将可以制备出更为理想的具有智能效果的纳米药物载体,以解决人类重大疾病的诊断、治疗和预防等问题。

参考文献

1. 魏祖期,刘德育. 基础化学(第八版),北京:人民卫生出版社,2013
2. 席晓兰. 基础化学(第二版),北京:科学出版社,2011
3. 天津大学无机化学教研室,无机化学(第四版),北京:高等教育出版社,2010
4. 袁哲俊,纳米材料与技术,哈尔滨:哈尔滨工业大学出版社,2005

习 题

1. 什么叫分散系、分散相、分散介质? 分散系是如何分类的?

2. 怎样用实验的方法鉴别溶液和胶体? 又怎样鉴别溶胶和乳状液?

3. 高分子溶液和溶胶同属胶体分散系,其主要异同点是什么?

4. 溶胶与高分子溶液具有稳定性的原因有哪些? 用什么方法可以分别破坏它们的稳定性?

5. 胶粒为什么会带电? 何时带正电? 何时带负电?

6. 乳状液有哪些类型? 它们的含义是什么?

7. 蛋白质的电泳与溶液的 pH 有什么关系? 一蛋白质的等电点为 6.5,当溶液的 pH 为 8.6 时,该蛋白质离子的电泳方向如何?

8. 于三个试管中分别加入 20 mL 某溶胶,为使该溶胶聚沉,必须在第一试管中加 2.1 mL 1 mol·L^{-1} KCl 溶液,第二试管中加入 12.5 mL 0.01 mol·L^{-1} 的 Na_2SO_4 溶液,第三试管中加入 7.4 mL 0.001 mol·L^{-1} 的 Na_3PO_4 溶液,试比较三种物质的聚沉能力,并确定胶粒的电荷符号。

9. 混合 0.05 mol·L^{-1} KI 溶液 50 mL 和 0.01 mol·L^{-1} AgNO$_3$ 溶液 30 mL 以制备 AgI 溶胶,试写出胶团结构示意图,并比较 $MgSO_4$、$K_3[Fe(CN)_6]$、$AlCl_3$ 对此溶胶的聚沉能力。

10. 为制备 AgI 负溶胶,应向 25 mL 0.016 mol·L^{-1} KI 溶液中最多加入多少毫升 0.005 mol·L^{-1} AgNO$_3$ 溶液?

11. 有未知带电荷的 A 和 B 两种溶胶,溶胶 A 中只需加入少量 BaCl$_2$ 或多量 NaCl 就有同样的聚沉能力;溶胶 B 中加入少量 Na$_2$SO$_4$ 或多量 NaCl 也有同样的聚沉能力,问 A 和 B 两种溶胶原来带有何种电荷?

12. 指出血清白蛋白(等电点 4.64)和血红蛋白(等电点 6.9)在 0.15 mol·L^{-1} KH$_2$PO$_4$ 溶液 80 mL 和 0.16 mol·L^{-1} Na$_2$HPO$_4$ 溶液 50 mL 混合而成的溶液中的电泳方向。(已知 H$_3$PO$_4$ 的 pK_{a1}=2.12;pK_{a2}=7.21;pK_{a3}=12.67)

13. Indicate the fundamental difference between a colloidal dispersion and a true solution.

14. List the methods used to prepare colloidal dispersions and briefly explain how each is accomplished.

(李嘉霖 编写)

第六章
化学热力学基础

物质和能量是自然科学研究的主要对象。在研究化学反应时,我们通常关注四个方面的问题:化学反应在指定条件下能否发生、反应伴随的能量变化、反应的程度即化学平衡和反应速率及其机理。前三个问题是反应的可能性、方向性和限度问题,不涉及时间,属于**化学热力学**(Chemical thermodynamics)研究的范畴;而后一个问题属于化学动力学研究的范畴,将在下一章讨论。

热力学是研究能量及其转化规律的科学。把热力学原理和方法用于研究化学现象以及与化学现象有关的物理现象的分支叫做化学热力学。化学热力学可以解决化学反应中的能量变化问题,同时也可以解决化学进行方向和限度等问题。因此,热力学所讨论的是大量分子的平均行为,即物质的宏观性质,它不涉及个别分子的个体行为,也不考虑物质的微观性质。应用热力学研究化学反应时,往往只需要知道过程进行的条件及过程的始态、终态,而对于涉及微观结构的性质,如反应速率和反应机理则是动力学要解决的问题。

化学热力学与生命科学有着紧密的联系,例如热力学中两个重要状态函数熵和自由能在生命现象、肿瘤形成、抗癌药物研究、生物大分子结构研究、药物设计、蛋白质工程和基因优化表达等方面都有着广泛的应用。人体是一个巨大的化学反应库,生命过程是建立在化学反应基础之上的一个非常复杂的体系;机体中物质的代谢和能量的变化也必然服从热力学的基本规律,例如能量的变化遵循能量守恒定律;葡萄糖氧化成 H_2O 和 CO_2,不论是在体外燃烧还是在体内通过一系列的酶催化反应,反应的吉布斯能变都是相同的。

第一节　热力学的一些基本概念和术语

一般来说,化学反应过程中总是伴随着能量的吸收或放出。众所周知,自然界自发发生的过程总是向体系能量减少的方向进行。因此,在讨论化学反应的方向性时,必须用热力学原理分析反应过程的能量变化。以下对一些热力学基本概念和术语进行简单介绍。

一、体系和环境

用热力学方法研究问题,对研究的对象要先确定其范围。为此,通常把一部分物体和周围其他物体划分开来,作为研究的对象。被划作研究对象的这一部分称为**体系**(system);而体系以外,与体系密切相关的部分称为**环境**(surrounding)。例如,室温下,放置在一敞口烧瓶中的开水,将水作为体系,则盛水的烧瓶、水面上方的空气等都是环境。

根据体系与环境之间物质和能量的交换情况不同,将体系分为三类:

敞开体系(open system) 体系与环境间既有物质交换,又有能量交换的体系,称为开放体系。以烧瓶中的水为研究对象,当烧瓶口敞开时,该体系为敞开体系,它既有水分子逸散到空气中和空气中的物质溶于水,又有水分子与环境间发生能量交换。

封闭体系(closed system) 体系与环境间只有能量交换,没有物质交换的体系。如果用胶塞将烧瓶口密封后,体系中的水蒸气不可能散逸到环境中,这时杯子内外就只有能量交换而无物质交换,因此该体系为封闭体系。对于化学反应,一般将干态反应、水溶液中的反应近似看做封闭体系。

孤立体系(isolated system) 体系与环境间既无物质交换,又无能量交换的体系,称为隔离体系。假如把水放入密闭的真空保温瓶中,这时保温瓶中的水可近似地看作是与瓶外既无物质交换,又无能量交换的一个孤立体系。

显然,孤立体系与理想气体的概念一样,也是一个科学的抽象,自然界中绝对的孤立体系是不存在的。即使真空保温瓶的绝热效果再好,也不可能把能量传递绝对地排除掉,但当这种影响小到可以忽略不计的程度时,就可以认为它是孤立体系。在热力学中,主要研究封闭体系。

二、状态和状态函数

一个体系的**状态**(state)是体系所有的物理性质和化学性质的综合表现,这些性质都是宏观的物理量,又称为体系的宏观性质。由于一个体系的状态可由温度、压力、体积及体系内各组分的物质的量等参数来决定,因此,体系宏观性质就是指这些参数。例如,气体所处的状态是由它的一系列的物理量[压力(p)、体积(V)、温度(T)、物质的量(n)]所确定的。当这些物理量都有确定值时,该体系处于一定的状态,如果体系的任何一种性质发生了变化,体系就从一种状态过渡到另一种状态。把这些决定体系状态的物理量称为**状态函数**(state function)。

状态函数的特征是:体系状态一定,状态函数就有一定的值;体系状态发生变化时,状态函数也随之发生改变,其变化值只取决于体系变化前的**始态**(initial state)和变化后的**终态**(final state)。状态函数的变化值用希腊字母 Δ 表示,例如将一壶水由 30℃ 变为 100℃,其状态函数温度 T 变化量 $\Delta T = T(终态) - T(始态) = 70$ ℃;如果先将 30℃ 降至 0℃,再升高温度至 100℃,$\Delta T = 70$℃。可见状态函数的改变量与体系所经历的变化途径无关;体系一旦恢复到原来的状态,状态函数也恢复到原来的数值。即"状态函数有特征,状态一定值一定,殊途同归变化等,周而复始变化零"。

状态函数可分为两类:一类为具有加合性,即**广度性质**(extensive property)的物理量,如体积 V、物质的量 n、质量 m 及后面将介绍的热力学能、焓、熵、自由能等。例如 50 mL 水与 50 mL 水相混合其总体积为 100 mL。另一类不具有加合性,为**强度性质**(intensive property)的物理量,如温度、压力、密度等。例如 50℃ 的水与 50℃ 的水相混合,水的温度仍为 50℃。

体系中各状态函数间是相互制约的,确定了其中的几个,就可以确定其他的状态函数的数值,例如,理想气体方程 $pV = nRT$,确定了其中三个物理量,第四个物理量也随之确定。因此,描述体系的状态通常选择所研究的体系中易于测定的几个相互独立的状态函数。

三、过程和途径

当体系的状态发生变化时,状态变化的经过称为**过程**(process)。完成过程的具体步骤则称为**途径**(path)。热力学上有恒温、恒压、恒容、绝热、循环这五个基本过程。

恒温过程(isothermal process):在环境温度恒定下,体系始、终态温度相同且等于环境温度的过程。

恒压过程(isobaric process):在环境压力恒定下,体系始、终态压力相同且等于环境压力的过程。

绝热过程(adiabatic process):在整个变化过程中,体系与环境之间没有热传递的过程。

恒容过程(isometric process):在整个变化过程中,体系的体积始终保持不变的过程。

循环过程(cyclic process):体系由某一状态出发,经过一系列的变化,又回到原来状态的过程。

一个过程中可以有许多种不同的方式,即经由不同的途径。尽管所经历的途径不同,但状态总的变化值却是相同的。当体系从某一状态转变到另一状态时,状态函数的改变只与最初和最终的状态有关,而与转变的途径无关。

对于我们常见的化学反应,在很多情况下都是在敞开容器下进行的,因此,其过程可以以恒温恒压过程进行近似处理。

四、热和功

(一)热和功

在热力学中,体系与环境间交换或传递能量的方式有两种,一种是**热**(heat),另一种是**功**(work)。

热是由于温度不同而在体系与环境间交换或传递的能量,通常以符号 Q 表示,单位为 J 或 kJ。除热以外,体系和环境间的其他能量传递形式称之为**功**,常用符号 W 表示,如体积功、电功等。功的单位为 J 或 kJ。热力学规定:体系从环境吸收热量时,Q 取正值,即 $Q>0$;体系向环境释放热量时,Q 取负值,即 $Q<0$。体系对环境做功,W 为负值,即 $W<0$;环境对体系做功,W 为正值,即 $W>0$。

热力学中,把因体系体积变化而对环境做功或环境对体系做功称为体积功。除体积功(W)以外,其他各种形式的功统称为非体积功(W')。化学反应中,如有气体参加,常需要做体积功,体积功又称为膨胀功。体积功在化学热力学中具有特殊意义,因为化学热力学讨论的是化学变化及相变化,而参加化学变化及相变化的体系经常是只受外压作用的体系,它们与环境之间交换能量的方式,除热量的传递以外,其做功的方式一般只能是体积功。下面以理想气体的等温膨胀说明。

图 6.1 是体系做体积功的示意图,图中所示活塞面积为 A,(1)中内压较大,即 $p_1>p_2$,活塞移动做体积功。(2)中当内压由 p_1 降至 p_2 时,内压与外压相等,活塞移动距离 Δl 后停止。体系所做的体积功为:

$$W=-p_2A\Delta l=-p_2\Delta V \tag{6.1}$$

式中 ΔV 表示体积变化,ΔV 等于 V_2-V_1,p_2 是恒外压。由于理想气体膨胀体系对环境作功,W 为负,所以式(6.1)右边加一负号。

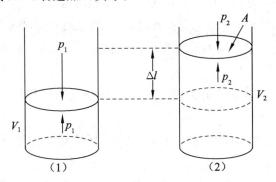

图 6.1　体系膨胀示意图

热和功都是能量传递的形式,只有在体系发生变化时才体现出来。热和功都不是体系自身的性质,不是体系的状态函数。所以不能说体系含有多少热或含有多少功,而只能说体系发生变化时吸收(或放出)了多少热,得到(或给出)了多少功。体系的状态发生变化时,热和功的数值与所经历的途径有关。为了说明热和功与所经历的途径有关,下面将以理想气体的等温膨胀过程为例,加以说明。

(二)可逆过程与最大功

体系若由状态 1 出发经过某一过程到达状态 2,当系统再由状态 2 返回状态 1 时,原过程对外界产生的一切影响也同时消除,则由状态 1 到状态 2 的过程,就称为热力学**可逆过程**(reversible process),否则就是不可逆过程。

0.646 mol 的理想气体等温膨胀,$T=298$ K,由 $p_1=16\times10^5$ Pa,$V_1=1.0\times10^{-3}$ m^3,到终态 $p_2=1.0\times10^5$ Pa,$V_2=16\times10^{-3}$ m^3。若分别进行一步膨胀、二步膨胀(第一步以外压为 2.0×10^5 Pa,第二步以外压为 1.0×10^5 Pa)及无限多步膨胀,计算相应的体积功,从中可以发现它的规律。

(a) 一步恒外压膨胀,则体积功为:

$$W = -p_外 \Delta V = -1.0 \times 10^5 \times (16-1.0) \times 10^{-3} = -1.5 \times 10^3 (J)$$

(b) 两步恒外压膨胀。$p_外 = 2.0 \times 10^5$ Pa,$p'_外 = 1.0 \times 10^5$ Pa,由于 $p'_外 V_2 = P_外 V_3 = p_1 V_1$,$V_3 = 8.0 \times 10^{-3}$ m^3,则体积功为:

$$W = W_1 + W_2 = -2.0 \times 10^5 \times (8.0-1.0) \times 10^{-3} - 1.0 \times 10^5 \times (16-8.0) \times 10^{-3} = -2.2 \times 10^3 (J)$$

(c) 无穷多步恒外压膨胀。由数学的无穷小量的知识可知,当体系的压力比外压高一个无穷小量时,可用体系的压力代替外压,$p_外 = p_内 - \mathrm{d}p$。此时体积功为:

$$W = -\int p_外 \mathrm{d}V = -\int (p_内 - \mathrm{d}p)\mathrm{d}V = -\int p_内 \mathrm{d}V + \int \mathrm{d}p\mathrm{d}V$$

忽略二阶无穷小量 $\mathrm{d}p\mathrm{d}V$,得到

$$W = -\int_{V_1}^{V_2} p_内 \mathrm{d}V = -\int_{V_1}^{V_2} \frac{nRT}{V}\mathrm{d}V = -nRT\ln\frac{V_2}{V_1}$$
$$= -0.646 \times 8.314 \times 298 \times \ln(16 \times 10^{-3}/1.0 \times 10^{-3}) = -4.4 \times 10^3 (J)$$

由上述结果可以认为恒外压膨胀步骤越多,体积功越大。

无穷多步恒外压膨胀可以近似看作可逆过程,可逆过程的特征是:

① 可逆过程的进程是由无数个无限小的过程所组成,体系在整个可逆过程中,始终处于平衡态。

② 可逆过程在无限接近平衡状态下进行,因而体系可以按同样方式回到始态,体系和环境的状态均完全还原。

③ 在恒温可逆过程中,体系对环境做最大功,环境对体系做最小功,二者绝对值相同,符号相反。

可逆过程是一种理想的极限过程,是一种科学的抽象,只能无限地趋近于它,正像理想气体的意义一样。利用这一概念可以将复杂的实际过程近似简化为一个理想的可逆过程加以研究,然后再加以适当的修正,所以研究可逆过程在理论上具有十分重要的意义。

第二节　热力学第一定律和热化学

一、热力学第一定律

(一) 内能

内能(internal energy)就是体系内部的总能量,是体系内物质各种形式能量的总和,用符号 U 表示。体系的内能一般包括:分子运动的动能(即平动能、振动能和转动能),分子间的势能(即分子间互相吸引和排斥的能量),分子内的能量(即分子内电子与原子核

的作用能、原子核与原子核间的作用能、电子与电子间的作用能)等。由于微观粒子运动的复杂性,内能的绝对值尚无法确定,但可以肯定的是,处于一定状态的体系必定有一个确定的内能值,即内能是状态函数。在任何变化过程中,内能的变化 ΔU 只与体系的始态和终态有关,而与转变的途径无关。

(二)热力学第一定律

热力学第一定律(first law of thermodynamics)即能量守恒定律。它是人类长期实践经验的总结,并在 19 世纪中叶经大量的准确实验所证实。热力学第一定律可表述如下:自然界一切物质都具有能量,能量有各种不同形式,它可以从一种形式转化为另一种形式,可以从一种物质传递到另一种物质,但在转化和传递过程中能量的总和不变。

对于某一封闭体系,系统和环境之间只有热和功的交换。当体系的状态发生变化,若变化过程中从环境吸收热量为 Q,环境对体系做功 W,根据能量守恒定律,体系内能的变化 ΔU 为:

$$\Delta U = Q + W \tag{6.2}$$

式中 ΔU 是体系终态和始态间的内能差。式(6.2)就是热力学第一定律的热力学表达式,体系内能的变化等于体系吸收的热量加上环境对体系所做的功。在热力学计算中,Q 与 W 必须采用同一单位,如 J 或 kJ。

对于某一个孤立体系来说,内能变化等于零($\Delta U = 0$),即孤立体系的内能保持不变。

例 6.1　一个体系按途径由[状态]$_1$ 变为[状态]$_2$,从环境吸收了 300 kJ 的热量,对环境做了 200 kJ 的功,计算 ΔU。

解　根据热力学第一定律 $\Delta U = Q + W$,得:

$$\Delta U = (+300) + (-200) = 100 (\text{kJ})$$

例 6.2　如果一个体系按其途径由[状态]$_1$ 变为[状态]$_2$,不作任何功,且内能的改变为 +5 kJ,问体系吸收多少热量?

解　已知 $\Delta U = +5$ kJ,$W = 0$,根据热力学第一定律得:

$$Q = \Delta U - W = (+5) - 0 = 5 \text{ kJ}$$

二、化学反应的热效应和热化学方程式

化学反应总是伴随着热量的放出或吸收,研究化学反应过程中的热量变化,对理论和实际有着重要作用。例如合成氨反应是放热的。如果不设法将这些热量移走,反应器内温度就会过高,这样不仅会使催化剂失去活性,使产量降低,还可能发生爆炸事故。

研究化学反应热量变化的一门学科,称为**热化学**(thermochemistry)。在化学反应中,如体系的始态(反应物)和终态(产物)具有相同的温度,并且除体积功外不做其他功,这时体系吸收或放出的热量称为化学反应的**热效应**(heat effect),简称**反应热**(heat of reaction)。在此强调产物和反应物的温度相同,是为了避免温度改变所引起的热量变化混入到反应热中。只有温度相同,反应热才真正是化学反应的热量变化。

反应热是重要的热力学数据,可以通过实验测定。根据反应过程是体积不变还是压力不变,反应热分为恒容反应热和恒压反应热。

(一)恒容反应热与内能变化

如果化学反应是在恒容的条件下进行的,则反应时吸收或放出的热量可用一弹式量热计(如图 6.2)测定。化学反应是在一个密闭的钢弹中进行,反应过程中总体积可认为不变,这样测定的反应热是恒容反应热,用符号 Q_V 表示。

热力学第一定律的数学表达式中的 W 包括体积功($W_{体}$)和非体积功(W')两项,即:

$$W = W_{体} + W'$$

对于化学反应,在变化过程中一般只做体积功,即 $W' = 0$,由于 $W_{体} = p\Delta V$,所以热力学第一定律的数学表达式可写为:

$$\Delta U = Q + p\Delta V \tag{6.3}$$

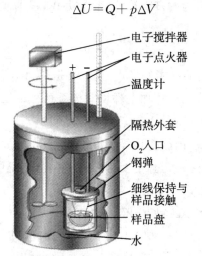

图 6.2　弹式量热计

由于化学反应是恒容条件下进行,$\Delta V = 0$,即:

$$\Delta U = Q_V \tag{6.4}$$

式(6.4)中 Q_V 表示体积不变的恒容反应热,其实质是表示内能的改变。由式(6.4)可知,在一个封闭体系中,不做体积功及其他功的条件下,体系对环境吸收或放出的热全部用于增加或减少体系的热力学能。

(二)恒压反应热与焓变

在实验室或在生物体内进行的化学反应,一般不在恒容下进行,而常在恒压下进行,即在普通大气压下实现化学反应。由于在等压条件下进行,用 Q_p 表示等压反应热。

由(6.2)式:
$$\Delta U = Q + W$$

由于在等压条件下进行,体系只对抗外压做体积功

$$W_{体} = -p\Delta V = -p(V_2 - V_1)$$

$$\Delta U = Q_p + W = Q_p - p(V_2 - V_1)$$

$$U_2 - U_1 = Q_p - p(V_2 - V_1)$$

$$Q_p = (U_2 + pV_2) - (U_1 + pV_1) \tag{6.5}$$

在 $U + pV$ 的组合中,U, p, V 都为状态函数,因此,它们的组合一定具有状态函数的性质,在热力学中将这一组合定义为新的状态函数,称为"**焓**"(enthalpy),用符号 H 表示,即

$$H = U + pV \tag{6.6}$$

H 为具有能量的单位,但它没有实际的物理意义,引入这个新的状态函数仅仅是为了热力学计算方便。

由于热力学能 U 的绝对数值无法确定,因此,体系的焓 H 的绝对数值也无法确定,但我们可以利用状态函数的性质求算出过程的焓变 ΔH。

把式(6.6)中的 H 代入式(6.5),则

$$Q_p = H_2 - H_1 = \Delta H \tag{6.7}$$

式中 ΔH 称为焓变;Q_p 表示恒压过程中体系的反应热。式(6.7)说明,恒压反应热等于体系的焓变。因此,如果某化学反应过程的焓变为正值,表示体系从环境吸收热量,反应过程是吸热的,称为**吸热反应**(endothermal reaction);如果某化学反应过程的焓变为负值,表示体系将向环境放热,反应过程是放热的,称为**放热反应**(exothermal reaction)。在此请注意,切勿误认为焓是体系所含的热量,它只是表示在等压条件下,体系不做其他功时,体系与环境之间的热传递 Q_p 可以用体系的焓变来量度。

大多数化学反应都是在等压、不作非体积功的条件下进行的,其化学反应的 Q_p 等于 ΔH,因此,在化学热力学中,常用 ΔH 来表示恒压反应热。

由式(6.5)及(6.7)可得恒容反应热与恒压反应热的关系:

$$\Delta H = \Delta U + p\Delta V$$

据式(6.4)及(6.7),上式写成:

$$Q_p = Q_V + p\Delta V$$

如果反应体系内的反应物和产物均为固体或液体时,在反应过程中体积变化很小,这时,恒容反应热基本上等于恒压反应热。相同温度下,如果反应体系有气体参加,并假定体系的气体为理想气体,并忽略液体和固体的微小体积变化,则可得:

$$Q_p = Q_V + \Delta nRT$$

即

$$\Delta H = \Delta U + \Delta nRT \tag{6.8}$$

式中,Δn 是气体生成物的物质的量与气体反应物的物质的量之差。

热量 Q 虽然不是状态函数,但在只涉及体积功和恒压的特定条件下,Q_p 与 ΔH 一样,只决定于体系的始态和终态,而与变化的途径无关。

（三）热化学方程式

1. 状态

状态函数中热力学能 U 及焓 H 等热力学函数的绝对值是无法确定的。为了便于比较不同状态时它们的相对值,需要规定一个状态作为比较的标准。

按照国际上的共识和国家标准，**热力学标准状态**(standard state)是指物质在某温度和标准压力 p^θ(近似为 100 kPa)下物质的状态，简称标准态。用符号 θ 表示热力学标准态。

纯理想气体的标准状态是指该气体处于标准压力 p^θ 下的状态。混合理想气体中任一组分的标准态是指该气体组分的分压力为 p^θ 的状态。

纯液体(或纯固体)物质的标准状态是指标准压力为 p^θ 下的纯液体(或纯固体)。

溶液的标准态是指溶质浓度为 1 mol·L^{-1} 或活度为 1。

物质标准态的热力学温度 T 未做具体规定。但许多物质的热力学数据是在 298 K 条件下得到的，所以本教材涉及的热力学函数均以 298 K 为参考温度。

2. 热化学方程式

热化学方程式(thermochemical equation)是表示化学反应及其反应热关系的化学反应方程式。如

(1) $H_2(g) + \dfrac{1}{2}O_2(g) = H_2O(l)$ $\qquad \Delta_r H_m^\theta = -285.8 \text{ kJ·mol}^{-1}$

(2) $2H_2(g) + O_2(g) = 2H_2O(l)$ $\qquad \Delta_r H_m^\theta = -571.6 \text{ kJ·mol}^{-1}$

其中 $\Delta_r H_m^\theta$ 称为反应的**标准摩尔焓变**，它表示某反应按所给定的反应方程式作为基本单元进行 1 mol 反应时的焓变(1 mol 反应是指由反应式所表达的粒子的特定组合，例如反应(1)式按 1 个 H_2 粒子和 1/2 个 O_2 粒子为一个单元计算，反应进行了 6.023×10^{23} 个单元反应，这时我们说反应进行了 1 mol 反应)，反应热单位为 kJ·mol^{-1}，表示进行 1 mol 反应的反应热；"r"表示反应(reaction)；"m"表示反应进行了 1 mol，因此按(2)式进行 1 mol 反应所放出的热量是按(1)式进行 1 mol 反应的 2 倍；"θ"表示标准状态。

因为化学反应的反应热不仅与反应条件(温度、压力等)有关，而且与反应物和生成物的状态和数量等有关，所以在书写热化学方程式时要注意以下几点：

1. 注明反应的温度和压力。通常 298 K 时可以省略，若为其他温度则要注明。

2. 注明反应物和产物的状态。在反应式中，各物质化学式的右侧括号内注明物质的状态，一般用小写英文字母 s、l、g、aq 分别表示固态、液态、气态、水溶液。固体物质的晶型也应注明。

3. 在相同条件下，正反应和逆反应的反应热数值相等，符号相反。

4. 在热化学方程式中，允许化学计量数是分数，化学计量系数不同，其反应热也不同，其数值大小与方程式中各物质的计量系数成正比关系。

三、盖斯定律和反应热的计算

前面提到反应热可以通过实验测定，但化学反应成千上万，我们不可能直接测定所有化学反应的反应热。为此，化学家们研究了多种计算化学反应热的方法。

(一)盖斯定律

1840 年，盖斯(G. H. Hess)根据大量实验事实总结出一条定律：一个化学反应不管

是一步或分几步完成,该反应的反应热总是相同的。这就是**盖斯定律**。这一性质体现了反应热(焓)的状态函数性质(殊途同归变化等)。盖斯定律的提出是在"状态函数"概念产生之前,其意义是极其深远的,它为热力学第一定律的发现提供了相当重要的实验数据。

根据盖斯定律,可以借助已知和易测 $\Delta_r H_m^\theta$ 的反应,来求算某些难测反应(如有的反应进行得太慢,时间太长,量热计散失热量太多,误差太大)或根本不能直接测定的反应的反应热。例如,碳与氧化合生成一氧化碳反应的反应热很难准确测定,因为在反应中,不可避免地有少量二氧化碳生成。但是,碳与氧化合生成二氧化碳,一氧化碳与氧化合生成二氧化碳这两个反应的反应热却是很容易测定的,因而可借盖斯定律把碳与氧化合成一氧化碳的反应热间接地计算出来。

如:已知 $C(石墨) + O_2(g) \longrightarrow CO_2(g)$ (1) $\Delta_r H_{m1}^\theta = -393.5 \text{ kJ} \cdot \text{mol}^{-1}$

$CO(g) + \dfrac{1}{2}O_2(g) \longrightarrow CO_2(g)$ (2) $\Delta_r H_{m2}^\theta = -282.99 \text{ kJ} \cdot \text{mol}^{-1}$

求(3) $C(石墨) + \dfrac{1}{2}O_2(g) \longrightarrow CO(g)$ 的 $\Delta_r H_{m3}^\theta$。

解 可以把 $C(石墨) + O_2(g)$ 作为始态,把 $CO_2(g)$ 作为终态。反应可分一步完成,也可分两步完成。如图所示:

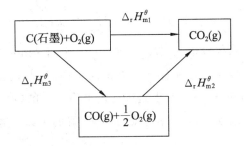

根据盖斯定律,这三个反应热的关系是:

$$\Delta_r H_{m1}^\theta = \Delta_r H_{m3}^\theta + \Delta_r H_{m2}^\theta$$

$$\Delta_r H_{m3}^\theta = \Delta_r H_{m1}^\theta - \Delta_r H_{m2}^\theta$$

$C(石墨) + O_2(g) \longrightarrow CO_2(g)$ $\Delta_r H_{m1}^\theta = -393.5 \text{ kJ} \cdot \text{mol}^{-1}$

$CO(g) + \dfrac{1}{2}O_2(g) \longrightarrow CO_2(g)$ $\Delta_r H_{m2}^\theta = -282.99 \text{ kJ} \cdot \text{mol}^{-1}$

$C(石墨) + \dfrac{1}{2}O_2(g) \longrightarrow CO(g)$ $\Delta_r H_{m3}^\theta = -110.5 \text{ kJ} \cdot \text{mol}^{-1}$

从上例可以看出:盖斯定律可以看成"热化学方程式的代数加减法"。"同类项"(即物质和它的状态均相同)可以合并、消去,移项后要改变相应的物质的化学计量系数符号。若运算中反应式要乘以系数,则反应热 $\Delta_r H_m^\theta$ 也要乘以相应的系数。

例 6.3 已知 298 K 时,下列反应的标准反应热:

(1) $C(石墨) + O_2(g) \Longrightarrow CO_2(g)$ $\Delta_r H_{m1}^\theta = -393.51 \text{ kJ} \cdot \text{mol}^{-1}$

(2) $H_2(g) + \frac{1}{2}O_2(g) = H_2O(l)$ $\quad \Delta_r H_{m2}^\theta = -285.83 \text{ kJ} \cdot \text{mol}^{-1}$

(3) $C_3H_8(g) + 5O_2(g) = 3CO_2(g) + 4H_2O(l)$ $\quad \Delta_r H_{m3}^\theta = -2220.05 \text{ kJ} \cdot \text{mol}^{-1}$

试计算反应:$3C(石墨) + 4H_2(g) = C_3H_8(g)$ 的 $\Delta_r H_m^\theta$。

解 由 $3\times$反应式(1)$+4\times$反应式(2)$-$反应式(3),可得所求的反应,则:

$\Delta_r H_m^\theta = 3 \times \Delta_r H_{m1}^\theta + 4 \times \Delta_r H_{m2}^\theta - \Delta_r H_{m3}^\theta$

$\quad\quad = 3 \times (-393.51) + 4 \times (-285.83) - (-2220.05) = -103.8 (\text{kJ} \cdot \text{mol}^{-1})$

(二)标准生成焓

如前所述,虽然某一物质(体系)焓的绝对数值是无法确定的,但由于焓是状态函数,我们关心的只是某一过程的焓变,ΔH 只取决于反应的始终态。如果知道生成物与反应物的焓值,就可以计算反应热。因此,人们采用了相对比较的方法定义物质的焓值,从而求出反应的 $\Delta_r H_m^\theta$。

热力学规定,在热力学标准状态下,在某一确定温度下,由各种元素的最稳定单质生成 1 摩尔纯物质时的等压反应热,叫做该温度下某物质的**标准摩尔生成焓**(standard molar enthalpy of formation)。简称标准生成焓或标准生成热,用符号 $\Delta_f H_m^\theta(T)$ 表示。298 K 时可简写成 $\Delta_f H_m^\theta$,其单位为 $\text{kJ} \cdot \text{mol}^{-1}$。在 Δ 右下角的"f"表示"生成(formation)"的意思。298 K 时一些物质的标准摩尔生成焓列于附录四中,例如:

$H_2(g, 100 \text{ KPa}) + \frac{1}{2}O_2(g, 100 \text{ KPa}) \longrightarrow H_2O(l)$ $\quad \Delta_r H_m^\theta(298) = -285.8 \text{ kJ} \cdot \text{mol}^{-1}$

故 $H_2O(l)$ 的标准摩尔生成焓($\Delta_f H_m^\theta$)就是 $-285.8 \text{ kJ} \cdot \text{mol}^{-1}$。

按上述定义,如果一种元素有几种不同结构的单质时,其最稳定单质的标准生成焓 $\Delta_f H_m^\theta$ 为零。如碳有石墨和金刚石,石墨是最稳定单质;O_2 和 O_3,O_2 是最稳定单质。

由标准生成焓出发,根据焓是状态函数的性质,我们可以根据化学反应方程式计算化学反应热。对于反应:

$$aA + bB = cC + dD$$

$$\Delta_r H_m^\theta = \sum \Delta_f H_m^\theta(生成物) - \sum \Delta_f H_m^\theta(反应物) \tag{6.9}$$

这个公式的意义是:化学反应的标准反应焓变,等于生成物的标准生成焓之和减去反应物的标准生成焓之和。利用物理化学手册中的各物质的 $\Delta_f H_m^\theta$ 数据,根据式(6.9)可求得在标准状态下各种化学反应的等压反应热。在计算中还要注意 $\Delta_f H_m^\theta$ 乘以反应式中相应物质的化学计量系数。

例 6.4 求下述反应的 $\Delta_r H_m^\theta$

$$2Na_2O_2(s) + 2H_2O(l) \longrightarrow 4NaOH(s) + O_2(g)$$

解 由(6.9)式得

$\Delta_r H_m^\theta = [4\Delta_f H_m^\theta(NaOH, s) + \Delta_f H_m^\theta(O_2, g)] - [2\Delta_f H_m^\theta(H_2O, l) + 2\Delta_f H_m^\theta(Na_2O_2, s)]$

查表得:$\Delta_f H_m^\theta(NaOH, s) = -426.7 \text{ kJ} \cdot \text{mol}^{-1}$

$\Delta_f H_m^\theta(Na_2O_2, s) = -513.2 \text{ kJ} \cdot \text{mol}^{-1}$

$\Delta_f H_m^\theta(H_2O,l) = -285.83 \text{ kJ} \cdot \text{mol}^{-1}$

O_2 是稳定单质，$\Delta_f H_m^\theta(O_2,g) = 0 \text{ kJ} \cdot \text{mol}^{-1}$

故 $\Delta_r H_m^\theta = [4 \times (-426.73) + 0] - [2 \times (-513.2) + 2 \times (-285.83)]$

$= -108.9 \text{ (kJ} \cdot \text{mol}^{-1})$

例 6.5　已知下列反应的 $\Delta_r H_m^\theta$ 为 $-2802.8 \text{ kJ} \cdot \text{mol}^{-1}$，计算葡萄糖的标准摩尔生成焓。

$$C_6H_{12}O_6(s) + 6O_2(g) = 6CO_2(g) + 6H_2O(l)$$

解　根据式(6.9)知：

$\Delta_r H_m^\theta = 6\Delta_f H_m^\theta(CO_2,g) + 6\Delta_f H_m^\theta(H_2O,l) - \Delta_f H_m^\theta(C_6H_{12}O_6,s)$

查表得：$\Delta_f H_m^\theta(CO_2,g) = -393.5 \text{ kJ} \cdot \text{mol}^{-1}$

$\Delta_f H_m^\theta(H_2O,l) = -285.83 \text{ kJ} \cdot \text{mol}^{-1}$

$\Delta_f H_m^\theta(C_6H_{12}O_6,s) = 6 \times (-393.5) + 6 \times (-285.8) - (-2802.8)$

$= -1273.0 \text{(kJ} \cdot \text{mol}^{-1})$

（三）标准摩尔燃烧焓

大多数有机物很难、甚至不能从稳定单质直接合成，因此其生成焓难以测定。有机化合物的生成焓，常常是间接求出来的。大部分有机化合物都能燃烧，它们的燃烧焓一般容易直接测定，因此可以利用物质的燃烧焓求算有机化合物的热效应。

化学热力学规定，温度 T（通常为 298 K）时，在标准态下，1 mol 物质完全燃烧生成相同温度下指定产物的反应热称为该物质的**标准摩尔燃烧焓**，简称标准燃烧热（standard molar enthalpy of combustion），用符号 $\Delta_c H_m^\theta$（右下标 c 表示 combustion）表示，单位为 $\text{kJ} \cdot \text{mol}^{-1}$。完全燃烧是指物质氧化后生成最稳定的化合物或单质。如物质中的 C 变成 $CO_2(g)$，H 变成 $H_2O(l)$，S 变成 $SO_2(g)$，N 变成 $N_2(g)$，O 变成 $O_2(g)$ 等，显然，按照定义，这些生成物的 $\Delta_c H_m^\theta = 0$。298 K 时一些物质的标准摩尔燃烧焓列于附录四中。例如，1 mol 葡萄糖在足量的氧气中完全燃烧，反应式为：

$$C_6H_{12}O_6(s) + 6O_2(g) \longrightarrow 6CO_2(g) + 6H_2O(l)$$

放出 2820.9 kJ 的热，即 $\Delta_c H_m^\theta = -2820.9 \text{ kJ} \cdot \text{mol}^{-1}$。

对于任一化学反应：同样可以导出，

$$\Delta_r H_m^\theta = \sum \Delta_c H_m^\theta(\text{反应物}) - \sum \Delta_c H_m^\theta(\text{生成物}) \tag{6.10}$$

由此可知，计算反应热效应即用反应物的标准燃烧焓总和减去生成物标准燃烧焓的总和。注意(6.10)式中减数与被减数的关系正好与(6.9)式相反。

例 6.6　求下面反应的反应焓：$CH_3OH(l) + \dfrac{1}{2}O_2(g) \longrightarrow HCHO(g) + H_2O(l)$

解　$\Delta_r H_m^\theta = \sum \Delta_c H_m^\theta(\text{反应物}) - \sum \Delta_c H_m^\theta(\text{生成物})$

$= \Delta_c H_m^\theta(CH_3OH,l) - \Delta_c H_m^\theta(HCHO,g)$

查表得：$\Delta_c H_m^\theta(CH_3OH,l) = -726.64 \text{ kJ} \cdot \text{mol}^{-1}$

$\Delta_c H_m^\theta(HCHO, g) = -563.58 \text{ kJ} \cdot \text{mol}^{-1}$

故 $\Delta_r H_m^\theta = 1 \times (-726.64) - 1 \times (-563.58) = -163.06 (\text{kJ} \cdot \text{mol}^{-1})$

例 6.7 已知甲烷的 $\Delta_c H_m^\theta = -890.7 \text{ kJ} \cdot \text{mol}^{-1}$，求甲烷的标准摩尔生成焓。

解 甲烷的燃烧反应为：

$$CH_4(g) + 2O_2(g) = CO_2(g) + 2H_2O(l)$$

查表得：$\Delta_f H_m^\theta(CO_2, g) = -393.5 \text{ kJ} \cdot \text{mol}^{-1}$

$\Delta_f H_m^\theta(H_2O, l) = -285.83 \text{ kJ} \cdot \text{mol}^{-1}$

$\Delta_r H_m^\theta = [\Delta_f H_m^\theta(CO_2, g) + 2\Delta_f H_m^\theta(H_2O, l)] - [\Delta_f H_m^\theta(CH_4, g) + 2\Delta_f H_m^\theta(O_2, g)]$

$\because \Delta_r H_m^\theta = \Delta_c H_m^\theta(CH_4, g)$

$\therefore \Delta_f H_m^\theta(CH_4, g) = [\Delta_f H_m^\theta(CO_2, g) + 2\Delta_f H_m^\theta(H_2O, l)] - \Delta_c H_m^\theta(CH_4, g)$

$\qquad = -393.5 + 2 \times (-285.83) - (-890.7)$

$\qquad = -74.46(\text{kJ} \cdot \text{mol}^{-1})$

第三节　熵和吉布斯自由能

前面讨论的热力学第一定律，研究的是能量的守恒和转化定律，它告诉我们能量间相互转换的规律，至于能量间的转换能否发生则未涉及。我们知道，当研究一个化学反应时，首先遇到的问题就是反应能否发生以及进行的限度。本节将介绍有关内容。

一、自发过程及其特征

自然界中发生的变化多是自发进行的。例如，把 Zn 粒放入稀的 $CuSO_4$ 溶液中，自发发生 Cu 被置换的过程；冰在常温下融化等。这种在一定条件下不加任何外力就可以自动进行的过程叫做**自发过程**(spontaneous process)。以下为几个自发过程的实例：

① 两个温度不相等的物体接触，热自然地从高温物体传递到低温物体，直到没有温差（即热平衡）为止。利用温差可以做功，例如利用海水温差进行发电。温度相等后，要想使它恢复到原来一高一低的状态，必须对它做功，如用致冷机，否则是不可能的。

② 有压力差的气体，在没有维持压力差的机械壁的情况下，气体自然地从压力大的一方往压力小的一方扩散，直到无压力差（即力平衡）为止。在这个过程中人们可以利用它做体积功。要想恢复到原来的状态，除非人们对它做功，如用抽气机将气体从一边抽到另一边去，否则是不可能自动复原的。

③ 将两个电势不同的电极连接在一起，如电池的两极，电流就从高电势自动地流到低电势，直到电势相等。人们可以利用电流做功，如照明、加热等。电流不会自动地从低电势流向高电势，除非利用充电机充电。

从上例可以看出自发过程具有以下几个共同的特征：

① 单向性。自发过程都有明显的方向性,而且自发过程的逆过程不能自动进行,除非人们对它做功。

② 具有做功的能力。如果对自发过程能够加以控制,就能利用它来做功。例如高处流下的水可以推动水轮机做机械功。

③ 具有一定的限度。自发过程总是单向地趋向于达到平衡状态,达平衡状态时做功的本领等于零。

二、反应热与化学反应的方向

从自发过程的讨论可以看出,每个自发过程都有相应的一个物理量来作为判断过程进行的方向和限度的依据,如前例中的温度、压力、电势等。通常把这些作为判断自发过程进行方向和限度的依据叫做判据。化学反应在一定条件下也是自发地朝某个方向进行,那么是否也有判断化学反应能否自发进行以及进行程度的判据呢?

19 世纪 70 年代,法国化学家 P. E. M. Berthelot 和丹麦化学家 J. Thomson 提出,焓变是判断化学反应方向的判据,并认为放热反应能自发进行,而吸热反应不能自发进行。确实,在反应过程中放出热量,体系的内能降低,过程应该能自发进行。在这一类反应中,焓变是自发过程的推动力。许多放热反应在常温常压下能自发进行。例如:

$$2Fe(s) + \frac{3}{2}O_2(g) = Fe_2O_3(s) \qquad \Delta_r H_m^\theta = -824.2 \text{ kJ} \cdot \text{mol}^{-1}$$

$$2H_2(g) + \frac{1}{2}Cl_2(g) = HCl(g) \qquad \Delta_r H_m^\theta = -92.31 \text{ kJ} \cdot \text{mol}^{-1}$$

但是,少数吸热反应在室温下也能自发进行。例如:

$$N_2O_4(g) = 2NO_2(g) \qquad \Delta_r H_m^\theta = 57.2 \text{ kJ} \cdot \text{mol}^{-1}$$

$$KNO_3(s) = K^+(aq) + NO_3^-(aq) \qquad \Delta_r H_m^\theta = 35.0 \text{ kJ} \cdot \text{mol}^{-1}$$

显然,只利用反应是否放热来作为过程是否自发的判据是不全面的,或者说,除了有焓变作为过程方向的动力之外,应该还存在另外的推动力。

让我们来观察墨水滴在水溶液中自发地迅速分散的过程,该过程 ΔH 约等于 0,但过程却是不借助外力自发进行的。再如在图 6.3 中,两个烧瓶内分别充有 N_2 和 O_2,瓶口以活塞相连接。把活塞打开,即发生两种气体往对方瓶子中的运动,最终达到两种气体的均匀混合物占据两个瓶子。该过程的 ΔH 等于 0,而且混合气体的分离是不可能自发进行的。

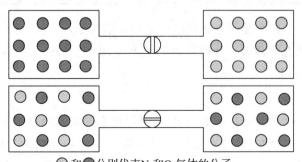

●和○分别代表N_2和O_2气体的分子

图 6.3　N_2 和 O_2 气体互相混合的示意图

103

上例中,两种气体混合后与混合前比较,气体分子运动的空间增大,处于一种更加混乱无序的状态。这表明,气体能自发地向着混乱度增大的方向进行。

三、熵变与化学反应的方向

(一)混乱度和微观状态数

混乱度只是对体系状态的一种形象描述。现以理想气体在空间中的分布情况说明自发变化与混乱度之间的关系。

气体分子在空间不同位置的分布是一种微观状态,空间越大或分子数越多,则分子的不同分布形式越多,即微观状态数越多,体系越混乱。例如,一个密闭容器(可以想象它是由体积相同的两部分组成),其中放入四种理想气体,分别用1、2、3、4编号,由于气体分子的自由运动,可在箱的左右两侧分布。可有以下几种分配方式,如表6.1所示。

表6.1 4个分子的微观状态数

分布形式	微观状态数	箱1	箱2
(4,0)	$c_4^4=1$	1 2 3 4	0
(3,1)	$c_4^3=4$	1 2 3	4
		1 2 4	3
		1 3 4	2
		2 3 4	1
(2,2)	$c_4^2=6$	1 2	3 4
		1 3	2 4
		1 4	2 3
		2 3	1 4
		2 4	1 3
		3 4	1 2
(1,3)	$c_4^1=1$	1	2 3 4
		2	1 3 4
		3	1 2 4
		4	2 3 4
(0,4)	$c_4^0=1$	0	1 2 3 4

由上表可以看出,四个分子全部集中一侧的几率较小,而均匀分布(即两箱内分子数相差不多)的微观状态数最多。此时体系的混乱度较大。所以,微观状态数可以定量的描述体系状态的混乱度。

(二)熵和熵变

体系的状态一定,则微观状态数一定,如果用体系的状态函数来描述体系的混乱度,则这种状态函数和微观状态数必有某种关系。**熵**(entropy)是热力学中另一个非常重要的热力学状态函数,常用来描述体系的混乱度(或无序度),用符号 S 表示,单位为 $J \cdot K^{-1} \cdot mol^{-1}$。

熵的概念是在 19 世纪由克劳修斯提出的，但由于当时对这一概念缺乏物理意义的解释，故人们对熵持怀疑和拒绝的态度。直到玻耳兹曼（L. E. Boltzmann）把熵与体系微观状态数联系起来，使熵有了明确的物理意义，才为人们所广泛接受。

著名的玻耳兹曼关系式为：

$$S = k\ln\Omega \tag{6.11}$$

式中 k 为玻耳兹曼常数，Ω 为微观状态数，即体系的熵值 S 越大，某一宏观状态所对应的微观状态数 Ω 越大，混乱度越大。这一关系式为宏观物理量——熵作出了微观的解释，揭示了热现象的本质，奠定了统计热力学的基础，具有划时代的意义。

熵像内能和焓一样，也是状态函数。当体系的状态一定时，就有确定的熵值；当体系的状态发生变化时，熵变 ΔS 只取决于体系的始态和终态，与实现变化的途径无关。热力学推导得出（推导已超出本教材范围），等温过程熵变的数学表达式为：

$$\Delta S = \frac{Q_r}{T} \tag{6.12}$$

对于微小的熵变

$$\mathrm{d}S = \frac{\delta Q_r}{T} \tag{6.13}$$

其中，Q_r 为可逆过程体系吸收的热（下标"r"表示可逆，reversible），δQ 表示微量的热变化，T 为体系温度。

熵 S 是体系混乱度的一种量度。对于任何纯物质的完整晶体（指晶体内部无任何缺陷，质点排列完全有序，无杂质），在绝对温度 0 K 时，热运动几乎停止，体系的混乱度最低，热力学规定其熵值为零。或者说"热力学温度 0 K 时，任何纯物质的完整晶体的熵值为零"，这就是**热力学第三定律**（the third law of thermodynamics）。

根据热力学第三定律和(6.13)式，我们可以求得纯物质其他温度的熵值，这个熵值是以 $T=0$ K 时，$S=0$ 为比较标准而求出的，因而称为**规定熵**（conventional entropy）。由于人们对物质运动形态的认识是不可穷尽的，因此熵的绝对值是未知的，不能把规定熵等同于绝对熵。

在标准状态下 1 mol 某纯物质在温度 T 时的规定熵称为**标准摩尔熵**（standard molar entropy），简称标准熵，用 S_m^{θ} 表示，单位是 $J \cdot K^{-1} \cdot mol^{-1}$，一些物质的 S_m^{θ} 数据见附录四。要注意，稳定单质的标准摩尔熵值不为零，因为它们不是绝对零度的完整晶体。

需要指出的是，水溶液中离子的 S_m^{θ}，是在规定标准状态下水合 H^+ 的标准摩尔熵值为零的基础上求得的相对值。

根据熵的意义，物质的标准摩尔熵 S_m^{θ} 值一般呈现如下的变化规律：

(1) 同一物质的不同聚集态，其 S_m^{θ} 值

$$S_m^{\theta}(\text{气态}) > S_m^{\theta}(\text{液态}) > S_m^{\theta}(\text{固态})$$

(2) 对于同一种聚集态的同类型分子，分子量越大或结构越复杂的 S_m^{θ} 值越大，如

$$S_m^{\theta}(CH_4, g) < S_m^{\theta}(C_2H_6, g) < S_m^{\theta}(C_3H_8, g)$$

（3）当压强一定时，对同一聚集态的同种物质，温度升高，熵值增大。

（4）温度一定时，对气态物质，加大压强，熵值减小；对固态和液态物质，压强改变对它们的熵值影响不大。

（三）化学反应熵变的计算

应用标准摩尔熵 S_m^θ 的数值可以计算化学反应的标准熵变 $\Delta_r S_m^\theta$ 或简写成 $\Delta_r S^\theta$。

通常计算化学反应的标准熵变 $\Delta_r S_m^\theta$ 可以用生成物的标准摩尔熵的总和减去反应物的标准摩尔熵的总和求得：

$$\Delta_r S_m^\theta = \sum S_m^\theta (生成物) - \sum S_m^\theta (反应物) \tag{6.14}$$

例 6.8 求反应 $2HCl(g) = H_2(g) + Cl_2(g)$ 的标准熵变。

解 查表得

$S_m^\theta(HCl, g) = 186.6 \, J \cdot K^{-1} \cdot mol^{-1}$

$S_m^\theta(H_2, g) = 130 \, J \cdot K^{-1} \cdot mol^{-1}$

$S_m^\theta(Cl_2, g) = 223 \, J \cdot K^{-1} \cdot mol^{-1}$

代入式（6.14）得

$\Delta_r S_m^\theta = 130 + 223 - 2 \times (186.6) = -20.2 (J \cdot K^{-1} \cdot mol^{-1})$

反应的标准熵变是 $-20.2 \, J \cdot K^{-1} \cdot mol^{-1}$。

四、化学反应自发性与吉布斯自由能

（一）吉布斯能与自发过程

自然界的自发过程常常倾向于增大体系的混乱度。但是正如不能仅用化学反应的焓变 ΔH 的正负号作为判断反应自发性的判据一样，单独用体系的熵值增大来作为判断过程自发性的判据亦是有缺陷的。例如，SO_2 氧化成 SO_3 的反应在 298 K 的条件下是一个自发过程，但其 $\Delta_r S < 0$。再如，水结成冰的过程虽在高温下非自发，在 $T < 273$ K 的情况下则是自发的，但其 $\Delta_r S < 0$。这表明过程的自发性不仅与焓变 ΔH 有关，而且与熵变 ΔS 和温度条件有关。

为了确定一个判断过程自发性的判据，需要一个新的函数，它能综合反映体系的焓及熵两种状态函数，这个函数叫**吉布斯自由能**（Gibbs energy），由它的变化可判断过程的自发性。

1876 年 J. W. Gibbs 提出并证明了判断反应自发性的依据是它做非体积功的潜能。在恒温、恒压下，如果一个反应无论在理论或实践上都能用来做非体积功，则这个反应是自发的。如果要环境提供非体积功才能发生反应，则这个反应就是非自发的。

由热力学第一定律可知：

$$-p\Delta V + W' = \Delta U - Q \tag{6.15}$$

式中 $-p\Delta V$ 是膨胀功，W' 是非体积功。

对于可逆过程，据式（6.12）得：

$$Q_{可逆} = T\Delta S$$

将 $Q_{可逆}=T\Delta S$ 代入式(6.15)得

$$-W'=-\Delta U-p\Delta V+T\Delta S$$

对于恒温、恒压可逆过程,则:

$$-W'=-[(U_2-U_1)+p(V_2-V_1)-T(S_2-S_1)]$$
$$=-[(U_2+pV_2-TS_2)-(U_1+pV_1-TS_1)]$$

因 $H=U+pV$,所以:

$$-W'=-[(H_2-TS_2)-(H_1-TS_1)] \tag{6.16}$$

式中 W' 是可逆过程的非体积功。因为 H、T、S 都是状态函数,所以由它们组合成的新的物理量($H-TS$)也必然是状态函数。Gibbs 把这个状态函数称为**自由能**(free energy),又叫**吉布斯自由能**,用符号 G 表示,定义为:

$$G=H-TS \tag{6.17}$$

根据式(6.17)可以得到等温过程吉布斯能的变量为

$$\Delta G=\Delta H-T\Delta S \tag{6.18}$$

把式(6.18)代入式(6.16)得,

$$-W'=-\Delta G \tag{6.19}$$

式(6.19)中,该式表示封闭体系在恒温、恒压的可逆过程中,体系所做的最大非体积功等于体系自由能的减少。自由能是体系在上述过程中可做非体积功的那一部分能量。自由能变化 ΔG 是自发过程的推动力。

在恒温、恒压下,如果进行的是不可逆过程,由于 $-W'_{不可逆}<-W'_{可逆}$,所以:

$$-W'_{不可逆}<-W'_{可逆}=-\Delta G$$

上式中,等式代表可逆过程,不等式代表不可逆过程。如果在恒温、恒压的过程中,体系不做非体积功,即 $W'=0$,则上式可改写为:

$$-\Delta G\geqslant 0$$
$$或\ \Delta G\leqslant 0 \tag{6.20}$$

已知所有自发过程都是不可逆过程,所以说只有 $\Delta G<0$ 的过程才能自发进行。因此,式(6.20)可作为过程能否自发进行的判据。上式表明,恒温、恒压过程只能自发地向自由能减小的方向进行,直到自由能为最小值时的状态为止。这也就是**自由能最小原理**(principle of free energy minimum)。

应用上述结果,对于恒温、恒压下不做非体积功的化学反应来说:

$$\Delta_r G \begin{cases} <0 & 反应自发进行 \\ =0 & 反应处于平衡状态 \\ >0 & 反应不能自发进行 \end{cases}$$

(二)标准生成吉布斯能

若能求出化学反应的 $\Delta_r G$,就能判断它进行的方向。但从吉布斯自由能的定义式 $G=H-TS$ 可以知道 G 的绝对值不能求出,因此可采用类似标准生成热的方法来计

算 $\Delta_r G$。

化学热力学规定:某温度下处于标准状态的各种元素的最稳定单质生成 1 mol 某纯物质的吉布斯自由能改变量,叫做此温度下该物质的标准摩尔生成吉布斯自由能,简称标准生成吉布斯自由能。用符号 $\Delta_f G_m$ 表示(为了简便,可省略下标"m"),单位为 $kJ \cdot mol^{-1}$。在此没有指定温度,通常手册上给的大多是 298 K 的数值。由标准生成吉布斯自由能的定义可知,处于标准状态下各元素的最稳定单质的标准生成吉布斯能为零。一些物质在 298 K 下的标准生成吉布斯自由能见本教材附录四。

(三)化学反应吉布斯能变的计算

像由生成热求算焓变一样,可以通过下式计算反应的标准摩尔吉布斯自由能的变化值 $\Delta_r G_m^\theta$。

$$\Delta_r G_m^\theta = \sum \Delta_f G_m^\theta (\text{生成物}) - \sum \Delta_f G_m^\theta (\text{反应物}) \tag{6.21}$$

$\Delta_r G_m^\theta$ 表示化学反应的标准摩尔吉布斯自由能改变量,它是在标准状态化学反应进行的方向乃至进行方式的判据。

例 6.9 求反应 $4NH_3(g) + 5O_2(g) \Longrightarrow 4NO(g) + 6H_2O(l)$ 的正、逆反应的 $\Delta_r G_m^\theta$,并指出反应向哪一方向进行。

解 查表得

$\Delta_f G_m^\theta (H_2O, l) = -237.2 \ kJ \cdot mol^{-1}$

$\Delta_f G_m^\theta (NO, g) = +86.6 \ kJ \cdot mol^{-1}$

$\Delta_f G_m^\theta (NH_3, g) = -16.5 \ kJ \cdot mol^{-1}$

$\Delta_f G_m^\theta (O_2, g) = 0$

代入(6.21)式得

$\Delta_r G_m^\theta (\text{正反应}) = 6 \times (-237.2) + 4 \times 86.6 - 4 \times (-16.5) = -1010.8(kJ \cdot mol^{-1})$

$\Delta_r G_m^\theta (\text{逆反应}) = 1010.8 \ kJ \cdot mol^{-1}$

正反应的 $\Delta_r G_m^\theta$ 是 $-1010.8 \ kJ \cdot mol^{-1}$,逆反应的 $\Delta_r G_m^\theta$ 是 $1010.8 \ kJ \cdot mol^{-1}$。当各气态物质都处于标准状态时反应向右自发进行,即正反应是自发的。

根据式 $\Delta G = \Delta H - T\Delta S$,在恒温、恒压下进行的化学反应的自由能变可写成

$$\Delta_r G_m = \Delta_r H_m - T\Delta_r S_m \tag{6.22}$$

反应体系各物质都处于标准状态时的自由能变为

$$\Delta_r G_m^\theta = \Delta_r H_m^\theta - T\Delta_r S_m^\theta \tag{6.23}$$

式(6.22)和(6.23)都称为吉布斯—赫姆霍兹(Gibbs-Helmholtz)公式,式(6.23)适用于标准状态。在此应注意,$\Delta_r H_m^\theta$ 和 $\Delta_r S_m^\theta$ 随温度变化较小,在一般的温度范围内,可以用 298 K 的 $\Delta_r H_m^\theta$ 和 $\Delta_r S_m^\theta$ 代替,但 $\Delta_r G^\theta$ 受温度变化的影响是不能忽略的。

式(6.22)表明,恒温、恒压下自发进行的化学反应方向和限度的判据 $\Delta_r G_m$ 是由焓变 $\Delta_r H_m$ 和 $T\Delta_r S_m$ 两项决定的。$\Delta_r G_m$ 综合了 $\Delta_r H_m$ 和 $\Delta_r S_m$ 对反应方向的影响。$\Delta_r H_m$ 和 $\Delta_r S_m$ 这两个因素对自发变化的影响如下:

（1）当 $\Delta_r H_m < 0$，$\Delta_r S_m > 0$ 时，$\Delta_r G_m < 0$，反应总是正向自发进行的。

（2）当 $\Delta_r H_m > 0$，$\Delta_r S_m < 0$，则 $\Delta_r G_m > 0$，两因素都对自发过程不利，不管在什么温度下，反应都是不能正向自发进行的。

（3）当 $\Delta_r H_m < 0$，$\Delta_r S_m < 0$ 或 $\Delta_r H_m > 0$，$\Delta_r S_m > 0$，这时温度 T 对反应自发进行的方向起决定作用。以表 6.2 说明。

表 6.2　影响反应自发过程的因素

$\Delta_r H_m$ 的符号	$\Delta_r S_m$ 的符号	$\Delta_r G_m$ 的符号	反应情况	实例
−	−	低温：（−）	正向进行	$HCl(g) + NH_3(g) = NH_4Cl(s)$
		高温：（＋）	逆向进行	
＋	＋	低温：（＋）	逆向进行	$CaCO_3(s) = CaO(s) + CO_2(g)$
		高温：（−）	正向进行	

由表 6.2 可知，放热反应也不一定都能自发正向进行，吸热反应也可以自发正向进行。

（4）如果两因素影响的结果使其 $\Delta_r G_m = 0$，即焓效应与熵效应互相抵消，体系就处在平衡状态。

（5）如果 $\Delta_r S_m$ 很小，则 $\Delta_r G_m$ 约等于 $\Delta_r H_m$，就可以用 $\Delta_r H_m$ 代替 $\Delta_r G_m$ 来判断反应的方向。这就是许多反应可以由焓变来判断其自发进行方向的原因。

第四节　标准平衡常数和化学反应的限度

一、反应熵与标准平衡常数

（一）化学反应的可逆性和化学平衡

通常，化学反应都具有可逆性。当然，有些化学反应进行得较为彻底，如氯酸钾分解反应，在 MnO_2 催化下 $KClO_3$ 基本上能全部转变为 KCl 和 O_2。又如，放射性元素的蜕变、氯与氢或氧与氢的爆炸式反应等，这些反应称为**不可逆反应**。实际上绝大多数化学反应都是不能进行到底的反应，也就是**可逆反应**（reversible reaction）。在反应方程式中常用两个相反的箭头"$\rightleftharpoons$"代替等号，以表示反应的可逆性。例如：

$$2SO_2(g) + O_2(g) \rightleftharpoons 2SO_3(g)$$

可逆反应并非热力学中的可逆过程，其正向反应是一个自发过程，其逆向反应也是一个自发过程。只是不同的反应，其可逆程度不同而已。我们把在一定条件（温度、压强、浓度等）下，当正反两个方向的反应速率相等时体系所处的状态叫做**化学平衡**（chemical equilibrium），这也就是化学反应所能达到的最大限度。只要外界条件不变，这个状态就不再随时间而变化（如图 6.4 所示），但外界条件一旦改变，平衡状态就要发生变化。平衡状态从宏观上看似乎是静止的,但实际上这并不意味着反应已经停止,从微观上是一种动态平衡。此外,还应说明的是,化学平衡是指原始的反应物和最后产物之间达到的平衡,它与反应分一步或分几步进行无关。

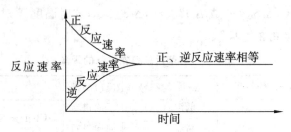

图 6.4 正逆反应速率变化示意图

(二)化学反应的等温方程式

对于任意一化学反应:

$$a\text{A}+b\text{B} \rightleftharpoons d\text{D}+e\text{E}$$

如在非标准状态下进行,即对溶液来说,溶质活度不为 1 或浓度不是 c^{θ}(即 1 mol·L^{-1});对气体反应或有气体参加的反应,气体的分压不是 p^{θ}(100 kPa),则不能直接用式(6.21)或式(6.23)来计算此反应的自由能变。热力学已导出非标准态下化学反应的摩尔自由能变的计算公式:

$$\Delta_r G_m = \Delta_r G_m^{\theta} + RT\ln Q \tag{6.24}$$

式(6.24)称为化学反应**等温方程式**(isothermal equation)。式中,$\Delta_r G_m$ 是非标准状态摩尔自由能变;$\Delta_r G_m^{\theta}$ 是此反应的标准态摩尔自由能变;R 是气体常数;T 是热力学温度;Q 叫做**起始分压商**,简称**反应商**(reaction quotient)。Q 的表达式对溶液反应与气体反应有所不同。

对溶液反应:

$$Q = \frac{c_r^d(\text{D}) \cdot c_r^e(\text{E})}{c_r^a(\text{A}) \cdot c_r^b(\text{B})} \tag{6.25}$$

式(6.25)中 $c_r(\text{A})$、$c_r(\text{B})$ 和 $c_r(\text{D})$、$c_r(\text{E})$ 分别表示起始状态反应物和生成物的相对浓度。Q 单位为 1。注意,纯液体或纯固体不写进 Q 的表达式中。

对气体反应:

$$Q = \frac{(p(\text{D})/p^{\theta})^d (p(\text{E})/p^{\theta})^e}{(p(\text{A})/p^{\theta})^a (p(\text{B})/p^{\theta})^b} \tag{6.26}$$

式(6.26)中,$p(\text{A})$、$p(\text{B})$ 和 $p(\text{D})$、$p(\text{E})$ 分别表示反应物和产物的分压,单位为 kPa。$p^{\theta} = 100$ kPa,表示标准压力。各物质的压力用相对分压表示是为了使 Q 单位为 1。

(三)标准平衡常数

前面已经提到,当反应达到平衡时,反应的摩尔自由能变 $\Delta_r G_m^{\theta} = 0$,反应商 Q 可用 K^{θ} 代替,由式(6.24)可得:

$$0 = \Delta_r G_m^{\theta} + RT\ln Q$$

$$\Delta_r G_m^{\theta} = -RT\ln K^{\theta} \tag{6.27}$$

式(6.27)也称为化学反应的等温方程式。式(6.27)中的 K^θ 称为**标准平衡常数**(standard equilibrium constant)。标准平衡常数 K^θ 是通过热力学数据计算获得的平衡常数。K^θ 是单位为一的量。

一定温度下,由实验方法测定的平衡常数称为实验平衡常数,通常用 K 表示。实验平衡常数是带单位的。我们从附表或物化手册查到的平衡常数一般是热力学平衡常数即标准平衡常数,简称平衡常数。K 和 K^θ 从来源和单位看,二者有区别,但其物理意义可以用相对平衡浓度或相对压力予以统一。

对于溶液反应,K^θ 的表达式为:

$$K^\theta = \frac{[\mathrm{D}]^d[\mathrm{E}]^e}{[\mathrm{A}]^a[\mathrm{B}]^b} \tag{6.28}$$

式中[A]、[B]和[D]、[E]分别表示反应物和生成物的相对平衡浓度。

对于气体反应,K^θ 的表达式为:

$$K^\theta = \frac{(p(\mathrm{D})/p^\theta)^d(p(\mathrm{E})/p^\theta)^e}{(p(\mathrm{A})/p^\theta)^a(p(\mathrm{B})/p^\theta)^b} \tag{6.29}$$

式中 $p(\mathrm{A})$、$p(\mathrm{B})$ 和 $p(\mathrm{D})$、$p(\mathrm{E})$ 分别表示反应物和生成物的平衡分压。

标准平衡常数 K^θ 表示在一定温度下,可逆反应达到平衡时,生成物的相对平衡浓度(或相对平衡分压)以反应方程式的计量系数为指数的幂的乘积,与反应物的相对平衡浓度(或相对平衡分压)以反应式中计量系数为指数的幂的乘积之比是一个常数。标准平衡常数 K^θ 与温度有关,与浓度或分压无关。K^θ 的数值大小反映了化学反应进行的程度,K^θ 值越大,表示正反应进行的程度越大,平衡混合物体系中生成物的相对平衡浓度就越大。

书写和应用标准平衡常数表达式时应注意以下几点:

1. 如果在反应物或生成物中有纯固体、纯液体或稀溶液中的水,均不写入标准平衡常数表达式中,例如:

$$\mathrm{CaCO_3(s)} \Longrightarrow \mathrm{CaO(s)} + \mathrm{CO_2(g)}$$

$$K^\theta = \frac{p(\mathrm{CO_2})}{p^\theta}$$

2. 标准平衡常数表达式及 K^θ 值与反应方程式的写法有关,如:

$$\mathrm{N_2(g)} + 3\mathrm{H_2(g)} \Longrightarrow 2\mathrm{NH_3(g)}$$

$$K_1^\theta = \frac{[p(\mathrm{NH_3})/p^\theta]^2}{[p(\mathrm{N_2})/p^\theta][p(\mathrm{H_2})/p^\theta]^3}$$

若反应式写成:

$$\frac{1}{2}\mathrm{N_2(g)} + \frac{3}{2}\mathrm{H_2(g)} \Longrightarrow \mathrm{NH_3(g)}$$

$$K_2^\theta = \frac{p(\mathrm{NH_3})/p^\theta}{[p(\mathrm{N_2})/p^\theta]^{\frac{1}{2}}[p(\mathrm{H_2})/p^\theta]^{\frac{3}{2}}}$$

K_1^θ 和 K_2^θ 数值不同,它们之间的关系为 $K_1^\theta = (K_2^\theta)^2$。

3. 正、逆反应的平衡常数互为倒数。

二、判断化学反应的方向和限度

前面已讨论，$\Delta_r G_m^\theta$ 代表温度为 T 时，体系反应物和生成物都处于标准状态时的吉布斯能变，$\Delta_r G_m$ 则代表任意状态下的吉布斯能变。化学反应中各物质不可能都处于标准状态，所以 $\Delta_r G_m$ 作为反应自发性的判据比 $\Delta_r G_m^\theta$ 更具有普遍使用意义。当 $\Delta_r G_m = 0$ 时，体系处于平衡状态；在一定条件下化学反应达到平衡状态时，其标准平衡常数 K^θ 为一定值，用 $\Delta_r G_m$ 和 K^θ 都能描述平衡状态，显然，它们之间有一定的关系。

由化学反应等温方程式(6.27)式可得：

$$\lg K^\theta = \frac{-\Delta_r G_m^\theta}{2.303\,RT} \tag{6.30}$$

式(6.30)表明了标准自由能变化 $\Delta_r G_m^\theta$ 与标准平衡常数 K^θ 之间的关系。在一定温度下，当 $\Delta_r G_m^\theta$ 为负值时，其绝对值越大，K^θ 值也越大，表示反应进行得越完全；当 $\Delta_r G_m^\theta$ 为正值时，则数值越大，K^θ 值就越小，表示反应进行得就越不完全。一个化学反应的 $\Delta_r G_m^\theta$ 可以查表计算，可以利用 $\Delta_r G_m^\theta$ 计算指定反应的 K^θ 值。

一个化学反应的起始状态用 Q 表示，而平衡状态用 K^θ 表示，利用两者的比值，也可以判断反应进行的方向和程度。

若将式(6.27)代入式(6.24)，则得：

$$\Delta_r G_m = -RT\ln K^\theta + RT\ln Q$$

亦可写

$$\Delta_r G_m = RT\ln\frac{Q}{K^\theta} \tag{6.31}$$

由式(6.31)中的 Q 值与 K^θ，可得出 $\Delta_r G_m$ 值，从而可作为一个可逆反应进行方向和限度的判据：

当 $Q < K^\theta$ 时，$\Delta_r G_m < 0$，正向反应能自发进行；

当 $Q = K^\theta$ 时，$\Delta_r G_m = 0$，反应处于平衡状态；

当 $Q > K^\theta$ 时，$\Delta_r G_m > 0$，正向反应不能自发进行，逆向反应能自发进行。

由此可见，$\Delta_r G_m$ 值的正负号由 Q 与 K^θ 的比值决定，那么 $\dfrac{Q}{K^\theta}$ 和 $\Delta_r G_m$ 同样是任意条件下反应自发方向的判据。由于 Q 值表明起始状态，K 值表明平衡状态，所以用 $\dfrac{Q}{K^\theta}$ 值来判断反应自发方向更方便。

三、化学平衡的移动

化学平衡是相对的，有条件的。一个化学反应达到平衡后，如果改变外界条件(浓度、压力、温度)，原来的平衡就被破坏，而向另一个新的平衡转化。这种因外界条件的改变，使化学反应从一种平衡状态向另一种平衡状态转变的过程，称为**化学平衡的移动**(shift of chemical equilibrium)。

下面分别讨论浓度、压力和温度对化学平衡移动的影响。

（一）浓度对化学平衡的影响

一个化学反应达到平衡之后,如果增加反应物的浓度或者减小生成物的浓度都会使 $Q<K^\theta$,根据式(6.31)可知,当 $Q<K^\theta$ 时,则 $\Delta_r G_m<0$,这时正向反应将继续自发进行,直到反应体系中各物质的浓度商等于该反应的标准平衡常数,即 $Q=K^\theta$ 时,体系又在新的浓度基础上达到新的平衡状态。反之,如果减少反应物的浓度或者增大生成物的浓度,体系将向逆反应方向移动。总之,在一定温度下,改变浓度可以使化学平衡发生移动,但标准平衡常数保持不变。

在实际工作中,为了尽可能利用某一反应物,常用过量的另一反应物和它作用,即增大另一反应物的浓度,并采用不断分离出产物的方法来提高反应物的利用率。

（二）压力对化学平衡的影响

压力的变化对没有气体参加的反应影响不大,因为压力对固体和液体的体积影响极小。对有气体参与的任一反应,增加反应物的分压或减少产物的分压,都将使 $Q<K^\theta$,平衡将向正反应方向移动。反之,当减少反应物的分压或增大产物的分压,都将使 $Q>K^\theta$,平衡将向逆反应方向移动。这与浓度对化学平衡的影响一致。

另外一种情况,对有气体参与的任一反应,增大总压,气体体积缩小,相当于增大气体物质的浓度。增大一个体系的总压时,所有气体的分压都要增大。总压力的改变对那些反应前后计量系数不变的气相反应,如 $H_2(g)+I_2(g)\Longleftrightarrow 2HI(g)$ 的平衡没有影响,因为增大或减小总压对生成物或反应物的分压产生的影响是等效的;对那些反应前后计量系数有变化的气相反应,改变总压将改变 Q 值,使 $Q\neq K^\theta$,平衡将发生移动。增大总压,平衡向气体物质的量减小的方向移动。减小总压,平衡向气体物质的量增大的方向移动。

（三）温度对化学平衡的影响

温度对化学平衡的影响与浓度或压力对化学平衡的影响有本质的区别。当化学反应达到平衡以后,浓度或压力的改变并不改变 K^θ,而温度的变化,却导致了平衡常数数值的改变。我们可以从热力学的知识导出这个结论。

对于一个给定的平衡体系来说,有

$$\Delta_r G_m^\theta = -RT\ln K^\theta$$

$$\Delta_r G_m^\theta = \Delta_r H_m^\theta - T\Delta_r S_m^\theta$$

将两式合并得

$$\ln K^\theta = -\frac{\Delta_r H_m^\theta}{RT} + \frac{\Delta_r S_m^\theta}{R}$$

设某一可逆反应,在温度 T_1 和 T_2 时,标准平衡常数分别为 K_1^θ 和 K_2^θ。$\Delta_r H^\theta$ 和 $\Delta_r S^\theta$ 在 T_1 至 T_2 温度范围内变化不大,则:

$$\ln K_1^\theta = -\frac{\Delta_r H_m^\theta}{RT_1} + \frac{\Delta_r S_m^\theta}{R}$$

$$\ln K_2^\theta = -\frac{\Delta_r H_m^\theta}{RT_2} + \frac{\Delta_r S_m^\theta}{R}$$

将上两式相减并加以整理得：

$$\ln \frac{K_2^\theta}{K_1^\theta} = \frac{\Delta_r H_m^\theta (T_2 - T_1)}{RT_1 T_2}$$

$$\text{或 } \lg \frac{K_2^\theta}{K_1^\theta} = \frac{\Delta_r H_m^\theta (T_2 - T_1)}{2.303 \, RT_1 T_2} \tag{6.32}$$

式(6.32)是表述平衡常数与温度关系的重要方程式，称为 van't Hoff 方程式。当已知化学反应的 $\Delta_r H_m^\theta$ 值时，只要测定某一温度 T_1 的平衡常数 K_1^θ，就可以计算另一温度 T_2 的平衡常数。

式(6.32)表明，如果正反应是吸热反应，$\Delta_r H_m^\theta > 0$，则温度升高（$T_2 > T_1$）时，$K_2^\theta > K_1^\theta$，升高温度平衡向生成物方向移动。若正反应是放热反应，$\Delta_r H_m^\theta < 0$，则温度升高（$T_2 > T_1$）时，$K_2^\theta < K_1^\theta$，即降低温度平衡向生成物方向移动。

法国物理学家 Le Chatelier 在 1884 年归纳了**平衡移动原理**：任何已达平衡的体系，若改变影响平衡体系的某种因素，则平衡向削弱这种影响的方向移动。这一原理不仅适用于化学平衡，也适用于物理平衡。但它只适用平衡体系，对没有达到平衡的体系，不能应用此原理。

化学视窗

化学热力学与医药学

一、熵与肿瘤

熵增加原理也可以解释肿瘤在人体内的发生、扩散。细胞基因癌变，造成人体正常基因组的异常活化，细胞无节制地扩增，使有序向无序转化，加速生命的耗散，熵值异常增大，在短期内熵值就增到极大值，人的生命便终止了。肿瘤的形成是非自发的，非自发的过程是一个熵减的过程。然而肿瘤细胞是在体内发生物质、能量交换的，人体这个体系就相当于肿瘤细胞的外部环境，正是由于肿瘤细胞的熵减小，导致了人体这个总体系熵增大。

二、熵与抗癌药物的研究

熵增原理对人们研究抗癌药物也有启发。例如 DNA 是许多抗肿瘤药物的靶分子，这些药物通过嵌入、沟槽等方式与癌细胞的 DNA 结合，抑制肿瘤细胞的分裂增生，最终使肿瘤细胞增生停滞，或使其向正常细胞分化，或诱导肿瘤细胞发生程序性死亡，从而产生抗癌作用。阿霉素（ADM）这个抗肿瘤抗生素就是以典型的嵌入方式与 DNA 相互结合的，破坏 DNA 的模块功能，阻止转录过程，在抑制 DNA、RNA 蛋白质合成的同时，也改变癌基因的结构或影响癌基因的表达。由于 ADM-DNA 复合物比独立的 DNA 和 ADM 分子更有序，因此导致一定程度的熵减，有序度增加。

参考文献

1. 张欣荣,阎芳. 基础化学. 北京:高等教育出版社,2011

2. 许善锦. 无机化学. 北京:人民卫生出版社,2003

3. 魏祖期,刘德育. 基础化学(第 8 版). 北京:人民卫生出版社,2013

4. 蔡少华,龚孟濂,史华红. 广州:中山大学出版社,1999

5. 刘毅敏,赵先英,王祥智,赵华文,杨旭. 化学热力学与生命科学. Journal of Mathematical Medicine,Vol. 20,No. 1,2007.

6. 高文颖. 耗散结构理论在生命科学研究中的应用. 大学化学. 2004,19(4):30 ~34.

习　题

1. 试述热力学第一定律并写出其数学表达式。

2. 内能变与焓变之间有什么关系? 在什么情况下它们相等?

3. 试述 Hess 定律。它有什么用途?

4. 自由能变与标准平衡常数的关系如何?

5. 判断下列说法是否正确,并说明理由。

(1) 恒容条件下,一定量的理想气体,温度升高时,内能将增加。

(2) Hess 定律只适用于恒压下的反应热的计算。

(3) 热力学第一定律的数学表达式 $\Delta U = Q + W$ 只适用于封闭系统和孤立系统。

(4) 已知 $\Delta_r G_m^\theta = -RT \ln K^\theta$,所以温度升高,平衡常数变小。

(5) 反应 $C(s) + H_2O(g) \Longrightarrow CO(g) + H_2$ 是一个反应前后分子数目相等的反应,体系的压力改变不影响它的平衡状态。

6. 比较下列物质在 298 K 时的 S_m^θ 的相对大小:

(1) $H_2O(l)$　$H_2O(g)$　(2) $Br_2(l)$　$Br_2(g)$　(3) $NH_4Cl(s)$　$NH_4Br(s)$　$NH_4I(s)$

7. 指出下列物质中哪些物质的 $\Delta_f H_m^\theta$ 不等于零。 (a) $Fe(s)$;(b) $O(g)$;(c) $C($石墨$)$;(d) $Ne(g)$;(e) $Cl_2(l)$

8. 下列反应中哪个反应的 $\Delta_r H_m^\theta$ 代表 $AgCl(s)$ 的 $\Delta_f H_m^\theta$:

(a) $Ag^+(aq) + Cl^-(aq) \Longrightarrow AgCl(s)$

(b) $Ag(s) + \frac{1}{2}Cl_2(g) \Longrightarrow AgCl(s)$

(c) $AgCl(s) \Longrightarrow Ag(s) + \frac{1}{2}Cl_2(g)$

(d) $Ag(s) + AuCl(aq) \Longrightarrow Au(s) + AgCl(s)$

9. 0.5 mol 氮气(理想气体),经过下列三步可逆变化回复到原态:

a. 从 $2p^\theta$,5 dm³ 在恒温 T_1 下压缩至 1 dm³;b. 恒压可逆膨胀至 5 dm³,同时温度由 T_1 变至 T_2;c. 恒容下冷却至始态 T_1,$2p^\theta$,5 dm³。

试计算:(1) T_1,T_2;(2) 经此循环的 $\Delta U_{总}$,$\Delta H_{总}$,$Q_{总}$,$W_{总}$。

10. 已知 298 K 时 $CH_4(g)$、$CO_2(g)$、$H_2O(l)$ 的标准生成热分别为 -74.8 kJ·mol^{-1},-393.5 kJ·mol^{-1},-285.8 kJ·mol^{-1},求算 298 K 时 $CH_4(g)$ 的燃烧热。

11. 求反应 $C_2H_4(g)+H_2(g)\Longrightarrow C_2H_6(g)$ 的 $\Delta_r H_m^\theta$,已知 $\Delta_c H_m^\theta(C_2H_4,g)=-1411.0$ kJ·mol^{-1},$\Delta_c H_m^\theta(C_2H_6,g)=-1559.8$ kJ·mol^{-1},$\Delta_c H_m^\theta(H_2,g)=-1411.0$ kJ·mol^{-1}

12. 25℃,在恒容量热机中测得 1.00 mol 液态 C_6H_6 完全燃烧生成液态 H_2O 和气态 CO_2 时,放热 3263.9 KJ,计算恒压下 1.00 mol 液态 C_6H_6 完全燃烧时的反应热效应。

13. 已知:100 kPa 25℃时:$H_2(g)+\frac{1}{2}O_2(g)\Longrightarrow H_2O(g)$ $\Delta_r H_{m1}^\theta=-241.8$ kJ·mol^{-1}

$H_2(g)+O_2(g)\Longrightarrow H_2O_2(g)$ $\Delta_r H_{m2}^\theta=-136.3$ kJ·mol^{-1}

求 $H_2O(g)+\frac{1}{2}O_2(g)\Longrightarrow H_2O_2(g)$ 的 $\Delta_r H_{m3}^\theta$

14. 已知反应:$N_2(g)+3H_2(g)\Longrightarrow 2NH_3(g)$ $\Delta_r H_m^\theta=-92.4$ kJ·mol^{-1}。求 298 K 时反应的 $\Delta_r G_m^\theta$ 和 K^θ,判断此时反应是否自发。

15. 在标准状态下与 298 K 时,用碳还原 Fe_2O_3,生成 Fe 和 CO_2 的反应在热力学上是否可能?通过计算说明若要反应自发进行,温度最低为多少?

16. 已知反应 $CO(g)+Cl_2(g)\Longrightarrow COCl_2(g)$,在定温恒容条件下进行,373 K 时,$K^\theta=1.5\times10^8$。反应开始时 $c(CO)=0.0350$ mol·L^{-1},$c(Cl_2)=0.0270$ mol·L^{-1},$c(COCl_2)=0$。计算 373 K 反应达到平衡时各种物质的分压和 CO 的平衡转化率。

17. 求 298.15 K 时反应 $2SO_2(g)+O_2(g)\Longrightarrow 2SO_3(g)$ 的标准平衡常数 K^θ。已知 $\Delta_f G_m^\theta(SO_2)=-300.2$ KJ·mol^{-1} $\Delta_f G_m^\theta(SO_3)=-371.1$ KJ·mol^{-1}。

18. Calculate the standard enthalpy of formation of strontium carbonate, $SrCO_3(s)$ given the following data:

$Sr(s)+1/2O_2(g)\Longrightarrow SrO(s)$ $\Delta_r H_m^\theta=-592$ KJ·mol^{-1}

$SrCO_3(s)\Longrightarrow SrO(s)+CO_2(g)$ $\Delta_r H_m^\theta=+234$ KJ·mol^{-1}

$C(graphite)+O_2(g)\Longrightarrow CO_2(g)$ $\Delta_r H_m^\theta=-394$ KJ·mol^{-1}

19. At certain temperature, $A(g)\Longrightarrow 2B(g)$, partial pressures of the components are all 100 kPa, calculate the standard equilibrium constant.

20. Use the data below to calculate (a) the equilibrium constant at 1000 K for the reaction $2HI(g)\Longrightarrow H_2(g)+I_2(g)$

	$\Delta_f H_m^\theta (\text{kJ} \cdot \text{mol}^{-1})$	$S_m^\theta, (\text{J} \cdot \text{K}^{-1} \cdot \text{mol}^{-1})$
HI (g)	26.5	206.6
H_2 (g)	0.0	130.6
I_2 (g)	62.4	260.7

(b) If $p_{HI} = 0.2$ Kpa at equilibrium, calculate p_{H_2} and p_{I_2}.

（韦柳娅　编写）

第七章
化学动力学基础

上一章讨论了化学反应的方向和限度。我们已经知道,用反应自由能变 $\Delta_r G^\theta$ 衡量标准状态下反应能够进行的程度,而 $\Delta_r G$ 则可以用以判断某一反应自发进行的方向。但是化学热力学不能解决并回答某一反应用多长时间能达到平衡状态,这一化学反应速率问题需要用化学动力学的知识来解答。

化学动力学(chemical kinetics)是研究化学反应速率及各种因素(如浓度、温度、催化剂等)对速率的影响和推测反应机理(reaction mechanism)的科学。通过化学动力学的研究,在理论上,能够阐明化学反应的机理,使我们了解反应的具体过程和途径;在实际应用上,可以根据反应速率来估计反应进行到某种程度所需的时间,或某时刻反应物的浓度,也可以根据影响反应速率的因素,对反应进行控制,使对我们有利的反应加速进行,而对我们不利的反应,能尽量避免或设法降低其反应速率。在医学上的应用主要有:研究体内正常生化反应速率的代谢动力学,研究药物分子在体内反应速率的药物代谢动力学,研究酶的催化特性与反应机理的酶催化反应动力学等。

本章对化学动力学的基本理论和基础知识作一初步介绍。

第一节 化学反应速率的表示方法

化学反应速率(rate of a chemical reaction)是指给定条件下反应物通过化学反应转化为产物的速率,用以衡量化学反应进行的快慢。在不同的情况下可用不同的方式表示。

一、以反应进度随时间的变化率定义的反应速率

反应进度(extent of reaction)表示反应进行的程度,用符号 ξ 表示,ξ 的单位为 mol。

若用反应进度的概念来表示,则反应速率 v 可定义为:单位体积内反应进度随时间的变化率,即:

$$\xi = \frac{1}{V}\frac{d\xi}{dt} \tag{7.1}$$

式中 V 为体系的总体积。对任一个化学反应计量方程式,则有

$$d\xi = \frac{dn_M}{v_M} \tag{7.2}$$

v_M 为反应式中相应物质 M 的化学计量系数。

若将上式改写,则有:

$$v = \frac{1}{V}\frac{dn_M}{v_M dt} = \frac{1}{v_M}\frac{dc_M}{dt} \tag{7.3}$$

对于化学反应 $a\text{A} + b\text{B} = f\text{F} + g\text{G}$

$$v = -\frac{1}{a}\frac{dc_A}{dt} = -\frac{1}{b}\frac{dc_B}{dt} = \frac{1}{f}\frac{dc_F}{dt} = \frac{1}{g}\frac{dc_G}{dt} \tag{7.4}$$

v 为整个反应的速率,其数值只有一个,与反应体系中选择何种物质表示反应速率无关,但与化学反应的计量方程式的书写有关。

二、以反应物或产物浓度随时间的变化率定义的反应速率

随着反应的进行,反应物或产物的物质的量会发生改变,因此可用单位体积中反应物 A 或产物 B 的物质的量随时间的变化率来表示。

$$v_A = -\frac{1}{V}\frac{dn_A}{dt} = -\frac{dc_A}{dt} \tag{7.5}$$

$$v_B = \frac{1}{V}\frac{dn_B}{dt} = \frac{dc_B}{dt} \tag{7.6}$$

反应速率是反应体系中各物质的浓度随时间的变化率,因此它的单位用"浓度·时间$^{-1}$"表示。其中的浓度用 $mol \cdot L^{-1}$ 表示,而时间则根据需要可用 s(秒),min(分),h(小时),d(天),a(年)等表示。

对绝大多数反应而言,反应速率随时间不断改变,因而反应速率又可分为平均速率和瞬时速率两种。

三、平均速率和瞬时速率

平均速率是指反应进程中某时间间隔(Δt)内参与反应的物质的量的变化量。对于在体积一定的密闭容器内进行的化学反应,常用单位时间内反应物浓度的减少或者产物浓度的增加来表示。

如 N_2O_5 在气相或四氯化碳溶剂中可按下式分解:

$$2N_2O_5 = 4NO_2 + O_2$$

表 7.1 列出了在不同反应时间 t 时刻 N_2O_5 浓度的测定数值。其中,

$$\Delta t = t_2 - t_1$$

$$\Delta c(N_2O_5) = c_2(N_2O_5) - c_1(N_2O_5)$$

$c_1(N_2O_5)$ 和 $c_2(N_2O_5)$ 分别表示时间在 t_1 和 t_2 时 N_2O_5 的浓度,Δt 为时间间隔,$\Delta c(N_2O_5)$ 为 Δt 时间间隔内 N_2O_5 的浓度改变量,则平均反应速率 $\bar{v}$ 为:

$$\bar{v} = \frac{c_2(N_2O_5) - c_1(N_2O_5)}{t_2 - t_1} = -\frac{\Delta c(N_2O_5)}{\Delta t} \tag{7.7}$$

利用(7.7)式可以计算在不同时间间隔内的平均反应速率。

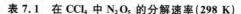

表 7.1　在 CCl_4 中 N_2O_5 的分解速率(298 K)

t/s	$\Delta t/s$	$c(N_2O_5)$ /mol·L^{-1}	平均反应速率，$\bar{v}$/mol·L^{-1}·s^{-1}				
			$-\Delta c(N_2O_5)$	以 $c(N_2O_5)$ 的减少表示 $\bar{v}=-\Delta c(N_2O_5)/\Delta t$	$\Delta c(NO_2)$ $=-2\Delta c(N_2O_5)$	以 $c(NO_2)$ 的增大表示 $\vec{v}=\Delta c(NO_2)/\Delta t$
0	0	2.1	—	—	—	—
100	100	1.95	0.15	1.5×10^{-3}	0.30	3.0×10^{-3}
300	200	1.70	0.25	1.3×10^{-3}	0.50	2.5×10^{-3}
700	400	1.31	0.39	0.98×10^{-3}	0.78	2.0×10^{-3}
1000	300	1.08	0.23	0.77×10^{-3}	0.46	1.5×10^{-3}

很明显，随着反应的进行，反应物不断被消耗，其浓度也相应地减小，因而反应速率将逐渐变小。

由于 N_2O_5 的分解速率是随 N_2O_5 的浓度变化而变化，而浓度又随时间的变化而改变，为了确切地表示 N_2O_5 分解的真实速率，必须用**瞬时速率**(instantaneous rate)来表示。

瞬时速率是指在任意时刻反应物或生成物浓度随时间的变化率，以 v 表示。瞬时速率应为 t 趋于零时的浓度对时间的变化率：

$$\xi=\lim_{\Delta t\to0}\frac{-\Delta c(N_2O_5)}{\Delta t}=-\frac{dc(N_2O_5)}{dt} \tag{7.8}$$

反应的瞬时速率可通过作图法求得。图 7.1 中曲线上各点切线斜率的绝对值，即为 t 时刻的反应速率 v。

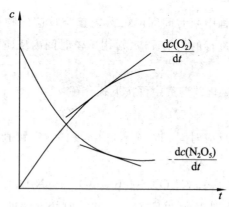

图 7.1　N_2O_5 分解反应的浓度—时间曲线

第二节　化学反应速率理论

一、碰撞理论与活化能

(一) 有效碰撞

根据分子运动学说,化学反应的发生,总要以反应物之间的接触为前提,即反应物分子之间的碰撞是先决条件。没有粒子间的碰撞,化学反应的进行则无从说起。但是,并非每一次碰撞都发生预期的反应,只有非常少的碰撞是有效的。1889 年 S. A. Arrhenius 提出了有效碰撞理论。他把能发生反应的碰撞叫做**有效碰撞**(effective collision),大部分不发生反应的碰撞叫做**弹性碰撞**(elastic collision)。要发生有效碰撞,反应物分子必须具备两个条件:① 反应物分子必须具有足够的能量,因为只有能量足够高的分子互相碰撞,才能破坏分子内部旧的化学键,生成新物质;② 碰撞时要有合适的方向,要正好碰在能起反应的部位上,因为分子是有构型的,如果碰撞的部位不合适,即使反应物分子具有足够的能量,也不会发生反应。如反应:

$$NO_2 + CO \rightleftharpoons NO + CO_2$$

如图 7.2 所示,(a)种碰撞有利于反应的进行,即当 NO_2 分子中的氧原子与 CO 中的碳原子迎头相碰时才有可能发生反应,这种碰撞为有效碰撞;(b)种以及许多其他碰撞方式都是无效的,为弹性碰撞。

(a) 有效碰撞　　　　　　(b) 弹性碰撞

图 7.2　分子碰撞的不同取向

(二) 活化分子与活化能

具有较高能量、能发生有效碰撞的分子叫做**活化分子**(activated molecule),通常它只占分子总数的小部分。活化分子具有的最低能量与反应物分子的平均能量之差称为**活化能**(activation energy),用符号 E_a 表示,单位为 $kJ \cdot mol^{-1}$。

在一定温度下,分子具有一定的动能,这就使得分子间进行着频繁的碰撞,而不断改变着运动的方向和速率。分子不断碰撞,能量不断转移,因此,分子的能量也在不断变化着,但从统计的观点看,具有一定能量的分子数目是不随时间改变的。图 7.3 所示的是一定温度下气体分子的能量分布曲线,横坐标 E 表示气体分子的能量,$E_平$ 是分子的平均能量,E' 是活化分子所具有的最低能量。$E_平$ 与 E' 的能量差就是活化分子的活化能 E_a,纵坐标 $\left(\dfrac{1}{N} \cdot \dfrac{\Delta N}{\Delta E}\right)$ 表示具有能量为 $E \sim (E + \Delta E)$ 范围内单位能量区间的分子数与分子总数的比值,此比值称为分子分数。若在横坐标上取一定的能量间隔 ΔE(如图中阴影部分），则其面积为 $\Delta E \times \dfrac{1}{N} \cdot \dfrac{\Delta N}{\Delta E} = \dfrac{\Delta N}{N}$，即为能量在 E 和 $E+\Delta E$ 间的分子数占分子总数的分数。曲线下的总面积，即为具有各种能量分子分数的总和，其值等于1。相应地，阴影部分的面积与整个曲线下总面积之比，即是活化分子在分子总数中所占的比值，即活化分子分数。

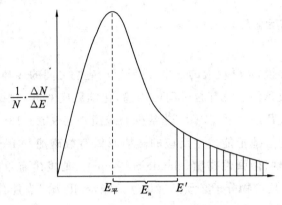

图 7.3　气体分子的能量分布曲线

化学反应速率与反应的活化能密切相关。一定温度下，活化能越小，其活化分子数越大，单位体积内的有效碰撞次数越多，反应速率越快；反之活化能越大，活化分子数越小，单位体积内的有效碰撞次数越少，反应速率越慢。不同的反应具有不同的活化能，因此不同的化学反应具有不同的反应速率，活化能不同是化学反应速率不同的根本原因。活化能一般为正值，多数化学反应的活化能在 $60 \sim 250$ kJ · mol^{-1} 之间。活化能小于 40 kJ · mol^{-1} 的化学反应，其反应速率极快，用一般方法难以测定；而活化能大于 400 kJ · mol^{-1} 的反应，其反应速率极慢，因此难以察觉。

二、过渡状态理论

碰撞理论将分子当成刚性球体，而忽略了分子的内部结构，因此，对于一些比较复杂的反应常不能合理解释，随着原子结构和分子结构理论的发展，20 世纪 30 年代 H. Eyring 在量子力学和统计力学的基础上提出了化学反应的**过渡状态理论**（theory of transition state）。该理论认为：在反应物转变为产物的过程中，形成了势能较高的活化络合物（activated complex），活化络合物所处的状态叫过渡态，然后进一步分解为产物。在此过程中存在着化学键的重新排布和能量的重新分配。对于反应 $A+BC \longrightarrow AB+C$，其实际过程是：

$$A+B-C \underset{\text{快}}{\rightleftharpoons} [A \cdots B \cdots C] \xrightarrow{\text{慢}} A-B+C$$

当 A 原子接触 B—C 分子时，B—C 分子的键减弱，但又没有完全断裂；A 原子和 B 原子间的键开始形成，但又未完全形成。因此形成一种不稳定的活化络合物 $[A \cdots B \cdots C]$。这种活化络合物可能分解成产物，也可以分解成原来的反应物。过渡状态理论认为，形成活化络合物是一种快步骤，很快就达到平衡。活化络合物分解成产物则是一种慢步骤，它控制着整个反应的速率。

过渡态极不稳定,很容易分解成原来的反应物,也可能分解为生成物。若产物分子的能量比反应物的能量低,多余的能量便以热的形式放出,即是放热反应;反之,即是吸热反应。图 7.4 所示即为一个放热反应过程的能量变化。反应物吸收能量成为过渡态,反应的活化能就是翻越势垒所需的能量。E_a 为正反应的活化能,E'_a 为逆反应的活化能,$E_a - E'_a = \Delta_r H_m^\theta$。当 $E_a > E'_a$ 时,$\Delta_r H_m^\theta > 0$ 反应吸热;当 $E_a < E'_a$ 时,$\Delta_r H_m^\theta < 0$,反应放热。

过渡态理论考虑了分子结构的特点和化学键的特性,较好地揭示了活化能的本质,这是该理论的成功之处。

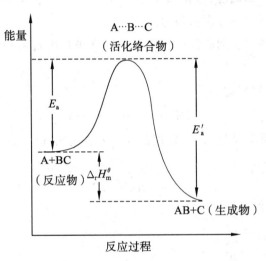

图 7.4　放热反应过程的能量图

第三节　浓度对化学反应速率的影响

一、元反应和复合反应

许多化学反应并不是一步完成,而是常常经历一个或几个中间步骤才能完成。

由反应物微粒(分子、原子、离子或自由基)经过一次碰撞一步就能生成产物的反应称为**元反应**(elementary reaction)。如前面提到的:$NO_2 + CO \Longrightarrow NO + CO_2$ 在高温下,经反应物一次碰撞,即可完成反应,故为元反应。由一个元反应组成的反应称为简单反应,但这类反应并不多。由若干个元反应生成产物的反应称为**非元反应或复合反应**。

判断一个化学反应是元反应还是非元反应必须经过反应机理的研究才能确定。

二、质量作用定律

当温度一定时,元反应的反应速率与各反应物浓度幂的乘积成正比,这就是**质量作用定律**(law of mass action)。各浓度幂中的指数等于元反应方程式中各相应反应物的化学计量数。

例如：
$$aA+bB+\cdots=gG+hH+\cdots$$

式中 a、b、g、h 分别为化合物 A、B、G、H 的化学计量数。

若上述反应为元反应，则由质量作用定律可得其反应速率方程

$$v=kc_A^a c_B^b \qquad (7.9)$$

式中常数 k 称为**速率常数**（rate constant）。对于一个指定的化学反应而言，k 是一个与反应物浓度无关的常数。在相同的条件下，k 越大，表示反应的速率越大。速率常数 k 与反应物本性及反应条件（如温度、催化剂、溶剂等）有关，有时甚至还与反应容器的材料、表面状态及面积等有关，可通过实验测定。

如果反应是复合反应，则质量作用定律只适合于其中每一步的反应，而不适合于总的反应。

例如，N_2O_5 的分解反应

$$2N_2O_5 \longrightarrow 4NO_2+O_2$$

根据实验结果，这个反应是与 N_2O_5 浓度的一次方成正比，而不是与 N_2O_5 浓度的二次方成正比，即

$$v=kc(N_2O_5)$$

原来这个反应是分步进行的：

① $N_2O_5 \longrightarrow N_2O_3+O_2$

② $N_2O_3 \longrightarrow NO_2+NO$

③ $2NO+O_2 \longrightarrow 2NO_2$

①×2＋②×2＋③即为总反应式：

$$2N_2O_5 \longrightarrow 4NO_2+O_2$$

第一步反应是比较慢的单分子反应。第二和第三步反应都比较快，对于整个反应不发生显著影响。因此在 N_2O_5 的分解反应中起决定作用的是第一步反应。

在分步进行的反应中，总是由最慢的那一步决定着整个反应的速率，并可以用这一步反应的质量作用定律的数学表达式来表示整个反应速率。因此上述反应仅与 N_2O_5 浓度的一次方成正比。

应用质量作用定律时，应注意以下几点：

① 如果反应物中有纯固体或纯液体，它们的浓度可以看作常数，不写入速率方程中。

② 在稀溶液中进行的反应，若溶剂参与反应，因它的浓度几乎维持不变，故也不写入速率方程式。

如蔗糖的水解反应

$$C_{12}H_{22}O_{11}+H_2O \longrightarrow C_6H_{12}O_6+C_6H_{12}O_6$$

　　蔗糖　　　　　　葡萄糖　　果糖

$$v=kc(C_{12}H_{22}O_{11})$$

三、反应分子数与反应级数

元反应中反应物的微粒数之和称为**反应分子数**（molecularity of reaction），它是需要同时碰撞才能发生化学反应的微粒数。此处的分子应理解为分子、离子、自由原子或自由基等的总称。元反应的反应分子数可以分为单分子反应、双分子反应和三分子反应。

例如亚硝酰氯的分解反应是单分子反应：

$$2NOCl \longrightarrow 2NO + Cl_2$$

而酯化反应是双分子反应：

$$CH_3COOH + C_2H_5OH \longrightarrow CH_3COOC_2H_5 + H_2O$$

三分子反应较为少见，一般只出现在有自由基或自由原子参加的反应中，例如：

$$H_2 + 2I \longrightarrow 2HI$$

在具有反应物浓度幂乘积形式的速率方程中，各反应物浓度幂中的指数，称为**反应级数**（order of reaction）。所有反应物的级数之和，称为该反应的总级数。如反应

$$aA + bB \longrightarrow 产物$$

其速率方程式为 $v = kc_A^\alpha c_B^\beta$

α 为对反应物 A 而言的级数，β 为对反应物 B 而言的级数，而总的反应级数 n 则为 A 和 B 的级数之和（$\alpha + \beta$）。若 $n = 0$，则为零级反应，$n = 1$，为一级反应，以此类推。

各反应物的级数及反应的总级数需由实验确定，其值与化学反应方程式中各反应物的化学计量数无关。

反应级数与反应分子数是两个不同的概念。反应分子数是参加元反应的反应物的粒子数目，其值只能是 1，2，3，对指定的元反应为固定值；反应级数是由实验确定的速率方程中各反应物浓度幂中的指数或其和，它可以是简单的正整数，如 0，1，2，3 等，也可以是分数、负数，而且对指定反应，反应级数可依反应条件变化而改变。

通常元反应的级数和反应分子数是一致的，即单分子反应为一级反应，双分子反应为二级反应，三分子反应为三级反应。至于复合反应，其反应级数与构成它的各元反应的分子数之间没有必然的联系。

四、简单级数的反应速率方程

简单级数的反应是指反应级数为 0，1，2，3 等的反应，由于三级反应为数不多，故以下仅讨论一级、二级和零级反应。

（一）一级反应

一级反应（first order reaction）是反应速率与反应物浓度的一次方成正比的反应。即

$$v = -\frac{dc}{dt} = kc \tag{7.10}$$

对上式定积分

$$\int_{c_0}^{c} \frac{-dc}{c} = \int_0^t k\,dt$$

得 $$\ln \frac{c_0}{c} = kt \tag{7.11}$$

或 $$c = c_0 e^{-kt} \tag{7.12}$$

$$k = \frac{2.303}{t} \lg \frac{c_0}{c} \tag{7.13}$$

式中 c 为反应物 t 时刻的浓度，c_0 表示反应物的初浓度（$t=0$ 时的浓度）。以上三式都表示反应物浓度与时间的关系。有时也用 $c_0 - x$ 代替 c，表示已反应掉的反应物浓度 x 与时间 t 的关系，即

$$k = \frac{2.303}{t} \lg \frac{c_0}{c_0 - x} \tag{7.14}$$

反应物浓度由 c_0 变为 $c_0/2$ 时，亦即反应物反应掉一半所需要的时间，称为半衰期（half-life），用 $t_{1/2}$ 表示。

将 $c = \dfrac{c_0}{2}$ 代入式(7.14)可得：

$$\begin{aligned} t_{1/2} &= \frac{2.303}{k} \lg \frac{c_0}{c_0/2} \\ &= \frac{0.693}{k} \end{aligned} \tag{7.15}$$

一级反应具有以下特征：

① $\lg c$ 与 t 为线性关系，如图 7.5 所示。式 7.13 可改写为

$$\lg c = \lg c_0 - \frac{kt}{2.303}$$

直线的斜率为 $-\dfrac{k}{2.303}$，截距为 $\lg c_0$，由斜率可求出速率常数 k。

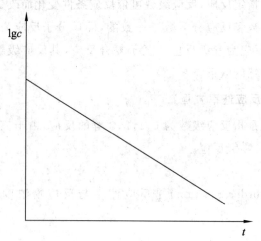

图 7.5　一级反应动力学方程图解

② 反应速率常数 k 的单位是［时间］$^{-1}$，如 s^{-1} 等，它表明 k 与所用的浓度单位无关。

③ 一级反应的半衰期 $t_{1/2} = \dfrac{0.693}{k}$，可见，一级反应的半衰期与反应物的初始浓度无

126

关。因此,对于一个给定的一级反应,当选用不同的起始浓度时,其半衰期并不改变。

许多热分解反应、分子重排反应、放射性元素的衰变等都符合一级反应规律。许多药物在生物体内的吸收、分布、代谢和排泄过程,也常近似地被看作一级反应。浓度不大的物质水解反应,因水的浓度可看作常数而不写入速率方程式,故可按一级反应的方程式处理,因而称为**准一级反应**(pseudo-first-order reaction),如前面提及的蔗糖水解反应。

例 7.1　某药物的分解反应为一级反应,在体温 37℃ 时,反应速率常数 k 为 0.46 h^{-1},若服用该药物 0.16 g,则该药物在胃中停留多长时间才能分解掉 90%?

解　由式(7.11)得

$$t = \frac{1}{k} \ln \frac{c_0}{c} = \frac{1}{0.46 \ h^{-1}} \ln \frac{100\%}{1 - 90\%} = 5.0 \ h$$

例 7.2　某药物初始浓度为 5.0 $mg \cdot mL^{-1}$,在室温下放置 20 个月后浓度降为 4.2 $mg \cdot mL^{-1}$。药物分解 30% 即失效。若此药物分解为一级反应,问:(1) 药物的有效期为几个月?(2) 半衰期是多少?

解　(1) $k = \dfrac{2.303}{t} \lg \dfrac{c_0}{c}$

$$= \frac{2.303}{20} \lg \frac{5.0}{4.2} = 8.72 \times 10^{-3} (月^{-1})$$

$$t = \frac{2.303}{k} \lg \frac{c_0}{c_0 - x}$$

$$= \frac{2.303}{0.00872} \lg \frac{5.0}{5.0 - 5.0 \times 30\%} = 41 (月)$$

(2) $t_{1/2} = \dfrac{0.693}{k} = \dfrac{0.693}{0.00872} = 79.47 (月)$

(二) 二级反应

二级反应(second order reaction)是反应速率与反应物浓度的二次方成正比的反应。二级反应通常有两种类型

① $aA \longrightarrow$ 产物

② $aA + bB \longrightarrow$ 产物

在②中,如果 A 和 B 的初始浓度相等,在数学处理时可与第一种类型相同,其速率方程为:

$$v = -\frac{dc_A}{dt} = kc_A^2 \tag{7.16}$$

积分:

$$\int_{c_0}^{c} -\frac{dc_A}{c_A^2} = \int_0^t k \, dt$$

$$\frac{1}{c} - \frac{1}{c_0} = kt \tag{7.17}$$

或

$$k = \frac{1}{t} \left(\frac{1}{c} - \frac{1}{c_0} \right) \tag{7.18}$$

二级反应具有以下特征：

① $\dfrac{1}{c}$ 与 t 之间为线性关系，如图 7.6，其斜率为 k。

② 反应速率常数 k 的单位是 [浓度]$^{-1}$·[时间]$^{-1}$，如 $mol^{-1} \cdot L \cdot s^{-1}$，它与浓度的单位有关。

③ 由式(7.18)可知，半衰期与反应物初始浓度成反比：

$$t_{1/2} = \frac{1}{kc_0} \tag{7.19}$$

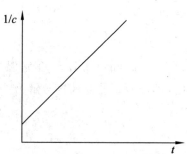

图 7.6 二级反应动力学方程图解

在溶液中的许多有机反应都是二级反应。例如下面取代反应即为二级反应，

$$CH_3Br + C_2H_5ONa \longrightarrow C_2H_5OCH_3 + NaBr$$

例 7.3 乙酸乙酯在 25℃ 的皂化反应为二级反应：

$$CH_3COOC_2H_5 + NaOH \longrightarrow CH_3COONa + C_2H_5OH$$

设乙酸乙酯与氢氧化钠的初始浓度都是 $0.0100\ mol \cdot L^{-1}$，反应 20 min 后，氢氧化钠的浓度降低了 $0.00566\ mol \cdot L^{-1}$。求：(1) 反应速率常数；(2) 半衰期。

解 (1) 由式(7.18)

$$k = \frac{1}{t}\left(\frac{1}{c} - \frac{1}{c_0}\right)$$

$$= \frac{0.00566\ mol \cdot L^{-1}}{20\ min \times 0.01\ mol \cdot L^{-1} \times (0.01 - 0.00566)mol \cdot L^{-1}}$$

$$= 6.52\ mol^{-1} \cdot min^{-1}$$

(2) 由式(7.19)

$$t_{1/2} = \frac{1}{kc_0}$$

$$= \frac{1}{6.52\ mol^{-1} \cdot L \cdot min^{-1} \times 0.01\ mol \cdot L^{-1}} = 15.3\ min$$

(三) 零级反应

零级反应(zero order reaction)是反应速率与反应物浓度无关的反应。其反应速率方程为：

$$v = -\frac{dc}{dt} = k \tag{7.20}$$

积分：
$$\int_{c_0}^{c} - \mathrm{d}c = \int_{0}^{t} k\mathrm{d}t$$

$$c_0 - c = kt \tag{7.21}$$

零级反应具有以下特征：

① c 与 t 之间为线性关系，如图 7.7，直线斜率为 k。

② 反应速率常数 k 的单位是[浓度]·[时间]$^{-1}$，如 mol·L^{-1}·s^{-1}。

③ 半衰期与反应物的初始浓度成正比，即

$$t_{1/2} = \frac{c_0}{2k} \tag{7.22}$$

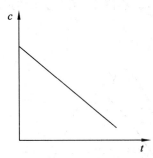

图 7.7　零级反应动力学方程图解

某些光化学反应、表面催化反应、电解反应都是零级反应。它们的反应速率分别只与光强度、表面状态、通过的电量有关。

现将以上介绍的几种反应的特征小结在表 7.2 中。

表 7.2　简单级数反应的特征

反应级数	基本方程式	线性关系	半衰期 $t_{1/2}$	k 的量纲
1	$\ln c_0 - \ln c = kt$	$\ln c\text{-}t$	$\dfrac{0.693}{k}$	[时间]$^{-1}$
2	$\dfrac{1}{c} - \dfrac{1}{c_0} = kt$	$\dfrac{1}{c}\text{-}t$	$\dfrac{1}{kc_0}$	[浓度]$^{-1}$·[时间]$^{-1}$
0	$c_0 - c = kt$	$c\text{-}t$	$\dfrac{c_0}{2k}$	[浓度]·[时间]$^{-1}$

（四）确定反应级数的方法

在动力学研究中，一反应如果反应级数确定了，则可以确定动力学方程。如何由实验测得不同时刻的浓度，确定反应级数，对于建立动力学方程是至关重要的一步。确定反应级数的方法主要有微分法、半衰期法和作图法等。所谓微分法是用速率公式的微分形式来确定反应级数的方法。半衰期法是基于不同级数反应的半衰期与反应起始浓度的关系不同而确定反应级数的。作图法是根据实验数据作图，一级反应：作 $\lg c\text{-}t$ 图；二级反应：作 $\dfrac{1}{c}\text{-}t$ 图；零级反应：作 $c\text{-}t$ 图，如果得到一直线的图，就能确定这个反应的级数。

第四节　温度对反应速率的影响

温度对反应速率的影响特别显著,例如食物夏季易变质,需放在冰箱中,压力锅将温度升到 400 K,食物易于煮熟。对大多数反应来说,温度升高分子运动加快,单位时间内分子碰撞总数增加。更主要的是,当温度从 T_1 升高到 T_2 时,分子的能量分布曲线明显右移(如图 7.8 所示),曲线变矮,高峰降低,活化分子的分数增加(图中的阴影面积),有效碰撞增多,因而反应速率增加。

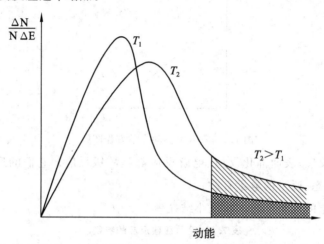

图 7.8　温度升高活化分子数示意图

一、van't Hoff 规则

1884 年 van't Hoff 根据大量的实验数据,总结出了一个温度对反应速率影响的经验规则,该规则指出:反应物浓度不变时,温度每升高 10 K,反应速率增大到原来速率的 2～4 倍。对于不同的反应,速率增大的倍数不同。通常用下列数学式表示:

$$\frac{k_{T+10}}{k_T} = \gamma \tag{7.23}$$

γ 称为该反应的温度系数,其值约为 2～4。

对于一定的反应,如果温度不太高,温度的变化范围不太大时,可把 γ 看作常数,则 $T+n \cdot 10$ K 与 T K 的反应速率常数之比为:

$$\frac{k_{T+n \cdot 10}}{k_T} = \gamma^n \tag{7.24}$$

上式只适用于温度变化不太大的反应。

二、Arrhenius 方程式

1889 年 S. A. Arrhenius 根据大量的实验数据,提出了速率常数与绝对温度之间的关系式,即著名的 Arrhenius 经验方程式:

$$k = A \cdot e^{-\frac{E_a}{RT}} \tag{7.25}$$

其中 E_a 为活化能，R 为气体常数($8.314\ J \cdot mol^{-1} \cdot k^{-1}$)，$T$ 为热力学温度，常数 A 称为频率因子或指前因子，它与单位时间内反应物的碰撞总数有关，也与碰撞时分子取向的可能性有关。

式(7.25)也可表达为对数形式：

$$\ln k = \frac{-E_a}{RT} + \ln A \tag{7.26}$$

$$或\ \lg k = -\frac{E_a}{2.303RT} + \lg A \tag{7.27}$$

上式表明 $\lg k$ 与 $\frac{1}{T}$ 有线性关系，直线的斜率为 $-\dfrac{E_a}{2.303R}$，截距为 $\lg A$。

从 Arrhenius 方程式可以发现：对某一反应，活化能 E_a 是常数，温度升高，k 变大，反应加快；当温度一定时，如反应的 A 值相近，E_a 愈大则 k 愈小，即活化能愈大，反应愈慢；对不同的反应，温度对反应速率影响的程度不同。由于 $\ln k$ 与 $1/T$ 呈直线关系，而直线的斜率为负值($-E_a/R$)，故 E_a 愈大的反应，直线斜率愈小，即当温度变化相同时，E_a 愈大的反应，k 的变化越大。

利用 Arrhenius 方程式进行有关计算时，常要消去未知常数 A。设在温度 T_1 和 T_2 时的反应速率常数分别为 k_1 和 k_2，则由式(7.27)得出：

$$\lg k_1 = -\frac{E_a}{2.303RT_1} + \lg A$$

$$\lg k_2 = -\frac{E_a}{2.303RT_2} + \lg A$$

两式相减，得

$$\lg \frac{k_2}{k_1} = \frac{E_a}{2.303R}\left(\frac{T_2 - T_1}{T_2 T_1}\right) \tag{7.28}$$

将两个已知温度的反应速率常数 k 代入上式，或以 $\lg k$ 对 $\frac{1}{T}$ 作图，都可求出反应的活化能 E_a。

例 7.4 反应 $N_2O_5(g) \longrightarrow N_2O_4(g) + \frac{1}{2}O_2(g)$，在 298 K 时速率常数 $k_1 = 3.4 \times 10^{-5}\ s^{-1}$，在 328 K 时速率常数 $k_2 = 1.5 \times 10^{-3}\ s^{-1}$，求反应的表观活化能 E_a 和指前因子 A。

解 因为

$$\lg \frac{k_2}{k_1} = \frac{E_a}{2.303R}\left(\frac{T_2 - T_1}{T_2 T_1}\right)$$

所以

$$E_a = \frac{2.303RT_1 T_2}{T_2 - T_1}\lg \frac{k_2}{k_1}$$

将已知数据代入，得

$$E_a = \frac{2.303 \times 8.314\ J \cdot mol^{-1} \cdot K^{-1} \times 298\ K \times 328\ K}{(328-298)\ K}\lg \frac{1.5 \times 10^{-3}\ s^{-1}}{3.4 \times 10^{-5}\ s^{-1}}$$

131

$$=102.6 \text{ kJ} \cdot \text{mol}^{-1}$$

由公式

$$\ln k = -\frac{E_a}{RT} + \ln A$$

将 $T=298$ K，$k=3.4\times10^{-5}$ s^{-1}，$E_a=102.6$ kJ·mol^{-1}代入式中，得

$$A = 3.28 \times 10^{13}$$

例 7.5 某药物在溶液中分解为一级反应，分解 30% 即失效，测得在 50℃，60℃ 和 70℃ 的反应速率常数分别为 7.08×10^{-4} h^{-1}，1.70×10^{-3} h^{-1} 和 3.55×10^{-3} h^{-1}。计算：

(1) 此反应的活化能；

(2) 药物在 25℃ 的有效期。

解 (1) 先将实验数据列表：

T/K	$\dfrac{1}{T}\times10^3/\text{K}^{-1}$	k/h^{-1}	$\lg k$
323	3.10	7.08×10^{-4}	-3.15
333	3.00	1.70×10^{-3}	-2.77
343	2.92	3.55×10^{-3}	-2.45

以 $\lg k$ 对 $\dfrac{1}{T}$ 作图：

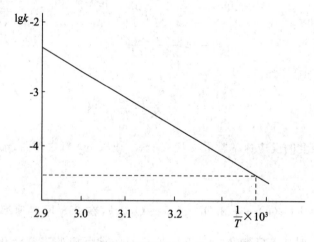

图 7.9 某药物分解反应中 T 与 k 的关系

已知：斜率 $= -\dfrac{E_a}{2.303R}$

从图 7.9 中得到的斜率为 -3.82×10^3

$E_a = -2.303\times0.008314 \text{ kJ}\cdot\text{mol}^{-1}\cdot\text{K}^{-1}\times(-3.82\times10^3 \text{ K})=73.1 \text{ kJ}\cdot\text{mol}^{-1}$

(2) $\dfrac{1}{T}=\dfrac{1}{298 \text{ K}}=3.36\times10^{-3} \text{ K}^{-1}$

由图中得出，$\dfrac{1}{T}=3.36\times10^{-3}$ K^{-1}时，$\lg k=-4.15$，$k=7.08\times10^{-5}$ h^{-1}。

因为这个反应为一级反应,由式(7.14):

$$t = \frac{2.303}{k} \lg \frac{c_0}{c_0 - x}$$

$$= \frac{2.303}{7.08 \times 10^{-5} \text{ h}^{-1}} \lg \frac{1}{1 - 0.30}$$

$$= 5.04 \times 10^3 \text{ h} = 210 \text{ d}$$

第五节　催化剂对反应速率的影响

一、催化剂和催化作用

根据纯粹及应用化学国际协会(IUPAC)的建议,**催化剂**(catalyst)是指能够改变化学反应速率,而其本身的质量及化学组成在反应前后保持不变的物质。催化剂的这种作用称为**催化作用**(catalysis)。如常温常压下,氢气和氧气并不发生反应,但放入少许铂粉它们就会立即反应生成水,而铂的化学成分及本身的质量并没有改变,这里的铂粉就是一种催化剂。有催化剂参与的反应称为催化反应。

能使反应速率加快的催化剂称为正催化剂。能使反应速率减慢的催化剂称为负催化剂或阻化剂。一般使用催化剂都是为了加快反应速率,若不特别说明,均指正催化剂。

催化剂可以是有意识加入反应体系的,也可以是在反应过程中自发产生的。后者是一种(或几种)反应产物或中间产物,称为**自催化剂**(autocatalyst),这种现象称为**自催化作用**(autocatalysis)。例如酸性 $KMnO_4$ 溶液氧化 $H_2C_2O_4$ 的反应,开始进行得很慢,$KMnO_4$ 退色不明显,但是经过一段时间后,$KMnO_4$ 退色很快,这是由于生成的 Mn^{2+} 具有自催化作用的缘故。另外还有一类物质自身无催化作用,但可帮助催化剂提高催化性能称为助催化剂。如合成 NH_3 中的 Fe 粉催化剂,加入 Al_2O_3 可使表面积增大,加入 K_2O 可使催化剂表面电子云密度增大,二者均可提高 Fe 粉的催化活性,均为该反应的助催化剂。

催化剂是影响化学反应速率的一个重要因素。在现代化学工业生产中 $80\% \sim 90\%$ 的反应过程都使用催化剂。生物体内的催化剂是酶,上千种不同的酶控制着生物体内各种生物化学反应的正常进行,所以催化作用对国民经济、生理活动等都具有重大意义。

催化剂具有如下基本特征:

① 催化剂参与了化学反应,并在生成产物的同时,催化剂得到再生。因此在反应前后催化剂的质量及化学组成不变,而其物理性质如外观、晶形等可能发生变化。例如 MnO_2 在催化 $KClO_3$ 分解放出氧气反应后虽仍为 MnO_2,但其晶体变为细粉。

② 少量催化剂的存在,可以使反应速率发生显著改变。这是由于催化剂能在短时间内多次再生。如在每升 H_2O_2 中加入 3 μg 的胶态铂,即可显著促进 H_2O_2 分解成 H_2O

和 O_2。

③ 催化剂不改变化学平衡,也不能使热力学上不可能实现的反应发生。因为催化剂不改变反应的始态和终态,即不能改变反应的 ΔG 或 ΔG^{θ},因此,催化剂不能使非自发反应变成自发反应。

④ 催化剂具有选择性。通常一种催化剂只能催化一种或少数几种反应,同样的反应物选择不同的催化剂可以得到不同的产物。

$$C_2H_5OH \underbrace{\begin{array}{l} \xrightarrow[\text{200℃～250℃}]{\text{Cu}} CH_3CHO + H_2 \\ \xrightarrow[\text{250℃～300℃}]{\text{Al}_2\text{O}_3} C_2H_4 + H_2O \end{array}}$$

二、催化作用理论

催化剂能够加快反应速率的根本原因,是由于改变了反应途径,降低了反应的活化能,从而使反应速率显著增大。而在这些不稳定的中间产物继续反应后,催化剂又被重新再生。

化学反应 $A + B \longrightarrow AB$,在没有催化剂情况下所需的活化能为 E,在催化剂 K 的参与下,反应按以下两步进行

① $A + K \longrightarrow AK$

② $AK + B \longrightarrow AB + K$

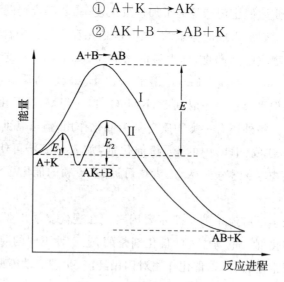

图 7.10　催化作用示意图

第一步反应的活化能为 E_1,第二步反应的活化能为 E_2,E_1 和 E_2 均小于 E,通过反应催化剂得以再生,如图 7.10 所示。在正向反应活化能降低的同时,逆向反应活化能也降低同样多,故逆向反应也同样得到加速。

对于不同的催化反应,降低活化能的机制是不同的。目前,较公认的反应机制,主要有两种:均相催化理论和多相催化理论,所谓均相催化(homogeneous catalysis)是指反应

物和催化剂处于同一相中,不存在相界面的催化反应,如 NO_2 催化 $SO_2 + O_2 \rightleftharpoons 2SO_3$。酸碱催化反应是溶液中较普遍存在的均相催化反应。例如蔗糖的水解、淀粉的水解等。另外有些反应既能被酸催化,也能被碱催化,因此许多药物的稳定性与溶液的酸碱性有关。反应物和催化剂不处于同一相,存在相界面,在相界面上进行的反应,叫做**多相催化**(heterogeneous catalysis)**或非均相催化、复相催化**。例如汽车尾气(NO 和 CO)的催化转化:

$$2NO(g) + CO(g) \xrightarrow{\text{Pt, Pd, Rh}} N_2(g) + CO_2(g)$$

此反应在固相催化剂表面的活性中心上进行,催化剂分散在陶瓷载体上,其表面积很大,活性中心足够多,尾气可与催化剂充分接触。

三、生物催化剂——酶

酶(enzyme)是生物体产生的特殊的、具有催化功能的蛋白质。它存在于动植物和微生物中,是细胞赖以生存的基础。细胞新陈代谢包括的所有化学反应几乎都是在酶的催化下进行的。如哺乳动物的细胞就含有几千种酶,它们或是溶解于细胞液中,或是与各种膜结构结合在一起,或是位于细胞内其他结构的特定位置上。如果生物体内缺少了某些酶,则影响该酶所参与的反应,严重时将危及健康。

被酶所催化的那些物质称为**底物**(substrate)。酶的特殊的生物功能决定于它的特定结构。酶除了具有一般催化剂的特点外,还具有下列特征:

① 酶的高度特异性,即作用的专一性。一种酶只对某一种或某一类的反应起催化作用。如 α-淀粉酶作用于淀粉分子的主链,使其水解生成糊精;而 β-淀粉酶只水解淀粉分子的支链,生成麦芽糖。酶的专一性使生物体内成百上千种酶分别在各自代谢途径的特定位置上发挥功能,保证了新陈代谢有规律地进行。

② 具有高度的催化活性。酶的催化能力一般是非酶催化剂的 $10^6 \sim 10^{12}$ 倍,与没有催化剂的反应相比,最多可高出 10^{17} 倍。例如,碳酸酐酶催化二氧化碳与水合成碳酸的反应,是已知最快的酶催化反应之一。每一个酶分子在 1 秒钟内可以使 10^5 个二氧化碳分子发生水合反应。如果没有酶的存在,二氧化碳从组织到血液然后再通过肺泡呼出体外的过程就远远不能完成。

③ 酶通常需要在一定的温度和 pH 范围内才能有效地发挥作用。高温、强酸、强碱能破坏酶蛋白的空间结构而使其失去活性,这就是变性。绝大多数酶在近中性的溶液和生理温度下能最好地发挥其功能。有一些酶能在酸性或碱性条件下发挥功能。如胃蛋白酶就是在胃液的酸性介质中能力最强。近年来还发现某些耐热细菌中的酶,甚至能在近 100℃ 的情况下起催化作用。

一般认为酶催化作用也是通过活化络合物实现的,酶(E)与底物(S)先生成活化络合物(ES),然后继续反应生成产物(P)而使酶再生,其机理可表示为:

$$E + S \rightleftharpoons ES \longrightarrow E + P$$

化学视窗

药物稳定性与化学动力学

药物与药物之间或药物与溶剂、附加剂、容器、外界物质(空气、光线、水分等)、杂质(夹杂在药物或附加剂等之中的金属离子、中间体、副产物等)等会产生化学反应而导致药剂的分解。药物按一定的速度进行分解是药物化学本性的反映,药物的分解往往引起下列一种或几种后果:① 产生有毒物质,一旦发现这种情况,药剂就应停止使用;② 使药剂疗效减低或副作用增加,这种情况比较多见;③ 病人使用不便,如混悬剂中的药物沉淀成硬饼状,使用时不仅不便而且可能造成每次剂量不准确。

分解反应的速度决定于反应物的浓度、温度、湿度、催化剂、光线等条件。绝大多数反应速度随温度的升高而增加,例如注射液在加热灭菌,或在热带地区制备、贮藏,或用加热方法促使固体药物溶解等过程中,都必须充分考虑到温度对药物稳定性的影响。对热很敏感的药物如某些生物制剂(例如胰岛素、增压素、催产素等注射剂及血清、疫苗等)和抗菌素等,更应避免加热,通常应贮藏于冰箱中。对于大多数反应来说,没有水反应就不会进行。有些化学稳定性差的固体药物,例如阿斯匹林、青霉素 G 钾(钠)盐、氯化乙酰胆碱、硫酸亚铁等,颗粒表面吸附了水分以后,虽然仍是疏散的粉末,但在固体表面形成了肉眼不易觉察的液膜,分解反应就在这液膜中进行。常用的缓冲盐如醋酸盐、硼酸盐可催化某些药物分解,为了减少这种催化作用的影响,缓冲盐应保持在尽可能低的浓度。光和热一样,可以提供产生化学反应所必需的能量。药物制剂的光化分解通常是由于吸收了太阳光中的紫光和紫外光而引起。某些药物的氧化—还原、环重排或环改变、水解等反应,在特殊波长的光线作用下都可能发生或加速,例如亚硝酸戊酯的水解、奎宁的氧化、挥发油的聚合等。药物对光线是否敏感,主要与药物的化学结构有关,酚类药物(例如苯酚、肾上腺素等)和分子中有双键的药物(例如维生素 A、维生素 D、维生素 B_{12}、利血平等)对光线都很敏感。

为了了解药剂的使用期,可以应用化学动力学的原理进行稳定性试验。药物稳定性试验的方法主要有留样观察法、比较试验法、加速试验法等。用化学动力学的方法可以测定药物分解的速度,预测药物的有效期和了解影响反应的因素,从而可采取有效措施,防止或减缓药物的分解,制备安全有效、稳定性好的制剂。

参考文献

1. 张欣荣,阎芳.基础化学. 北京:高等教育出版社,2011
2. 魏祖期,刘德育.基础化学(第 8 版). 北京:人民卫生出版社,2013
3. 华附文.普通化学原理. 北京:北京大学出版社,2008
4. 张丹参.药理学. 北京:人民卫生出版社,2006

习　题

1. 质量作用定律对于总反应式为什么不一定正确？

2. 化学反应级数和反应分子数有何区别？

3. 1,2 级反应各有哪些特点？

4. 一级化学反应 A ⟶ B 的半衰期是 10 min，1 h 后 A 遗留的百分数是多少？

5. 某反应物质消耗掉 50% 和 75% 所需的时间分别为 $t_{1/2}$ 和 $t_{1/4}$，若反应对各反应物分别是一级，二级，则 $t_{1/2}$: $t_{1/4}$ 的值分别是多少？

6. 反应 $CH_3CH_2NO_2 + OH^- ⟶ H_2O + CH_2CHNO_2$ 是二级反应。在 273 K 时反应速率常数 k 为 39.1 $L \cdot mol^{-1} \cdot min^{-1}$。将 0.004 mol $CH_3CH_2NO_2$ 与等量的 NaOH 混合制成 1 L 水溶液，让反应消耗 90% 硝基乙烷所需时间是多少？

7. H_2O_2 在水溶液中的分解是一级反应，试讨论以下各种条件变化时对反应速率的影响。

（1）H_2O_2 的浓度增加 1 倍；

（2）有催化剂参加；

（3）升高温度。

8. 已知药物 A 在人体内的代谢服从一级反应规律。该代谢的半衰期为 7.9 h，设给人体注射 0.500 g 该药物，若血液中药物 A 的最低有效量相当于 3.7 $mg \cdot L^{-1}$，则需几小时后注射第二次？

9. 已知反应 $2NO_2 ⟶ 2NO + O_2$

T/K	600.2	640.2
$k/(L \cdot mol^{-1} \cdot min^{-1})$	83.9	407.0

求该反应的活化能。

10. 某人工放射性元素放出 α 粒子是一级反应，半衰期为 1.5 分钟，让试样分解 80%，需要多少时间？

11. 乙烯转化反应 $C_2H_4 ⟶ C_2H_2 + H_2$ 为一级反应。在 1073 K 时，要使 50% 的乙烯分解，需要 10 小时，已知该反应的活化能 $E_a = 250.6$ $kJ \cdot mol^{-1}$。要求在 1.136×10^{-3} 小时内同样有 50% 乙烯转化，反应温度应控制在多少？

12. 某一级反应在温度 T_1 和 T_2 时的速率常数分别为 0.038 s^{-1} 和 0.105 s^{-1}，已知在 T_1 时，反应 20 s，其转化率为 80%，计算在 T_2 时转化率达到 80% 所需的时间。

13. 醋酸酐分解反应的活化能为 144.348 $kJ \cdot mol^{-1}$，在 284℃ 时反应半衰期为 21 秒，且与反应物起始浓度无关。计算 300℃ 时的速率常数。

14. 已知某反应在 100℃ 和 200℃ 时的速率常数分别为 0.01 s^{-1} 和 0.20 s^{-1}。计算：（1）反应活化能；（2）若使速率常数比 100℃ 时增加 5 倍，则温度应为多少？

15. 某二级反应 $2A ⟶ P$，设 $c_{A,0} = 0.005$ $mol \cdot L^{-1}$，500℃ 和 510℃ 时，经 300 秒后分别有 27.6% 和 35.8% 的反应物分解。计算（1）两个不同温度时的速率常数；（2）反应

的活化能。

16. Dinitrogen pentaoxide, N_2O_5, is the anhydride of nitric acid. It is not very stable, and in the gas phase or in solution with a nonaqueous solvent it decomposes by a first-order reaction into N_2O_4 and O_2.

The rate law is $v = kc_{N_2O_5}$

At 45℃, the rate constant for the reaction in carbon tetrachloride is 6.22×10^{-4} s^{-1}. If the initialconcentration of the N_2O_5 in the solution is 0.100 mol·L^{-1}, how many minutes will it take for theconcentration to drop to 0.0100 mol·L^{-1}?

17. The reaction $2HI(g) \longrightarrow H_2(g) + I_2(g)$ has the rate law, rate $= kc_{HI}^2$, with $k = 0.079$ L·mol^{-1}·s^{-1} at 508℃. What is the half-life for the reaction at this temperature when the initial HI concentration is 0.050 mol·L^{-1}?

18. The reaction $2NO_2 \longrightarrow 2NO + O_2$ has an activation energy of 111 kJ·mol^{-1}. At 400℃, $k_1 = 7.8$ L·mol^{-1}·s^{-1}. What is the value of k_2 at 430℃?

（石玮玮　编写）

第八章
氧化还原反应和电极电势

氧化还原反应(oxidation-reduction reaction 或 redox reaction)是一类十分重要的化学反应,其实质是氧化剂和还原剂间发生了电子的转移,它不仅在实际生产和生活中应用很广泛,而且与生命活动也密切相关。如生物体内赖以供能的生物氧化过程以及导致多种疾病的氧自由基的产生及破坏都与氧化还原反应有着密切的关系。本章在介绍氧化还原反应基本概念的基础上,重点学习**电极电势**(electrode potential)的概念,并以它为核心内容介绍氧化还原反应的基本原理及其应用。

第一节　氧化还原反应的实质

一、氧化值

在二十世纪二十年代前公认的化合价概念是指一个原子与一定数目的其他元素的原子结合的个数比。也就是说某一个原子能结合几个其他元素的原子的能力。因此,化合价是用整数来表示元素原子的性质,而这个整数就是化合物中该原子的成键数。但是,随着化学键理论的发展,发现并不能简单地根据无机化合物的化学式来确定化学键的数目,并且由化学键的数目来计算化合价有时会出现分数,化合价的经典概念已经不能正确地反映化合物中原子相互结合的真实情况,例如,在 CH_3Cl 和 $CHCl_3$ 两种化合物中,碳的化合价都是 4 价,但在这两种化合物中,共用电子对偏移的情况是不一样的,前者是向碳原子靠近,后者偏离碳原子。

为了表现化合物中各元素与其他原子结合的能力,1948 年在价键理论和电负性的基础上提出了**氧化值**(又称为氧化数,oxidation number)的概念。1970 年国际纯粹与应用化学联合会(International Union of Pure and Applied Chemistry,简称 IUPAC)将氧化值定义为某元素一个原子的荷电数,这种荷电数是假设把每一个化学键中的成键电子对指定给电负性较大的原子而求得的。

确定氧化值的方法及规则如下:

(1) 单质的氧化值为零。例如在氯气(Cl_2)、白磷(P_4)中,Cl 和 P 的氧化值均为零;

(2) 电中性的化合物中所有元素的氧化值的代数和等于零;多原子离子中所有元素的氧化值的代数和等于该离子所带的电荷数。例如 H_2O 分子中元素氧化值的代数和为

$1\times2+(-2)\times1=0$；SO_4^{2-} 中元素氧化值的代数和为 $6\times1+(-2)\times4=-2$。

（3）在简单离子化合物中，元素的氧化值等于相应离子的电荷数。例如在 $MgCl_2$ 中，Mg 的氧化值是 $+2$，Cl 的氧化值是 -1。

（4）H 在化合物中的氧化值一般是 $+1$，但在金属氢化物中的氧化值为 -1（如 CaH_2）。

（5）O 在化合物中的氧化值一般是 -2，在过氧化物中氧化值为 -1（如 H_2O_2）；在超氧化物中氧化值为 $-\dfrac{1}{2}$（如 KO_2）；在 OF_2 中为 $+2$。

（6）卤素在卤化物中的氧化值为 -1；碱金属的氧化值是 $+1$，碱土金属的氧化值是 $+2$。

根据以上规则，可以计算出各种物质中任一元素的氧化值。例如，

NH_4^+ 中 N 的氧化值为 $+1-4\times(+1)=-3$；

$Cr_2O_7^{2-}$ 中 Cr 的氧化值为 $[-2-7\times(-2)]\div2=+6$。

需要指出的是，元素的氧化值不一定是整数，可以是分数，如在 Fe_3O_4 中，O 的氧化值为 $[0-4\times(-2)]\div3=\dfrac{8}{3}$。

根据氧化值的定义及有关规则可以看出，氧化值是一个有一定人为性的、经验性的概念，用以表示元素在化合状态时的形式电荷数。应注意的是，氧化值和化合价是两个不同的概念。化合价的原意是某种元素的原子与其他元素的原子相化合时两种元素的原子数目之间一定的比例关系。虽然在许多情况下，化合物中元素的氧化值与化合价具有相同的值，如对于离子型化合物；但对于共价化合物来说，两者的值不一定相同，例如在 CH_3Cl 和 $CHCl_3$ 两种化合物中，碳的化合价都是 4 价，但前者碳的氧化值是 -2，后者是 $+2$。

根据氧化值的概念，我们可以将氧化还原反应定义为：在化学反应中，元素的氧化值在反应前后发生了变化的一类反应。其中，元素的氧化值升高的过程称为**氧化**（oxidation），元素的氧化值降低的过程称为**还原**（reduction）。在氧化还原反应中，氧化值降低的物质称为**氧化剂**（oxidant），氧化值升高的物质称为**还原剂**（reductant）。对于给定的氧化还原反应，氧化与还原必定同时发生。

二、氧化还原电对

任何氧化还原反应根据电子的得失或偏移可以分成两个氧化还原半反应（redox half-reaction），一个是氧化剂被还原的半反应，一个是还原剂被氧化的半反应。例如，

$$Cu^{2+}+Zn =\!=\!= Cu+Zn^{2+}$$

可分成：
$$Zn-2e^- \longrightarrow Zn^{2+}（氧化反应）$$
$$Cu^{2+}+2e^- \longrightarrow Cu（还原反应）$$

在上述反应中，氧化剂 Cu^{2+} 氧化数降低，其产物 Cu 是一个弱还原剂；还原剂 Zn 氧化数升高，其产物 Zn^{2+} 是一个弱氧化剂。这样就构成了两个氧化还原电对：

$$Cu^{2+}/Cu \qquad\qquad Zn^{2+}/Zn$$

　　　氧化剂$_1$　　还原剂$_1$　　氧化剂$_2$　　还原剂$_2$

在氧化还原反应中,氧化剂与其相应的还原产物及还原剂与其相应的氧化产物构成了**氧化还原电对**(redox electric couple)。在氧化还原电对中,氧化值较高的物质叫做**氧化型物质**(oxidized species),用 Ox 表示;氧化值较低的物质叫做**还原型物质**(reduced species),用 Red 表示。氧化还原电对通常的书写方式为:Ox/Red,如在电对 Zn^{2+}/Zn 中,Zn^{2+} 是氧化态,Zn 是还原态。同一金属元素不同价态的离子也可构成电对,如 Sn^{4+}/Sn^{2+}、Fe^{3+}/Fe^{2+}。非金属元素的不同价态也可构成电对,如 H^+/H_2、O_2/OH^-、Cl_2/Cl^-。

值得注意的是,溶液中的介质参与半反应时,虽然它们在反应中未得失电子,也应写入半反应中。例如,$MnO_4^- + 8H^+ + 5e^- \longrightarrow Mn^{2+} + 4H_2O$,电对 MnO_4^-,H^+/Mn^{2+}。

实际上,氧化还原半反应就是氧化还原电对中氧化型物质和还原型物质之间的电子转移,即

$$Ox + ne^- \underset{\text{氧化}}{\overset{\text{还原}}{\rightleftharpoons}} Red$$

式中 n 为半反应中电子转移的数目。

氧化还原反应就是两个(或两个以上)氧化还原电对共同作用的结果,即

$$Cu^{2+} \quad + \quad Zn \quad \rightleftharpoons \quad Cu \quad + \quad Zn^{2+}$$

　　　氧化剂$_1$　　　　还原剂$_2$　　　　还原剂$_1$　　　氧化剂$_2$

第二节　原电池

一、原电池与电极

如果把一块锌放入 $CuSO_4$ 溶液中,则锌开始溶解,而铜从溶液中析出。其离子反应方程式为

$$Cu^{2+} + Zn \rightleftharpoons Cu + Zn^{2+}$$

这是一个可自发进行的氧化还原反应,由于氧化剂与还原剂直接接触,电子直接从还原剂转移到氧化剂,无法产生电流,化学能通常以热能形式表现出来。如果采用适当的装置,避免氧化剂和还原剂直接接触,又能让电子转移变成电子的定向移动,就可以利用氧化还原反应产生电能。

对于 Zn 和 $CuSO_4$ 溶液的反应,采用如图 8.1 所示的装置,可以将化学能转化为电能。在两个烧杯中分别加入 $ZnSO_4$ 溶液和 $CuSO_4$ 溶液,在 $ZnSO_4$ 溶液中插入 Zn 片,在 $CuSO_4$ 溶液中插入 Cu 片,将两种溶液用**盐桥**(salt bridge)连接起来。盐桥是一个倒置的

U形管,里面充满了用饱和 KCl(或 KNO₃)溶液和琼脂做成的胶冻。将 Zn 片和 Cu 片用金属导线联接,并在导线中串联一个安培表。这种利用氧化还原反应将化学能直接转化为电能的装置叫做**原电池**(primary cell)。

在实验中我们可以观察到:

(1) 安培表指针发生偏转,说明金属导线上有电流通过。根据电流方向,可以确定锌片为负极,铜片为正极。

(2) 在 Cu 片上有金属 Cu 沉积,Zn 片被溶解。

(3) 取出盐桥,安培表指针回到零点;放入盐桥,指针又偏转,说明盐桥起到使整个装置构成通路的作用。

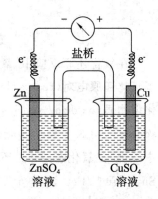

图 8.1 铜-锌原电池

上述原电池叫做 Cu—Zn 原电池,在 Cu—Zn 原电池中所进行的电池反应,和锌置换铜离子的化学反应是一样的。只是原电池装置中,氧化剂和还原剂不直接接触,氧化反应和还原反应是分在两处进行。即电子不是直接从还原剂转移到氧化剂,而是通过外电路进行传递,这正是原电池利用氧化还原反应产生电流的原因所在。

原电池是由两个半电池(half cell)组成的,在 Cu—Zn 原电池中,Zn 和 ZnSO₄ 溶液组成一个半电池,称为锌半电池;Cu 和 CuSO₄ 溶液组成另一个半电池,称为铜半电池。每个半电池构成一个电极(electrode),流出电子的电极称为**负极**(anode),如锌电极;接受电子的电极称为**正极**(cathode),如铜电极。负极上失去电子,发生氧化反应;正极上得到电子,发生还原反应。

在负极上进行的氧化反应和正极上进行的还原反应统称为半电池反应(half cell reaction)或电极反应(electrode reaction)。原电池的两极发生的总的氧化还原反应称为电池反应(cell reaction)。例如,Cu—Zn 原电池的电极反应和电池反应可分别表示如下:

负极:$Zn - 2e^- \longrightarrow Zn^{2+}$(氧化反应)

正极:$Cu^{2+} + 2e^- \longrightarrow Cu$(还原反应)

电池反应:$Cu^{2+} + Zn \Longrightarrow Cu + Zn^{2+}$

二、电池的书写方式

电池符号书写有如下规定:

(1) 一般把负极写在最左边,正极写在最右边,并用"＋"和"－"标明。两个半电池用盐桥连接,盐桥用"‖"表示。

(2) 用"|"表示电极电对的两种组成物质间有界面;同一相中的不同物质用","表示。例如 Cu—Zn 原电池可用如下电池符号表示:

$$(-)Zn \mid Zn^{2+}(c_1) \parallel Cu^{2+}(c_2) \mid Cu(+)$$

(3) 用化学式表示电池中各物质的组成,并要注明物质的状态。如果是溶液,要注明其浓度,气体要注明分压(kPa)。如不注明,一般指 $1 \ mol \cdot L^{-1}$ 或一个标准大气压。

(4) 如果电极中没有电极导体(通常是金属),须外加一个惰性电极导体,惰性电极导

体通常是不活泼的金属(如铂)或石墨。例如

$$(-)Zn|Zn^{2+}(c_1)||H^+(c_2)|H_2(p)|Pt(+)$$

例 8.1　将下列氧化还原反应设计成原电池,写出电极反应及电池符号。

(1) Cl_2+2I^- ===$2Cl^-+I_2$

(2) $Sn^{2+}+Hg_2Cl_2$ ===$Sn^{4+}+2Hg+2Cl^-$

解　(1) Cl_2+2I^- ===$2Cl^-+I_2$

将上述氧化还原反应分成两个半反应:

还原反应:$Cl_2+2e^- \longrightarrow 2Cl^-$

氧化反应:$2I^--2e^- \longrightarrow I_2$

正极发生还原反应,负极发生氧化反应,故电对 Cl_2/Cl^- 为正极,I_2/I^- 为负极。

电池符号为:　　　$(-)Pt|I_2(s)|I^-(c_1)||Cl^-(c_2)|Cl_2(p)|Pt(+)$

(2) $Sn^{2+}+Hg_2Cl_2$ ===$Sn^{4+}+2Hg+2Cl^-$

还原反应:$Hg_2Cl_2+2e^- \longrightarrow 2Hg+2Cl^-$

氧化反应:$Sn^{2+}-2e^- \longrightarrow Sn^{4+}$

电对 Hg_2Cl_2/Hg 为正极,Sn^{4+}/Sn^{2+} 为负极。

电池符号为:　　$(-)Pt|Sn^{2+}(c_1),Sn^{4+}(c_2)||Cl^-(c_3)|Hg_2Cl_2(s)|Hg(1)|Pt(+)$

三、常见电极类型

根据组成电极电对的特点,电极一般分为五类。

(一) 金属—金属离子电极

它是金属置于含有同一金属离子的盐溶液中所构成的电极。可表示为 $M|M^{z+}(c)$。例如 Zn 片插在 $ZnSO_4$ 溶液中构成的电极。

电极反应式为:　　　　　　　$Zn^{2+}+2e^- \longrightarrow Zn$

电极组成式为:　　　　　　　$Zn|Zn^{2+}(c)$

对于有些与水强烈作用的金属,如 Na、K 等,必须将其制成汞齐才能在水中成为稳定的电极。如钠汞齐电极,电极可表示为:$Na(Hg)(c_1)|Na^+(c_2)$。

电极反应式为:　　　　$Na^++Hg+e^- \longrightarrow Na(Hg)$

(二) 气体—离子电极

这类电极的构成需要一个惰性电极导体,该导体对所接触的气体和溶液都不起作用,但它能催化气体电极反应的进行,常用的惰性电极导体是铂和石墨。气体与其在溶液中的阴离子构成平衡体系,如氯电极 Cl_2/Cl^-、氢电极 H^+/H_2 等。以氢电极为例,

电极反应式为:　　　　　　　$2H^++2e^- \longrightarrow H_2$

电极组成式为:　　　　　　　$Pt|H_2(p)|H^+(c)$

(三) 氧化还原电极

它是将惰性导电材料浸入含有同一元素不同氧化态的两种离子的溶液中构成的,例如,将 Pt 插入含有 Fe^{3+} 和 Fe^{2+} 的溶液中即构成 Fe^{3+}/Fe^{2+} 电极。

电极反应式为： $$Fe^{3+} + e \longrightarrow Fe^{2+}$$

电极组成式为： $$Pt \mid Fe^{3+}(c_1), Fe^{2+}(c_2)$$

（四）金属—金属难溶物或氧化物—阴离子电极

这类电极是在金属表面覆盖一层该金属的难溶物（或氧化物），然后将其浸入含有与它相应阴离子的溶液中。例如氯化银电极是将一根镀了 AgCl 的 Ag 丝插入 KCl 或 HCl 溶液中制成。

电极反应式为： $$AgCl + e^- \longrightarrow Ag + Cl^-$$

电极组成式为： $$Ag \mid AgCl(s) \mid Cl^-(c)$$

（五）膜电极

也称为离子选择性电极。这类电极是以固态或液态膜作为传感器，主要由膜、内参比液和内参比电极三部分组成。常见的有玻璃膜电极、其他固体膜电极、离子交换膜电极、气敏电极和液体膜电极等。

该类电极与前四类电极存在很大的不同，其主要特点是：

（1）电极电势由膜电势决定，而膜电势由溶液中离子和膜中离子的交换平衡决定，膜电极的电极电势由待测溶液中的选择性离子的浓度决定，在电极测量的有效范围内符合 Nernst 方程。

（2）在电极电势建立的整个过程中没有电子转移发生。

有关该类电极的内容将在后面进行讨论。

第三节 电极电势和原电池的电动势

原电池能够产生电流，说明两个电极之间存在一定的电势差，即构成原电池的两个电极具有不同的**电极电势**（electrode potential）。那么电极电势是怎样产生的呢？

一、电极电势的产生

金属晶体是由金属原子、金属离子和自由电子组成的。把金属放入其盐溶液中，与电解质在水中的溶解过程相似，在金属与其盐溶液的接触界面上就会发生两个不同的过程：一个是金属表面的阳离子受极性水分子的吸引而进入溶液的过程；另一个是溶液中的水合金属离子在金属表面，受到自由电子的吸引而重新沉积在金属表面的过程。当这两种方向相反的过程进行的速率相等时，即达到动态平衡，可用下式表示：

$$M(s) \xrightleftharpoons[\text{沉积}]{\text{溶解}} M^{n+}(aq) + ne^-$$

不难理解，在一给定浓度的溶液中，若金属溶解倾向大于金属离子沉积的倾向，达到平衡时，金属表面因聚集了金属溶解时留下的自由电子而带负电荷，溶液则因金属离子进入溶液而带正电荷。这样，在金属表面和溶液的界面处就形成了双电层，如图 8.2(a)

所示。反之,如果金属离子的沉积倾向大于金属的溶解倾向,达到平衡时,金属表面带正电,溶液带负电。金属和溶液的界面上也形成双电层,如图 8.2(b)所示。无论形成哪一种双电层,在金属和溶液之间都可产生电势差。这种由于金属与溶液形成双电层而产生的电势差叫做 M^{n+}/M 电对的电极电势,用符号 $\varphi(M^{n+}/M)$ 表示,单位伏特(V)。

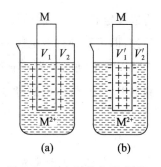

图 8.2　双电层结构示意图

金属电极电势的大小主要取决于金属的性质,并受温度、压力和溶液中离子浓度的影响。金属越活泼,电势越低;越不活泼,电势越高。在同一种金属电极中,金属离子浓度越大,电势越高;浓度越小,电势越低。

二、原电池的电动势

由于不同的电极所产生的电极电势不同,若将两个不同的电极组成原电池时,两电极之间必然存在电势差,从而产生电流。以 Cu—Zn 原电池为例,由于 Zn 较活泼,而 Cu 较不活泼,因此 Cu 电极的电极电势就高于 Zn 电极的电极电势,电流从 Cu 电极流向 Zn 电极,即原电池中的电流是由于两个电极的电极电势不同而产生的。两个电极的电极电势之差称为原电池的**电动势**(electromotive force),用符号 E 表示,单位伏特(V)。

$$E=\varphi_+ - \varphi_- \tag{8.1}$$

如果消除液接电势,且将电流控制在接近于零,两极间的电势差就是电池的电动势。

三、电极电势的测定

事实上,电极电势的绝对值还无法测定,只能选定某一电极的电极电势作为参比标准,将其他电极的电极电势与它比较而求出各电极的电极电势,犹如海拔高度是把海平面的高度作为比较标准一样。按照 IUPAC 的建议,通常采用标准氢电极(standard hydrogen electrode,简称 SHE)作为参照标准,将各种待测电极与它相比较,就可得到各种电极的电极电势的相对值。

(一)标准氢电极

标准氢电极的装置(见图 8.3)是将铂片表面处理成一层蓬松的铂(称铂黑),并把它浸入 H^+ 浓度为 $1\ mol \cdot L^{-1}$ 的酸溶液中(严格地说应该是活度 a 为 1),在 298 K 时不断通入压力为 100 kPa的纯 H_2 流,这时氢被铂黑所吸收,此时被氢饱和了的铂片就像由氢气构成的电极一样。铂片在标准氢电极中只是作为电子的导体和氢气的载体,并未参加反应。其电极反应为:

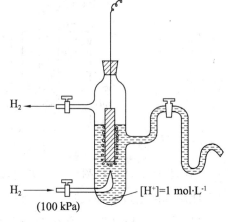

$$2H^+ + 2e^- \longrightarrow H_2(g)$$

图 8.3　标准氢电极示意图

这样,在标准氢电极和具有上述浓度的 H^+ 之间的电极电势称为标准氢电极电势,人

145

为地规定它为零。将待测电极与标准氢电极组成原电池,在标准状态下测得该电池的电动势,即可得到待测电极的电极电势的相对数值。

以标准氢电极为标准测定其他电极的电极电势时,规定标准氢电极作为负极,而待测电极作为正极,电池符号为:

$$(-)Pt|H_2(100\ kPa)|H^+(a=1)||待测电极(+)$$

$$E=\varphi_{待测}-\varphi_{SHE}=\varphi_{待测}$$

(二)标准电极电势

标准氢电极与其他各种标准状态下的电极组成原电池,标准氢电极规定作为负极,用实验方法测得这个原电池的电动势数值,就是该电极的**标准电极电势**(standard electrode potential),用符号 $\varphi^{\theta}(Ox/Red)$ 表示,单位为伏特(V)。规定当温度为 298 K,组成电极的有关离子浓度为 1 mol·L^{-1}(严格地说应该是活度 a 为 1),有关气体的压力为 100 kPa 时,液体和固体都是纯净物质,为该物质的标准态。

例如,测定 $\varphi^{\theta}(Cu^{2+}/Cu)$ 时,可将标准铜电极和标准氢电极组成原电池(图 8.4):

$$(-)Pt|H_2(100\ kPa)|H^+(a=1)||Cu^{2+}(a=1)|Cu(s)(+)$$

测得原电池的标准电动势 $E=0.3419$ V,

$$E=\varphi_{待测}-\varphi_{SHE}=\varphi^{\theta}(Cu^{2+}/Cu)-\varphi^{\theta}_{SHE}$$
$$=\varphi^{\theta}(Cu^{2+}/Cu)-0$$
$$=0.3419\ V$$

故 $\varphi^{\theta}(Cu^{2+}/Cu)=0.3419$ V。

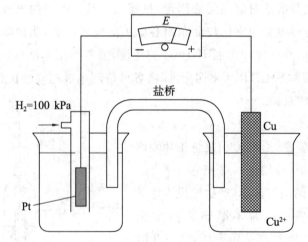

图 8.4　标准电极电势的测定

用同样的方法可以得出一系列电极在水溶液中的标准电极电势(附录五)。

使用标准电极电势表时,应注意以下几点:

(1)标准电极电势 φ^{θ} 是在水溶液中测定的,因此不能应用于非标准态、非水溶液体系或高温下的固相反应;

（2）标准电极电势表中的电极电势是采用 IUPAC 规定的还原电势，即在测定其他电极的电极电势时，标准氢电极都是作为负极，待测电极作为正极；

（3）标准电极电势值与电极反应的写法无关。不论电极进行氧化或还原反应，电极电势符号不改变。例如，

$$Zn^{2+} + 2e^- \longrightarrow Zn \qquad \varphi^\theta(Zn^{2+}/Zn) = -0.7618 \text{ V}$$

$$Zn - 2e^- \longrightarrow Zn^{2+} \qquad \varphi^\theta(Zn^{2+}/Zn) = -0.7618 \text{ V}$$

（4）标准电极电势值是强度性质，即不论半电池反应式的系数乘以或除以任何实数，φ^θ 的值不变，即它不具有加和性。例如：

$$Cl_2 + 2e^- \longrightarrow 2Cl^- \qquad \varphi^\theta = 1.35827 \text{ V}$$

$$1/2Cl_2 + e^- \longrightarrow Cl^- \qquad \varphi^\theta = 1.35827 \text{ V}$$

（5）附录五为 298 K 时常用电对的标准电极电势，由于电极电势随温度变化不大，故在室温下可以借用表列数据。

四、电池电动势与吉布斯自由能

根据热力学原理，在恒温恒压条件下，体系的吉布斯自由能变等于体系在可逆过程中对外所能做的最大非体积功。而一个能自发进行的氧化还原反应，可以设计成一个原电池，在恒温恒压条件下，电池所做的最大有用功即为电功。即

$$-\Delta_r G_m = -W'_{max} = -W_{电}$$

电池的电功等于电池电动势 E 乘以通过的电量 Q。因 $Q = nF$，系统对外做功，故 $W_{电} = QE = nFE$

$$\Delta_r G_m = -QE = -nFE \qquad\qquad (8.2)$$

式中 n 为得失电子数，F 为 Faraday 常数（96485 C·mol^{-1}，1 C = 1 J·V^{-1}），E 为电池电动势（V）。

如果电池反应是在标准状态下进行的，则有

$$\Delta_r G_m^\theta = -nFE^\theta \qquad\qquad (8.3)$$

式（8.2）与（8.3）表明了电池电动势和吉布斯自由能变之间的关系。

例 8.2　若把下列反应设计成原电池，求电池的电动势 E^θ 及反应的 $\Delta_r G_m^\theta$。

$$2Fe^{3+} + Cu \rule[0.5ex]{1.5em}{0.4pt}\rule[0.3ex]{1.5em}{0.4pt} 2Fe^{2+} + Cu^{2+}$$

解　查表得 $\varphi^\theta(Cu^{2+}/Cu) = 0.3419$ V

$$\varphi^\theta(Fe^{3+}/Fe^{2+}) = 0.771 \text{ V}$$

$$E^\theta = \varphi_+^\theta - \varphi_-^\theta = \varphi^\theta(Fe^{3+}/Fe^{2+}) - \varphi^\theta(Cu^{2+}/Cu)$$

$$= 0.771 \text{ V} - 0.3419 \text{ V}$$

$$= 0.4291 \text{ V}$$

$$\Delta_r G_m^\theta = -nFE^\theta = -2 \times 96485 \text{ C·mol}^{-1} \times 0.4291 \text{ V}$$

$$= -82803 \text{ J·mol}^{-1} = -82.803 \text{ kJ·mol}^{-1}$$

五、影响电极电势的因素——Nernst 方程

电极电势除了取决于电极物质的本性外,还与反应温度、氧化型物质和还原型物质的浓度、压力等因素有关。那么电极电势和浓度、气体分压、温度等因素的关系到底是怎样的呢?电极电势同离子的浓度、温度等因素之间的定量关系,可由热力学的关系式导出。

对于任意一个已配平的氧化还原反应:

$$mOx_1 + nRed_2 \Longrightarrow pRed_1 + qOx_2$$

根据化学反应等温式:

$$\Delta_r G_m = \Delta_r G_m^\theta + RT\ln\frac{c_r^p(Red_1)c_r^q(Ox_2)}{c_r^m(Ox_1)c_r^n(Red_2)}$$

将式(8.2)与(8.3)代入上式得,

$$-nFE = -nFE^\theta + RT\ln\frac{c_r^p(Red_1)c_r^q(Ox_2)}{c_r^m(Ox_1)c_r^n(Red_2)} \tag{8.4}$$

$$E = E^\theta - \frac{RT}{nF}\ln\frac{c_r^p(Red_1)c_r^q(Ox_2)}{c_r^m(Ox_1)c_r^n(Red_2)}$$

这就是电池电动势的 Nernst 方程(Nernst equation),

将正极和负极的电极电势分别代入式(8.4):

$$\varphi_+ - \varphi_- = (\varphi_+^\theta - \varphi_-^\theta) - \frac{RT}{nF}\ln\frac{c_r^p(Red_1)c_r^q(Ox_2)}{c_r^m(Ox_1)c_r^n(Red_2)}$$

$$= \left[\varphi_+^\theta - \frac{RT}{nF}\ln\frac{c_r^p(Red_1)}{c_r^m(Ox_1)}\right] - \left[\varphi_-^\theta - \frac{RT}{nF}\ln\frac{c_r^n(Red_2)}{c_r^q(Ox_2)}\right]$$

得:

$$\varphi_+ = \varphi_+^\theta - \frac{RT}{nF}\ln\frac{c_r^p(Red_1)}{c_r^m(Ox_1)}$$

$$\varphi_- = \varphi_-^\theta - \frac{RT}{nF}\ln\frac{c_r^n(Red_2)}{c_r^q(Ox_2)}$$

因此,对于任意一个电极反应:

$$mOx + ne^- \longrightarrow qRed$$

可得到电极电势的 Nernst 方程式:

$$\varphi(Ox/Red) = \varphi^\theta(Ox/Red) + \frac{RT}{nF}\ln\frac{c_r^m(Ox)}{c_r^q(Red)} \tag{8.5}$$

式(8.5)是本章非常重要的公式之一,它反映了电极电势与各种影响因素之间的定量关系。

当 $T = 298$ K 时,将 $R = 8.314$ J·K^{-1}·mol^{-1},$F = 96485$ C·mol^{-1}代入式(8.5),并将自然对数转换成常用对数,Nernst 方程式可改写为:

$$\varphi(Ox/Red) = \varphi^\theta(Ox/Red) + \frac{0.05916}{n}\lg\frac{c_r^m(Ox)}{c_r^q(Red)} \tag{8.6}$$

应用式(8.6)时应注意以下事项:

(1) 若电极反应式中有纯固体、纯液体或介质水时,它们的浓度不列入方程式中;如果是气体则用相对压力 p/p^θ 表示;

（2）若电极反应式中氧化型、还原型物质前的系数不等于 1 时，则在方程式中它们的浓度项应以对应的系数为指数；

（3）若电极反应中有 H^+ 或 OH^- 等参加，它们的浓度应代入 Nernst 方程，而且浓度的指数为它们在电极反应中的系数。

例 8.3　用纯水代替构成标准氢电极的酸性水溶液，试计算该氢电极的电极电势。

解　$H_2 - 2e^- \longrightarrow 2H^+$

纯水中 $c(H^+) = 1.0 \times 10^{-7}$ mol·L^{-1}，有：

$$\varphi(H^+/H_2) = \varphi^\theta(H^+/H_2) + \frac{0.05916 \text{ V}}{n} \lg \frac{c_r^2(H^+)}{(p/p^\theta)}$$

$$= 0 \text{ V} + \frac{0.05916 \text{ V}}{2} \lg \frac{(1.0 \times 10^{-7})^2}{1}$$

$$= -0.41 \text{ V}$$

计算结果表明，H^+ 浓度降低，氢电极的电极电势降低。

例 8.4　求电极反应 $MnO_4^- + 8H^+ + 5e^- \rightleftharpoons Mn^{2+} + 4H_2O$ 在 pH = 7 时的电极电势（其他条件同标准态）。

解　$c_r(MnO_4^-) = c_r(Mn^{2+}) = 1.000$

$c_r(H^+) = 1.000 \times 10^{-7}$

$\varphi^\theta(MnO_4^-, H^+/Mn^{2+}) = +1.507$ V

$$\varphi((MnO_4^-, H^+/Mn^{2+}) = \varphi^\theta((MnO_4^-, H^+/Mn^{2+}) + \frac{0.05916 \text{ V}}{5} \lg \frac{c_r(MnO_4^-)c_r^8(H^+)}{c_r(Mn^{2+})}$$

$$= 1.507 \text{ V} + \frac{0.05916 \text{ V}}{5} \lg (1.000 \times 10^{-7})^8$$

$$= 0.8444 \text{ V}$$

计算结果表明，H^+ 浓度降低，电极电势减小，对应的氧化型物质（MnO_4^-）的氧化能力降低。反之，电极电势增大，氧化型物质（MnO_4^-）的氧化能力增强。所以，通常在酸性较强的溶液中使用 $KMnO_4$ 作为氧化剂。

例 8.5　计算 298 K 时金属 Zn 放在浓度为 0.100 mol·L^{-1} Zn^{2+} 溶液中的电极电势。

解　锌电极的电极反应式为：$Zn^{2+} + 2e^- \longrightarrow Zn$

当 $c(Zn^{2+}) = 0.100$ mol·L^{-1} 时，$c_r(Zn^{2+}) = 0.100$，有：

$$\varphi(Zn^{2+}/Zn) = \varphi^\theta(Zn^{2+}/Zn) + \frac{0.05916 \text{ V}}{2} \lg c_r(Zn^{2+})$$

$$= -0.7618 \text{ V} + \frac{0.05916 \text{ V}}{2} \lg 0.100$$

$$= -0.791 \text{ V}$$

在此例中，由于 $c(Zn^{2+}) < 1$ mol·L^{-1}，所以 $\varphi < \varphi^\theta$。说明金属离子浓度愈小（氧化型物质浓度愈小），金属的电极电势就愈小，还原剂的还原性越强。

六、电极电势的应用

电极电势是一组非常重要的数据,应用它们可以比较氧化剂和还原剂的相对强弱;判断氧化还原反应的方向;确定氧化还原反应进行的程度以及计算原电池的电动势。

(一)利用标准电极电势比较氧化剂和还原剂的相对强弱

标准电极电势的高低可以表征得失电子的难易,也就是表明了氧化还原能力的强弱,电极电势正值越大就表明电极反应中氧化型物质越容易夺得电子转变为相应的还原型,如 $\varphi^\theta(F_2/F^-)=2.866$ V,$\varphi^\theta(Cl_2/Cl^-)=1.35827$ V,说明 F_2,Cl_2 都是强氧化剂。电极电势负值越大就表明电极反应中还原型物质越容易失去电子转变为相应的氧化型,如 $\varphi^\theta(Na^+/Na)=-2.71$ V,$\varphi^\theta(K^+/K)=-2.931$ V,这说明金属钾和钠都是强还原剂。

因此,电对的标准电极电势值越高,其氧化剂的氧化性越强,还原剂的还原性越弱;电对的标准电极电势值越低,其还原剂的还原性越强,氧化剂的氧化性越弱。如 $\varphi^\theta(Zn^{2+}/Zn)=-0.7618$ V,$\varphi^\theta(Cu^{2+}/Cu)=0.3419$ V,$\varphi^\theta(Cu^{2+}/Cu)>\varphi^\theta(Zn^{2+}/Zn)$,故 Cu^{2+} 的氧化性比 Zn^{2+} 强,而 Zn 的还原性则比 Cu 强。

例 8.6 根据标准电极电势,判断下列电对中各物质氧化能力或还原能力强弱顺序:Li^+/Li、Cl_2/Cl^-、Hg^{2+}/Hg、F_2/F^-、MnO_4^-/Mn^{2+}、Fe^{3+}/Fe^{2+}。

解 由附录五查得:

$$\varphi^\theta(Li^+/Li)=-3.0401 \text{ V}$$
$$\varphi^\theta(Fe^{3+}/Fe^{2+})=0.771 \text{ V}$$
$$\varphi^\theta(Hg^{2+}/Hg)=0.851 \text{ V}$$
$$\varphi^\theta(Cl_2/Cl^-)=1.35827 \text{ V}$$
$$\varphi^\theta(MnO_4^-/Mn^{2+})=1.507 \text{ V}$$
$$\varphi^\theta(F_2/F^-)=2.866 \text{ V}$$

增大 ↓

故氧化剂强弱顺序:$F_2>MnO_4^->Cl_2>Hg^{2+}>Fe^{3+}>Li^+$;

还原剂强弱顺序:$Li>Fe^{2+}>Hg>Cl^->Mn^{2+}>F^-$。

(二)判断氧化还原反应的方向

氧化还原反应进行的方向可以根据氧化剂和还原剂的强弱来判断,即较强的氧化剂和较强的还原剂作用,生成较弱的氧化剂和较弱的还原剂。

强氧化剂 1 + 强还原剂 2 ⇌ 弱还原剂 1 + 弱氧化剂 2

除了直接比较两对电对的电极电势大小外,还可以根据电池的电动势计算。根据 $\Delta_r G_m=-QE=-nFE=-nF(\varphi_+-\varphi_-)$,在恒温恒压条件下:

$\Delta_r G_m<0,E>0,\varphi_+>\varphi_-$　　　氧化还原反应自发正向进行;

$\Delta_r G_m>0,E<0,\varphi_+<\varphi_-$　　　氧化还原反应自发逆向进行;

$\Delta_r G_m=0,E=0,\varphi_+=\varphi_-$　　　氧化还原反应达到平衡状态。

由于电极电势 E 的大小不仅与 E^θ 有关,还与参加反应的物质的浓度、酸度有关,因此,如果相关物质的浓度不是 1 mol·L^{-1} 时,则应该按照 Nernst 方程分别算出氧化剂和还原剂的电势,然后再根据计算出的电势,判断反应进行的方向。但如果两个电对的 φ^θ 值相差较大,即 $E^\theta>0.2$ V,一般不会因浓度变化而使 E^θ 值改变符号。即使不处于标准状态,也可直接用 E^{θ} 确定反应方向。否则,必须考虑浓度和酸度的影响,用 Nernst 方程式计算电池的 E 值,再进行判断。

例 8.7 判断 298 K 时下列反应自发进行的方向。

$$Pb^{2+}(aq,0.10\ mol\cdot L^{-1})+Sn(s)\Longleftrightarrow Pb(s)+Sn^{2+}(aq,1.0\ mol\cdot L^{-1})$$

解 查表得 $Pb^{2+}+2e^{-}\longrightarrow Pb \qquad \varphi^{\theta}(Pb^{2+}/Pb)=-0.1262\ V$

$$Sn^{2+}+2e^{-}\longrightarrow Sn \qquad \varphi^{\theta}(Sn^{2+}/Sn)=-0.1375\ V$$

$$\varphi(Pb^{2+}/Pb)=\varphi^{\theta}(Pb^{2+}/Pb)+\frac{0.05916\ V}{2}\lg c_{r}(Pb^{2+})$$

$$=-0.1262\ V+\frac{0.05916\ V}{2}\lg 0.10$$

$$=-0.1558\ V$$

$$\varphi(Sn^{2+}/Sn)=\varphi^{\theta}(Sn^{2+}/Sn)+\frac{0.05916\ V}{2}\lg c_{r}(Sn^{2+})$$

$$=-0.1375\ V+\frac{0.05916\ V}{2}\lg 1.0$$

$$=-0.1375\ V$$

反应式中反应物 Pb^{2+} 为氧化剂,Sn 为还原剂,故

$$E=\varphi_{+}-\varphi_{-}$$
$$=\varphi(Pb^{2+}/Pb)-\varphi(Sn^{2+}/Sn)$$
$$=-0.1558-(-0.1375)$$
$$=-0.0183(V)$$

因为 $E<0$,题设反应式正向不能自发进行,故逆向反应自发进行。

（三）确定氧化还原反应进行的程度

氧化还原反应属可逆反应,反应进行的程度可以用反应的标准平衡常数 K^{θ} 来衡量。若标准平衡常数值很小,表示正向反应趋势很小,正向反应进行得不完全;若标准平衡常数值很大,表示正向反应可以充分地进行,甚至可以进行到接近完全。

氧化还原反应的标准平衡常数可以通过氧化还原电对的标准电极电势计算。在热力学的内容中我们学习了 $\Delta_{r}G_{m}^{\theta}$ 与 K^{θ} 的关系式:

$$\Delta_{r}G_{m}^{\theta}=-RT\ln K^{\theta}$$

又根据式(8.3)

$$\Delta_{r}G_{m}^{\theta}=-nFE^{\theta}$$

得到

$$RT\ln K^{\theta}=nFE^{\theta}$$

当 $T=298$ K 时,将 $R=8.314\ J\cdot K^{-1}\cdot mol^{-1}$,$F=96485\ C\cdot mol^{-1}$ 代入上式,并将自然对数转换成常用对数,得

$$\lg K^{\theta}=\frac{nE^{\theta}}{0.05916}$$

$$=\frac{n(\varphi_{+}^{\theta}-\varphi_{-}^{\theta})}{0.05916} \tag{8.7}$$

式中，n 为电池反应式中电子得失数；E^θ 为电池的标准电动势（V）；φ_+^θ 为电池正极电对的标准电极电势（V）；φ_-^θ 为电池负极电对的标准电极电势（V）。

从式（8.7）可见，正、负极的标准电极电势的差值越大，电池的标准电动势就越大，反应的标准平衡常数也就越大，反应进行得越彻底。因此，可以直接用标准电动势的大小来估计反应进行的程度。一般认为，K^θ 值达到 10^6 时，反应就基本完全了。用 E^θ 衡量时，E^θ 约为 $0.2\sim0.4$ V，可认为反应基本完全。

例 8.8 试估计 298 K 下 $Zn + Cu^{2+} \rightleftharpoons Cu + Zn^{2+}$ 反应进行的程度

解 正极反应：$Cu^{2+} + 2e^- \longrightarrow Cu$

负极反应：$Zn \longrightarrow Zn^{2+} + 2e^-$

查表得

$$\varphi^\theta(Cu^{2+}/Cu) = 0.3419 \text{ V}$$

$$\varphi^\theta(Zn^{2+}/Zn) = -0.7618 \text{ V}$$

$$E^\theta = \varphi^\theta(Cu^{2+}/Cu) - \varphi^\theta(Zn^{2+}/Zn)$$

$$= 0.3419 \text{ V} - (-0.7618 \text{ V})$$

$$= 1.104 \text{ V}$$

将 E^θ 及 n 值代入式（8.7）得

$$\lg K^\theta = \frac{nE^\theta}{0.05916} = \frac{2 \times 1.104}{0.05916} = 37.23$$

$$K^\theta = 2.503 \times 10^{37}$$

K^θ 值很大，说明正向反应进行得很完全。

例 8.9 当加 $KMnO_4$ 的酸性溶液于 $FeSO_4$ 溶液时，是否会发生氧化还原反应？标准状态下反应能否完全？（设温度为 298 K，各种离子浓度为 $0.100 \text{ mol} \cdot L^{-1}$）

解 按题意写出氧化还原反应及电极反应式，查出 φ^θ 值。

$MnO_4^- + 5Fe^{2+} + 8H^+ \rightleftharpoons Mn^{2+} + 5Fe^{3+} + 4H_2O$

$MnO_4^- + 8H^+ + 5e^- \longrightarrow Mn^{2+} + 4H_2O \qquad \varphi^\theta(MnO_4^-, H^+/Mn^{2+}) = 1.507 \text{ V}$

$Fe^{3+} + e^- \longrightarrow Fe^{2+} \qquad \varphi^\theta(Fe^{3+}/Fe^{2+}) = 0.771 \text{ V}$

$$\varphi(MnO_4^-, H^+/Mn^{2+}) = \varphi^\theta(MnO_4^-, H^+/Mn^{2+}) + \frac{0.05916 \text{ V}}{n}\lg\frac{c_r(MnO_4^-)c_r^8(H^+)}{c_r(Mn^{2+})}$$

$$= 1.507 \text{ V} + \frac{0.05916 \text{ V}}{5}\lg(0.100)^8$$

$$= 1.41 \text{ V}$$

$$\varphi(Fe^{3+}/Fe^{2+}) = \varphi^\theta(Fe^{3+}/Fe^{2+}) + \frac{0.05916 \text{ V}}{n}\lg\frac{c_r(Fe^{3+})}{c_r(Fe^{2+})}$$

$$= 0.771 \text{ V} + \frac{0.05916 \text{ V}}{1}\lg\frac{0.100}{0.100}$$

$$= 0.771 \text{ V}$$

$$E = \varphi(MnO_4^-/Mn^{2+}) - \varphi(Fe^{3+}/Fe^{2+})$$

$$= 1.412 - 0.771 > 0$$

故氧化还原反应自动向右进行。

将 φ^θ 及 n 值代入式(8.7)得:

$$\lg K^\theta = \frac{5 \times (1.507 \text{ V} - 0.771 \text{ V})}{0.05916 \text{ V}}$$

$$= 62.2$$

$$K^\theta = 1.58 \times 10^{62}$$

K^θ 值很大,正向反应很完全。

（四）计算原电池的电池电动势

通常组成原电池的各有关物质并不是处于标准状态。计算原电池的电动势,首先利用 Nernst 方程计算出各电极的电极电势,然后根据电极电势的高低判断正、负极,电极电势代数值较大的是正极,代数值较小的是负极,用正极的电极电势减去负极的电极电势就等于原电池的电动势。

例 8.10 计算 298 K 时下列电池的电动势,指明正、负极,并写出自发进行的电池反应式。

$Pt|MnO_4^-(0.10 \text{ mol} \cdot \text{L}^{-1}), Mn^{2+}(1.00 \times 10^{-2} \text{ mol} \cdot \text{L}^{-1}), H^+(1.00 \text{ mol} \cdot \text{L}^{-1})||Cl^-(0.10 \text{ mol} \cdot \text{L}^{-1})|Cl_2(100 \text{ kPa})|Pt$

解 写出电极反应式,查表得

$MnO_4^- + 8H^+ + 5e^- \longrightarrow Mn^{2+} + 4H_2O \qquad \varphi^\theta(MnO_4^-, H^+/Mn^{2+}) = 1.507 \text{ V}$

$Cl_2 + 2e^- \longrightarrow 2Cl^- \qquad \varphi^\theta(Cl_2/Cl^-) = 1.35827 \text{ V}$

$$\varphi(MnO_4^-, H^+/Mn^{2+}) = \varphi^\theta(MnO_4^-, H^+/Mn^{2+}) + \frac{0.05916 \text{ V}}{n}$$

$$\lg \frac{c_r(MnO_4^-)c_r^8(H^+)}{c_r(Mn^{2+})}$$

$$= 1.507 \text{ V} + \frac{0.05916 \text{ V}}{5} \lg \frac{0.10 \times (1.00)^8}{1.00 \times 10^{-2}}$$

$$= 1.52 \text{ V}$$

$$\varphi(Cl_2/Cl^-) = \varphi^\theta(Cl_2/Cl^-) + \frac{0.05916 \text{ V}}{n} \lg \frac{100/100}{c_r^2(Cl^-)}$$

$$= 1.35827 \text{ V} + \frac{0.05916 \text{ V}}{2} \lg \frac{1}{(0.10)^2}$$

$$= 1.42 \text{ V}$$

因 $\varphi(MnO_4^-, H^+/Mn^{2+}) > \varphi(Cl_2/Cl^-)$,故电池左侧应为正极,右侧应为负极。

正极反应:$MnO_4^- + 8H^+ + 5e^- \longrightarrow Mn^{2+} + 4H_2O$

负极反应:$2Cl^- - 2e^- \longrightarrow Cl_2$

电池反应式:$2MnO_4^- + 16H^+ + 10Cl^- \Longrightarrow 2Mn^{2+} + 8H_2O + 5Cl_2$

电池电动势 $E = \varphi_+ - \varphi_-$

$$= \varphi(MnO_4^-/Mn^{2+}) - \varphi(Cl_2/Cl^-)$$

$$= 1.52 \text{ V} - 1.42 \text{ V}$$

$$= 0.10 \text{ V}$$

第四节　电势法测定溶液的 pH

电势法是通过测量原电池的电动势来确定被测离子浓度的方法。通常是在待测溶液中插入两个不同的电极组成原电池,这两个电极一个是**指示电极**(indicator electrode)、一个是**参比电极**(reference electrode),利用原电池电动势与溶液中离子浓度之间的定量关系测得离子浓度。如果有 H^+ 或 OH^- 参加电极反应,则 H^+ 浓度对电极电势会有影响,测定出电池电动势,进而可以计算出溶液中 H^+ 浓度即溶液的 pH。

一、指示电极

当一个电极的电极电势与溶液中某种离子的浓度之间符合 Nernst 方程式时,这个电极可以做这种离子的指示电极。氢电极就是溶液中 H^+ 的指示电极。

常用的 pH 指示电极为玻璃电极。玻璃电极的构造如图 8.5 所示。在玻璃管的下端是一特殊玻璃的半球形薄膜。膜内盛有 $0.1\ mol \cdot L^{-1}$ HCl 溶液(参比溶液)。在参比溶液中插入一根镀有氯化银的银丝,构成氯化银电极(内参比电极)。氯化银电极的电极反应为:

$$AgCl + e^- \longrightarrow Ag + Cl^-$$

将氯化银电极的银丝与导线相连即构成玻璃电极。

玻璃电极可表示为:

$Ag | AgCl(s) | HCl(0.1\ mol \cdot L^{-1}) | 玻璃膜 | H^+(待测溶液)$

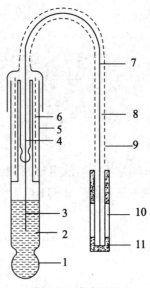

图 8.5　玻璃电极

1. 玻璃球膜　2. 缓冲溶液　3. 银—氯化银电极　4. 电极导线　5. 玻璃管　6. 静电隔离层
7. 电极导线　8. 塑料绝缘线　9. 金属隔离罩　10. 塑料绝缘线　11. 电极接头

　　将玻璃电极插入待测溶液中,当玻璃膜内外两侧的氢离子浓度不等时,就会出现电势差。由于膜内盐酸的浓度固定,电势差的数值就取决于膜外待测溶液的氢离子浓度(即 pH),这就是玻璃电极可作为 pH 指示电极的基本原理。玻璃电极的电极电势与 H^+ 浓度的关系符合 Nernst 方程:

$$\varphi_{玻} = \varphi_{玻}^{\theta} + \frac{2.303RT}{F}\lg c_r(H^+)$$

$$= \varphi_{玻}^{\theta} - \frac{2.303RT}{F}pH \tag{8.8}$$

　　式中 $\varphi_{玻}^{\theta}$ 值与内参比电极的电极电势、膜内溶液的 H^+ 浓度以及膜表面状态有关。在一定条件下,每一个玻璃电极的 $\varphi_{玻}^{\theta}$ 为常数。

二、参比电极

　　参比电极是一个电极电势已知而且恒定、不受试液组成变化影响的电极,是测定原电池电动势和计算指示电极的电极电势的基准。测定溶液的 pH 常用饱和甘汞电极作为参比电极。

　　饱和甘汞电极的构造如图 8.6 所示。饱和甘汞电极由两个玻璃套管组成。内管上部为汞,管中封接一根铂丝,铂丝插入汞层中。在汞的下方充填甘汞(Hg_2Cl_2)和汞的糊状物,下端用石棉或纸浆塞紧。外管加入饱和氯化钾溶液,外管下端有一支管,支管口用多孔的素烧瓷塞紧,外边套以橡皮帽。使用时摘掉橡皮帽,使与外部溶液相通。

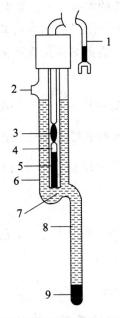

8.6　饱和甘汞电极

1.导线　2.侧管　3.汞　4.甘汞糊　5.石棉或纸浆　6.玻璃管　7.KCl 溶液　8.电极玻壳　9.素烧瓷片

　　饱和甘汞电极的组成式为:

$$Pt\,|\,Hg(l)\,|\,Hg_2Cl_2(s)\,|\,KCl(饱和)$$

其电极反应为：

$$Hg_2Cl_2 + 2e^- \longrightarrow 2Hg + 2Cl^-$$

根据 Nernst 方程式，298 K 时其电极电势为：

$$\varphi(Hg_2Cl_2/Hg) = \varphi^\theta(Hg_2Cl_2/Hg) + (0.05916/2)lg\frac{1}{c_r^2(Cl^-)}$$

$$= 0.26808 + 0.05916lg\frac{1}{c_r(Cl^-)}$$

饱和溶液中 $c_r(Cl^-)$ 为定值，故饱和甘汞电极的电极电势为一定值，298 K 时为 0.2412 V。饱和甘汞电极的电极电势稳定，再现性好，并且容易制备，使用方便，因此广泛地用做参比电极。

三、电势法测定溶液的 pH

测定溶液的 pH 时，常用饱和甘汞电极做参比电极，玻璃电极做指示电极，与待测溶液中组成如下电池：

(一)玻璃电极 | 待测 pH 溶液 || 饱和甘汞电极(+)

测出的电动势为饱和甘汞电极和玻璃电极的电势差值，即：

$$E = \varphi_{甘} - \varphi_{玻} = \varphi_{甘} - \varphi_{玻}^\theta + \frac{2.303RT}{F}pH$$

$$= K(常数) + \frac{2.303RT}{F}pH$$

上式为溶液 pH 与电池电动势的关系式。若能求出 E 和 K，就可计算出待测溶液的 pH。由于 K 是个未知数，因此不能利用上式直接计算出溶液的 pH 值。实际测定时，先将玻璃电极和甘汞电极浸入一 pH 值已知的标准缓冲溶液 S 中，若标准缓冲溶液的 pH 为 pH_S，测得的电动势为

$$E_S = K + \frac{2.303RT}{F}pH_S \tag{8.9}$$

将电池装置中的标准缓冲溶液换成待测 pH_x 的溶液，测出电动势 E_x，则：

$$E_x = K + \frac{2.303RT}{F}pH_x \tag{8.10}$$

两式相减得：

$$pH_x = pH_S + \frac{(E_x - E_S)F}{2.303RT} \tag{8.11}$$

当 $T = 298$ K 时，式(8.11)改写为：

$$pH_x = pH_S + \frac{E_x - E_S}{0.05916} \tag{8.12}$$

式中 pH_S 为已知数、E_S 和 E_x 为先后两次测出的电动势，F, R, T 为常数，故可根据式(8.11)计算出待测溶液的 pH。

目前，许多实验室都使用复合电极测定溶液的 pH。复合电极将指示电极和参比电极组装在一起，玻璃球膜被有效地保护，不易损坏，且使用方便。其测定原理和上述原理相同。

四、复合电极

目前,在许多实验室都使用一种复合电极测定溶液的 pH。复合电极将指示电极和参比电极组装在一起,玻璃球膜被有效地保护,不易损坏,且使用方便。其测定原理与上叙原理相同。

化学视窗

DNA 电化学传感器

DNA 是一类重要的生命物质,是大多数生物体遗传信息的载体,对 DNA 的研究是生命科学研究领域中极为重要的内容。随着人类基因组计划的顺利实施,基于 DNA 探针的基因传感器、基因芯片的研究正成为基因组研究的一个热点。DNA 电化学传感器是用电化学手段选择性检测 DNA 的生物传感器。

一、DNA 电化学传感器原理

DNA 电化学传感器是由一个支持 DNA 片断(即 DNA 探针)的电极(包括金电极、玻碳电极、热解石墨电极和碳糊电极等)和电活性杂交指示剂构成。DNA 探针一般是由 20～40 个碱基组成的核苷酸片段,包括天然的核苷酸片断和人工合成的寡聚核苷酸片断。将 ss—DNA 修饰到电极表面,构成 DNA 修饰电极,由于电极上的探针 DNA 与溶液中的互补链(即靶序列)杂交的高度序列选择性,使得 DNA 修饰电极具有极强的分子识别能力。DNA 探针分子与靶序列杂交,在电极表面形成 ds—DNA,从而导致杂交前后电极表面 DNA 结构的改变,这种杂交前后的差异可用杂交指示剂来识别,从而达到检测的目的。DNA 电化学传感器具有快速、灵敏和价廉等优点,是目前 DNA 传感器中最成熟的一种。其工作原理如图 1。

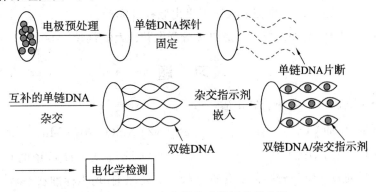

图 1　DNA 电化学传感器原理示意图

二、DNA 电化学传感器在医学上的应用

(一)细菌及病毒感染类疾病诊断

细菌及病毒感染是引起人类疾病的主要原因之一。历史上许多灾难性的瘟疫,如霍

乱、天花、麻疹等,都是由相应的病菌或病毒所引起的,因此尽早诊断出病源微生物(细菌或病毒)的感染,是预防这类疾病的关键。

（二）基因诊断

基因遗传病是当前威胁人类健康的天敌,许多基因遗传病至今还没有根治的方法,因此,基因诊断变得越来越重要,尤其对遗传性疾病的产前和病前诊断显得更为重要,而在基因与功能的研究以及其他许多方面,DNA 序列分析均是必须完成的关键步骤,利用 DNA 电化学传感器测定 DNA 序列效果较好。

（三）药物分析

许多药物与核酸之间存在可逆作用,而且核酸是当代新药发展的首选目标。DNA 电化学传感器除了可用于特定基因的检测外,还可用于一些 DNA 结合药物的检测以及新型药物分子的设计。

（四）DNA 损伤研究

人类基因与其他物种基因的功能均是编码遗传信息,从而保护其完整性。DNA 修复酶始终监视染色体并修复基因和细胞化学物所致的核苷酸残基的破坏,若没有 DNA 修复,那么由多种多样的 DNA 损伤因素所引起的染色体不稳定性将对细胞和生物体产生致命的影响,利用 DNA 电化学传感器对 DNA 损伤进行测定取得了令人满意的效果。

参考文献

1. 张欣荣,阎芳. 基础化学. 北京:高等教育出版社,2011

2. 魏祖期,刘德育. 基础化学(第 8 版). 北京:人民卫生出版社,2013

3. 浙江大学. 无机及分析化学. 北京:高等教育出版社,2003

4. 武汉大学等校编. 无机化学. 北京:高等教育出版社,1997

5. 傅献彩. 物理化学. 北京:高等教育出版社,1999

6. 郭爱民. 卫生化学. 北京:人民卫生出版社,2007

7. 张树永,牛林,努丽燕娜. 可逆电极分类刍议. 大学化学. 2003,18(3):50-53

习 题

1. 求出下列物质中元素的氧化值:

(1) CrO_4^{2-} 中的 Cr;

(2) MnO_4^- 中的 Mn;

(3) Na_2O_2 中的 O;

(4) $H_2C_2O_4 \cdot H_2O$ 中的 C。

2. 判断下列每一组中较强的氧化剂和较强的还原剂(均为标准状态):

(1) I_2,I^-,Br_2,Br^-;

(2) Ag^+,Zn^{2+},Zn,Ag;

(3) Fe^{2+},$Cr_2O_7^{2-}$,Fe^{3+},Cr^{3+};

(4) Sn^{2+},Sn,Mg^{2+},Mg。

3. 根据标准电极电势排列下列氧化剂和还原剂的强弱顺序:

Ag,Zn^{2+},Cl^-,Fe^{2+},Hg^{2+},MnO_4^-,Sn,$Cr_2O_7^{2-}$。

4. 根据 φ 值判断下列氧化还原反应自发进行的方向。设各物质的浓度均为 $1 \text{ mol} \cdot L^{-1}$。

(1) $2Ag + Zn^{2+} \rightleftharpoons Zn + 2Ag^+$

(2) $2Fe^{3+} + 2I^- \rightleftharpoons I_2 + 2Fe^{2+}$

5. 有一含 Br^-、I^- 的混合液,选择一种氧化剂只氧化 I^- 为 I_2,而不氧化 Br^-,问应选择 $FeCl_3$ 还是 $K_2Cr_2O_7$?

6. 在标准状态下,由下列电对组成电池。试确定正、负极,写出电池符号、电极反应和电池反应式,并求出电池的电动势。

(1) Cu^{2+}/Cu^+ 和 Fe^{3+}/Fe^{2+}

(2) $AgCl/Ag, Cl^-$ 和 Hg^{2+}/Hg

7. 已知 $MnO_4^- + 8H^+ + 5e^- \longrightarrow Mn^{2+} + 4H_2O$ φ^{θ}(MnO_4^-, H^+/Mn^{2+})$=1.507 \text{ V}$

$Fe^{3+} + e^- \longrightarrow Fe^{2+}$ φ^{θ}(Fe^{3+}/Fe^{2+})$=0.771 \text{ V}$

(1) 判断下列反应的方向(标准状态下)

$MnO_4^- + 5Fe^{2+} + 8H^+ \rightleftharpoons Mn^{2+} + 5Fe^{3+} + 4H_2O$

(2) 当氢离子浓度为 $10 \text{ mol} \cdot L^{-1}$,其他各离子浓度均为 $1 \text{ mol} \cdot L^{-1}$ 时,计算该电池的电动势。

8. 计算 298 K 时下列电极的电极电势:

(1) $Pt|Fe^{3+}(0.100 \text{ mol} \cdot L^{-1})$, $Fe^{2+}(0.010 \text{ mol} \cdot L^{-1})$

(2) $Ag|AgBr(s)|Br^-(0.100 \text{ mol} \cdot L^{-1})$

9. 已知下列电池$(-)Zn(s)|Zn^{2+}(x \text{ mol} \cdot L^{-1})||Ag^+(0.100 \text{ mol} \cdot L^{-1})|Ag(s)(+)$的电动势为 1.51 V,求 Zn^{2+} 的浓度。

10. 浓度均为 $1.00 \text{ mol} \cdot L^{-1}$ 的 KI 与 $FeCl_3$ 溶液能否共存?

11. 已知 298.15 K 下列反应的电极电位

$$Hg_2Cl_2(s) + 2e^- \longrightarrow 2Hg(l) + 2Cl^-   \varphi^{\theta} = 0.268 \text{ V}$$

当 KCl 的浓度为多少时,该反应的 $\varphi = 0.327 \text{ V}$?

12. 求 298 K 时反应 $Pb + 2Ag^+ \rightleftharpoons Pb^{2+} + 2Ag$ 的标准平衡常数。

13. 在室温下,反应 $Zn + 2HCl \rightleftharpoons Zn^{2+} + H_2 \uparrow$ 进行得很完全,试通过平衡常数 K 的计算说明原因。

14. 用玻璃电极与饱和甘汞电极插入 $pH_S = 3.57$ 的标准缓冲溶液中,组成电池,在 298 K 时测得其电动势 $E_S = 0.0954 \text{ V}$。再将溶液换成未知 pH_x 值的溶液组成电池,298 K时测得其电动势 $E_x = 0.340 \text{ V}$,求待测溶液的 pH。

15. 若 $Pt|H_2(100 \text{ kPa})|$胃液$||KCl(0.1 \text{ mol} \cdot L^{-1})|Hg_2Cl_2(s)|Hg(l)|Pt$ 的电动势等于 0.420 V,而 $Pt|H_2(100 \text{ kPa})|H^+(1.0 \text{ mol} \cdot L^{-1})||KCl(0.1 \text{ mol} \cdot L^{-1}|Hg_2Cl_2(s)|Hg(l)|Pt$的电动势等于 0.334 V,求胃液的 pH。

16. Diagram galvanic cells that have the following net reactions:

(1) $Fe^{2+} + Ag^+ \Longrightarrow Fe^{3+} + Ag$

(2) $MnO_4^- + 5Fe^{2+} + 8H^+ \Longrightarrow Mn^{2+} + 5Fe^{3+} + 4H_2O$

17. Calculate the potential of a cell made with a standard bromine electrode as the anode and a standard chlorine electrode as the cathode。

18. Calculate the potential of a cell based on the following reactions at standard conditions。

(1) $Fe^{2+} + Zn \Longrightarrow Zn^{2+} + Fe$

(2) $2Fe^{3+} + 2Br^- \Longrightarrow Br_2 + 2Fe^{2+}$

（程远征　编写）

160

第九章
原子结构和元素周期律

自然界的物质种类繁多、性质各异。不同物质在性质上的差异是由于物质的内部结构不同引起的。物质的分子是由不同元素的原子组成,而原子是由原子核和核外电子组成的。因此,研究物质的性质,认识物质的本质及其变化规律,就必须了解原子的结构及元素性质变化的内在规律。

生命过程伴随许许多多的化学变化过程,化学变化涉及到原子核外电子运动状态的改变。生命科学的发展也已经深入到分子水平甚至是电子水平。学习原子结构知识及元素周期性变化规律是现代生物医学研究必不可少的环节,也是从事现代生命科学研究的理论基础。本章主要运用现代量子理论研究核外电子的运动状态,学习和认识原子结构和元素性质的变化规律。

第一节　微观粒子的特征

19 世纪初,英国科学家 J. Dalton 发表了原子学说,认为物质都是由不可分割的原子所组成的。此后,大量的事实证明了原子的存在。俄国科学家 D. Mendeleev 建立在经验基础上的元素周期表也得到了大家的认可,自此打开了人们探索原子内部结构的奥秘之门。究竟原子是否可以再分? 它的内部结构和组成是什么? 导致元素性质周期变化的内在规律是什么? 随着这些问题的逐一解决,科学家构建了一个崭新的以量子理论为基础的微观世界。

1897 年,英国物理学家 J. J. Thomson 通过研究阴极射线的性质发现了电子并提出原子结构模型:原子是由带正电荷的连续体和在其内部运动的带负电荷的电子组成。然而在 1911 年,英国物理学家 E. Rutherford 利用 α 粒子散射实验证明,Thomson 所说的原子中带正电荷的连续体实际上只能是一个非常小的核。用快速 α 粒子(带正电的 He 核)流轰击一张约 4×10^{-7} m 厚的金箔,Rutherford 发现尽管绝大部分的粒子都毫无阻碍的通过了金箔,但有极少数 α 粒子发生了较大角度的散射,极个别的 α 粒子甚至被反弹回来。对于这种情况,他描述得非常形象:"这就像你用十五英寸的炮弹向一张纸轰击,结果这炮弹却被反弹了回来,反而击中了你自己一样。"这使他认识到:极个别的 α 粒子被反弹回来,必定是因为它们和金箔原子中某种极小体积的坚硬密实的核心发生了碰撞,这个核心应该是带正电,而且集中了原子的大部分质量。由此提出了原子结构的"行星模型":原子由居于原子中心体积极小但占原子绝大部分质量的带正电的原子核和核外空间中绕核高速运动的电子所组成,就像行星沿着一定的轨道围绕太阳运行一样。

但是这个行星式原子模型却与经典电磁理论和原子的稳定性及线状光谱发生了矛盾。按照 J. C. Maxwell 的电磁理论,绕核运动的电子,应不停地辐射电磁波,得到连续光谱;由于电磁波的辐射,电子的能量将逐渐地减小,最终会落到带正电的核上。这显然无法解释原子的线状光谱和原子的稳定性。

一、氢原子光谱和 Bohr 理论

人们对于原子中核外电子的运动状态和排布规律等问题的解决,以及近代原子结构理论的确立,是从氢原子光谱开始的。

（一）氢原子光谱

太阳光或白炽灯发出的白光,是一种各种波长都有的混合光,当它通过三棱镜后得到的是连续分布、没有明显分界线的连续光谱。但是当原子被电火花、火焰、电弧或其他方法激发时,所得光谱却是不连续的线状光谱。例如,将装有高浓度、低压氢气的放电管两端加上高压使氢原子激发发光,此光线通过棱镜分光后得到的是一系列相互分离的按波长排列的线状光谱,在可见光区有四条较明显的谱线(如图 9.1 所示)。那么该如何解释原子光谱的不连续性呢?

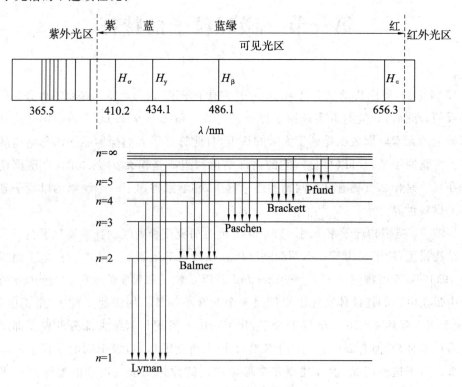

图 9.1　氢原子光谱

（二）Bohr 理论

早在 1900 年,德国物理学家 M. Planck 首先提出了著名的、当时被誉为物理学上一

次革命的量子化理论。他认为:能量像物质微粒一样是不连续的,它具有最小的能量单位——量子。物质吸收或发射的能量总是量子能量的整数倍。

1913 年,年轻的丹麦物理学家 N. H. D. Bohr 在 Rutherford 原子结构模型的基础上,借鉴 M. Planck 的量子论和 A. Einstein 的光子学说的思想,提出了著名的氢原子结构模型假设,成功解释了氢原子结构和氢原子光谱,这个结构模型也称为 Bohr 理论。其要点如下:

1. 核外电子只能在固定的符合一定条件的不连续轨道上运动,在这些轨道上运动的电子处于稳定状态,既不放出也不吸收电磁能量,这些状态叫做原子的定态。

2. 在原子核外一定轨道上运动的电子具有一定能量,不同的原子轨道的能量不同。离核最近的轨道上的电子能量最低,轨道离核越远,运动的电子能量就越高,当电子离核无穷远时,就完全脱离原子核电场的吸引,电子的能量增大到零。对于氢原子符合量子条件的核外原子轨道的能量为:

$$E_n = -2.18 \times 10^{-18} \text{ J} \times \frac{Z^2}{n^2} = -13.6 \text{ eV} \times \frac{Z^2}{n^2} \tag{9.1}$$

式中 Z 为核电荷数;n 取正整数,称为**量子数**(quantum number)。在正常情况下,原子中的各电子尽可能处于离核最近的轨道上,这时的能量最低,即电子处于**基态**(ground state),当电子从外界获得能量(如灼热、放电、辐射等)时,电子可以跃迁到离核较远的轨道上去,即电子被激发到较高能量的轨道,这时电子处于**激发态**(excited state)。

3. 在适当条件下,电子可以吸收外界供给的能量,从能量较低的轨道跃迁到能量较高的轨道上去;处于较高能量轨道的激发态电子也可以跃迁到能量较低的激发态或基态原子轨道上,这个过程中轨道之间的能量差会以电磁波的形式辐射出来。

原子轨道之间的能量变化是不连续的,当电子从能量为 E_2 的能级跃迁到另一个能量为 E_1 的能级时,将发射或吸收一定频率的光,频率的数值为:

$$\upsilon = \frac{|E_2 - E_1|}{h} \tag{9.2}$$

其中 h 为 Planck 常量,6.626×10^{-34} J·s。

Bohr 理论成功地解释了原子稳定存在的事实和氢原子线状光谱现象。但它仍未冲破经典物理学的束缚,不能解释多电子原子光谱,甚至不能说明氢原子光谱的精细结构。虽然引入了量子化条件,但仍将电子视为有固定轨道运动的宏观粒子,而没有认识到电子运动的波动性,因此不能全面反映微观粒子的运动规律。

二、微观粒子的波粒二象性与测不准原理

(一)微观粒子的波粒二象性

法国物理学家 L. de Broglie 在光的波粒二象性(wave-particle duality)的启示下,于 1923 年大胆地提出假设:"波粒二象性不只是光才有的属性,而是一切微观粒子共有的本性"。电子等实物粒子与光一样也有波粒二象性。对于质量为 m,速率为 υ 的微粒,其具有相应的波长 λ 为:

$$\lambda = \frac{h}{p} = \frac{h}{mv} \qquad (9.3)$$

其中 h 为 Planck 常量；λ 为粒子波波长；p 为粒子的动量；v 为粒子运动的速度。

1927 年，美国物理学家 C. Davisson 和 L. Germer 通过电子束在 Ni 金属晶体表面的衍射实验证实了 de Broglie 的假设。将电子束代替 X 射线，通过一薄层金属晶体 Ni，投射到照相底片上，得到了与 X 射线衍射类似的图像（如图 9.2 所示）。继而质子和中子等微观粒子的波动性也进一步被发现，最终肯定了微观粒子具有波粒二象性的假说的正确性。

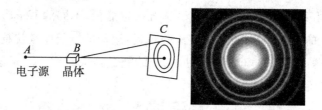

a. 电子衍射实验示意图　　　　b. 电子衍射图

图 9.2　电子衍射实验

值得注意的是，衍射实验证实了电子的波动性，但并不意味着电子是一种电磁波，也不能认为电子在运动过程中以振动的方式进行。电子的波动性应从统计学的角度解释。每个电子到达底片上的位置是随机的，不能预测的，但多次重复后，电子到达底片上某个位置的概率就显现出来。衍射图像上，亮斑强度大的地方，电子出现的概率就大；反之，电子出现少的地方，亮斑强度就小。衍射图像反映了电子在空间区域出现的概率的分布。

（二）测不准原理

根据经典力学，对于宏观物体，我们可以同时准确地确定其位置和动量，因而可预测其运动轨迹，比如行星的轨道、子弹的弹道等。但是，对于具有波粒二象性的微观粒子，能否像宏观物体那样，准确描述出其运动状态呢？

1927 年，德国物理学家 W. K. Heisenberg 作出了否定的回答。他认为微观粒子的位置与动量之间有以下的测不准关系：

$$\Delta x \cdot \Delta p \geqslant \frac{h}{4\pi} \qquad (9.4)$$

式中 Δx 和 Δp 分别为微观粒子位置和动量的测不准量；h 为 Planck 常量。该关系式说明对粒子位置的测定精确度越高（即 Δx 越小），其动量测定的精确度就越差（Δp 越大），反之亦然，但二者之积不小于常数 $h/4\pi$。也就是说，我们无法同时确定微观粒子的位置和动量，它的位置越准确，动量就越不准确；反之，它的位置越不准确，动量就越准确。这就是著名的测不准原理。

由此看出，经典力学的运动轨道的概念在微观世界中就不适用了。即是说，用适于宏观世界的经典物理的"波"或"粒子"的概念来给电子的行为以恰当的描述是不可能的。

第二节 核外电子运动状态的描述

一、波函数和原子轨道

1926 年,奥地利物理学家 E. Schrödinger 从微观粒子的波粒二象性出发,通过与光的波动方程进行类比,提出了用量子力学方法描述微观粒子运动的波动方程,称为 Schrödinger 方程。它是一个二阶偏微分方程,表示为:

$$\frac{\partial^2 \psi}{\partial x^2}+\frac{\partial^2 \psi}{\partial y^2}+\frac{\partial^2 \psi}{\partial z^2}+\frac{8\pi^2 m}{h^2}(E-V)\psi=0 \tag{9.5}$$

式中 ψ 为波函数(wavefunction),是 Schrödinger 方程的解;x、y、z 分别为三维空间坐标;$\frac{\partial^2 \psi}{\partial x^2}$、$\frac{\partial^2 \psi}{\partial y^2}$ 和 $\frac{\partial^2 \psi}{\partial z^2}$ 分别是 ψ 对 x、y 和 z 的二阶偏导数;E 是体系的总能量;V 是体系的势能;m 是微粒的质量;h 为 Planck 常量。

波函数 ψ 是描述核外电子运动状态的函数。电子运动状态不同,所对应的波函数也不同。习惯上,把波函数称为原子轨道函数,简称原子轨道。但是,这里的"原子轨道"只是波函数的代名词,和宏观物体的运动轨道有着本质上的区别,绝无电子沿固定路径运动的含义。

波函数 ψ 是方程的解,其本身的物理意义并不明确。方程是一个二阶偏微分方程,它的数学解很多,但并不是每个解都是合理的,只有满足特定条件的解才可以描述核外电子的运动状态。因此,在求解方程过程中,必须引入一些符合特定条件的参数 n、l、m,这些参数称为量子数(quantum number)。只有当量子数按一定的规则取值并组合时,所得到的波函数才是合理的,因此也可以说量子数是表征核外电子运动状态的特定参数。

二、量子数及其物理意义

量子数 n、l、m 组合方式一定时,波函数的具体形式也就一定,就有一个确定的原子轨道。而四个量子数 n、l、m、m_s 都确定时,电子的运动状态也就一定。下面分别对四个量子数进行讨论。

(一)主量子数

主量子数(principal quantum number)用 n 来表示,它是决定电子能量的主要因素,反映了电子在核外空间出现概率最大的区域离核的远近。n 可取任意正整数,即 $n=1$,2,3,$\cdots$,一般认为 n 值越大,能量越高,电子出现概率最大的区域距核越远。对于单电子原子来说,电子的能量完全由主量子数 n 决定。

n 代表电子层,在同一个原子内,n 值相同的电子划分为同一个电子层,常用光谱学符号 K、L、M、N、$\cdots$ 来表示电子层。对应关系是:

n 值:1,2,3,4,5,6,7,$\cdots$

光谱学符号:K,L,M,N,O,P,Q,$\cdots$

（二）轨道角动量量子数

轨道角动量量子数（orbital angular momentum quantum number）用 l 表示，它决定原子轨道（或电子云）的形状，其取值受主量子数 n 的限制，可取小于 n 的正整数和零，即 $l=0,1,2,3,\cdots,(n-1)$，共 n 个数值。

在多电子原子中，l 还决定同一层中电子能量的高低。即 n 一定时，l 越大，能量越高，当 n 和 l 都相同时，原子轨道的能量相同，称为等价轨道或简并轨道（degenerate orbitals）。根据轨道角动量量子数不同可将同一电子层中的电子分为若干个亚层（或称能级，energy level），l 的每一个取值对应一个能级，每个能级都有相应的光谱学符号来表示。对应关系是：

l 值：$0,1,2,3,4,\cdots,(n-1)$

光谱学符号：s,p,d,f,g,…

例如，$n=2$ 时，l 值可取 $0,1$，即 L 电子层上有 s,p 两个能级；$n=3$ 时，l 可取 $0,1,2$，即 M 电子层上有 s,p,d 三个能级。

（三）磁量子数

磁量子数（magnetic quantum number）用 m 表示，决定原子轨道和电子云在空间的伸展方向，与电子能量无关。其取值受轨道角动量量子数 l 的限制，可取值包括 $0,\pm1,\pm2,\pm3,\cdots,\pm l$，即每一个 l 对应有 $2l+1$ 个不同的 m 取值。因每一个合理的 m 取值对应一种原子轨道的空间取向，所以 s、p、d、f 轨道依次有 $1、3、5、7$ 种取向。也就是说，p、d、f 能级上分别有 3 个、5 个、7 个简并轨道。

确定 n、l、m 三个量子数就可以确定一个原子轨道。例如，当 $n=1$ 时，l 只能取 0，m 也只能取 0，n、l、m 三个量子数的组合方式只有 $(1,0,0)$，与之相对应的原子轨道只有一个，即 1s 轨道。又如，当 $n=2$，$l=1$ 时，m 只能取 $-1,0$ 和 1，n、l、m 三个量子数的组合方式有 $(2,1,-1)$、$(2,1,0)$ 和 $(2,1,1)$，分别对应了 2p 能级上在空间三种不同伸展方向的 3 个原子轨道。表 9.1 列出了电子层、能级、原子轨道与 n、l、m 三个量子数间的关系。

表 9.1　电子层、能级、原子轨道与量子数 n、l、m 间的关系

n	电子层	l	包含的能级	m	相应的轨道数	各电子层的轨道总数（n^2）	各电子层的最多电子数（$2n^2$）
1	K	0	1s	0	1	1	2
2	L	0	2s	0	1	4	8
		1	2p	$-1,0,+1$	3		
3	M	0	3s	0	1	9	18
		1	3p	$-1,0,+1$	3		
		2	3d	$-2,-1,0,+1,+2$	5		
4	N	0	4s	0	1	16	32
		1	4p	$-1,0,+1$	3		
		2	4d	$-2,-1,0,+1,+2$	5		
		3	4f	$-3,-2,-1,0,+1,+2,+3$	7		

（四）自旋角动量量子数

自旋角动量量子数（spin angular momentum quantum number）用 m_s 表示，它描述核外电子"自旋"运动的方向。它不是通过解 Schrödinger 方程得到的，而是在研究原子光谱时发现的，因为在高分辨率的光谱仪下，看到每一条光谱都是由两条非常接近的光谱线组成。为了解释这一现象，1925 年 G. E. Uhlenbeck 和 S. Goudsmit 仔细研究了碱金属的光谱后提出，原子中的电子除绕核运动外，电子本身还绕一个通过自己中心的轴作自旋运动。自旋运动的方向只有顺时针和逆时针两种，故自旋角动量量子数取值只有 $+\dfrac{1}{2}$ 和 $-\dfrac{1}{2}$，通常也可分别用符号"↑"和"↓"表示。在同一原子轨道中，最多可容纳两个相反自旋方向的电子，称为成对电子，它们具有相同的能量。

原子核外的每个电子的运动状态均可用对应的一套量子数 (n,l,m,m_s) 来描述。例如，Na 原子的最外层电子处于 3s 能级，其运动状态可表示为 $(3,0,0,+\dfrac{1}{2})$ 或 $(3,0,0,-\dfrac{1}{2})$。由于 n、l、m 量子数的取值限制，相应各电子层的原子轨道的总数分别为 n^2 个，而同一原子轨道中可容纳两个自旋状态相反的电子，因此各电子层可容纳的电子数为轨道数的 2 倍，即 $2n^2$ 个，如表 9.1 所示。

三、原子轨道和电子云的角度分布和径向分布

（一）概率密度和电子云

目前，波函数 ψ 本身的物理意义还不明确，它只是描述核外电子运动状态的函数。但是，波函数的平方却有明确的物理意义。$|\psi|^2$ 表示在原子核外空间某点电子出现的概率密度（probability density），即在该点处单位体积内电子出现的概率。也就是说电子在核外空间某一区域出现的概率等于概率密度与该区域体积的乘积。

为了形象直观地表示出概率密度 $|\psi|^2$，通常用小黑点的疏密程度表示电子在核外空间各处出现的概率密度大小，$|\psi|^2$ 大的地方，小黑点较密集，表示电子出现的概率密度较大；$|\psi|^2$ 小的地方，小黑点较稀疏，表示电子出现的概率密度较小。这种用小黑点分布的疏密程度形象化地表现电子在核外空间出现的概率密度相对大小的图形就是电子云（electron cloud）。如图 9.3 所示为氢原子 1s 电子云示意图。电子云是用统计的方法对电子出现的概率密度 $|\psi|^2$ 的形象化表示，可认为是电子运动行为的统计结果，而并非众多电子弥散在核外空间。

图 9.3　1s 电子云

（二）原子轨道的径向分布和角度分布

由于电子的波函数是一个三维空间的函数，很难用适当的简单图形表示，需将直角

坐标 x、y、z 变换成球坐标 r、θ、φ。球坐标系和直角坐标系的变换关系如图 9.4 所示。

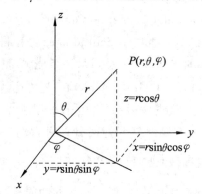

图 9.4 球坐标系与直角坐标系的变换关系

变换后的波函数 $\psi(r,\theta,\varphi)$ 包含 ψ、r、θ、φ 四个变量,在三维空间仍无法表示其空间的图像。因此,常常从不同的角度出发考虑 ψ 的性质,将波函数 $\psi(r,\theta,\varphi)$ 分离为分别与径向有关和角度有关的两个函数的乘积:

$$\psi(r,\theta,\varphi)=R(r)Y(\theta,\varphi) \tag{9.6}$$

式中,$R(r)$ 是只与半径 r 有关的函数,由 n、l 规定,称为波函数的径向部分或径向波函数;$Y(\theta,\varphi)$ 是与方位角 θ、φ 有关的函数,由 l、m 规定,称为波函数的角度部分或角度波函数。

1. 原子轨道的径向分布

核外空间中距核半径为 r,厚度为 dr 的微分球壳(如图 9.5 所示)的体积为 $4\pi r^2 dr$,我们知道,概率=概率密度×体积,因此,在这个球形薄壳夹层内,概率$=|\psi|^2 \cdot 4\pi r^2 dr=D(r)dr$,式中定义了径向分布函数 $D(r)=R^2(r) \cdot 4\pi r^2$,它是与距核半径 r 有关的函数,表示在距核为 r 的单位厚度球壳中电子出现的概率。以 $D(r)$ 对 r 作图得到的图形称原子轨道的径向分布图,反映了电子在距核为 r 的单位厚度的球壳内出现的概率随 r 的变化情况。图 9.6 给出了 K 层、L 层、M 层原子轨道的径向分布函数图。

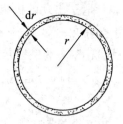

图 9.5 球壳薄层示意图

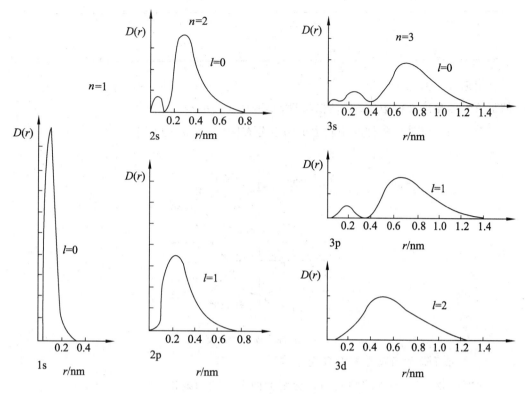

图 9.6　氢原子各轨道的径向分布图

由图可以看出,径向分布函数有$(n-l)$个峰,每个峰表示了电子在距核 r 处的球壳内出现的概率的一个极大值,主峰表现了这个概率的最大值。n 相同时,l 越小,峰越多,电子在核附近出现的可能性越大,如 2s 比 2p 多一个离核较近的峰。l 一定时,n 越大,主峰离核越远,说明轨道能量越高,例如 3s 比 2s 轨道能量要高。当 n 和 l 都不相同时,情况比较复杂,会出现钻穿效应,将在后面作详细介绍。

2. 原子轨道的角度分布

角度波函数 $Y(\theta,\varphi)$ 与离核的距离无关,将其数值随角度 θ、φ 的变化用图形表示出来,就得到波函数的角度分布图,或称原子轨道的角度分布图。作法是:先由 Schrödinger 方程解出 $Y(\theta,\varphi)$,借助球坐标,选原子核为原点,引出方向为 (θ,φ) 的直线,使其长度等于 $|Y(\theta,\varphi)|$,联结所有线段的端点,就可在空间得到某些闭合的立体曲面,即为波函数或原子轨道的角度分布图。下面以 p_z 原子轨道为例,讨论原子轨道角度分布图的作法。

求解 Schrödinger 方程,可得 p_z 原子轨道的角度波函数:

$$Y_{P_z}=\sqrt{\frac{3}{4\pi}}\cos\theta$$

表明 Y_{P_z} 值与 φ 无关,仅随 θ 而变。计算得到不同 θ 时的 Y_{P_z} 值为:

θ	$0°$	$30°$	$45°$	$60°$	$90°$	$120°$	$135°$	$150°$	$180°$
Y_{P_z}	$+0.489$	$+0.423$	$+0.346$	$+0.244$	0	-0.244	-0.346	-0.423	-0.489

根据以上数值可绘出图9.7,得到"8"字形双球面的图形,习惯上叫做哑铃形。图中的正负号为角度波函数 Y_{P_z} 的数值符号,并不是代表电荷。

类似地可以画出各种原子轨道的角度分布图(如图9.10所示)。

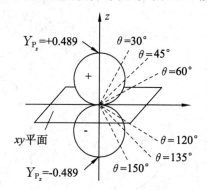

图 9.7　p_z 原子轨道的角度分布图

(三) 电子云的角度分布和径向分布

与波函数一样,概率密度也可以分解为两个函数的乘积:

$$|\psi(r,\theta,\varphi)|^2 = R^2(r)Y^2(\theta,\varphi) \tag{9.7}$$

式中,$R^2(r)$ 是概率密度的径向部分,定义为密度径向分布函数;$Y^2(\theta,\varphi)$ 是概率密度的角度部分,定义为密度角度分布函数。这样就可以分别画出 $R^2(r)$ 随 r 变化的图形和 $Y^2(\theta,\varphi)$ 随 θ、φ 变化的图形。

1. 电子云的径向分布

密度径向分布函数 $R^2(r)$ 表示在核外空间距核半径 r 的某点的单位体积内电子出现的概率密度,其随半径 r 的变化图像 $R^2(r)-r$ 称为密度径向分布图,又称为电子云径向分布图。比较 1s 轨道的原子轨道径向分布图和密度径向分布图,可以看出当 $r=52.9$ pm时原子轨道径向分布函数 $D(r)$ 有一个极大值,说明电子在此半径的球壳内出现的概率最大,但此处的概率密度 $R^2(r)$ 并不是最大;在趋近球心处某点的概率密度 $R^2(r)$ 最大,而 r 却趋近于 0,球壳体积很小,故概率 $D(r)$ 很小;在离核较远处,r 虽大(球壳体积大)但概率密度 $R^2(r)$ 趋近于 0,所以概率也很小。氢原子各轨道的密度径向分布图如图9.8所示。

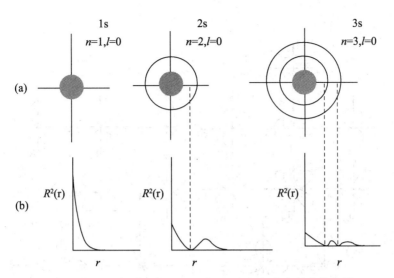

图 9.8　氢原子各种状态的(a)电子云图及(b)密度径向分布图

2. 电子云的角度分布

密度角度分布函数 $Y^2(\theta,\varphi)$ 描述核外空间某方位角特定点上电子出现的概率密度，将其随方位角 θ、φ 的变化作图得到密度角度分布图，又称为电子云角度分布图。作图方法与原子轨道角度分布图类似，不同之处是以 $|Y|^2$ 代替 Y。图 9.9 所示为 p_z 轨道的角度分布图及密度角度分布图。

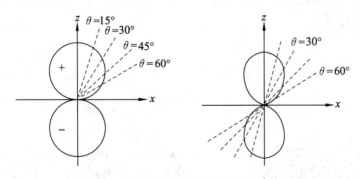

图 9.9　p_z 轨道的角度分布图及密度角度分布图

电子云角度分布图的形状和相应的原子轨道角度分布图基本相似，但有两点主要的区别：

(1) 原子轨道角度分布有正负之分，而电子云角度分布由于对数值 $Y(\theta,\varphi)$ 取平方，所以均为正值(习惯上不标出正号)。

(2) 电子云角度分布比相应原子轨道角度分布要"瘦"一些，因为 $|Y|$ 值均小于 1，所以 $|Y|^2$ 值更小一些。

图 9.10 所示为 s、p、d 原子轨道的角度分布图和电子云角度分布图。

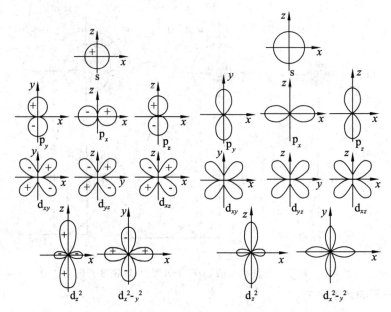

图 9.10 s、p、d 原子轨道的角度分布图和电子云角度分布图

3. 电子云的界面图

将电子云所表示的概率密度相同的各点连成曲面,称为等密度面。电子出现概率达到 90％ 的等密度面图形,称为电子云的界面图,通常我们提到的电子云图形均指电子云的界面图,如 s 电子云为球形,p 电子云为哑铃形等。1s 电子云的界面图和 s、p、d 电子云的形状如图 9.11 所示。

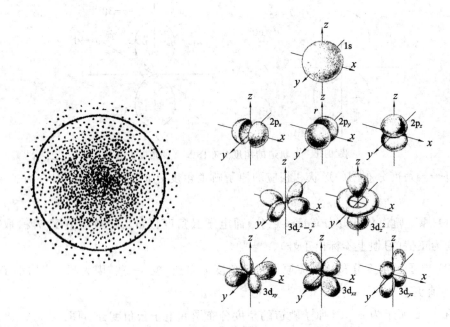

图 9.11 1s 电子云的界面图和 s,p,d 电子云的形状

第三节　多电子原子的核外电子排布

在氢原子中核外只有一个电子,描述这个电子的运动状态的波函数可以通过求解相应的 Schrödinger 方程获得精确解。而在多电子原子中,电子的运动状态变得相对复杂。核外某一电子除了受到原子核的吸引外,还要受到其他电子的排斥。所以在研究多电子原子核外电子的运动状态和能量时,通常采用"屏蔽效应"和"钻穿效应"进行近似地讨论。

一、屏蔽效应和钻穿效应

(一)屏蔽效应

在多电子原子中,每个电子不仅要受到原子核对它的吸引力,而且同时要受到其余电子对它的排斥力。多电子原子的 Schrödinger 方程无法求得精确解。通过研究发现,多电子原子中某一电子受其余电子排斥作用的结果,可以近似看成其余电子削弱了或屏蔽了原子核对该电子的吸引作用,即该电子实际上所受到的核的吸引力要比原来核电荷 Z 对它的吸引力小,因此要从 Z 中减去一个数值 σ,σ 称为**屏蔽常数**(shielding constant),即被抵消的核电荷数,$(Z-\sigma)$ 称为有效核电荷,用 Z^* 表示:

$$Z^* = Z - \sigma \tag{9.8}$$

这种将其他电子对某个电子的排斥作用归结为抵消了部分核电荷的作用,称为**屏蔽效应**(shielding effect)。

在多电子原子中,某个电子受到屏蔽作用的大小,不但与其电子的数目和状态有关,而且与该电子所处的状态有关。一般来讲,在距核较近区域出现概率较大的电子可较多地避免其他电子的屏蔽作用。因此外层电子对内层电子可近似看作不产生屏蔽作用,而主要考虑指定电子的内层和同层电子对其的屏蔽作用。

多电子原子中电子的能量(原子轨道的能级)由主量子数 n 和轨道角动量量子数 l 共同决定。当 l 相同、n 不同时,n 越大,电子层数越多,外层电子受到的屏蔽作用越强,轨道能量越高,$E_K < E_L < E_M < \cdots$;n 相同、l 不同时,由径向分布函数可知,l 愈小,$D(r)$ 的峰越多,电子在核附近出现的可能性越大,受到的屏蔽作用也越小,$E_{ns} < E_{np} < E_{nd} < E_{nf} < \cdots$。

(二)钻穿效应

从量子力学观点看,电子可以出现在原子内的任何位置上,因此,最外层电子也可能出现在离核很近处,这一点通过径向分布函数也可以证明。例如,4s 最大峰虽然比 3d 离核远得多,但有小峰钻到离核近处(如图 9.12 所示)。4s 轨道比 3d 轨道钻得深,可以更好地回避其他电子的屏蔽,直接接受较大的有效核电荷的吸引,能量较低,因而 4s 轨道的能量低于 3d 轨道,出现能级交错现象。这种 n 较大 l 较小的外层轨道电子由于其概率分布特点,钻入原子核附近,从而避开其他电子的屏蔽作用,使有效核电荷增加,能量降低的现象,称为**钻穿效应**(penetration effect)。l 越小的电子钻穿效应越明显,轨道能量越低。

轨道能级的交错现象往往发生在钻穿能力强的 ns 轨道与钻穿能力较弱的 $(n-1)d$ 或 $(n-2)f$ 轨道之间,遵循 $E_{ns} < E_{(n-2)f} < E_{(n-1)d} < E_{np}$。

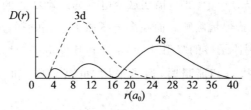

图 9.12　3d 和 4s 轨道的径向分布

二、多电子原子轨道的能级

1939 年,美国化学家 L. Pauling 根据大量的光谱实验数据以及某些近似的理论计算,总结出了多电子原子轨道能量高低的顺序,得到了 Pauling 近似能级图(approximate energy level diagram)(如图 9.13 所示),反映了电子按能级高低在核外排布的一般顺序。

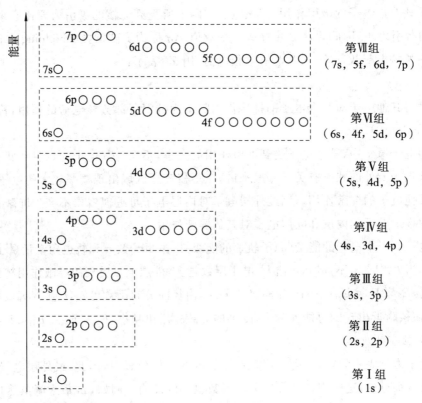

图 9.13　Pauling 原子轨道能级图

图中每一个小圆圈表示一个原子轨道,由下至上,代表原子轨道的能量逐步递增。把能量接近的若干轨道划分为一个能级组(图中用虚线方框框出),共划分成七个能级组。相邻两个能级组之间的能量差较大,而同一能级组中各原子轨道的能量差较小。能级组与元素周期系中的七个周期是相一致的。

1956年,我国化学家徐光宪总结归纳出了能级的相对高低与主量子数n和轨道角动量量子数l的关系为$(n+0.7l)$的近似规律,他认为$(n+0.7l)$数值大小顺序对应于轨道能量的高低顺序,将$(n+0.7l)$整数部分相同的轨道划分为一个能级组。根据徐光宪$(n+0.7l)$规则得到的能级划分次序和分组情况与 Pauling 近似能级图结果一致。

应用轨道填充顺序图时必须了解,Pauling 是近似地假定所有不同元素的原子的能级高低次序都是一样的,但事实上,原子中轨道能级高低的次序不是一成不变的。原子中轨道的能量在很大程度上取决于原子序数,随着元素原子序数的增加,核对电子的吸引力增强,原子轨道的能量一般会逐渐下降,而且,不同元素原子轨道能量下降的多少各不相同。所以 Pauling 近似能级图中个别能级的相对位置也可能会发生交错。

三、基态原子的核外电子排布

根据量子力学理论和原子光谱实验,多电子原子核外电子的排布基本上遵循三个原则。

(一)能量最低原理

系统的能量越低越稳定,这是自然界的普遍规律。原子核外电子的排布也遵循这一规律。基态多电子原子核外电子在排布时,总是尽可能地先占据能量最低的轨道,以使原子处于能量最低的状态。只有当能量最低的轨道已充满后,电子才能依次进入能量较高的轨道(如图 9.14 所示)。这就是能量最低原理。

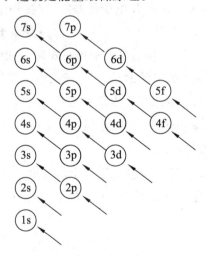

图 9.14　电子排布顺序

(二)Pauli 不相容原理

1925年,瑞士物理学家 W. Pauli 指出:在同一原子中,不可能有四个量子数完全相同的电子存在。每个轨道内最多只能容纳两个自旋方向相反的电子。即在同一原子中,若两个电子的n、l、m均相同(在同一原子轨道中),则它们的m_s必然不同,只能分别取

$+\dfrac{1}{2}$ 和 $-\dfrac{1}{2}$。

（三）Hund 规则

1925 年，德国物理学家 F. Hund 从大量光谱实验中总结得出，当电子进入能量相同的等价轨道时，总是尽可能以自旋平行的方式分占不同的等价轨道。采用这样的排布方式，原子的能量较低，体系较稳定。根据 Hund 规则，$_6$C、$_7$N、$_8$O 原子核外的电子在原子轨道中的填充情况可表示如下：

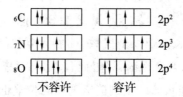

若欲使 2 个以相同自旋方向分占不同轨道的电子占据同一轨道，必须要提供额外的能量去克服电子间因占据同一轨道而产生的相互排斥力（电子成对能），而这将使体系的能量升高。

Hund 通过光谱实验还进一步得出了补充规则，称为 Hund 规则特例：等价轨道处于全充满（p^6、d^{10}、f^{14}）、半充满（p^3、d^5、f^7）或全空（p^0、d^0、f^0）的状态是能量较低的稳定状态。例如，$_{24}$Cr 的电子排布式为 $1s^2 2s^2 2p^6 3s^2 3p^6 3d^5 4s^1$，而不是 $1s^2 2s^2 2p^6 3s^2 3p^6 3d^4 4s^2$；$_{29}$Cu 的电子排布式为 $1s^2 2s^2 2p^6 3s^2 3p^6 3d^{10} 4s^1$，而不是 $1s^2 2s^2 2p^6 3s^2 3p^6 3d^9 4s^2$。

根据 Pauling 近似能级图和能量最低原理、Pauli 不相容原理和 Hund 规则，就可以正确地写出大多数元素基态原子的核外电子排布式，即核外电子构型（electron configuration）或电子层结构（electron shell structure）。应注意到电子排布式中能级的书写次序与电子填充的先后次序并不一致。在书写电子排布式时，一般应按主量子数 n 的数值由低到高排列整理，把同一主量子数 n 的放在一起，即按电子层从内层到外层逐层书写。

为简便起见，内层已填充满至稀有气体元素电子层结构的部分用稀有气体元素符号加方括号表示，称为**原子芯**（atomic kernel）。例如，$_{26}$Fe 的电子排布可写成 $[Ar]3d^6 4s^2$，原子芯 $[Ar]$ 表示 $1s^2 2s^2 2p^6 3s^2 3p^6$。

另外，原子失去电子的顺序不一定就是原子中填充电子顺序的逆方向。一般先失去最外层电子。如 $_{25}$Mn 原子先失去最外层 4s 上的 2 个电子，故 Mn^{2+} 的电子排布式应为 $1s^2 2s^2 2p^6 3s^2 3p^6 3d^5$。

第四节　元素周期表与元素性质的周期性

1869 年，俄国化学家 Mendeleev 在元素研究中，将元素按一定顺序排列起来，使元素的化学性质呈现周期性的变化,元素性质的这种周期性变化规律,称为元素的周期律,其表格形式称为**元素周期表**(periodic table of the elements)。今天,我们认识到元素的性质是由其电子层结构所决定的,元素性质的周期性来源于基态原子电子层结构随原子序数(核电荷数)递增而呈现的周期性变化,元素周期律正是原子内部结构周期性变化的反映。

一、元素周期表

把元素按原子序数递增的顺序依次排列,每个元素分占一格,电子依次填入的顺序遵从 Pauling 近似能级图并根据其能级组的划分排成 7 个横行,并将外层电子构型类似的排成一列,就得到了元素周期表。

(一)元素周期与能级组

元素周期表中每个横行称为一个周期,七个周期分别对应于七个能级组。第一、二、三周期为短周期,第四周期以后称为长周期,第七周期是未完全的周期。每一周期元素原子的最外电子层结构都是从 ns^1 到 ns^2np^6(稀有气体)结束(第一周期除外)。即每当一个新的能级组开始填充电子时,标志着核外电子排布式中又增添了一个新的电子层,周期表中开始了一个新的周期。因此元素所在的周期数与该元素的原子所具有的电子层数一致,也与该元素所处的能级组的组数一致。所以能级组的划分是元素周期表中元素划分为周期的本质原因。

由于有能级交错,使一个能级组内包含的能级数目不同,因而各个能级组所容纳的电子总数就等于该周期中所包含元素的数目。例如 $n=4$ 时,由于出现能级交错,$E_{4s}<E_{3d}$,所以原子序数为 19 的 K 外层电子填入 4s 而不是填入 3d,该能级组中包含了 4s 3d 4p 共 9 个原子轨道,共有 18 个元素。各周期元素的数目与相应能级组所容纳电子数目的关系如表 9.2 所示。

表 9.2 各周期元素的数目与相应能级组所容纳电子数目的关系

周期	能级组	相应能级组中的能级	元素数目	电子最大容量
1	Ⅰ	1s	2	2
2	Ⅱ	2s 2p	8	8
3	Ⅲ	3s 3p	8	8
4	Ⅳ	4s 3d 4p	18	18
5	Ⅴ	5s 4d 5p	18	18
6	Ⅵ	6s 4f 5d 6p	32	32
7	Ⅶ	7s 5f 6d (未完)	26	未满

(二)族的划分与外层电子构型

元素周期表中的纵行称为族。长周期表中共有 18 个纵行,划分为 16 个族。除了由第 8～10 三个纵行组成的一个族外,其余每一个纵行为一个族。

① 主族:主族也称 A 族,凡是基态原子核外最后一个电子填入 ns 或 np 能级的元素称为主族元素,包括 ⅠA 到 ⅦA 族共七个。主族元素的内层轨道是全充满的,外层电子构型是 ns^1 到 ns^2np^5。主族元素的价电子数等于最外层 s 和 p 电子的总数,而价电子总数等于其族数。

② 副族:副族也称 B 族,凡基态原子核外最后一个电子填入 $(n-1)d$ 或 $(n-2)f$ 能级的元素称为副族元素。包括 ⅠB 到 ⅦB 族共七个。ⅢB~ⅦB 族元素的价电子数等于最外层 s 和次外层 d 亚层中的电子总数,其价电子总数等于其族数。如 $_{25}$Mn 的电子排布式为 $1s^2 2s^2 2p^6 3s^2 3p^6 3d^5 4s^2$,所以属于 ⅦB 族。ⅠB、ⅡB 族元素由于其 $(n-1)d$ 亚层已经填满,所以其最外层上的 s 电子数等于其族数,如 $_{30}$Zn 的电子排布式为 $1s^2 2s^2 2p^6 3s^2 3p^6 3d^{10} 4s^2$,属于 ⅡB 族。

副族元素最外层一般只有 1~2 个电子,它们之间的差异主要在次外层上的电子数不同,由于在次外层上的电子数不同对元素性质的影响较小,故它们之间性质的差异不像主族元素那样明显。因其最外层电子数较少,故易失去电子,表现出金属性质。

镧系和锕系在周期表中都排在 ⅢB 族,各有 15 个元素。它们的差异仅在 $(n-2)f$ 亚层上,因此也称为内过渡元素,性质极为相似。

③ Ⅷ族:在周期表中共有三个纵行,其外层电子构型是 $(n-1)d^{6~10}ns^{0,1,2}$,电子总数为 8~10。此族多数元素在化学反应中的氧化值并不等于族数。

通常把 ⅠB~ⅦB 以及 Ⅷ族元素称为过渡元素。

④ 0 族:稀有气体最外层均已填满,呈稳定结构,按习惯属 0 族。

(三)元素分区与外层电子构型

根据元素原子外层电子构型的特点,可将周期表分为 s、p、d、ds、f 五个区,如图 9.15 所示。

① s 区元素:最后 1 个电子填充在最外层 s 轨道,最外层电子的构型是 ns^1 或 ns^2,包括 ⅠA 和 ⅡA 族,位于周期表的左侧。容易失去电子形成氧化值为 +1 或 +2 的离子。除 H 外都是活泼的金属元素。

② p 区元素:最后 1 个电子填充在最外层的 p 轨道,除 He 元素外,最外层电子构型是 $ns^2np^{1~6}$,包括 ⅢA~ⅦA 族和 0 族元素,位于周期表右侧。大部分是非金属元素。

③ d 区元素:最后 1 个电子基本都是填充在次外层,即 $(n-1)d$ 轨道上(个别例外),它的电子构型是 $(n-1)d^{1~9}ns^{1~2}$,包括 ⅢB~ⅦB 族和 Ⅷ族元素,位于长周期的中部。d 区元素都是金属元素。

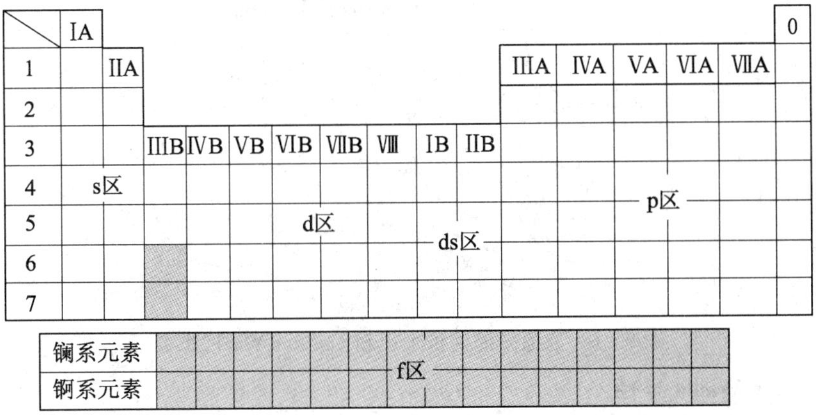

图 9.15 元素周期表的分区

④ ds 区元素:次外层 d 轨道是充满的,最外层轨道上有 1～2 个电子,价电子层结构是 $(n-1)d^{10}ns^{1\sim2}$,包括ⅠB 和ⅡB 族,周期表中处于 d 区和 p 区之间。它们都是金属元素。

⑤ f 区元素:最后 1 个电子填充在 f 轨道上,外层电子构型是 $(n-2)f^{0\sim14}(n-1)d^{0\sim2}ns^2$,包括镧系和锕系元素,由于包括的元素数较多,常将其单独列于周期表之下。

二、元素性质的周期性

原子结构和元素性质的特征可以通过一些能表达原子特性的原子参数(atomic parameter)来描述。这些参数包括原子半径、电离能、电子亲和能、电负性等。元素的性质决定于原子的内部结构,既然原子的电子层结构具有周期性变化规律,那么与原子结构密切相关的这些原子参数也必将呈现周期性的变化。

(一)原子半径

按照量子力学的观点,电子在核外运动没有固定轨道,只是在各处概率分布大小不同而已,因此原子核外的电子云没有明确的外界面。通常所说的**原子半径**(atomic radius),是指相邻同种原子的核间距离的一半。根据测定数据的来源不同,原子半径一般可分为共价半径、金属半径和 van der Waals 半径。

1. 共价半径

同种元素的两个原子以共价单键连接时,它们核间距离的一半,称为该原子的**共价半径**(covalent radius)。如图 9.16 所示,氯原子的共价半径为 99 pm。

179

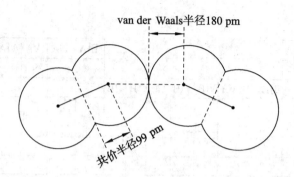

图 9.16　氯原子的共价半径和 van der Waals 半径

2. van der Waals 半径

在分子晶体中,分子之间以 van der Waals 力(即分子间作用力)互相吸引。这时非键的两个同种原子核间距离的一半,称为 van der Waals **半径**(van der Waals radius)。图 9.17 显示氯原子的 van der Waals 半径为 180 pm,大于其共价半径。

3. 金属半径

金属单质的晶体中,相邻两个金属原子核间距离的一半,称为金属原子的**金属半径**(metallic radius)。铜原子的金属半径为 128 pm(如图 9.17 所示)。

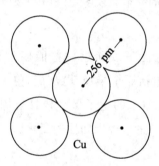

图 9.17　铜原子的金属半径

同种原子在用不同形式的半径表示时,半径值不同。一般金属半径比共价半径大 $10\% \sim 15\%$;同种原子的 van der Waals 半径也比共价半径大得多。因此,在比较不同元素原子半径的相对大小时,应选择同一类型的原子半径。周期表中各元素的原子半径随原子序数的变化情况如图 9.18 所示。

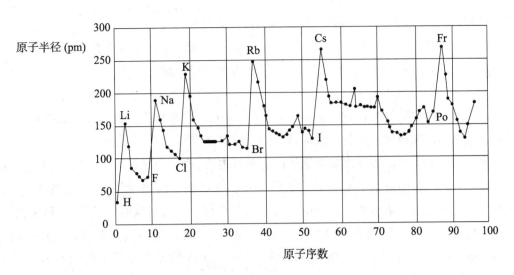

图 9.18 原子半径随原子序数的变化

原子半径的大小主要决定于原子的有效核电荷和核外电子的层数。其规律性变化可以归纳如下：

① 同一周期中原子半径的变化受到两个相反因素的作用：一方面从左到右随着核电荷的增加，原子核对外层电子的吸引力增加，原子半径逐渐缩小；另一方面，随着核外电子数的增加，电子间的相互排斥力也增强，原子半径增大。但是，由于增加的电子在同层，不足以完全屏蔽增加的核电荷，因而从左到右核电荷增加大于电子间排斥力的增强，原子半径逐渐减小。

在长周期中，过渡元素自左向右原子半径缩小的程度比主族元素要小。这是因为过渡元素随着原子核电荷增加而新增加的电子填充在 $(n-1)$ 层上，对外层电子的屏蔽作用大，有效核电荷增加的比较小，因而原子半径减小缓慢。

② 在同一主族中，从上到下最外层电子构型相同，尽管核电荷数增多，但电子层数增多起主要作用，电子间排斥力增强，所以原子半径显著增加。

副族元素的原子半径从上到下的变化不明显。第五周期和第六周期同一族中的过渡元素的原子半径非常接近，甚至第六周期 d 区元素的原子半径比第五周期元素有所减小，这是因为在第六周期出现了镧系元素，在一个格子内集中了 15 个核电荷，使有效核电荷对原子半径减小的影响，超过了电子层数对原子半径增大的影响，我们将这种现象称为"镧系收缩"。

（二）元素的电离能

在一定的温度和压力下，使处于基态的气态原子失去电子所需的最低能量称为**电离能**（ionization energy），用 I 表示，单位为 $kJ \cdot mol^{-1}$。在多电子原子中，处于基态的气态原子失去一个电子变成带一个正电荷的气态阳离子，所表现的电离能称为元素的第一电离能 I_1；由带一个正电荷的气态阳离子再失去一个电子变成带两个正电荷的气态阳离子,所表现的电离能称为元素的第二电离能 I_2;以此类推。

同一原子的各级电离能大小 $I_1 < I_2 < I_3 < I_4 \cdots$。因为阳离子电荷数越大,离子的半径就越小,核对电子的吸引力越大,失去电子所需要的能量越高。

通常只用第一电离能来衡量元素的原子失去电子的难易程度。元素的第一电离能越小,表明该元素原子在气态时越容易失去电子,该元素的金属性也越强。因此可用元素的第一电离能来衡量元素的金属活泼性。

决定电离能大小的主要因素为原子的有效核电荷、原子半径以及电子层结构。在同一周期中,电子层数相同,从左到右元素的有效核电荷逐渐增加,原子半径逐渐减小,故元素的第一电离能逐渐增大。其中由于某些元素具有全满或半满的电子结构,稳定性高于左右相邻元素,故 I_1 较高,使图中相邻各元素 I_1 变化趋势连线出现突起拐折(如图 9.19所示),如 He、Be、N、Ne、Mg、P、Hg 等元素处。ⅠA 族元素在同一周期中 I_1 最低,表现出最强的金属性;0 族元素在该周期中 I_1 最高,表现出最高的化学惰性。

同周期中过渡元素由于电子填入($n-1$)d 或($n-2$)f 轨道,最外层电子基本相同,有效核电荷增加不多,原子半径减小较慢,故第一电离能增加远不如主族元素显著。

在同一主族中,自上而下电子层数增加,原子半径增大,原子核对外层电子的吸引力减小,第一电离能逐渐减小。

副族元素原子的第一电离能变化幅度较小。

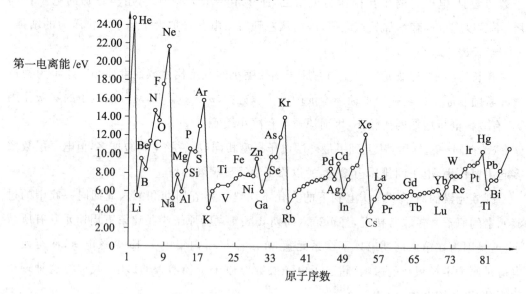

图 9.19　周期表中各元素原子的第一电离能随原子序数的变化

(三)元素的电子亲和能

一个基态的气态原子得到 1 个电子形成带一个负电荷的气态阴离子时所放出的能量称为该元素的**第一电子亲和能**(first electron affinity),常用符号 A_1 表示。由于历史原因,表示电子亲和能时若体系释放能量用正值表示,吸收能量用负值表示。表 9.3 给出了一些主族元素的电子亲和能的数值。

表 9.3　一些主族元素的电子亲和能 A_1（单位：$kJ \cdot mol^{-1}$）

H 79.2							He <0
Li 59.8	Be <0	B 23	C 122	N 0±22	O 141	F 322	Ne <0
Na 52.9	Mg <0	Al 44	Si 120	P 74	S 200.4	Cl 348.7	Ar <0
K 48.4	Ca <0	Ga 36	Ge 116	As 77	Se 195	Br 324.5	Kr <0
Rb 46.9	Sr <0	In 34	Sn 121	Sb 101	Te 190.1	I 295	Xe <0

电子亲和能是用以衡量单个原子得到电子难易程度的一个参数。元素的电子亲和能越大，表示该元素原子得到电子的倾向越大，该元素的非金属性也越强。

电子亲和能的测定比较困难，一般常用间接的方法计算得到，准确性也较差。

电子亲和能的大小也主要决定于原子的有效核电荷、原子半径和原子的电子层结构。

一般来说，同一周期中，从左到右原子的有效核电荷逐渐增大，原子半径逐渐减小，同时由于最外层电子数逐渐增多，易结合电子形成 8 电子稳定结构，因此元素的电子亲和能逐渐增大。同一周期中以卤素的电子亲和能最大。ⅤA 族元素由于原子最外层构型为半充满的稳定状态，因此电子亲和能较小；碱土金属元素由于原子半径大，且具有 ns^2 充满的电子层结构，也难以得到电子，电子亲和能为负值。

同一族中，从上向下电子亲和能减小。应注意的是，由于第二周期 F、O、N 的原子半径较小，电子密度大，电子间相互斥力大，以致在加合一个电子形成阴离子时放出的能量较小，故 F、O、N 的电子亲和能反而比第三周期相应的元素 Cl、S、P 要小。

（四）电负性

电离能和电子亲和能各自都只从一个方面反映了原子得失电子的能力，故不能仅仅从电离能来衡量元素的金属性或从电子亲和能来衡量元素的非金属性。

1932 年 Pauling 引入了**电负性**（electronegativity）的概念。电负性是一个相对值，无单位，是指元素的原子在分子中吸引成键电子能力的相对大小，常用符号 χ 来表示。电负性能综合反映出元素原子得失电子能力的大小，其数值可视作衡量原子金属性和非金属性强弱的标度。

元素的电负性越大，表示元素原子在分子中吸引成键电子的能力越强，即生成阴离子的倾向越大，非金属性越强。反之，电负性越小，元素原子越倾向于失去电子生成阳离子，金属性越强。

电负性的数值无法用实验测定，只能采用对比的方法得到，由于选择的标准不同，计算方法不同，得到的电负性数值也不一样，其中较有代表性的有 L. Pauling 电负性标度

χ_P、R. A. Millikan 电负性标度 χ_M 和 Allred-Rochow 电负性标度 χ_A。使用最广泛的还是 Pauling 电负性标度,规定锂的电负性为 1.0(或氟为 4.0),其他元素根据键能等热力学数据与它相比较得到电负性的相对数值。表 9.4 列出了部分元素的电负性值。

表 9.4　元素的电负性(Pauling 值)

IA	IIA	IIIB	IVB	VB	VIB	VIIB	VIII			IB	IIB	IIIA	IVA	VA	VIA	VIIA	0
H 2.1																	He
Li 1.0	Be 1.5											B 2.0	C 2.5	N 3.0	O 3.5	F 4.0	Ne
Na 0.9	Mg 1.2											Al 1.5	Si 1.8	P 2.1	S 2.5	Cl 3.0	Ar
K 0.8	Ca 1.0	Sc 1.3	Ti 1.5	V 1.6	Cr 1.6	Mn 1.5	Fe 1.8	Co 1.9	Ni 1.9	Cu 1.9	Zn 1.6	Ga 1.6	Ge 1.8	As 2.0	Se 2.4	Br 2.8	Kr
Rb 0.8	Sr 1.0	Y 1.2	Zr 1.4	Nb 1.6	Mo 1.8	Tc 1.9	Ru 2.2	Rh 2.2	Pd 2.2	Ag 1.9	Cd 1.7	In 1.7	Sn 1.8	Sb 1.9	Te 2.1	I 2.5	Xe
Cs 0.7	Ba 0.9	La-Lu 1.0-1.2	Hf 1.3	Ta 1.5	W 1.7	Re 1.9	Os 2.2	Ir 2.2	Pt 2.2	Au 2.4	Hg 1.9	Tl 1.8	Pb 1.9	Bi 1.9	Po 2.0	At 2.2	Rn
Fr 0.7	Ra 0.9	Ac-No 1.1-1.4															

同一周期中,从左到右原子半径逐渐减小,有效核电荷逐渐增大,原子在分子中吸引电子的能力逐渐增强,电负性逐渐增大。

同一主族中,从上到下电子层构型相同,原子半径逐渐增大,电负性依次减小。但副族元素中电负性的变化规律不明显。

周期表中右上方的 F 电负性($\chi=4.0$)最大,左下方的 Cs 电负性($\chi=0.79$)最小。利用元素电负性的数据,可以衡量元素金属性和非金属性的强弱,预计化合物中化学键的类型和极性。一般地说,金属元素(除金和铂系)的电负性值小于 2.0,非金属元素(除硅)的电负性值大于 2.0。电负性只能用来作定性的估计,不宜用作精确的计算。

化学视窗

查德威克和中子的发现

查德威克(Chadwick·Sir·James),1891 年 10 月生于英国曼彻斯特,1911 年以优异成绩毕业于曼彻斯特大学物理学院,1911 年～1913 年在卢瑟福指导下在该大学从事放射性研究并获理学硕士学位。1923 年被任命为卡文迪许实验室主任助理,至 1935 年。在这段时间里与卢瑟福合作,于 1932 年发现了中子。1935 年获诺贝尔物理学奖。

1919 年卢瑟福通过用 α 粒子轰击氮原子放出氢核,而发现了质子。1920 年他在一次演说中谈到,既然原子中存在带负电的电子和带正电的质子,为什么不能存在不带电的"中子"呢?他当时设想的中子是电子与质子的结合物。1930 年,德国物理学家博特和贝克尔用刚发明不久的盖革·缪勒计数器,发现金属铍在 α 粒子轰击下,产生一种贯穿性很强的辐射,当时他们认为这是一种高能量的硬 γ 射线。1932 年约里奥·居里夫妇重复了这一实验,他们惊奇地发现,这种硬 γ 射线的能量大大超过了天然放射性物质发射的 γ 射线的能量。同时他们还发现,用这种射线去轰击石蜡,竟能从石蜡中打出质子来。约里奥·居里夫妇把这种现象解释为一种康普顿效应。但是打出的质子能量高达 5.7 MeV,按照康普顿公式,入射的 γ 射线能量至少应为 50 MeV,这在理论上是解释不通的。查德威克把这一情况报告了卢瑟福,卢瑟福听了后很兴奋,但他不同意约里奥·居里夫妇的解释。查德威克很快重做了上面的实验。他用 α 粒子轰击铍,再用铍产生的射线轰击氢、氮,结果打出了氢核和氮核。由此,他断定这种射线不可能是 γ 射线。因为 γ 射线不具备从原子中打出质子所需要的动量。他认为,只有假定从铍中放出的射线是一种质量跟质子差不多的中性粒子才能解释得通。

他用仪器测量了被打出的氢核和氮核的速度,并由此推算出了这种新粒子的质量。查德威克还用别的物质进行实验,得出的结果都是这种未知粒子的质量与氢核的质量差不多。由于这种粒子不带电,所以叫做中子。后来更精确的实验测出,中子的质量非常接近于质子的质量,只比质子质量大千分之一左右。查德威克将他的研究成果写成论文《中子的存在》,发表在皇家学会的学报上。查德威克从重复约里奥·居里夫妇的实验到发现中子,前后不到一个月。这一方面是由于前人的工作为他打下了基础,主要的还是由于他能打破常规,有大胆的创新精神,敢于破除传统思想的束缚。而约里奥·居里夫妇虽然已经遇到了中子,由于没有作出正确的解释,而与中子失之交臂,错过了发现中子的机会。

参考文献

1. 张欣荣,阎芳. 基础化学. 北京:高等教育出版社,2011
2. 李惠芝. 无机化学. 北京:中国医药科技出版社,2002
3. 魏祖期,刘德育. 基础化学(第 8 版). 北京:人民卫生出版社,2013
4. 黄可龙. 无机化学. 北京:科学出版社,2007
5. 傅洵等. 基础化学教程(无机与分析化学). 北京:科学出版社,2007

习 题

1. 原子核外电子运动有什么特征?

2. 试区别下列名词或概念:波函数和原子轨道、概率与概率密度。

3. 氮的价电子构型是 $2s^2 2p^3$,试用 4 个量子数分别表明每个电子的状态。

4. 写出下列各能级的符号:

(1) $n=2, l=0$ 　　　　　　　　　(2) $n=3, l=2$

(3) $n=4, l=1$ 　　　　　　　　　(4) $n=5, l=3$

5. 请填写下列各组用于表示电子运动状态时,所缺少的量子数:

(1) $n=3, l=2, m=?, m_s=+\dfrac{1}{2}$

(2) $n=4, l=?, m=-1, m_s=-\dfrac{1}{2}$

(3) $n=?, l=2, m=1, m_s=+\dfrac{1}{2}$

(4) $n=2, l=1, m=0, m_s=?$

6. 下列各组量子数哪些是不合理的,为什么?

(1) $n=2, l=1, m=0$

(2) $n=2, l=2, m=-1$

(3) $n=3, l=0, m=0$

(4) $n=3, l=1, m=+2$

(5) $n=2, l=0, m=-1$

(6) $n=2, l=3, m=+2$

7. 以下各能级哪些可能存在? 包含多少轨道?

(1) 2s (2) 3f (3) 4p (4) 5d

8. 举例说明核外电子排布的三个原理及特例。

9. 下列各元素的基态原子的电子排布式如果写成以下形式,各自违背了什么原理? 请写出更正后的电子排布式:

(1) N $1s^2 2s^3 2p^2$

(2) Be $1s^2 2p^2$

(3) O $1s^2 2s^2 2p_x^2 2p_y^2$

10. 试完成下表:

价电子构型	原子序数	周期	族	区	元素符号
$3s^2$					
		二	ⅤA		
	40				Zr
$5s^2 5p^5$					
	30				

11. 写出下列离子的电子排布式。

(1) S^{2-} (2) K^+ (3) Mn^{2+} (4) Fe^{2+}

12. 根据下列元素的价电子构型,指出其在周期表中所处的位置:

(1) $2s^2$ (2) $4s^2 4p^2$ (3) $3d^1 4s^2$ (4) $3d^6 4s^2$ (5) $4d^{10} 5s^1$ (6) $4s^2 4p^6$

13. 基态原子价层电子排布满足下列条件之一的是哪一族或哪一个元素?

(1) 具有 4 个 p 电子;

(2) 量子数 $n=4, l=0$ 的电子有 2 个,和 $n=3, l=2$ 的电子有 5 个;

(3) 4d 电子全充满,5s 只有一个电子。

14. 简述元素的原子半径、第一电离能、电子亲和能和电负性周期性变化的规律?

15. 将下列原子按电负性降低的次序排列并解释这样排列的理由:As,F,S,Sr 和 Zn。

16. How many subshells are there in the N shell? How many orbitals are there in the d subshell?

17. Vanadium has the ground-state configuration $[Ar]3d^3 4s^2$. Give the group and period for this element.

（韩玮娜　编写）

第十章
共价键和分子间力

物质是由分子组成的,分子是物质能独立存在并保持其化学特性的最小粒子。物质的化学性质主要决定于分子的性质,而分子的性质又是由分子的内部结构所决定。因此学习分子的内部结构也就是分子中原子间的化学结合方式,以及分子中电子的运动状态,对于我们更好了解物质的性质和化学反应的规律性具有十分重要的意义。

我们把分子中原子间的强烈作用力称为化学键,化学键按成键时电子运动状态变化的不同,可分为离子键、共价键、金属键三种基本类型。在这三种类型化学键中,以共价键相结合的化合物占已知化合物的 90% 以上,在生命体中绝大多数化合物的分子中原子间都是以共价键相结合的,也就是说在生物体内以共价键结合的化合物是主要的。因此,本章着重讨论共价键以及共价化合物分子间的相互作用力,为我们的后续课程,也为我们建立医学知识逻辑思维体系奠定基础。

第一节　现代价键理论

现代价键理论为我们认识共价键的本质以及共价键的特征提供了强有力的逻辑思维方法。为我们用量子力学的观点来认识物质的内部结构打开了通道。早在 1916 年,美国化学家 Lewis 就提出了经典的共价键理论。他认为,共价键是由成键原子双方各自提供外层单电子组成共用电子对而形成的。形成共价键后,成键原子一般都达到稀有气体原子的外层电子组态,因而稳定,这就是共价键的雏形。

Lewis 的共价键理论初步揭示了共价键与离子键的区别,但他把电子看成是静止不动的负电荷,因而无法解释为什么两个带负电荷的电子不互相排斥反而相互配对,也无法说明共价键具有方向性和饱和性等问题。这就说明了电子配对法理论的局限性,同时也提示了共价键理论发展的必然趋势。

1927 年 Heitler W 和 London F 应用量子力学处理 H_2 分子结构,从量子力学的观点揭示了共价键的本质。Pauling L 和 Slater JC 等人在此基础上加以发展,建立起**现代价键理论**(valence bond theory),简称 VB 法,(又称电子配对法)和**杂化轨道理论**(hybrid orbital theory)。1932 年美国化学家 Muiliken RS 和德国化学家 Hund F 提出了**分子轨道理论**(molecular orbital theory),简称 MO 法。这就是两种共价键理论的发展。下面我们先介绍现代价键理论。

一、氢分子的形成和共价键的本质

用量子力学对氢分子系统进行分析和处理,结果表明,氢分子的形成是两个氢原子 1s 轨道叠加的结果。只有两个氢原子的单电子自旋方向相反时,两个 1s 轨道才会有效重组,形成**共价键**(covalent bond)。如图 10.1 和图 10.2 所示。

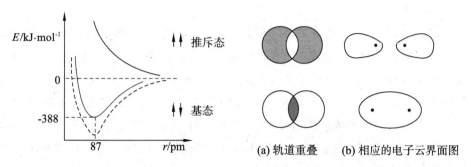

图 10.1　氢分子的能量变化曲线　　　　图 10.2　氢分子的基态和排斥态

由图 10.1 和 10.2 可见,当两个氢原子互相靠近时,如果电子自旋方向相反,原子轨道相互重叠,重叠部分的波函数值增大,核间电子云密度增大,系统的能量随之降低,当核间距 r 为 74 pm(测定值)时,理论值为 87 pm 时,两个原子轨道重叠最大,系统能量最低(测定值-458 kJ $\cdot$ mol^{-1},理论值-388 kJ $\cdot$ mol^{-1}),两个氢原子形成稳定的共价键。这称为氢分子的**基态**(ground state),如图 10.2 下半部分的图形所示。如果两个原子的单电子自旋方向相同且相互接近时,两个 1s 轨道重叠部分的波函数值相减,互相抵消,核间电子出现的概率几乎为 0,从而增大了两核间的排斥力,两个氢原子不能成键,这种不稳定的状态也是高能量的状态称为氢分子的**排斥态**(repellent state),如图 10.2 上半部分的图形所示。

由此可见,共价键的本质是原子轨道的相互重叠,在重叠部分电子出现的概率密度增大,形成一个负电区域,这个负电区域对两原子核产生吸引,使系统能量降低,形成稳定的氢分子。从某种意义上来说,共价键的本质也具有电性,但因这种结合力是两核间的电子云密集区对两核的吸引力,成键的这对电子是围绕两个原子核运动的,只不过在两核间出现的概率大而已,而不是正、负离子间的库仑引力,所以它不同于一般的静电作用,主要是两列波叠加以后波强度增大了,使系统能量降得更低,体系更加稳定了。

二、现代价键理论要点

我们把对 H_2 分子的研究结果推广到其他双原子分子和多原子分子,便可归纳出现代价键理论的要点:

（一）共价键形成的条件

两原子接近时,只有自旋方向相反的单电子可以相互配对,两原子轨道重叠,电子在重叠部分出现的概率密度增大,对两原子核产生了吸引作用,系统能量降低,形成稳定的共价键。

（二）共价键的饱和性

自旋方向相反的单电子配对形成共价键后，就不能再和其他原子中的单电子配对。所以，每个原子所能形成的共价键的数目取决于该原子中的单电子数目，这就是共价键的饱和性。

（三）共价键的方向性

成键时，两原子轨道重叠越多，两核间电子云越密集，形成的共价键越牢固，这称为原子轨道最大重叠原理。据此，共价键的形成将尽可能沿着原子轨道最大程度重叠的方向进行。原子轨道中，除 s 轨道呈球形对称外，p、d 等轨道都有一定的空间取向，它们在成键时只有沿一定的方向才能达到最大程度的重叠，从而形成稳定的共价键，这就是共价键的方向性。例如在形成氯化氢分子时，氢原子的 1s 轨道与氯原子的 $3p_x$ 轨道是沿着 x 轴方向成键，以实现它们之间的最大程度重叠，形成稳定的共价键。其他方向的重叠，都不能实现最大重叠，故不能成键，如图 10.3 所示：

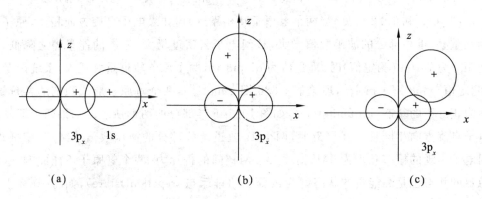

图 10.3　氯化氢分子的成键示意图

三、共价键的类型

（一）σ 键和 π 键

根据原子轨道最大重叠原理，成键时轨道之间可有两种不同的重叠方式，从而形成两种类型的共价键——σ 键和 π 键。对于含有单 s 电子或单 p 电子的原子，它们可以通过 s—s、s—p_x、p_x—p_x、p_y—p_y、p_z—p_z 等轨道重叠形成共价键。为了达到原子轨道最大程度重叠，其中 s—s、s—p_x、p_x—p_x 轨道沿着键轴（即成键两原子核间连线，设为 x 轴）以头碰头方式重叠，轨道的重叠部分沿键轴呈圆柱形对称分布，原子轨道间以这种重叠方式形成的共价键称为 σ 键。如图 10.4(a) 所示，x 轴为圆柱形轴心。两个互相平行的 p_y 或 p_z 轨道则只能以肩并肩方式重叠，轨道的重叠部分垂直于键轴并呈镜面反对称分布（原子轨道在镜面两边波瓣的符号相反），原子轨道以这种重叠方式形成的共价键称为 π 键。

如图 10.4(b) 所示，xy 平面或 xz 平面为对称镜面。例如，N 原子的电子组态为 $1s^2 2s^2 2p_x{}^1 2p_y{}^1 2p_z{}^1$，其中三个单电子分别占据三个互相垂直的 p 轨道。当两个 N 原子结合成 N_2 分子时，各以一个 $2p_x$ 轨道沿键轴以头碰头方式重叠形成一个 σ 键后，余下的两

个 $2p_y$ 和两个 $2p_z$ 轨道只能以肩并肩方式重叠,形成两个 π 键(如图 10.5 所示)。所以 N_2 分子中有一个 σ 键和两个 π 键,其分子结构用 N≡N 来表示。在作图 10.5 时,为了能让大家看得清楚两个 π 键(π_{2p_y},π_{2p_z})电子云的分布情况,分别将每个 π 键的两个椭圆球形电子云之间距离比实际距离拉大了,看图时要注意到这一点。

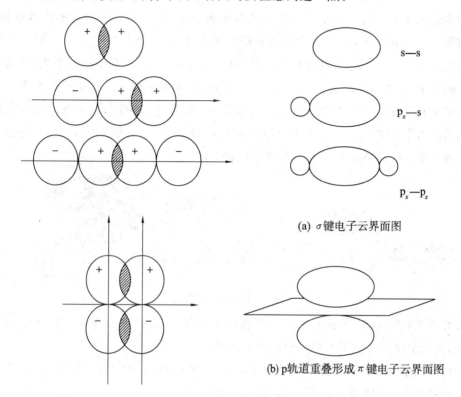

(a) σ 键电子云界面图

(b) p 轨道重叠形成 π 键电子云界面图

图 10.4　σ 键和 π 键

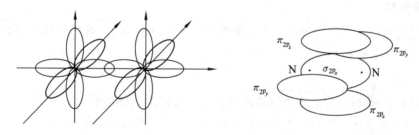

图 10.5　N_2 分子形成示意图

由于 σ 键的轨道重叠程度比 π 键的轨道重叠程度大,因而 σ 键比 π 键牢固。π 键容易断开,化学活泼性强,一般它是与 σ 键共存于具有双键或叁键的分子中。σ 键是构成分子的骨架,可单独存在于两原子间,以共价键结合的两原子间有且只有一个 σ 键,共价单键一般是 σ 键,双键中有一个 σ 键和一个 π 键,叁键中有一个 σ 键和两个 π 键。因在主量子数相同的原子轨道中,p 轨道沿键轴方向的重叠程度较 s 轨道的大,所以一般来说 p—p 轨道重叠形成的 σ 键比 s—s 轨道重叠形成的 σ 键要牢固的多。

（二）正常共价键和配位共价键

根据成键原子提供电子形成的共用电子对方式的不同,共价键可分为正常共价键和配位共价键。如果共价键是由成键两原子各提供一个电子配对成键的,称为正常共价键,如 H_2、O_2、HCl 等分子中的共价键。如果共价键的形成是由成键两原子中的一个原子单独提供电子对与另一个原子的空轨道共用而成键,这种共价键称为**配位共价键**,简称**配位键**(coordination bond)。为区别于正常共价键,配位键用"→"表示。箭头从提供电子对的原子指向接受电子对的原子。例如 CO 分子中,O 原子除了以两个 2p 单电子与 C 原子的 2 个 2p 单电子形成一个 σ 键和一个 π 键外,还单独提供一对孤对电子(lone pair electron)与 C 原子的一个 2p 空轨道共用,形成一个配位键,如图 10.6 所示。为了能让大家看得清楚两个 π 键(π_{2p_y},π_{2p_z})电子云的分布情况,分别将每个 π 键的两个椭圆球形电子云之间距离比实际距离拉大了,看图时要注意到这一点。

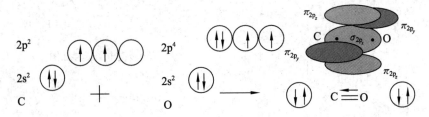

图 10.6　CO 分子的形成

由此可见,要形成配位键必须同时具备两个条件:一个是成键原子的价电子层有孤对电子;另一个是成键原子的价电子层有空轨道。

配位键的形成方式虽与正常共价键不同,但形成以后,两者是没有区别的,关于配位键理论将在第十一章配位化合物中作进一步介绍。

四、键参数

能表征化学键性质的物理量称为**键参数**(bond parameter)。共价键的键参数主要有键能、键长、键角及键的极性。

（一）键能

键能(bond energy)是从能量因素来衡量共价键强度的物理量。对于双原子分子,键能 E 就等于分子的解离能 D。在 100 kPa 和 298.15 K 时,将 1 摩尔理想气态分子 AB 解离为理想气态的 A、B 原子所需要的能量,称为分子 AB 的解离能,单位为 $kJ \cdot mol^{-1}$。例如,对于 H_2 分子:$H_2(g) \longrightarrow 2H(g)$,$E = D = 436 \ kJ \cdot mol^{-1}$。

对于多原子分子,键能和解离能不同。例如,H_2O 分子中有两个等价的 O—H 键,一个 O—H 键的解离能为 $502 \ kJ \cdot mol^{-1}$,另一个 O—H 键的解离能为 $423.7 \ kJ \cdot mol^{-1}$,其中 O—H 键的键能是两个 O—H 键的解离能的平均值:$E(\text{O—H}) = 463 \ kJ \cdot mol^{-1}$。

同一种共价键在不同的多原子分子中的键能虽有差别,但差别不大。我们可用不同分子中同一种键能的平均值即平均键能作为该键的键能。一般键能越大,键越牢固。表 10.1 列出了一些双原子分子的键能和某些键的平均键能。

表 10.1　一些双原子分子的键能和某些键的平均键能 $E/\text{kJ} \cdot \text{mol}^{-1}$

分子名	键能	分子名	键能	共价键	平均值	共价键	平均值
H_2	436	HF	565	C—H	413	N—H	391
F_2	165	HCl	431	C—F	460	N—N	159
Cl_2	247	HBr	366	C—Cl	335	N=N	418
Br_2	193	HI	299	C—Br	289	N≡N	946
I_2	151	NO	286	C—I	230	O—O	143
N_2	946	CO	1071	C—C	346	O=O	495
O_2	493			C=C	610	O—H	463
				C≡C	835		

（二）键长

分子中两成键原子的核间平衡距离称为**键长**（bond length）。它是反映分子空间构型的一个重要参数。光谱及衍射实验的结果表明，同一种键在不同分子中的键长几乎相等。因而可用其平均值即平均键长作为该键的键长。例如，C—C 单键的键长在金刚石中为 154.2 pm；在乙烷中为 153.3 pm；在丙烷中为 154 pm；在环己烷中为 153 pm。因此将 C—C 单键的键长定为 154 pm。

两原子形成的同型共价键的键长越短，键越牢固。就相同的两原子形成的键而言，单键键长＞双键键长＞叁键键长。例如，C—C 单键的键长为 154 pm，C=C 双键的键长为 134 pm，C≡C 叁键的键长为 120 pm。

（三）键角

分子中同一原子形成的两个化学键间的夹角称为**键角**（bond angle）。它是反映分子空间构型的一个重要参数，如 H_2O 分子中的键角为 $104°45'$，表明 H_2O 分子为 V 型结构；CO_2 分子中的键角为 $180°$，表明 CO_2 分子为直线形结构。一般而言，根据分子中的键角和键长可确定分子的空间构型。

（四）键的极性

键的极性是由于成键原子的电负性不同而引起的。当成键原子的电负性相同时，核间的电子云密集区域在两核的中间位置，两个原子核的正电荷重心和成键电子对的负电荷重心恰好重合，这样的共价键称为**非极性共价键**（nonpolar covalent bond）。如 H_2、O_2 分子中的共价键是非极性共价键。当成键原子的电负性不同时，核间的电子云密集区偏向电负性较大的原子一端，使之带部分负电荷，而电负性较小的原子一端则带部分正电荷，键的正电荷重心与负电荷重心不完全重合，这样的共价键称为**极性共价键**（polar covalent bond）。如氯化氢分子中的 H—Cl 键就是极性共价键。成键原子的电负性差值越大，键的极性就越大。当成键原子的电负性相差很大时，可以认为成键电子对完全偏移到电负性很大的原子一侧，这时原子转变为离子，形成离子键。因此，从键的极性看，可以认为离子键是最强的极性键,极性共价键是由离子键到非极性共价键之间的一种过渡情况,见表 10.2。

表 10.2　键型与成键原子电负性差值的关系

物质	NaCl	HF	HCl	HBr	HI	Cl$_2$
电负性差值	2.1	1.9	0.9	0.7	0.4	0
键型	离子键	极　性　共　价　键			非极性共价键	

第二节　杂化轨道理论

　　价键理论成功地说明了共价键的形成,解释了共价键的方向性和饱和性,但用它来阐明多原子分子的空间构型却遇到了困难。例如,它不能解释 CH_4 分子的正四面体空间构型,也不能解释 H_2O 分子中两个 O—H 键的键角为什么不是 90°而是 104°45′。为了解决价键理论无法解决的这类矛盾,1931 年 Pauling L 等人在价键理论的基础上提出了**杂化轨道理论**。杂化轨道理论实质上仍属于现代价键理论,但它在成键能力、分子的空间构型等方面丰富和发展了现代价键理论。

一、杂化轨道理论要点

(一) 杂化轨道的形成

　　在成键过程中,由于原子间的相互影响,同一原子中几个能量相近的不同类型的原子轨道(即波函数),可以进行线性组合,重新分配能量和确定空间伸展方向,组成数目相等的新的原子轨道,这种轨道重新组合的过程称为**杂化**(hybridization),杂化后形成的新轨道称为**杂化轨道**(hybrid orbital)。

(二) 轨道杂化的原因

　　杂化轨道的角度波函数在某个方向的值比杂化前的大得多,更有利于原子轨道间最大程度地重叠,因而杂化轨道比原来轨道的成键能力强。

(三) 杂化轨道的空间取向

　　杂化轨道之间力图在空间取最大夹角分布,使相互间的排斥能量最小,故形成的键较稳定。不同类型的杂化轨道之间的夹角不同,成键后所形成的分子就具有不同的空间构型。

二、轨道杂化类型与实例

(一) sp 型和 spd 型杂化

　　按参加杂化的原子轨道种类,轨道的杂化有 sp 和 spd 两种主要类型。

1. sp 型杂化

　　能量相近的 ns 轨道和 np 轨道之间的杂化称为 sp 型杂化。按参加杂化的轨道数目的不同,sp 型杂化又可分为 sp、sp^2、sp^3 三种杂化。

（1）sp 杂化

由一个 s 轨道和一个 p 轨道组合成两个 sp 杂化轨道的过程称为 sp 杂化,所形成的轨道称为 sp 杂化轨道。每个 sp 杂化轨道均含有 $\frac{1}{2}$ 的 s 轨道的成分和 $\frac{1}{2}$ 的 p 轨道的成分。为使相互间的排斥能量小,轨道间的夹角为 $180°$。当两个 sp 杂化轨道与其他原子轨道重叠成键后就形成直线形构型的分子。sp 杂化过程及 sp 杂化轨道的形状如图 10.7 所示:

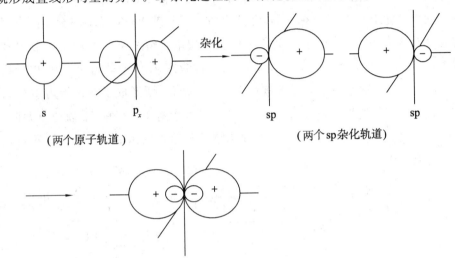

图 10.7　s 和 p 轨道组合成 sp 杂化轨道示意图

例 10.1　试说明 $BeCl_2$ 分子的空间构型

解　实验测出,$BeCl_2$ 分子中有两个完全等同的 Be—Cl 键,键角为 $180°$,分子的空间构型为直线。Be 原子的价层电子组态为 $2s^2$,在形成 $BeCl_2$ 分子的过程中,Be 原子的一个 2s 电子首先被激发到 2p 空轨道中,价层电子组态为 $2s^1 2p_x^1$,这两个含有单电子的 2s 轨道和一个 $2p_x$ 轨道进行 sp 杂化,组成夹角为 $180°$ 的两个能量相同的 sp 杂化轨道,当它们各与两个氯原子中含有单电子的 3p 轨道重叠时,就形成两个 sp—p 的 σ 键,所以氯化铍分子的空间构型为直线,其形成过程可用图 10.8 表示如下:

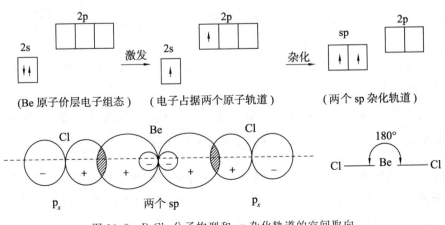

图 10.8　$BeCl_2$ 分子构型和 sp 杂化轨道的空间取向

（2）sp^2 杂化

由一个 s 轨道与两个 p 轨道组合成三个 sp^2 杂化轨道的过程称为 sp^2 杂化。每个 sp^2 杂化轨道含 $\frac{1}{3}$ s 轨道的成分和 $\frac{2}{3}$ p 轨道的成分，为了使轨道间的排斥能量最小，三个 sp^2 杂化轨道呈平面正三角形分布，夹角为 120°。如图 10.9，当三个 sp^2 杂化轨道分别与其他三个相同的原子轨道重叠成键后，就形成平面正三角形构型的分子。

例 10.2 试用杂化轨道理论说明 BF_3 分子的空间构型。

解 实验测定 BF_3 分子中有三个完全等同的 B—F 键，键角为 120°，分子的空间构型为平面正三角形。BF_3 分子的中心原子是 B，其价层电子组态为 $2s^2 2p_x^1$。在形成 BF_3 分子的过程中，B 原子的 2s 轨道上的一个电子首先被激发到 2p 空轨道中，价层电子组态变为 $2s^1 2p_x^1 2p_y^1$，然后这三个单电子轨道再进行 sp^2 杂化，便形成了夹角均为 120° 的三个完全等同的 sp^2 杂化轨道，当它们各与一个 F 原子的含有单电子的 2p 轨道重叠时，就形成三个 sp^2—p 的 σ 键。故 BF_3 分子的空间构型是平面正三角形。其形成过程可表示为图 10.9、图 10.10、图 10.11。

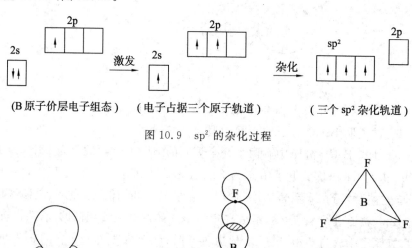

图 10.9　sp^2 的杂化过程

图 10.10　三个 sp^2 杂化轨道 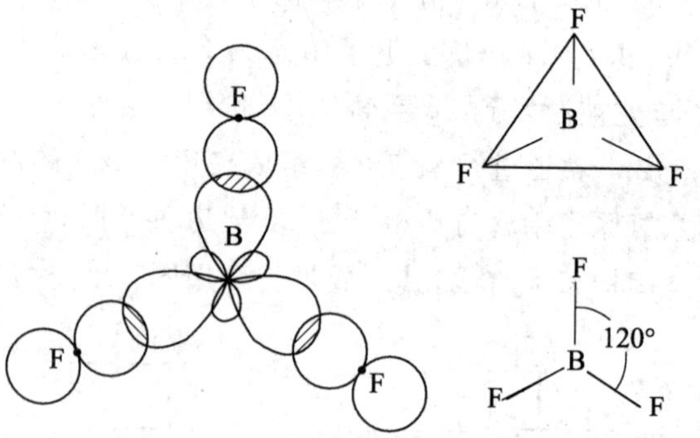　　图 10.11　BF_3 分子构型

（3）sp^3 杂化

由一个 s 轨道和三个 p 轨道组合成四个 sp^3 杂化轨道的过程称为 sp^3 杂化。每个 sp^3 杂化轨道含有 $\frac{1}{4}$ s 轨道的成分和 $\frac{3}{4}$ p 轨道的成分，如图 10.12 所示。

为了使轨道间的排斥能量最小，四个 sp^3 杂化轨道间的夹角均为 109°28′，分别指向正四面体的四个顶角，如图 10.13 所示。当它们分别与其他相同原子的单电子轨道重叠成键后，就形成正四面体构型的分子，如甲烷分子的形成，如图 10.14 所示。

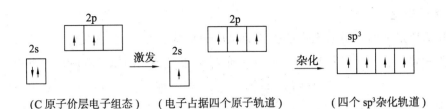

图 10.12 sp³ 的杂化过程

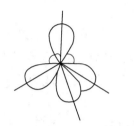

图 10.13 四个 sp³ 杂化轨道

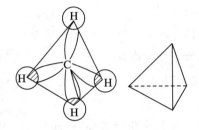

图 10.14 CH₄ 分子构型

现将上述 sp 型的三种杂化归纳于表 10.3 中。

表 10.3 杂化轨道与分子的空间构型

杂化类型	sp	sp²	sp³
参与杂化轨道	1个s+1个p	1个s+2个p	1个s+3个p
杂化轨道数	2个 sp 杂化轨道	3个 sp² 杂化轨道	4个 sp³ 杂化轨道
杂化轨道夹角	180°	120°	109°28′
空间构型	直线	平面正三角形	正四面体
实例	$BeCl_2$ C_2H_2	BF_3 BCl_3	CH_4 CCl_4

2. spd 型杂化

能量相近的 $(n-1)d$ 与 ns、np 轨道或者 ns、np 与 nd 轨道组合成新的 dsp 或 spd 型杂化轨道的过程可统称为 spd 型杂化。这种类型的杂化比较复杂,它们通常存在于过渡元素形成的化合物中(将在第十一章配位化合物中介绍)。下面列出几种典型的杂化实例见表 10.4。

表 10.4 spd 型杂化

杂化类型	dsp²	sp³d	d²sp³ 或 sp³d²
杂化轨道数	4	5	6
空间构型	平面四方形	三角双锥	正八面体
实 例	$[Ni(CN)_4]^{2-}$	PCl_5	$[Fe(CN)_6]^{3-}$ $[Co(NH_3)_6]^{2+}$

(二)等性杂化和不等性杂化

按杂化后形成的几个杂化轨道的能量是否相同,轨道的杂化可分为等性杂化和不等性杂化。

1. 等性杂化

杂化后所形成的几个杂化轨道所含原来轨道的成分相同,能量完全相等,这种杂化称为**等性杂化**(equivalent hybridization)。通常,若参与杂化的原子轨道都含有单电子或都是空轨道,其杂化是等性的。如上述的三种 sp 杂化,即 $BeCl_2$、BF_3、CH_4 分子中的中心原子分别为 sp、sp^2、sp^3 等性杂化。在配离子 $[Fe(CN)_6]^{3-}$、$[Co(NH_3)_6]^{2+}$ 中,中心原子分别为 d^2sp^3、sp^3d^2 等性杂化。

2. 不等性杂化

杂化后所形成的几个杂化轨道所含原来轨道成分的比例不相等,能量不完全相同,这种杂化称为**不等性杂化**(nonequivalent hybridization)。通常,若参与杂化的原子轨道中,有的已被孤对电子占据,其杂化是不等性的,现以 NH_3 分子和 H_2O 分子为例予以说明。

例 10.3 试用杂化轨道理论说明 NH_3 分子的空间构型。

解 实验测知,NH_3 分子中有三个 N—H 键,键角为 107.3°,分子的空间构型为三角锥(习惯上孤对电子不包括在分子的空间构型中)。

N 原子是氨分子的中心原子,其价层电子组态为 $2s^2 2p_x^1 2p_y^1 2p_z^1$。在形成氨分子的过程中,N 原子的一个已被孤对电子占据的 2s 轨道与三个含有单电子的 2p 轨道进行 sp^3 杂化,但在形成的四个 sp^3 杂化轨道中,有一个已被 N 原子的孤电子对占据,该杂化轨道含有较多的 2s 轨道成分,其余三个各有单电子的 sp^3 杂化轨道则含有较多的 2p 轨道成分,故 N 原子的 sp^3 杂化是不等性杂化。当三个含有单电子的 sp^3 杂化轨道各与一个 H 原子的 1s 轨道重叠以后,就形成三个 sp^3—s 的 σ 键。由于 N 原子中有一对孤对电子不参与成键,其电子云较密集于 N 原子周围,它对成键电子对产生较大排斥作用,使 N—H 键的夹角被压缩至 107.3°,所以氨分子的空间构型呈三角锥形,如图 10.15 所示:

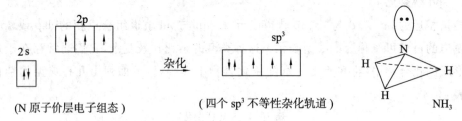

(N 原子价层电子组态)　　　　　（四个 sp^3 不等性杂化轨道）　　　　　NH_3

图 10.15　氨分子的结构示意图

例 10.4 试用杂化轨道理论解释水分子的空间构型。

解 实验测得,水分子中有两个 O—H 键,键角为 104°45′,分子的空间构型为 V 形。中心原子 O 的价层电子组态为 $2s^2 2p_x^2 2p_y^1 2p_z^1$,在形成水分子过程中,O 原子以 sp^3 不等性杂化,形成了四个 sp^3 不等性杂化轨道。其中有单电子的两个 sp^3 杂化轨道含有较多的 2p 轨道成分,它们各与一个 H 原子的 1s 轨道重叠形成两个 sp^3—s σ 键,而余下的两个含有较多 2s 成分的 sp^3 杂化轨道各被一对孤对电子占据,它们对成键电子对的排斥作用比氨分子中的更大,使 O—H 键的夹角压缩至 104°45′(比 NH_3 分子的键角小),故水分子具有 V 形空间构型。如图 10.16 所示。

图 10.16　O 的不等性 sp^3 杂化

第三节　价电子对互斥理论

杂化轨道理论成功地解释了共价分子的空间构型,但是一个分子的中心原子究竟采取哪种杂化类型的轨道杂化,有时是难以预先确定的,因而也就难以预测分子的空间构型。1940 年美国的 Sidgwick NV 等人相继提出了**价层电子对互斥理论**(valence shell electron pair repulsion theory),简称 VSEPR 法,该法适用于主族元素间形成的 AB_n 型分子或离子。该理论认为,一个共价分子或离子中,中心原子 A 周围所配置的原子 B(配位原子)的几何构型,主要决定于中心原子的价电子层中各电子对间的相互排斥能最小。所谓价层电子对,指的是形成 σ 键的电子对和孤电子对。孤电子对的存在,增加了电子对间的排斥力,影响了分子中的键角,会改变分子构型的类型。根据此理论,只要知道分子或离子中的中心原子上的价层电子对数,就能比较容易而准确地判断 AB_n 型分子或离子的空间构型。应用该理论,可按下述规定和步骤判断分子的空间构型。

（一）确定中心原子的价层电子对数

中心原子的价层电子数和配体所提供的共用电子数的总和除以 2,即为中心原子的价层电子对数。规定:① 作为配体时,卤素原子和 H 原子提供一个电子,氧族元素的原子不提供电子;② 作为中心原子时,卤素原子按提供七个电子计算,氧族元素的原子按提供六个电子计算;③ 对于复杂离子,在计算价层电子对数时,还应加上负离子的电荷数或减去正离子的电荷数;④ 计算电子对数时,若剩余一个电子,也当作一对电子处理;⑤ 双键、叁键等多重键作为一对电子看待。

（二）判断分子的空间构型

根据中心原子的价层电子对数,从表 10.5 中找出相应的价层电子对构型后,再根据价层电子对中的孤电子对数,确定电子对的排布方式和分子的空间构型。

例 10.5　试用价电子对互斥理论判断 SO_4^{2-} 离子的空间构型。

解　SO_4^{2-} 离子的负电荷数为 2,中心原子 S 有六个价电子,O 原子不提供电子,所以 S 原子的价层电子对数为 $(6+2)/2=4$,其排布为四面体型。因价层电子对中无孤对电子,所以 SO_4^{2-} 离子为正四面体构型。

例 10.6 试用价电子对互斥理论判断 H_2S 分子的空间构型。

解 S 是 H_2S 分子中的中心原子,它有六个价电子,与 S 化合的两个 H 原子各提供一个电子,所以 S 原子价层电子对数为 $(6+2)/2=4$,其排布方式为四面体,因价层电子对中有两对孤对电子,所以 H_2S 分子的空间构型为 V 形。

表 10.5 理想的价层电子对构型和分子构型

A 的电子对数	价层电子对构型	分子类型	成键电子对数	孤电子对数	分子构型	实例
2	直线	AB_2	2	0	直线	$HgCl_2$ CO_2
3	平面三角形	AB_3	3	0	平面正三角形	BF_3 NO_3^-
		AB_2	2	1	V 形	$PbCl_2$ SO_2
4	四面体	AB_4	4	0	正四面体	SiF_4 SO_4^{2-}
		AB_3	3	1	三角锥	NH_3 H_3O^+
		AB_2	2	2	V 形	H_2O H_2S
5	三角双锥	AB_5	5	0	三角双锥	PCl_5 PF_5
		AB_4	4	1	变形四面体	SF_4 $TeCl_4$
		AB_3	3	2	T 形	ClF_3
		AB_2	2	3	直线	I_3^- XeF_2
6	八面体	AB_6	6	0	正八面体	SF_6 AlF_6^{3-}
		AB_5	5	1	四方锥	BrF_5 SbF_5^{2-}
		AB_4	4	2	平面正方形	ICl_4^- XeF_4

例 10.7 试用价电子对互斥理论判断 HCHO 分子和 HCN 分子的空间构型。

解 甲醛分子中有一个 C=O 双键,看作一对成键电子。两个 C—H 单键为两对成键电子,C 原子价层电子对数为 3,且无孤对电子,所以甲醛分子的空间构型为平面三角形。HCN 分子中有一个 C≡N 叁键,看作一对成键电子,一个 C—H 单键为一对成键电子,故 C 原子的价层电子对数为 2,且无孤对电子,所以是直线形的空间构型。

(三)确定分子的空间构型要考虑 π 键的影响

对分子构型起主要作用的是 σ 键,而不是 π 键。在有多重键存在时,多重键同孤对电子相似,对其他成键电子对也有较大斥力,影响分子中的键角,改变分子的空间构型。

例 10.8 试用价电子对互斥理论判断乙烯分子($CH_2=CH_2$)的空间构型。

解 在 $CH_2=CH_2$ 分子中,C 原子的价层电子对数均为 3,无孤对电子存在,按理其键角都应是 120°,但由于多重键的存在对 C—H 键的成键电子对有较大斥力,使其键角缩小,结构式如下图 10.17 所示:

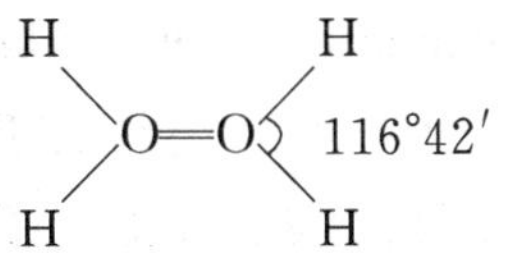

$$\begin{matrix} H & & H \\ & O = O & 116°42' \\ H & & H \end{matrix}$$

图 10.17　乙烯分子的空间构型

第四节　分子轨道理论简介

现代价键理论着眼于成键原子间电子的互相配对和原子轨道相互重叠,模型直观,易于理解,阐明了共价键的本质,尤其是它的杂化轨道理论成功地解释了共价分子的空间构型,因而得到了广泛的应用。但该理论认为分子中的电子仍属于原来的原子,成键的共用电子对只在两成键原子间的小区域内运动,故有局限性。例如,O 原子的电子组态为 $2s^2 2p_x^2 2p_y^1 2p_z^1$,按现代价键理论,两个 O 原子应以一个 σ 键和一个 π 键结合成氧分子,因此 O_2 分子中的电子都是成对的,它应是抗磁性物质。但是磁性实验的测定结果表明,O_2 分子是顺磁性物质,它有两个未配对的单电子。另外,现代价键理论也不能解释分子中确实存在的单电子键和三电子键等问题。1932 年美国化学家 Mulliken RS 和德国化学家 Hund F 提出一种新的共价键理论——**分子轨道理论**(molecular orbital theory),即 MO 法。该理论立足于分子的整体性,沿用了原子轨道的概念,把分子中电子的运动状态称为分子轨道,仍然用 ψ 来表示分子中电子运动的波函数。这样以来,分子中的电子不再隶属于某个原子,而是把分子看成多中心的量子力学理论体系。这样就能较好地说明多原子分子中电子的排布以及能量的高低和分子的结构,在现代共价键理论中占有很重要的地位。

一、分子轨道理论要点

(一)分子轨道的概念

原子在形成分子时,所有电子都有贡献,分子中的电子不再从属某个原子,而是在整个分子空间范围内运动。在分子中电子的空间运动状态可用相应的分子轨道波函数 ψ(称为分子轨道)来描述。分子轨道和原子轨道的主要区别在于:① 在原子中,电子的运动只受一个原子核的作用,原子轨道是单核系统;而在分子中,电子则在所有原子核势场作用下运动,分子轨道是多核系统。② 原子轨道的名称用 s、p、d…符号表示,而分子轨道的名称则相应的用 σ、π、δ…符号表示。

(二)分子轨道的形成

分子轨道可以由分子中原子轨道波函数的线性组合而得到。几个原子轨道就可以组成几个分子轨道,其中一半的分子轨道分别是由正负符号相同的两原子轨道叠加而成,重叠部分波函数值增大,这样两核间电子出现的概率密度增大,其能量较原来的原子轨道能量低,称为**成键分子轨道**(bonding molecular orbital),如 σ、π 轨道;另一半分子轨道分别是由正负符号不同的两原子轨道叠加而成,由于重叠部分的波函数值的相互抵消,使两核间电子出现的概率密度小,其能量较原来的原子轨道能量高,称为**反键分子轨道**(antibonding molecular orbital),用 σ^*、π^* 符号来表示反键的分子轨道。

（三）原子轨道组成分子轨道的条件

为了有效地组合成分子轨道,要求成键的各原子轨道必须符合下述三条原则:

1. 对称性匹配原则

只有对称性匹配的原子轨道才能组合成分子轨道,这称为对称性匹配原则。原子轨道有 s、p、d 等各种类型,从它们的角度分布函数的几何图形可以看出,它们对于某些点、线、面等有着不同的空间对称性。对称性是否匹配,可根据两个原子轨道的角度分布图中波瓣的正负号对于键轴(设为 x 轴)或对于含键轴的某一平面 xy 平面或 xz 平面的对称性是否相同来决定。如图 10.18 中的 a、b、c,进行线性组合的原子轨道分别对于 x 轴呈圆柱形对称,均为对称性匹配;又如图 10.18 中的 d、e,参加组合的原子轨道分别对于 xz 平面呈反对称,它们也是对称性匹配的,均可组合成分子轨道;图 10.18 中的 f、g,参加组合的两原子轨道对 xz 平面一个呈对称分布而另一个呈反对称分布,则二者对称性就是不匹配的,不能组合成分子轨道。

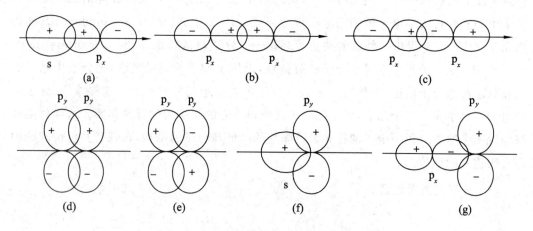

图 10.18　原子轨道对称性匹配示意图

符合对称性匹配原则的几种简单的原子轨道组合是 s—s、s—p_x、p_x—p_x(对 x 轴都呈现对称分布,对同一个对称要素具有相同的对称性)对称性是匹配的,因此可以组成 σ 分子轨道。p_y—p_y(对 xz 平面)、p_z—p_z(对 xy 平面)都是呈镜面反对称分布,对同一个对称要素,都具有相同的对称性,它们的对称性是匹配的,因此可以组成 π 分子轨道。

对称性匹配的两原子轨道组合成分子轨道时,因波瓣符号的差别,有两种组合方式:符号相同的两原子轨道组合成成键分子轨道;波瓣符号相反的两原子轨道组合成反键分子轨道。图 10.19 为两个 s 轨道组合成的成键分子轨道(σ_s)和反键分子轨道(σ_s^*),图 10.20 为一个 s 轨道和一个 p_x 轨道组成的成键分子轨道(σ_{s-p_x})和反键分子轨道($\sigma_{s-p_x}^*$),图 10.21 为两个 p_y 轨道组成的成键分子轨道 π_{p_y} 和反键分子轨道 $\pi_{p_y}^*$,图 10.22 为两个 p_z

轨道组成的成键分子轨道 π_{p_z} 和反键分子轨道 $\pi_{p_z}^*$。这些都是对称性匹配的两原子轨道组合成分子轨道的示意图。

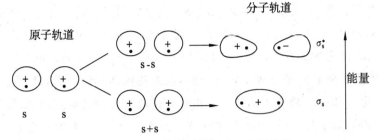

图 10.19 s—s 轨道重叠组成 σ 分子轨道

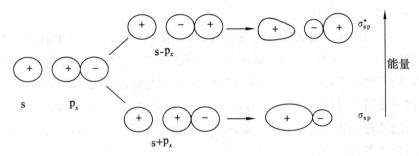

图 10.20 s—p 轨道重叠组成 σ 分子轨道

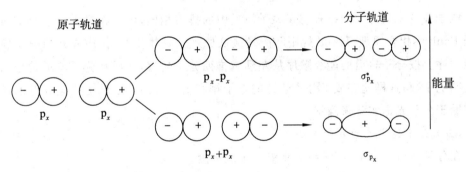

图 10.21 p_x—p_x 轨道重叠组成 σ 分子轨道

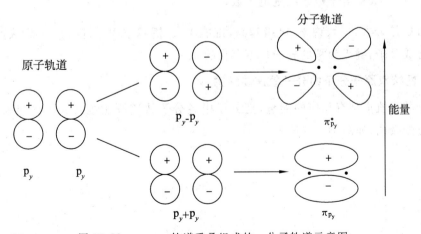

图 10.22 p_y—p_y 轨道重叠组成的 π 分子轨道示意图

2. 能量近似原则

在对称性匹配的原子轨道中,只有能量相近的原子轨道才能有效的组合成分子轨道,而且能量越相近越好,这就称为能量近似原则。这个原则对于确定两种不同类型的原子轨道之间能否组成分子轨道尤为重要。例如,H原子的1s轨道的能量为-1312 kJ·mol^{-1},F原子的1s、2s、2p轨道的能量分别为-67181 kJ·mol^{-1}、-3870.8 kJ·mol^{-1}、-1797.4 kJ·mol^{-1}。当H原子和F原子形成HF分子时,从对称性匹配情况看,H原子的1s轨道可以和F原子的1s、2s、2p轨道中的任一个组成分子轨道,但根据能量近似原则,H原子的1s轨道只能和F原子的2p轨道组合才有效。因此,H原子与F原子是通过σ_{s-p_x}单键结合成HF分子的,如图10.19所示。

3. 轨道最大重叠原则

对称性匹配的两原子轨道进行线性组合时,其重叠程度越大,在重叠区域电子出现的概率密度越大,形成的负电区域,对两核产生吸引,使系统能量降的越低,则组合成的分子轨道的能量也越低,所形成的化学键越牢固,这称为轨道最大重叠原则。

在上述三原则中,对称性匹配原则是首要的,它决定原子轨道有无组合成分子轨道的可能性。能量近似原则和轨道最大重叠原则是在符合对称性匹配原则的前提下,决定分子轨道组合效率的问题。

（四）电子在分子轨道中的排布遵守的三原则

电子在分子轨道中的排布与在原子轨道中的排布相同,电子在进入分子轨道时同样遵循Pauli不相容原理、Hund规则和能量最低原理。具体排布时,应先知道分子轨道的能级顺序。按分子轨道的能级顺序从左到右排列分子轨道,然后在分子轨道符号的右上角注明电子数,这样就完成了分子轨道的电子排布式。目前分子轨道能量高低的顺序主要借助于分子光谱实验来确定。

（五）分子稳定性的表示方法

在分子轨道理论中,用键级表示键的牢固程度。

$$键级=\frac{1}{2}（成键电子数-反键电子数）$$

键级也可以是分数,一般说来,键级越高,键能越大,键越牢固。键级为0,则表明原子不可能结合成分子,键级为零的分子是不存在的。

二、同核双原子分子的分子轨道能级图

每个分子轨道都有相应的能量,把分子中各分子轨道按能级高低排列起来,可得到分子轨道能级图,如图10.23所示:

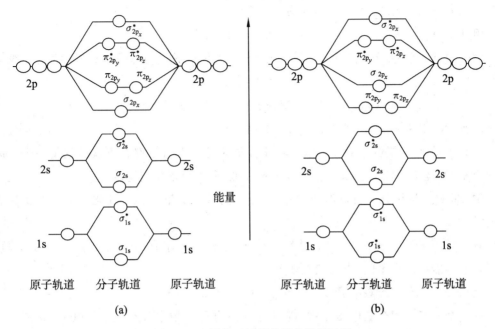

图 10.23　同核双原子分子轨道能级图

（一）第二周期元素形成的同核双原子分子

第二周期元素中，因它们各自的 2s、2p 轨道能量之差不同，所形成的同核双原子分子的分子轨道能级顺序有两种：一种是组成原子的 2s、2p 轨道的能量相差较大（>1500 kJ·mol^{-1}），在组合成分子轨道时，不会发生 2s、2p 轨道之间的相互作用，只是两原子的 s—s 和 p—p 轨道的线性组合，因此，由这些原子组成的同核双原子分子的分子轨道能级顺序为：

$$\sigma_{1s} < \sigma_{1s}^* < \sigma_{2s} < \sigma_{2s}^* < \sigma_{2p_x} < \pi_{2p_y} = \pi_{2p_z} < \pi_{2p_y}^* = \pi_{2p_z}^* < \sigma_{2p_x}^*$$

图 10.22(a) 即是此能级顺序的分子轨道能级图，O_2、F_2 分子的分子轨道能级排列就符合此分子轨道能级序。

另一种是组成原子的 2s 和 2p 轨道的能量相差较小，小于 1500 kJ·mol^{-1}，在组合成分子轨道时，一个原子的 2s 轨道除能和另一个原子的 2s 轨道发生重叠外，还可与其 2p 轨道重叠，其结果是使 σ_{2p_x} 轨道的能量高于 $\pi_{2p_y} = \pi_{2p_z}$ 分子轨道。由这些原子组成的同核双原子分子的分子轨道能级顺序为：

$$\sigma_{1s} < \sigma_{1s}^* < \sigma_{2s} < \sigma_{2s}^* < \pi_{2p_y} = \pi_{2p_z} < \sigma_{2p_x} < \pi_{2p_y}^* = \pi_{2p_z}^* < \sigma_{2p_x}^*$$

图 10.22(b) 即是此能级顺序的分子轨道能级图，Li_2、Be_2、B_2、C_2、N_2 分子的分子轨道能级排列就符合此分子轨道能级序。

例 10.9　试用分子轨道理论分析氢分子离子 H_2^+ 和 He_2 分子能否存在。

解　氢分子离子是由一个 H 原子和一个氢离子 H^+ 组成的。分子中只有一个电子，键级 $= \dfrac{1}{2}$。可以存在，但稳定性小。

氦原子的电子组态为 $1s^2$，形成分子后的电子组态为 $\sigma_{1s}^2 \sigma_{1s}^{*2}$，成键分子轨道和反键分子轨道上各有一对电子,键级＝0,表明分子不能存在。

例 10.10 试用分子轨道理论说明 N_2 分子的结构。

解 氮原子的电子组态为 $1s^2$、$2s^2$、$2p^3$ 分子中的 14 个电子按图 10.23(b)的能级序排列,电子依次进入分子轨道,分子轨道排布式为:

$$(\sigma_{1s})^2(\sigma_{1s}^*)^2(\sigma_{2s})^2(\sigma_{2s}^*)^2(\pi_{2p_y})^2(\pi_{2p_z})^2(\sigma_{2p_x})^2$$

或表示为:$N_2[KK(\sigma_{2s})^2(\sigma_{2s}^*)^2(\pi_{2p_y})^2(\pi_{2p_z})^2(\sigma_{2p_x})^2]$

K 是 K 层原子轨道上的 2 个电子。此分子轨道式中对成键有贡献的就是一个 σ 键和两个 π 键,键级为 3,而且 π 键能量比 σ 键还低,所以分子相当稳定。

例 10.11 试用分子轨道理论分析 O_2 分子为什么为顺磁性? 其化学活泼性及键级如何?

解 O 原子的电子组态为 $1s^2$、$2s^2$、$2p^4$,O_2 分子中共有 16 个电子,与 N_2 分子不同,分子轨道的能级序也不同,电子填充如下:

$$O_2[KK(\sigma_{2s})^2(\sigma_{2s}^*)^2(\sigma_{2p_x})^2(\pi_{2p_y})^2(\pi_{2p_z})^2(\pi_{2p_y}^*)^1(\pi_{2p_z}^*)^1]$$

有一个 σ 键和两个三电子 π 键,键级为 2,三电子 π 键中各有一个单电子,故它是顺磁性的。在每个三电子 π 键中两个电子在成键轨道,一个电子在反键轨道。键能只有单键的一半。三电子 π 键比 π 键弱得多。事实上 O_2 分子的键能只有 495 $kJ \cdot mol^{-1}$,这比一般双键的键能低。正因为分子中含有结合力弱的三电子 π 键,所以它的化学性质比较活泼,而且可以失去电子变成氧分子离子 O_2^+。

(二)异核双原子分子的分子轨道能级图

用分子轨道理论处理两种不同元素的原子组成的异核双原子分子时,所使用的原则和处理同核双原子分子一样,也应遵循对称性匹配、能量近似和轨道最大重叠原则。

对于第二周期元素的异核双原子分子或离子,可近似地用第二周期的同核双原子分子的方法来处理。因为影响分子轨道能级高低的主要因素是原子的核电荷,所以若两个组成分子的原子序数之和比 N 原子序数的两倍小或相等,则用 N_2 分子的分子轨道能级序,如果大,就用 O_2 分子的分子轨道能级序。

例 10.12 试比较 NO 分子和 NO^+ 的稳定性。

解 NO 两原子序数之和为 15,大于 N 原子序数的两倍,所以其电子排布为:

$$NO[KK(\sigma_{2s})^2(\sigma_{2s}^*)^2(\sigma_{2p_x})^2(\pi_{2p_y})^2(\pi_{2p_z})^2(\pi_{2p_y}^*)^1]$$

分子中有一个三电子 π 键,稳定性小,键级为 2.5。如果失去一个电子,就跟 N_2 的结构相同了,所以 NO^+ 的键级为 3,稳定性更强。

例 10.13 试用分子轨道理论来分析 HF 分子的形成。

解 HF 是异核双原子分子,但因 H 和 F 不属于同一个周期,因而不能采用上述两例的方法来确定其分子轨道能级顺序。根据分子轨道理论提出的原子轨道线性组合三原则进行综合分析,可确定:H 原子的 1s 轨道和 F 原子的 $2p_x$ 轨道沿键轴方向最大重叠,有效组合成一个成键的分子轨道和一个反键的分子轨道,而 F 原子的其他原子轨道在形成 HF 时没变化,成键前后没有变化的原子轨道称为非键轨道,没有成键的电子进入非键轨道。分子中只有一个 σ 键。如图 10.24 所示。

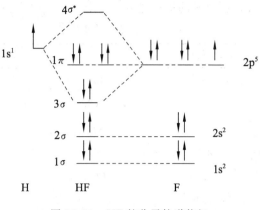

图 10.24 HF 的分子轨道能级

第五节 分子间作用力和氢键

气体可以液化是分子间存在相互作用力的最好证明。分子间的作用力有 van der Waals 力和氢键。它的产生与分子的极化密切相关,而分子的极化是指分子在外电场作用下发生的结构变化。

一、共价分子的极性

(一)分子的极性

根据分子中正、负电荷重心是否重合,可将分子分为极性分子和非极性分子。正负电荷重心相重合的分子是**非极性分子**(nonpolarmolecule);不重合的是**极性分子**(polar molecule)。

对于双原子分子,分子的极性与键的极性是一致的。即由非极性共价键构成的分子一定是非极性分子,如 H_2、O_2、Cl_2 等分子;由极性共价键构成的分子一定是极性分子,如 HCl、HF 等分子。

对于多原子分子,分子的极性与键的极性不一定完全一致。分子是否有极性,不仅取决于组成分子的元素的电负性,而且也与分子的空间构型有关。例如 CO_2、CH_4 分子中,虽然都是极性键,但前者是直线构型,后者是正四面体构型,键的极性相互抵消,因此它们是非极性分子。而在 V 形构型的 H_2O 分子和三角锥构型的 NH_3 分子中,键的极性不能抵消,它们就是极性分子了。

分子极性的大小用**电偶极矩**(electric dipole moment)来度量。分子的电偶极矩简称偶极矩,它等于正、负电荷重心间的距离与正电荷重心或负电荷重心上的电量的乘积:

$\vec{\mu}=q \cdot d$,其单位是 10^{-30} C·m。电偶极矩是一个矢量,化学上规定其方向是从正电荷重心指向负电荷重心。一些分子的电偶极矩测定值见表 10.6。电偶极矩为零的分子是非极性分子,电偶极矩越大表示分子的极性越强。

表 10.6   一些分子的偶极矩

物质	$\mu/10^{-30}$ C·m	物质	$\mu/10^{-30}$ C·m
H_2	0	BF_3	0
HF	6.37	BCl_3	0
HCl	3.57	NH_3	4.90
HBr	2.67	CH_4	0
HI	1.40	CCl_4	0
CO	0.40	CH_3Cl	6.20
CO_2	0	CH_2Cl_2	5.24
H_2O	6.17	$CHCl_3$	3.84
H_2S	3.67		

(二) 分子的极化

无论分子有无极性,在外电场作用下,它们的正负电荷重心都将发生变化。如图 10.25所示,非极性分子的正、负电荷重心本来是重合的($\vec{\mu}=0$),但在外电场作用下,发生相对位移,引起分子变形而产生偶极;极性分子的正、负电荷重心不重合,分子中始终存在一个正极和一个负极,故极性分子具有永久偶极。但在外电场作用下,分子的偶极按电场方向取向,同时使正、负电荷重心的距离增大,分子的极性因而增强。这种因外电场的作用,使分子变形产生偶极或增大偶极矩的现象称为**分子的极化**(polarizing)。由此而产生的偶极称为诱导偶极,其电偶极矩称为诱导电偶极矩,即图 10.25 中的 $\Delta\mu$ 值。

分子的极化不仅在外电场作用下产生,分子间相互作用时也可发生,这正是分子间存在相互作用力的重要原因。

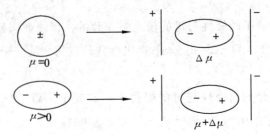

图 10.25   分子的极化

二、分子间的作用力

分子间存在着一种只有化学键键能的 $\frac{1}{10} \sim \frac{1}{100}$ 的弱的作用力,它最早由荷兰物理学家 van der Waals 提出,故称 van der Waals 力。这种力对物质的物理性质如沸点、溶解度、表面张力等有重要影响。按作用力产生的原因和特性，这种力可分为取向力、诱导力和色散力三种类型。

（一）取向力

取向力发生在极性分子之间。极性分子具有永久偶极，当两个极性分子接近时，因同极相斥，异极相吸，分子将发生相对转动，力图使分子间按异极相邻的状态排列。极性分子的这种运动称为取向，由永久偶极的取向而产生的分子间吸引力称为**取向力**（orientation force）如图 10.26 所示：

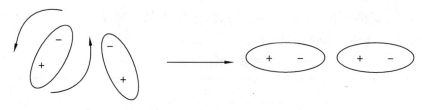

图 10.26　两个极性分子的相互作用示意图

（二）诱导力

诱导力发生在极性分子与非极性分子以及极性分子与极性分子之间。当极性分子与非极性分子接近时，因极性分子的永久偶极相当于一个外电场，可使非极性分子极化而产生诱导偶极，于是诱导偶极与永久偶极相互吸引，如图 10.27 所示。由极性分子的永久偶极与非极性分子所产生的诱导偶极之间的相互作用力称为诱导力。当两个极性分子互相靠近时，在彼此的永久偶极的影响下，相互极化产生诱导偶极，因此对极性分子间的作用来说，诱导力是一种附加的取向力。

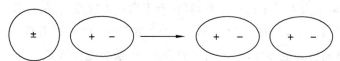

非极性分子　　极性分子

图 10.27　极性分子和非极性分子相互作用示意图

（三）色散力

非极性分子间也存在相互作用力。由于分子内部的电子在不断运动，原子核在不断的振动，使分子的正负电荷重心不断发生瞬间的相对位移。从而产生瞬间偶极。瞬间偶极又可诱使邻近的分子极化，因此非极性分子之间可靠瞬间偶极相互吸引产生分子间作用力。由于从量子力学导出的这种力的理论公式与光的色散公式相似，因此把这种力称为色散力（dispersion force），如图 10.28 所示。虽然瞬间偶极存在的时间很短，但是不断的重复发生，又不断地相互诱导和吸引，因此色散力始终存在。任何分子都有不断运动的电子和不停振动的原子核，都会不断产生瞬间偶极，所以色散力存在于各种分子之间，并且在 van der Waals 力中占有相当大的比重。

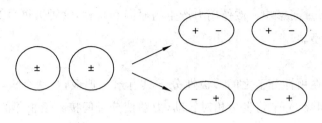

图 10.28 非极性分子间的相互作用示意图

综上所述,在非极性分子之间只有色散力;在极性分子和非极性分子之间,既有诱导力也有色散力;而在极性分子之间,取向力、诱导力、色散力都存在。表 10.7 列出了上述三种作用力在一些分子间的分配情况。

表 10.7 分子间力的分配情况($kJ \cdot mol^{-1}$)

分子	取向力	诱导力	色散力	总能量
Ar	0.000	0.000	8.49	8.49
CO	0.003	0.008	8.74	8.75
HI	0.025	0.113	25.86	26.00
HBr	0.686	0.502	21.92	23.11
HCl	3.305	1.004	16.82	21.13
NH_3	13.31	1.548	14.94	29.80
H_2O	36.38	1.929	8.996	47.31

van der Waals 力不属于化学键范畴,它有下列一些特点:它是静电引力,其作用能只有几到几十 $kJ \cdot mol^{-1}$,约比化学键小 1~2 个数量级;它的作用范围只有几十到几百 pm;它不具有方向性和饱和性;对于大多数分子,色散力是主要的。只有极性大的分子,取向力才比较显著。诱导力通常都很小。

物质的沸点、熔点等物理性质与分子间的作用力有关,一般说来 van der Waals 力小的物质,其沸点和熔点都较低。从表 10.7 可见,HCl、HBr、HI 的 van der Waals 力依次增大,故其沸点和熔点依次递增。因而在常温下,氯是气体,溴是液体,碘是固体,也是分子间力增大的缘故。

三、氢键

同族元素的氢化物的沸点和熔点一般随相对分子质量的增大而升高,但 HF 的沸点和熔点却比 HCl 的沸点和熔点高。这表明在 HF 分子之间除了存在 van der Waals 力外,还存在另一种力,那就是氢键。

当 H 原子与电负性很大、半径很小的原子 X(如 F、O、N 等),以共价键结合成分子时,密集于两核间的电子云强烈地偏向于电负性大的 X 原子一方,使 H 原子变成几乎裸露的质子而具有大的正电荷场强,因而这个 H 原子还能与另一个电负性大、半径小并在外层有孤对电子的 Y(F、O、N)原子产生定向的吸引作用,生成 X—H…Y 结构,其中 H

原子与 Y 原子间的静电吸引作用称为**氢键**(hydrogen bond)。X、Y 可以是同种元素的原子,如 O—H…O,F—H…F,也可以是不同元素的原子,如 N—H…O。

氢键的强弱与 X、Y 原子的电负性及半径大小有关。X、Y 原子的电负性越大、半径越小,形成的氢键越强。Cl 的电负性比 N 略大,但半径比 N 大,只能形成较弱的氢键。常见氢键的强弱顺序是:

F—H…F>O—H…O>O—H…N>N—H…N>O—H…Cl

氢键的键能一般在 42 kJ·mol^{-1} 以下,它比化学键弱得多,但比 van der Waals 力强。氢键与 van der Waals 力不同之处是氢键具有饱和性和方向性。所谓饱和性是指 H 原子形成一个共价键后,通常只能再形成一个氢键。这是因为 H 原子比 X、Y 原子小得多,当形成 X—H…Y 后,第二个 Y 原子再靠近 H 原子时,将会受到已形成氢键的 Y 原子电子云的强烈排斥。而氢键的方向性是指以 H 原子为中心的三个原子 X—H…Y 尽可能在一条直线上,这样 X 原子和 Y 原子间的距离较远,斥力较小,形成的氢键稳定,如图 10.29 所示。根据上述讨论,可将氢键看作是较强的具有方向性和饱和性的 van der Waals 力。

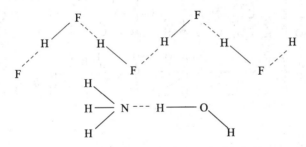

图 10.29　氟化氢和氨水中的分子间氢键

氢键不仅在分子间形成,如氟化氢、氨水等,也可以在同一分子内形成,如图 10.30 所示,硝酸、邻硝基苯酚都可形成分子内氢键。分子内氢键虽不在一条直线上,但形成了较稳定的环状结构。

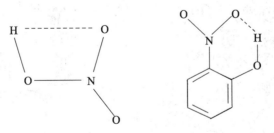

图 10.30　硝酸、邻硝基苯酚中的分子内氢键

因此氢键存在于许多化合物中,它的形成对物质的性质有一定影响。因为破坏氢键需要能量,所以在同类化合物中能形成分子间氢键的物质,其沸点、熔点比不能形成分子间氢键的高。如 V A～Ⅶ A 元素的氢化物中,NH_3、H_2O 和 HF 的沸点比同族其他相对原子质量较大元素的氢化物的沸点高,这种反常行为是由于它们各自的分子间形成了氢键。分子内形成氢键,一般使化合物的沸点和熔点降低。氢键的形成也影响物质的溶解

211

度,若溶质和溶剂间形成氢键,可使溶解度增大;若溶质分子内形成氢键,则在极性溶剂中溶解度减小,而在非极性溶剂中溶解度增大。如邻硝基苯酚分子可形成分子内氢键,对硝基苯酚分子因硝基与羟基相距较远不能形成分子内氢键,但它能与水分子形成分子间氢键,所以邻硝基苯酚在水中的溶解度比对硝基苯酚的小。

一些生物高分子物质如蛋白质、核酸中均有分子内氢键。氢键在蛋白质和核酸分子结构中普遍存在,对生命过程起着重要作用,例如在蛋白质的三级结构中,由于氢键的作用,维持了主肽链与附近氨基酸残基的空间关系,因而保持一定的生物活性(如图10.31)。

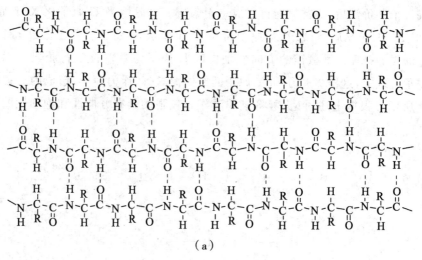

（a）

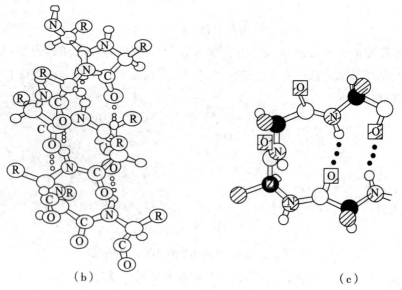

（b）　　　　　　　　　（c）

图 10.31　蛋白质三级结构中的氢键

化学视窗

氢 键

氢键是自然界中最重要、存在最广泛的分子键相互作用形式之一,对物质和生命有至关重要的影响。因为氢键的存在,水才在常温下呈液态,冰才能浮在水面上;也因为氢键的存在,DNA才会"扭"成双螺旋结构;很多药物也是通过和生命体内的生物大分子发生氢键相互作用而发挥效力。但自从诺贝尔化学奖得主鲍林在1936年提出"氢键"这一概念后,化学家们就一直在争论:氢键仅仅是一种分子间弱的静电相互作用,还是存在有部分的电子云共享。

2013年11月22日,中科院国家纳米科学中心宣布,该中心科研人员在国际上首次"拍"到氢键的"照片",实现了氢键的实空间成像,为"氢键的本质"这一化学界争论了80多年的问题提供了直观证据。这不仅将人类对微观世界的认识向前推进了一大步,也为在分子、原子尺度上的研究提供了更精确的方法。这项研究是由国家纳米科学中心研究员裘晓辉和副研究员程志海领导的实验团队,以及中国人民大学物理系副教授季威领导的理论计算小组合作完成的。2013年11月1日,美国《科学》杂志以论文形式正式发表了该项成果,被评价为"一项开拓性的发现,真正令人惊叹的实验测量""是一项杰出而令人激动的工作,具有深远的意义和价值"。

裘晓辉带领的研究团队对一种专门研究分子、原子内部结构的显微镜——非接触原子力显微镜进行了核心部件的创新,极大提高了这种显微镜的精度,终于首次直接观察到氢键,为争论提供了直观证据。"'看到'只是第一步,关于氢键的研究还有很长的路要走,比如氢键的'测量'、不同分子间氢键的'比较'等等。"程志海说,科研团队的研究还会拓展至其他关键化学键的研究,比如共价键、离子键、金属键等,以及进一步在原子、分子尺度上实现不同化学键的比较和强度测量等。

参考文献

1. 傅献彩. 大学化学(上). 北京:高等教育出版社,1999
2. 魏祖期,刘德育. 基础化学(第8版). 北京:人民卫生出版社,2013
3. 武汉大学. 吉林大学. 无机化学(第3版). 北京:高等教育出版社,2011
4. 郭丽萍,雷家珩. 晶体结构基础. 武汉:武汉理工大学出版社,2002
5. 张欣荣,阎芳. 基础化学. 北京:高等教育出版社,2011

习 题

1. 解释和区别下列名词:

(1) σ键和π键

(2) 极性键和极性分子

(3) 氢键和范德华力

(4) 等性杂化和不等性杂化

(5) 成键轨道和反键轨道

(6) 永久偶极和瞬间偶极

2. 判断 SiF_4 和 H_2S 分子的空间构型,说明中心原子的杂化过程。

3. 结合 HCl 分子的形成,说明共价键形成的条件并解释为什么共价键具有方向性和饱和性。

4. N_2 和 CO 分子内都有共价三键,但两者性质差别很大,两种分子内的共价三键有何不同?

5. 分子间作用力有几种类型?它们是怎样产生的?

6. 下列物质哪些是极性分子?哪些是非极性分子?

$HBr, CO_2, CHCl_3, PCl_3, CCl_4$

7. 为什么水的沸点比氧的同族元素(S、Se 等)氢化物的沸点高得多?

8. 下列分子结构有无产生氢键的可能? 如果有的话,是分子内氢键还是分子间氢键?

(1) NH_3 (2) C_6H_6 (3) [苯环结构,对位 OH 和 CHO] (4) [苯环结构,邻位 OH 和 CHO]

9. 指出下列化合物中成键原子可能采取的杂化类型,并预测其分子的几何形状。

(1) BeH_2 (2) BI_3 (3) SbI_3 (4) CCl_4

10. 为什么氖不能形成双原子分子? 试用分子轨道理论解释。

11. 今有下列双原子分子或离子:

$Li_2, Be_2, CO^+, O_2^-, O_2$

(1) 写出它们的分子轨道式。

(2) 计算它们的键级,判断其中哪个最稳定? 哪个最不稳定?

(3) 判断哪些分子或离子是顺磁性的? 哪些是反磁性的?

12. 预测下列分子的空间构型,指出电偶极矩是否为零,并判断分子的极性。

SiF_4、NF_3、BCl_3、H_2S、$CHCl_3$

13. 下列各对分子中,哪个分子的极性较强? 试简单说明原因。

(1) HCl 和 HI   (2) H_2O 和 H_2S (3) NH_3 和 PH_3

(4) CH_4 和 SiH_4 (5) CH_4 和 $CHCl_3$ (6) HF 和 NF_3

14. 已知稀有气体的沸点如下,试说明沸点递变的规律和原因。

物质名称:He   Ne   Ar   Kr   Xe

沸点(K):4.26 27.26 87.46 120.26 166.06

15. 判断下列各组分子间存在着哪种分子间作用力。

(1) 苯和四氯化碳 (2) 乙醇和水 (3) 苯和乙醇 (4) 液氨

16. 将下列每组分子间存在的氢键按由强到弱的顺序排列。

(1) HF 和 HF (2) H_2O 和 H_2O (3) NH_3 和 NH_3

17. 常温下 F_2 和 Cl_2 为气体,Br_2 为液体,I_2 为固体,原因是什么?

18. Which of the following can form hydrogen bonds with water?

CH_4,F^-,HCOOH,Na^+

(潘芊秀 编写)

第十一章
配位化合物

配位化合物（coordination compound）简称**配合物**，早期曾称为络合物，它是一类组成比较复杂、种类繁多、用途极为广泛的化合物。历史上最早有记载的配合物是 1704 年德国涂料工人 Diesbach 合成并作为染料和颜料使用的普鲁士蓝，其化学式为 $KFe[Fe(CN)_6]$。但是通常认为配合物的研究始于 1789 年法国化学家 B. M. Tassert 对分子加合物 $CoCl_3 \cdot NH_3$ 的发现。1893 年 Werner A 在前人研究的基础上，提出了配合物的配位理论，奠定了现代配位化学的基础，使配位化学的研究得到了迅速的发展，他本人也因此获得了 1913 年的诺贝尔化学奖。20 世纪以来，由于结构化学的发展和各种物理化学方法的采用，使配位化学成为化学科学中一个十分活跃的研究领域，不仅形成了一门独立的分支学科，而且对有机化学、分析化学、物理化学、量子化学、生物化学等许多学科的研究都有实际意义和理论意义。

元素周期表中绝大多数金属元素都能形成配合物。用于治疗和预防疾病的一些药物本身就是配合物，也有些药物因在体内形成配合物而发挥其药效。此外配合物广泛应用于生化检验、环境检测、药物分析、配位催化、冶金工业等领域。

本章主要介绍配合物的一些基本知识，包括配合物的组成、命名、结构、化学键理论以及配合物在水溶液中的稳定性，并简要介绍配合物在生物医药领域中的有关应用。

第一节　配位化合物概述

一、配合物的组成

（一）配位化合物的结构特征

在盛有 $CuSO_4$ 溶液的试管中滴加氨水，边加边摇，开始时有大量天蓝色的沉淀生成，继续滴加氨水时，沉淀逐渐消失，得深蓝色透明溶液。向深蓝色溶液中加入适量乙醇，便会有深蓝色晶体析出。

若向含有上述结晶的水溶液中加入 NaOH 溶液，既无氨气产生，也没有天蓝色 $Cu(OH)_2$ 沉淀生成，但若向该溶液中加入少量 $BaCl_2$ 溶液时，则有白色 $BaSO_4$ 沉淀析出。这说明溶液中存在着 SO_4^{2-}，却几乎检查不出 Cu^{2+} 离子。

经 X 射线分析，该深蓝色结晶的化学组成是 $[Cu(NH_3)_4]SO_4 \cdot H_2O$。它在水溶液中能够完全解离为$[Cu(NH_3)_4]^{2+}$和$SO_4^{2-}$,而$[Cu(NH_3)_4]^{2+}$是由 1 个 Cu^{2+} 和 4 个 NH_3 分子相互结合形成的复杂离子。

通常把具有空轨道的原子或阳离子与一定数目的可以提供孤电子对的阴离子或中性分子以配位键结合的不易解离的复杂离子(或分子)称为**配离子**(或中性配位分子)。带正电荷的配离子称为**配阳离子**,如$[Cu(NH_3)_4]^{2+}$、$[Ag(NH_3)_2]^+$等;带负电荷的配离子称为**配阴离子**,如$[HgI_4]^{2-}$和$[Fe(NCS)_4]^-$等。含有配离子的化合物和中性配位分子(如$[Fe(CO)_5]$)统称为**配合物**(习惯上把配离子也称为配合物)。如$[Cu(NH_3)_4]SO_4$、$K_4[Fe(CN)_6]$、$H[Cu(CN)_2]$、$[Cu(NH_3)_4](OH)_2$、$[PtCl_2(NH_3)_2]$、$[Ni(CO)_4]$都是配合物。

配合物与复盐的不同点在于复盐溶于水后,除简单的水合离子外并不存在不易解离的复杂离子。

（二）配位化合物的组成

配合物一般由内界(inner sphere)和外界(outer sphere)两个部分组成。内界为配合物的特征部分(即配离子),是一个在水溶液中不易解离的整体,在配合物的化学式中一般用方括号标明。方括号以外的离子构成配合物的外界,内界与外界之间以离子键结合,在水溶液中能够全部解离。内界与外界离子所带电荷的总量相等,符号相反。

$$[Cu(NH_3)_4]SO_4$$

中心原子　配体
内界　　　外界
配合物

1. 中心原子

在内界中,能够接受孤对电子的离子或原子统称为**中心原子**(central atom,或称中心离子),其位于配合物的中心位置,是配合物的核心部分,又称配合物的形成体。一般是带正电荷的阳离子,其中以过渡元素金属离子居多,如 Fe^{3+}、Co^{2+}、Ag^+、Cu^{2+} 等;少数高氧化值的非金属元素的原子也可作为中心原子,如$[BF_4]^-$、$[SiF_6]^{2-}$中的 B(Ⅲ)、Si(Ⅳ)等。而$[Ni(CO)_4]$、$[Fe(CO)_5]$中的中心原子为 Ni、Fe 原子;$[HCo(CO)_4]$中的中心原子是 Co(-Ⅰ)。

2. 配体及配位原子

在配合物中,与中心原子以配位键结合的阴离子或中性分子称为**配位体**(ligand),简称配体,如$[Ag(NH_3)_2]^+$中的 NH_3、$H[Cu(CN)_2]$中的 CN^-、$[Ni(CO)_4]$中的 CO 和$[SiF_6]^{2-}$中的 F^-都是配体。配体中能提供孤对电子直接与中心原子形成配位键的原子称为**配位原子**(ligating atom),如 NH_3 中的 N、CO 中的 C 等。配位原子的最外电子层都有孤对电子,常见的是电负性较大的非金属元素的原子,如 N、O、C、S 及卤素等。

按配体中配位原子的多少,可将配体分为**单齿配体**(monodentate ligand)和**多齿配体**(polydentate ligand)。

单齿配体：一个配体中只有一个配位原子的配体。如 NH_3、H_2O、CN^-、F^-、Cl^- 等。

多齿配体：一个配体中有两个或两个以上配位原子的配体。如乙二胺 $H_2N—CH_2—CH_2—NH_2$（简写为 en）、二亚乙基三胺 $H_2NCH_2CH_2NHCH_2CH_2NH_2$（简写为 DEN）和乙二胺四乙酸根（简写为 EDTA），表 11.1 列出了一些常见的配体。

表 11.1 常见的配体

配体类型	配位原子	实例
单齿配体	C	CN^-、CO
	N	NH_3、NO、NCS^-、NO_2^-、NC^-、NH_2^-、CH_3NH_2（甲胺）、C_6H_5N（吡啶）、RNH_2
	O	H_2O、ONO^-、OH^-、$RCOO^-$、ROH、SO_4^{2-}
	S	SCN^-、$S_2O_3^{2-}$、RSH
	X	F^-、Cl^-、Br^-、I^-
双齿配体	N	$H_2NCH_2CH_2NH_2$、 乙二胺（en） 邻菲罗啉（o-phen） 联吡啶（dipy）
	O	$^-OOC—COO^-$ 草酸根（ox）
	N,O	$H_2NCH_2COO^-$ 氨基乙酸根（gly）
四齿配体	N,O	$:N\begin{cases}—CH_2COO^-\\—CH_2COO^-\\—CH_2COO^-\end{cases}$ 氨三乙酸根（NTA）
六齿配体	N,O	$^-OOCH_2C\diagdown \quad \diagup CH_2COO^-$ NCH_2CH_2N $^-OOCH_2C\diagup \quad \diagdown CH_2COO^-$ 乙二胺四乙酸根（Y^{4-}）

有些配体虽然含有两个配位原子，但由于两个配位原子靠得太近，每一配体只能选择其中一个配位原子与同一个中心原子形成配位键，这种配体称为**两可配体**（ambidentate ligand）。两可配体仍属单齿配体，例如，在 $[Ag(SCN)_2]^-$ 中，S 作配位原子；在 $[Fe(NCS)_6]^{3-}$ 中，N 作配位原子。

3. 配位数

在配体中，直接与中心原子结合成键的配位原子的总数称为该中心原子的**配位数**（coordination number），例如配离子 $[Cu(NH_3)_4]^{2+}$ 中 Cu^{2+} 离子的配位数是 4，$[CoCl_3(NH_3)_3]$ 中 Co^{3+} 离子的配位数是 6。

从本质上讲,配位数就是中心原子与配体形成配位键的数目。如果配体均为单齿配体,则中心原子的配位数与配体的数目相等。如果配体中有多齿配体,则中心原子的配位数不等于配体的数目。例如,配离子$[Cu(en)_2]^{2+}$中的配体 en 是双齿配体,1 个 en 分子中有 2 个 N 原子与Cu^{2+}形成配位键,因此Cu^{2+}离子的配位数是 4 而不是 2。一般中心原子的配位数有 2,4,6,8 等,其中最常见的配位数为 6 和 4。表 11.2 列出了某些常见的金属离子的特征配位数。

表 11.2　常见金属离子的配位数

配位数	金属离子	实例
2	Ag^+、Cu^+、Au^+	$[Ag(NH_3)_2]^+$、$[Cu(CN)_2]^-$
4	Cu^{2+}、Zn^{2+}、Cd^{2+}、Hg^{2+}、Al^{3+}、Sn^{2+}、Pb^{2+}、Co^{2+}、Ni^{2+}、Pt^{2+}、Fe^{3+}、Fe^{2+}	$[HgI_4]^{2-}$、$[Zn(CN)_4]^{2-}$、$[Pt(NH_3)_2Cl_2]$
6	Cr^{3+}、Al^{3+}、Pt^{4+}、Fe^{3+}、Fe^{2+}、Co^{3+}、Co^{2+}、Ni^{2+}、Pb^{4+}	$[PtCl_6]^{2-}$、$[Co(NH_3)_3(H_2O)Cl_2]$、$[Fe(CN)_6]^{3-}$、$[Ni(NH_3)_6]^{2+}$、$[Cr(NH_3)_4Cl_2]^+$

配位数的多少一般取决于中心原子和配体的性质(电荷、半径、核外电子构型等)。

从静电作用考虑,当配体相同时,中心原子的电荷越多,对配体的吸引能力越强,越有利于形成配位数较多的配离子。如Pt^{2+}与Cl^-形成$[PtCl_4]^{2-}$,Pt^{4+}却可形成$[PtCl_6]^{2-}$。中心原子相同时,配体所带的电荷越多,配体间的斥力就愈大,配位数相应变小。如Ni^{2+}与NH_3可形成配位数为 6 的$[Ni(NH_3)_6]^{2+}$,而与CN^-只能形成配位数为 4 的$[Ni(CN)_4]^{2-}$。

从空间效应考虑,中心原子的半径较大时,其周围可容纳较多的配体,易形成较大配位数的配合物,如中心原子 B(Ⅲ)的半径比Al^{3+}小,Al^{3+}与F^-可形成配位数为 6 的$[AlF_6]^{3-}$,而 B(Ⅲ)只能形成配位数为 4 的$[BF_4]^-$。当配体的半径较大时,使中心原子周围可容纳的配体数减少,故配位数减小,如F^-比Cl^-小,Al^{3+}与F^-可形成配位数为 6 的$[AlF_6]^{3-}$,而与Cl^-只能形成配位数为 4 的$[AlCl_4]^-$。

此外,配位数的大小还与配体的浓度、形成配合物时的温度等因素有关。但对某一中心原子来说,常有一些特征配位数。

4. 配离子的电荷

配离子的电荷数等于中心原子和配体总电荷的代数和。例如,在$[Cu(NH_3)_4]^{2+}$中,NH_3是中性分子,所以配离子的电荷就等于中心原子的电荷数$+2$。而在$[HgI_4]^{2-}$中,配离子的电荷数$=1\times(+2)+4\times(-1)=-2$。

由于配合物是电中性的,因此,外界离子的电荷总数和配离子的电荷总数相等,而符号相反,所以由外界离子的电荷可以推断出配离子的电荷及中心原子的氧化值。例如,$K_4[Fe(CN)_6]$中,外界离子的电荷总数$=4\times(+1)=+4$,所以配离子$[Fe(CN)_6]^{4-}$的电荷为-4,可以推出中心原子铁的氧化值 Fe(Ⅱ)。

二、配合物的命名

配合物的种类繁多，有些配合物的组成相对比较复杂，因此其命名也较为复杂。这里仅简单介绍配合物命名的基本原则（又称系统命名法）。

1. 配合物的内界与外界之间的命名

遵循一般无机化合物的命名原则[①]。对于含有配离子的配合物，命名时像一般无机化合物中的酸、碱、盐一样命名，即阴离子在前，阳离子在后。若为配阳离子化合物，则叫某化某、某酸某或氢氧化某；若为配阴离子化合物，则配离子与外界阳离子之间用"酸"字连接，当外界阳离子为氢离子时，在配阴离子的名称之后缀以"酸"字即可。

2. 内界(配离子及中性配位分子)的命名顺序

将配体名称列在中心原子的名称之前，配体的数目用中文数字一、二、三、四等表示，不同配体之间以中圆点"·"分开，在最后一种配体名称之后缀以"合"字，中心原子后用加括号的罗马数字表示其氧化值。即

$$配体个数 \rightarrow 配体名称 \rightarrow "合" \rightarrow 中心原子名称(氧化值)$$

例如，配离子$[Cu(NH_3)_4]^{2+}$的名称为四氨合铜(Ⅱ)离子。

3. 配体的命名顺序

对于含有多种配体的配合物，一般先无机配体，后有机配体；先阴离子，后中性分子。若配体均为阴离子或均为中性分子时，可按配位原子元素符号的英文字母次序排列。例如，NH_3、H_2O两种中性配体的配位原子分别为N原子和O原子，因而NH_3写在H_2O之前。

4. 复杂的配体名称的书写

复杂的配体名称写在圆括号中，以免混淆。例如：

$Na_3[Ag(S_2O_3)_2]$的名称为二(硫代硫酸根)合银(Ⅰ)酸钠

$NH_4[Cr(NCS)_4(NH_3)_2]$的名称为四(异硫氰酸根)·二氨合铬(Ⅲ)酸铵

5. 两可配体的命名

虽然两可配体具有相同的化学式，但由于配位原子不同，命名时有不同的名称。如硝基NO_2^-(N是配位原子)，亚硝酸根ONO^-(O是配位原子)，硫氰根SCN^-(S是配位原子)、异硫氰根NCS^-(N是配位原子)等。另外，有些分子或基团，作配体后读法上有所改变，例如，CO称羰基(C为配位原子)，NO称亚硝酰基，OH^-称羟基等。

此外，对于没有外界的配合物，中心原子的氧化值可不必标明，如$[Fe(CO)_5]$的名称为五羰基合铁。

[①] 可参阅中国化学会.无机化学命名原则.北京:科学出版社,1980。

表 11.3 一些配合物的化学式、系统命名实例

类别	化学式	系统命名
配位酸	$H_2[PtCl_6]$	六氯合铂（Ⅳ）酸
	$H[AuCl_4]$	四氯合金（Ⅲ）酸
配位碱	$[Ag(NH_3)_2]OH$	氢氧化二氨合银（Ⅰ）
	$[Ni(NH_3)_4](OH)_2$	氢氧化四氨合镍（Ⅱ）
配位盐	$[Fe(en)_3]Cl_3$	三氯化三（乙二胺）合铁（Ⅲ）
	$[Co(NH_3)_5(H_2O)]_2(SO_4)_3$	硫酸五氨·一水合钴（Ⅲ）
	$NH_4[Co(NO_2)_4(NH_3)_2]$	四硝基·二氨合钴（Ⅲ）酸铵
中性分子	$[Pt(NH_2)(NO_2)(NH_3)_2]$	一氨基·一硝基·二氨合铂（Ⅱ）
	$[Cr(OH)_3(H_2O)(en)]$	三羟基·一水·一（乙二胺）合铬（Ⅲ）

三、配合物的异构现象

（一）配合物的空间结构特征

配合物的空间结构是指配体围绕着中心原子排布的几何构型。通过 X 射线晶体衍射实验，发现配合物的空间结构与中心原子的配位数有关。下面讨论几种典型的配合物（配位个体）的空间结构。

1. 配位数为 2

配位数为 2 的配位个体的几何构型为直线形，如图 11.3（a）所示，即中心原子 sp 杂化，两个配体位于中心原子的两侧，如$[Ag(NH_3)_2]^+$，$[Cu(NH_3)_2]^+$、$[Ag(CN)_2]^-$等。

2. 配位数为 3

配位数为 3 的配位个体的几何构型为平面三角形，采取 sp^2 杂化，夹角互为 $120°$，如图 11.3（b）所示，如$[HgI_3]^-$、$[Cu(CN)_3]^-$等。

3. 配位数为 4

配位数为 4 的配位个体的几何构型有两种类型：一种空间构型为平面正方形（dsp^2 杂化），如图 11.3（c）所示，如$[PtCl_2(NH_3)_2]$、$[Cu(NH_3)_4]^{2+}$、$[Ni(CN)_4]^{2-}$等；另一种空间构型为四面体（sp^3 杂化），如图 11.3（d）所示，如$[Cd(CN)_4]^{2-}$、$[NiCl_4]^{2-}$、$[Zn(NH_3)_4]^{2+}$等。

4. 配位数为 5

配位数为 5 的配位个体的几何构型也有两种类型：一种空间构型为三角双锥体，如图 11.3（e）所示，如$[CuCl_5]^{3-}$、$[Fe(CO)_5]$等；另一种空间构型为正方锥体，如图11.3（f）所示，如$[Ni(CN)_5]^{3-}$、$[SbF_5]^{2-}$等。

5. 配位数为 6

配位数为 6 的配位个体的几何构型为八面体，如图 11.3（g）所示，如$[Fe(CN)_6]^{2-}$、$[Co(NH_3)_6]^{3+}$、$[PtCl_6]^{2-}$等。

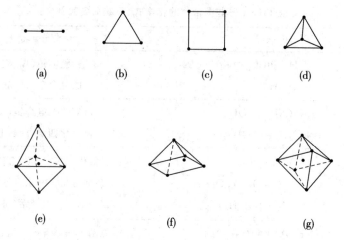

(a)　　　　(b)　　　　(c)　　　　(d)

(e)　　　　　　　　(f)　　　　　　　　(g)

图 11.1　不同配位数的配位个体的几何构型示意图

（二）配合物的异构现象

化合物具有相同的化学组成,不同结构的现象称为**异构**(isomerism),这些化合物互称为**异构体**(isomer)。在配合物中异构现象极为普遍,通常可分为结构异构和空间异构两大类。

1. 结构异构

配合物的结构异构常见的有解离异构和键合异构。

（1）解离异构

解离异构是指组成相同的配合物,在水溶液中解离得到不同离子的现象。如$[Co(SO_4)(NH_3)_5]Br$(红色)与$[CoBr(NH_3)_5]SO_4$(紫色)属于解离异构体,前者在水溶液中解离出$[Co(SO_4)(NH_3)_5]^+$和Br^-,加入 $AgNO_3$ 可得 $AgBr$ 沉淀,后者在水溶液中解离出$[CoBr(NH_3)_5]^{2+}$和SO_4^{2-},加入 $BaCl_2$ 可得 $BaSO_4$ 沉淀。

（2）键合异构

键合异构是由于两可配体使用不同的配位原子与中心原子配位引起的异构现象。如$[CoNO_2(NH_3)_5]Cl_2$(黄色)与$[Co(ONO)(NH_3)_5]Cl_2$(红色)属于键合异构体,前者的配体 NO_2^- 中的 N 原子为配位原子,后者的配体 ONO^- 中的 O 原子为配位原子。

2. 空间异构

配合物的空间异构是指组成相同的配合物的不同配体在空间的排列不同而产生的异构现象。又分为几何异构和对映异构两大类。

（1）几何异构

配合物的几何异构主要存在于配位数为 4 的平面四方形和配位数为 6 的八面体配合物中。

在平面四方形或八面体配合物中,若两个相同配体与中心原子之间的键角$\angle LML \approx 90°$,则称该配合物为顺式,用 cis 表示;若$\angle LML \approx 180°$,则称该配合物为反式,用 trans 表示。这类几何异构通常也被称为顺反异构。例如,在平面四方形配合物$[PtCl_2(NH_3)_2]$中,2 个 Cl 原子可以相邻,也可以相对,如图 11.2(a)所示,分别称为顺-二氯·二氨合铂(Ⅱ)(cis-[PtCl₂(NH₃)₂])和反-二氯·二氨合铂(Ⅱ)(trans-[PtCl₂(NH₃)₂]),两者互为顺反异构体。cis-[PtCl₂(NH₃)₂]是一种广泛使用的抗癌药物;而 trans-[PtCl₂(NH₃)₂]则没有药理活性。八面体配合物的几何异构示意图如图 11.2(b)所示。

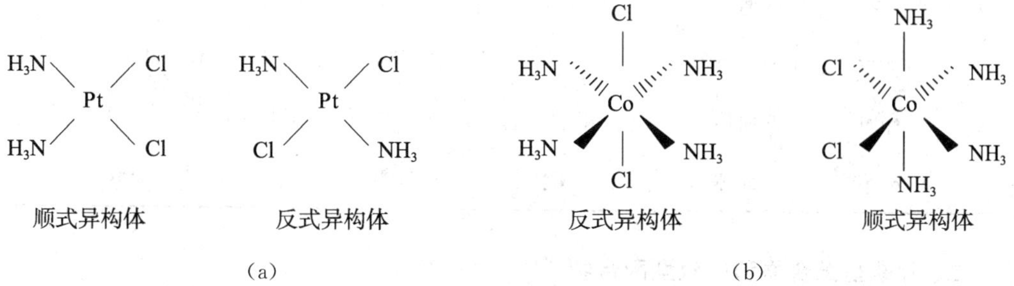

图 11.2 配合物的几何异构

(2)对映异构

配合物的对映异构体就像一个人的左手和右手一样,互成镜像,但却不能重合在一起。两种对映异构体可使平面偏振光发生方向相反的偏转,故又称旋光异构。某些对映异构体在生物体内的功能有显著差异。

第二节 配合物的价键理论

通常,配合物的化学键是指中心原子与配体之间的化学键,为了解释中心原子与配体之间结合力的本性及配合物的性质,科学家们曾提出多种理论,本节将介绍其中的**价键理论**(valence bond theory)。

一、配合物价键理论的基本要点

1931 年,美国化学家 L. Pauling 在前人工作的基础上,把杂化轨道理论应用到配合物的研究上,提出了配合物的价键理论。其基本要点如下:

1. 中心原子与配体中的配位原子之间以配位键结合,即配位原子提供孤对电子,填入中心原子的价电子层空轨道形成配位键。

2. 为了增强成键能力,中心原子所提供的空轨道首先进行杂化,形成数目相等、能量相同、具有一定空间伸展方向的杂化轨道,中心原子的杂化轨道与配位原子的孤对电子轨道在键轴方向重叠成键。

3. 配合物的空间构型,取决于中心原子所提供杂化轨道的数目和类型。

表 11.4 为中心原子常见的杂化轨道类型和配合物的空间构型。

表 11.4　中心原子的杂化轨道类型和配合物的空间构型

配位数	杂化轨道	空间构型	实例
2	sp	直线	$[Ag(NH_3)_2]^+$、$[AgCl_2]^-$、$[Au(CN)_2]^-$
4	sp^3	四面体	$[Ni(CO)_4]$、$[Cd(CN)_4]^{2-}$、$[ZnCl_4]^{2-}$、$[Ni(NH_3)_4]^{2+}$
	dsp^2	平面四方形	$[Ni(CN)_4]^{2-}$、$[PtCl_4]^{2-}$、$[Pt(NH_3)_2Cl_2]$
6	sp^3d^2	八面体	$[FeF_6]^{3-}$、$[Fe(NCS)_6]^{3-}$、$[Co(NH_3)_6]^{2+}$、$[Ni(NH_3)_6]^{2+}$
	d^2sp^3	八面体	$[Fe(CN)_6]^{3-}$、$[Co(NH_3)_6]^{3+}$、$[Fe(CN)_6]^{4-}$、$[PtCl_6]^{2-}$

二、外轨型配合物和内轨型配合物

根据中心原子杂化时所提供的空轨道的类型不同,配合物可分为两种类型,即**外轨型配合物**(outer-orbital coordination compound)和**内轨型配合物**(inner-orbital coordination compound)。

若中心原子全部用最外层价电子的空轨道(ns、np、nd)杂化成键,所形成的配合物称外轨型配合物;另一种是中心原子用了次外层 d 轨道,即$(n-1)d$ 和最外层的 ns、np 轨道进行杂化成键,所形成的配合物称为内轨型配合物。例如,中心原子采取 sp、sp^3、sp^3d^2 杂化轨道成键,形成的配合物都是外轨型配合物;中心原子采取 dsp^2 或 d^2sp^3 杂化轨道成键,形成的配合物都是内轨型配合物。

配合物是内轨型还是外轨型,主要取决于中心原子的价电子构型和配体的性质。

具有$(n-1)d^{10}$ 构型的离子,只能用外层轨道杂化形成外轨型配合物;具有$(n-1)d^8$ 构型的离子如 Ni^{2+}、Pt^{2+}、Pd^{2+} 等,在大多数情况下形成内轨型配合物;具有$(n-1)d^4$ ~d^7 构型的离子,既可形成内轨型,也可形成外轨型配合物;具有$(n-1)d^{1\sim3}$ 构型的离子,一般形成内轨型配合物,如 Cr^{3+} 和 Ti^{3+} 离子分别有 3 个和 1 个$(n-1)d$ 电子,所形成的$[Cr(H_2O)_6]^{3+}$ 和$[Ti(H_2O)_6]^{3+}$ 均为内轨配离子。

电负性大的原子如 F,O 等,与电负性较小的 C 原子比较,通常不易提供孤电子对,它们作为配位原子时,中心离子大多以外层轨道与之成键,因而形成外轨型配合物。C 原子作为配位原子时(如在 CN^- 中)则常形成内轨型配合物。

某一配合物究竟是内轨型配合物还是外轨型配合物,可通过磁性测定和 X 射线对晶体结构的研究来予以确定。

三、配合物的磁性

物质的磁性与组成物质的原子、分子或离子中的电子自旋运动有关,根据磁学理论:配合物中如有未成对的电子,由于电子自旋产生的磁矩不能抵消(成对电子自旋相反,磁矩可以互相抵消),就表现出顺磁性,未成对的电子越多,磁矩就越大。配合物如果没有未成对电子,则表现为反磁性。配合物的磁矩 μ 与未成对电子数 n 之间存在如下近似关系：

$$\mu \approx \sqrt{n(n+2)}\,\mu_B$$

式中：μ_B 为玻尔磁子(Bohr magnetion)，$\mu_B = 9.27 \times 10^{-24}$ A·m²。

根据上式，可以估算出未成对电子数 1～5 的磁矩理论值（见表 11.5）。相反，通过测定配合物的磁矩，也可以了解中心离子的未成对电子数，从而可以确定配合物的磁性（$\mu > 0$ 的具有顺磁性，$\mu = 0$ 的具有反磁性）。

表 11.5　单电子数与磁矩的理论值 μ

n	0	1	2	3	4	5
μ/μ_B	0.00	1.73	2.83	3.87	4.90	5.92

假定配体和外界离子的电子都已成对，那么配合物的单电子数就是中心原子的单电子数。因此，将测得配合物的磁矩与理论值对比，确定中心原子的单电子数 n，由此即可判断配合物中成键轨道的杂化类型和配合物的空间构型，并可区分出内轨配合物和外轨配合物。表 11.6 列出了几种配合物的磁矩实验值，据此可以判断配合物的类型。

表 11.6　几种配合物的单电子数与磁矩的实验值

配合物	中心原子的 d 电子	μ/μ_B	单电子数	配合物类型
$[Fe(H_2O)_6]SO_4$	6	4.91	4	外轨配合物
$K_3[FeF_6]$	5	5.45	5	外轨配合物
$Na_4[Mn(CN)_6]$	5	1.57	1	内轨配合物
$K_3[Fe(CN)_6]$	5	2.13	1	内轨配合物
$[Co(NH_3)_6]Cl_3$	6	0	0	内轨配合物

由表 11.6 中可知，配合物 $K_3[FeF_6]$ 的中心原子 Fe^{3+} 的价电子构型为 $3d^5$，磁矩的测定值 $\mu = 5.45\mu_B$，有 5 个单电子，说明形成配合物后未改变 Fe^{3+} 的 d 电子排布，仅用外层空轨道与 F^- 形成配位键，故 Fe^{3+} 采用 sp^3d^2 杂化，形成正八面体配合物，属于外轨型。而在配合物 $K_3[Fe(CN)_6]$ 中，磁矩的测定值 $\mu = 2.13\mu_B$，有 1 个单电子，说明形成配合物后 Fe^{3+} 的 d 电子排布发生了改变，5 个 d 电子挤入了 3 个 d 轨道，空出 2 个 d 轨道与 CN^- 形成配位键，故此时 Fe^{3+} 采用 d^2sp^3 杂化，形成正八面体配合物，属于内轨型。由此可见，内轨配合物通常比外轨配合物要稳定些。

从上述讨论可知，价键理论较好地解释了配合物的空间构型、磁性和稳定性等，在配位化学的发展过程中起了很大的作用。但是，由于价键理论只孤立地看到配体与中心原子之间的成键，忽略了配体对中心原子的作用，不能定量地说明配合物的吸收光谱和特征颜色等性质。

第三节　配合物的解离平衡

在水溶液中,含有配离子的可溶性配合物的解离有两种情况:一是发生在内界与外界之间的解离,为完全解离;另一是配离子的解离,即中心原子与配体之间的解离,为部分解离,本节主要讨论配离子在水溶液中的解离情况。

一、配合物的平衡常数

配离子$[Cu(NH_3)_4]^{2+}$在水溶液中能微弱地解离出Cu^{2+}和NH_3。即溶液中存在下列平衡:

$$[Cu(NH_3)_4]^{2+} \rightleftharpoons Cu^{2+} + 4NH_3$$

这种配离子解离出中心原子和配体的反应称为解离反应。

如果将配位平衡写成由中心原子和配体生成配离子的形式:

$$Cu^{2+} + 4NH_3 \rightleftharpoons [Cu(NH_3)_4]^{2+}$$

即配离子的生成反应。而相应的平衡常数叫做配离子的标准生成常数 K_s^θ 或**标准稳定常数**。配离子的标准稳定常数可以表示为:

$$K_s^\theta = K_稳^\theta = \frac{[Cu(NH_3)_4^{2+}]}{[Cu^{2+}][NH_3]^4}$$

配离子的标准稳定常数是配离子稳定性的量度,对于相同类型的配离子来说,K_s^θ 越大,表示配离子越稳定。事实上,在溶液中配离子的形成(或解离)是分步进行的。每一步配离子的生成都有一个对应的标准稳定常数,我们称它为逐级稳定常数(或分步稳定常数)。$[Cu(NH_3)_4]^{2+}$的生成反应的标准平衡常数表达式分别为:

$$Cu^{2+} + NH_3 \rightleftharpoons [Cu(NH_3)]^{2+} \qquad K_{s1}^\theta = \frac{[Cu(NH_3)^{2+}]}{[Cu^{2+}][NH_3]}$$

$$[Cu(NH_3)]^{2+} + NH_3 \rightleftharpoons [Cu(NH_3)_2]^{2+} \qquad K_{s2}^\theta = \frac{[Cu(NH_3)_2^{2+}]}{[Cu(NH_3)^{2+}][NH_3]}$$

$$[Cu(NH_3)_2]^{2+} + NH_3 \rightleftharpoons [Cu(NH_3)_3]^{2+} \qquad K_{s3}^\theta = \frac{[Cu(NH_3)_3^{2+}]}{[Cu(NH_3)_2^{2+}][NH_3]}$$

$$[Cu(NH_3)_3]^{2+} + NH_3 \rightleftharpoons [Cu(NH_3)_4]^{2+} \qquad K_{s4}^\theta = \frac{[Cu(NH_3)_4^{2+}]}{[Cu(NH_3)_3^{2+}][NH_3]}$$

若将第一、二两步平衡式相加,得

$$Cu^{2+} + 2NH_3 \rightleftharpoons [Cu(NH_3)_2]^{2+}$$

其平衡常数用 β_2 表示:$\beta_2 = K_{s1}^\theta \cdot K_{s2}^\theta$

同理:$\beta_3 = K_{s1}^\theta \cdot K_{s2}^\theta \cdot K_{s3}^\theta$

$\beta_4 = K_{s1}^\theta \cdot K_{s2}^\theta \cdot K_{s3}^\theta \cdot K_{s4}^\theta$

即多个配体配离子的总稳定常数(或累积稳定常数)等于逐级稳定常数的乘积。最后一级累积稳定常数 β_n 与 $K_s^\ominus$ 相等。

一般配合物的 $K_s^\ominus$ 数值均很大,为方便起见,常用 $\lg K_s^\ominus$ 或 $\lg \beta_n$ 表示。常见配离子的标准稳定常数见附录六。

二、配位平衡的移动

同其他化学平衡一样,配位平衡也是一种相对的、有条件的动态平衡。若改变平衡系统的条件,平衡就会发生移动,溶液的酸度变化、沉淀剂、氧化剂或还原剂以及其他配体的存在,均有可能导致配位平衡的移动甚至转化。

(一)溶液酸度的影响

根据酸碱质子理论,配离子中很多配体,如 F^-、CN^-、SCN^-、OH^-、NH_3 等都是碱,可接受质子,生成难解离的共轭弱酸。若配体的碱性较强,溶液中 H^+ 浓度又较大时,配体与质子结合,导致配离子解离。如

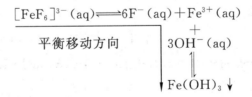

这种因溶液酸度增大而导致配离子解离的作用称为**酸效应**。溶液的酸度愈强,配离子愈不稳定。当溶液的酸度一定时,配体的碱性愈强,配离子愈不稳定。配离子这种抗酸的能力与 $K_s^\ominus$ 有关,$K_s^\ominus$ 值愈大,配离子抗酸能力愈强,如 $[Ag(CN)_2]^-$ 的 $K_s^\ominus$(1.3×10^{21})大,抗酸能力较强,故 $[Ag(CN)_2]^-$ 在酸性溶液中仍能稳定的存在。

另一方面,配离子的中心原子大多是过渡金属离子,它在水溶液中往往发生水解,导致中心原子浓度降低,配位反应向解离方向移动。溶液的碱性愈强,愈有利于中心原子水解反应的进行。如

$$[FeF_6]^{3-}(aq) \rightleftharpoons 6F^-(aq) + Fe^{3+}(aq)$$

平衡移动方向　　　　　　　+
　　　　　　　　　　　$3OH^-(aq)$
　　　　　　　　　　　　$\Updownarrow$
　　　　　　　　　　　$Fe(OH)_3 \downarrow$

这种因金属离子与溶液中的 OH^- 结合而导致配离子解离的作用称为**水解效应**。为使配离子稳定,从避免中心原子水解角度考虑,pH 值愈低愈好;从配离子抗酸能力考虑,则 pH 值愈高愈好。在一定酸度下,究竟是配位反应为主,还是水解反应为主,或者是 H^+ 与配体结合成弱酸的酸碱反应为主,这要由配离子的稳定性、配体碱性强弱和中心原子氢氧化物的溶解度等因素综合考虑,一般是在保证不生成氢氧化物沉淀的前提下提高溶液 pH,以保证配离子的稳定性。

（二）沉淀平衡的影响

若在 AgCl 沉淀中加入大量氨水,可使白色 AgCl 沉淀溶解生成无色透明的配离子 $[Ag(NH_3)_2]^+$。反之,若再向该溶液中加入 NaBr 溶液,立即出现淡黄色沉淀,反应如下:

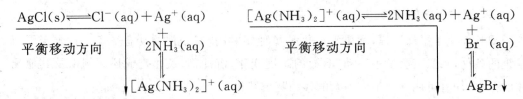

前者因加入配位剂而使沉淀平衡转化为配位平衡,后者因加入较强的沉淀剂而使配位平衡转化为沉淀平衡。配离子稳定性愈差,沉淀剂与中心原子形成沉淀的 K^θ_{sp} 愈小,配位平衡就愈容易转化为沉淀平衡;配体的配位能力愈强,沉淀的 K^θ_{sp} 愈大,就愈容易使沉淀平衡转化为配位平衡。上述例子中 AgBr 的 K^θ_{sp}(5.35×10^{-13})远小于 AgCl 的 K^θ_{sp}(1.77×10^{-10}),故 Br^- 可使 $[Ag(NH_3)_2]^+$ 的配位平衡破坏,而氨水只能使 AgCl 溶解,却不能使 AgBr 溶解。

例 11.1 计算 298.15 K 时,AgCl 在 6.0 mol·L^{-1} NH$_3$ 溶液中的溶解度。在上述溶液中加入 NaBr 固体使 Br$^-$ 浓度为 0.1 mol·L^{-1}(忽略因加入 NaBr 所引起的体积变化),问有无 AgBr 沉淀生成?

解 AgCl 溶于 NH$_3$ 溶液中的反应为

$$AgCl(s) + 2NH_3(aq) \rightleftharpoons [Ag(NH_3)_2]^+(aq) + Cl^-(aq)$$

反应的平衡常数为

$$K^\theta = \frac{[Ag(NH_3)_2^+][Cl^-]}{[NH_3]^2} = \frac{[Ag(NH_3)_2^+][Cl^-]}{[NH_3]^2} \cdot \frac{[Ag^+]}{[Ag^+]}$$

$$= K^\theta_s([Ag(NH_3)_2]^+) \cdot K^\theta_{sp}(AgCl)$$

$$= 1.1 \times 10^7 \times 1.77 \times 10^{-10} = 1.95 \times 10^{-3}$$

设 AgCl 在 6.0 mol·L^{-1} NH$_3$ 溶液中的溶解度为 S mol·L^{-1},由反应式可知: $[Ag(NH_3)_2^+] = [Cl^-] = S$ mol·L^{-1},$[NH_3] = (6.0 - 2S)$ mol·L^{-1},将平衡浓度代入平衡常数表达式中,得

$$K^\theta = \frac{(S \text{ mol·L}^{-1})^2}{(6.0 \text{ mol·L}^{-1} - 2S \text{ mol·L}^{-1})^2} = 1.95 \times 10^{-3}$$

即 298.15 K 时,AgCl 在 6.0 mol·L^{-1} NH$_3$ 溶液中的溶解度为 0.26 mol·L^{-1}。

在上述溶液中,如有 AgBr 生成,生成 AgBr 沉淀的反应式为

$$[Ag(NH_3)_2]^+(aq) + Br^-(aq) \rightleftharpoons 2NH_3(aq) + AgBr(s)$$

反应的平衡常数为

$$K^\theta = \frac{[NH_3]^2}{[Br^-][Ag(NH_3)_2^+]} = \frac{1}{K^\theta_s([Ag(NH_3)_2]^+)K^\theta_{sp}(AgBr)}$$

$$= \frac{1}{1.1 \times 10^7 \times 5.35 \times 10^{-13}} = 1.7 \times 10^5$$

该反应的反应熵为

$$Q = \frac{c^2(NH_3)}{c([Ag(NH_3)_2]^+) \cdot c(Br^-)} = \frac{(6.0 \text{ mol} \cdot L^{-1} - 2 \times 0.26 \text{ mol} \cdot L^{-1})^2}{0.26 \text{ mol} \cdot L^{-1} \times 0.10 \text{ mol} \cdot L^{-1}} = 1155$$

由于 $Q < K^\theta$，$\Delta_r G_m < 0$，$[Ag(NH_3)_2]^+$ 和 Br^- 反应向生成 AgBr 沉淀方向进行，因此有 AgBr 沉淀生成。

（三）与氧化还原平衡的关系

溶液中的氧化还原平衡可以影响配位平衡，使配位平衡移动，配离子解离。反之，配位平衡可以使氧化还原平衡改变方向，使原来不能发生的氧化还原反应在配体存在下得以进行。

例 11.2 已知 298.15 K 和标准状态下：

$$Au^+(aq) + e^- \Longrightarrow Au(s), \varphi^\theta(Au^+/Au) = +1.692 \text{ V} \tag{1}$$

$$Au^+(aq) + 2CN^-(aq) \Longrightarrow [Au(CN)_2]^-(aq), K_s^\theta = 2 \times 10^{38} \tag{2}$$

计算下面反应在 298.15 K 时的标准电极电位

$$[Au(CN)_2]^-(aq) + e^- \Longrightarrow Au(s) + 2CN^-(aq), \varphi^\theta([Au(CN)_2]^-/Au) \tag{3}$$

解 式(1) - 式(3) = 式(2)，根据标准电池电动势与平衡常数的关系，在 298.15 K 条件下有

$$\lg K_s^\theta = \frac{nE^\theta}{0.05916 \text{ V}} = \frac{n\{\varphi^\theta(Au^+/Au) - \varphi^\theta([Au(CN)_2]^-/Au)\}}{0.05916 \text{ V}}$$

这里 $n = 1$，因此

$$\varphi^\theta([Au(CN)_2]^-/Au) = \varphi^\theta(Au^+/Au) - \frac{0.05916 \text{ V}}{n} \lg K_s^\theta$$

$$= 1.692 \text{ V} - 0.05916 \text{ V} \times \lg(2 \times 10^{38})$$

$$= -0.574 \text{ V}$$

上述计算结果在金矿开采中有着实际应用。因为

$$\varphi^\theta(O_2/OH^-) = +0.401 \text{ V} < \varphi^\theta(Au^+/Au) = +1.692 \text{ V}$$

下述反应不能正向进行

$$4Au(s) + O_2(g) + 2H_2O(l) \overset{}{\longrightarrow}\!\!\!\!\!\!| \ 4OH^-(aq) + 4Au^+(aq)$$

而 $\varphi^\theta(O_2/OH^-) = +0.401 \text{ V} > \varphi^\theta([Au(CN)_2]^-/Au) = -0.574 \text{ V}$，下述反应却可以正向进行

$$4Au(s) + 8CN^-(aq) + O_2(g) + 2H_2O(l) \Longrightarrow 4[Au(CN)_2]^-(aq) + 4OH^-(aq)$$

即在 CN^- 存在下，O_2 将金矿的游离态存在的 Au 氧化为 $[Au(CN)_2]^-$。然后在溶液中加入还原剂 Zn，即可得到 Au。反应方程式如下

$$2[Au(CN)_2]^-(aq) + Zn(s) \Longrightarrow [Zn(CN)_4]^{2-}(aq) + 2Au(s)$$

（四）其他配位平衡的影响

在某一配位平衡系统中，加入能与该中心原子形成另一种配离子的配位剂时，配离

子能否转化,可根据两种配离子的 K_s^θ 值相对大小来判断。

例 11.3 在 298.15 K 时,反应 $[Zn(NH_3)_4]^{2+}(aq)+4OH^-(aq)\rightleftharpoons[Zn(OH)_4]^{2-}(aq)+$ $4NH_3(aq)$ 能否正向进行? 在 $1\ mol\cdot L^{-1}\ NH_3$ 溶液中 $[Zn(NH_3)_4^{2+}]/[Zn(OH)_4^{2-}]$ 等于多少? 在该溶液中 Zn^{2+} 主要以哪种配离子形式存在?

解 查表得 298.15 K 时,配离子 $[Zn(NH_3)_4]^{2+}$ 的稳定常数 K_{s1}^θ 为 2.88×10^9,配离子 $[Zn(OH)_4]^{2-}$ 的稳定常数 K_{s2}^θ 为 3.16×10^{15},反应

$$[Zn(NH_3)_4]^{2+}(aq)+4OH^-(aq)\rightleftharpoons[Zn(OH)_4]^{2-}(aq)+4NH_3(aq)$$

的平衡常数计算如下:

$$K^\theta=\frac{[Zn(OH)_4^{2-}][NH_3]^4}{[Zn(NH_3)_4^{2+}][OH^-]^4}\cdot\frac{[Zn^{2+}]}{[Zn^{2+}]}=\frac{K_{s2}^\theta}{K_{s1}^\theta}=\frac{3.16\times10^{15}}{2.88\times10^9}=1.10\times10^6$$

K^θ 值很大,说明在水溶液中由 $[Zn(NH_3)_4]^{2+}$ 转化为 $[Zn(OH)_4]^{2-}$ 的反应是可以实现的。由此可见,配离子转化反应总是向生成 K_s^θ 值大的配离子方向进行。

在 298.15 K 时,对于 $1\ mol\cdot L^{-1}\ NH_3$ 溶液,由于 $c_rK_b^\theta>20K_w^\theta$,$c_r/K_b^\theta>500$,所以

$$[OH^-]=\sqrt{c_rK_b^\theta}=\sqrt{1\times1.8\times10^{-5}}$$

$$[NH_3]=1-[OH^-]\approx1$$

$$\frac{[Zn(NH_3)_4^{2+}]}{[Zn(OH)_4^{2-}]}=\frac{[NH_3]^4K_{s,1}^\theta}{[OH^-]^4K_{s,2}^\theta}$$

$$\approx\frac{(1)^4\times2.88\times10^9}{(\sqrt{1.8\times10^{-5}})^4\times3.16\times10^{15}}$$

$$=2.84\times10^3$$

可见,在 $1\ mol\cdot L^{-1}\ NH_3$ 溶液中,反应 $[Zn(NH_3)_4]^{2+}(aq)+4OH^-(aq)\rightleftharpoons[Zn(OH)_4]^{2-}(aq)+4NH_3(aq)$ 发生逆转,此时 Zn^{2+} 主要以配离子 $[Zn(NH_3)_4]^{2+}$ 形式存在。

所以在一般情况下,我们只需比较反应式两侧配离子的 K_s^θ 值就可以判断反应进行的方向,但是如果溶液中两个配位剂浓度相差倍数较大时,也可以影响配位反应的方向。

第四节 螯合物和生物配合物

一、螯合物的结构特点及螯合效应

图 11.3 为乙二胺分子与 Cd^{2+} 形成的配合物。由于乙二胺为多齿配体,en 中 2 个 N 各提供一对孤对电子与 Cd^{2+} 形成配位键,犹如螃蟹以双螯钳住中心原子,形成环状结构,将中心原子嵌在中间。这种由中心原子与多齿配体形成的环状配合物称为螯合

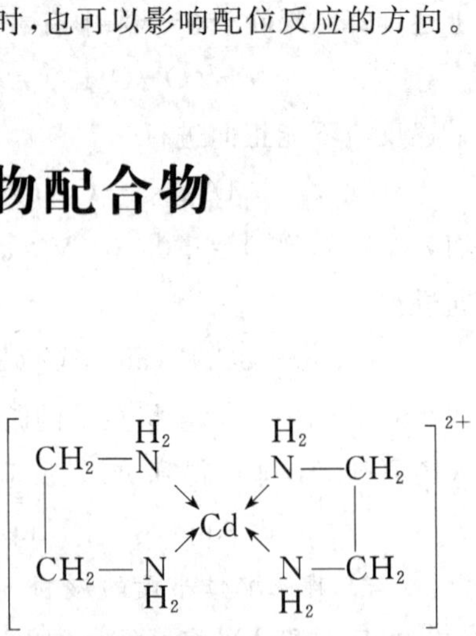

图 11.3 $[Cd(en)_2]^{2+}$ 的结构

物(chelate)。这种能与中心原子形成螯合物的多齿配体称为**螯合剂**(chelating agent)。螯合物的稳定性很高,很少存在逐级解离现象。同一金属离子所形成的螯合物的稳定性,一般比组成和结构相近的非螯合物的为高。这种由于生成螯合物而使配合物稳定性增加的现象称为**螯合效应**(chelating effect)。

　　常见的螯合剂大多是有机化合物,特别是具有氨基 N 和羧基 O 的一类氨羧螯合剂使用得更广,如乙二胺四乙酸(表 11.1 中的六齿配体)及其盐,它的负离子与金属离子最多可形成有 5 个螯合环的稳定性很高的螯合物(图 11.4)。有极少数螯合剂是无机化合物,如三聚磷酸钠与 Ca^{2+} 离子可形成螯合物。人们常把三聚磷酸钠加入锅炉水中,用以防止钙、镁形成难溶盐沉淀结在锅炉内壁上生成水垢,就是利用了这一性质。

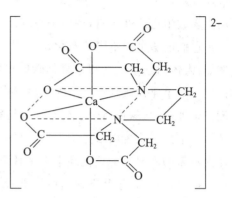

图 11.4　CaY^{2-} 的结构

二、影响螯合物稳定性的因素

　　螯合物的稳定性大小与中心原子和配体所形成的螯环的大小及螯环的数目有关。

　　(一)螯环的大小

　　绝大多数螯合物中,以五员环和六员环的螯合物最稳定,这两种环的键角是 108°和 120°。如 Ca^{2+} 与 EDTA 同系物 $(-OOCCH_2)_2N(CH_2)_nN(CH_2COO-)_2$ 形成的螯合物的稳定常数随 n 值的增大而减小(表 11.7)。这是因为五员环的键角(108°)更接近于 C 的 sp^3 杂化轨道的夹角(109°28′),张力小,环稳定。

表 11.7　Ca^{2+} 与 EDTA 同系物配合物的 $\lg K_s$

配体名称	n	成环情况	$\lg K_s$
乙二胺四乙酸根离子	2	5 个五员环	11.0
丙二胺四乙酸根离子	3	4 个五员环,1 个六员环	7.1
丁二胺四乙酸根离子	4	4 个五员环,1 个七员环	5.1
戊二胺四乙酸根离子	5	4 个五员环,1 个八员环	4.6

　　三员环和四员环张力大,不稳定。所以,螯合剂中相邻两个配位原子之间一般只能间隔 2～3 个其他原子,以形成稳定的五员环或六员环螯合物。

　　(二)螯环的数目

　　实验表明,组成和结构相似的多齿配体与同一中心原子所形成的螯合物的螯环越多,螯合物就越稳定。

　　显然,多齿配体中的配位原子愈多,配体可动用的配位原子就愈多,形成的螯环就愈多,同一种配体与中心原子所形成的配位键就愈多,配体脱离中心原子的机会就愈小,螯合物就愈稳定。

三、生物配合物

生物体内存在着许多金属元素,它们与生物体中的蛋白质、肽、氨基酸、核酸、核酸降解物、激素、维生素及新陈代谢产物等生物配体组成生物配合物,在生物体内发挥重要作用。多数生物活性金属,特别是与酶催化反应有关的都是过渡金属。过渡金属的特征之一是它们能够呈现不同的氧化态。因此,它们容易参与生物体内发生的氧化还原反应。例如,人体内输送氧气和二氧化碳的血红蛋白(Hb)是由亚铁血红素和一个分子球蛋白构成。一个亚铁血红素分子除了由 Fe^{2+} 同原卟啉大环配体上四个吡咯 N 原子形成四个配位键外,还与球蛋白中肽键上一个组氨酸残基的咪唑 N 原子形成第五个配位键,Fe^{2+} 的第 6 个配位位置由水分子占据,它能被氧气置换形成氧合血红蛋白($Hb \cdot O_2$)以保证体内对氧的需要。一氧化碳中毒患者是由于吸入被一氧化碳污染的空气,在肺泡进行气体交换时,一氧化碳就迅速与血红蛋白结合成碳氧合血红蛋白($Hb \cdot CO$),其结合力要比氧与血红蛋白的结合力大 240 倍,使下述平衡向右移动。

$$HbO_2 + CO \Longrightarrow Hb \cdot CO + O_2$$

因而血红蛋白输送氧的功能大为降低,减少了对体内细胞的氧气供应,从而造成体内缺氧,如不及时抢救,最终因肌体缺氧而导致死亡。临床上常采用高压氧气疗法抢救一氧化碳中毒患者,高压的氧气可使溶于血液的氧气增多,从而导致上述可逆反应向左进行,达到治疗一氧化碳中毒之目的。

此外,植物生长中起光合作用的叶绿素是含 Mg^{2+} 的配合物。在人体内调节糖代谢的胰岛素是锌的配合物。生物体中起着重要作用的金属酶,几乎都是以配合物的形式存在的金属元素,其中,属于水解酶的有含镁、锌或铜的磷酸酯酶、含镁或锌的氨基肽酶、含锌的羧肽酶;属于氧化还原酶的有含铁、铜或锰的超氧化物歧化酶、含铁、铜或钼的还原酶和羟化酶、含铁或钼的氢化酶;属于异构酶和合成酶的有含钴的维生素 B_{12} 辅酶。因酶的生物催化活性高效专一,故这些酶在维持体内正常代谢活动中起着非常重要的作用。植物固氮酶是一个铁钼的蛋白质配合物,近年来,随着仿生化学的发展,在固氮酶及光合作用的化学模拟方面,国内外均进行了大量的研究并取得了一定的成绩,期望在不久的将来能实现常温常压下合成氨的生成工艺。

化学视窗

配合物在医学上的应用

一、生命必需金属元素的补充

人体必需的金属元素大多数是以配合物的形式存在。在补给金属元素时,选用不同的化合物形式将直接影响机体的摄取效果。

　　无机锌盐(如 $ZnCO_3$, $ZnSO_4 \cdot 7H_2O$, $ZnCl_2$, $Zn(Ac)_2$,等)是最早采用的补锌剂,它们对口腔溃疡、食欲不振、痤疮、不孕症、免疫力低下等具有一定的疗效。但是由于它们易吸潮,吸收率低,口感不适,对胃肠道具有较大刺激作用等逐渐被淘汰。氨基酸锌是以锌离子与氨基酸的氨基 N 原子和羧基 O 原子形成五员或六员环状的螯合物,目前是一种较理想的补锌剂。又如,缺铁可直接服用乳酸亚铁,但更好的补铁形式是补充铁与卟啉配体形成的螯合物制剂,后者的生物利用率可提高百倍。缺钴可服用维生素 B_{12}(钴与卟啉形成的螯合物)进行补充。

　　可以预见,随着对人体生物配体的生理功能研究的深入,将会发现更多更好的金属元素补充剂。

二、配合物的解毒作用

　　配合物的解毒作用通常是指配体作为解毒剂,与体内有毒的金属原子(或离子)生成无毒的可溶的配合物排出体外。

　　环境污染、职业性中毒、过量服用金属元素类药物以及金属代谢障碍均能引起体内 Pb、Hg、Cd、As 等污染元素的积累和 Fe、Ca、Cu 等必需元素的过量,造成金属中毒。Pb、Hg、Cd 等重金属能与蛋白质中的－SH 基相结合,抑制酶的活性;也有具有毒性的金属离子取代必需微量元素,如 Cd^{2+} 能取代 Zn^{2+} 从而抑制锌金属酶的活性;某些含汞化合物进入人体后会迅速通过脑屏障,导致对细胞的损害。摄入过量必需金属元素也会引起中毒。利用配体生成无毒的配合物可以除去这些有毒金属。临床上已广泛应用了这类金属的解毒剂,如用枸橼酸钠治疗铅中毒,使铅转变为稳定的无毒的可溶性 $[Pb(C_6H_5O_7)]^-$ 配离子从肾脏排出体外。EDTA 的钙盐是排除体内 U、Th、Pu、Sr 等放射性元素的高效解毒剂。二巯基丙醇是治疗 As、Hg 中毒的首选药物。D－青霉胺是治疗威尔逊病人的有效药物,临床上用药每天 1～2 g 的剂量可在人体内与铜形成配合物,使过量铜消除掉。

三、配合物的抗癌作用

　　抗癌药物的研制和筛选,在相当长的时间里都只局限于有机化合物和生化制剂。20世纪 60 年代末,以金属配合物为基础的抗癌药物的研制有了明显的进展。1969 年美国科学家罗森堡(R. Rosenberg)首次报道合成了具有广谱性且强烈抑制细胞分裂的无机抗癌新药顺式二氯·二氨合铂(Ⅱ)(顺铂)以后,为人们开辟了一条寻找抗癌活性药物的新途径。顺铂被誉为第一代抗癌配合物药物。该配合物具有脂溶性载体配体 NH_3,可顺利地通过细胞膜的脂质层进入癌细胞内。进入癌细胞的顺铂,能迅速而又牢固地与 DNA 结合,进而破坏癌细胞 DNA 的复制能力,抑制了癌细胞的生长。该配合物作为抗癌药物从 1978 年开始正式应用于临床以来,取得了良好的疗效。由于顺铂具有水溶性小、肾毒性大和缓解期短等缺点,在顺铂结构模式的启发下,人们广泛开展了研制抗癌金属配合物的探索工作,在大量研究 $[PtA_2X_2]$ 类似物的基础上,相继开发了碳铂等第二代铂系抗癌药物及活性更高的铂系金属(Pd,Ru,Rh)配合物药物。目前,铂、钛、钌、锡、金等金属配合物已经或正在成为抗癌新药,为癌症的化学治疗提供了有力武器。第三代铂系抗癌药物正陆续进入临床试验阶段,以二茂钛为代表的二卤茂金属配合物药物研究以及磷化金抗癌活性的研究,都标志着配合物的药理作用将成为本世纪最活跃最有希望的研究领域。

此外,治疗血吸虫病的酒石酸锑钾,治疗糖尿病的胰岛素(锌的配合物),治疗风湿性关节炎的金的配盐,维生素 B_{12}(钴的配合物)以及具有抗菌活性的铜、铁的 8-羟基喹啉配合物,用于磁共振技术中的造影剂(Gd 配合物)等都是金属元素的复杂配合物。因此,配合物药物作为无机药物的重要组成部分,是一个十分活跃的研究领域。可以预见,随着人们研究的深入,配合物药物有望在抗癌药、抗微生物药、抗病毒药、抗风湿药、辐射敏化剂和金属调节的抗体等诸方面愈加广泛应用。

参考文献

1. 天津大学无机化学教研室编. 无机化学. 第三版. 北京:高等教育出版社,2002
2. 李惠芝. 无机化学. 北京:中国医药科技出版社,2002
3. 魏祖期,刘德育. 基础化学(第 8 版). 北京:人民卫生出版社,2013
4. 许善锦主编. 无机化学. 第四版. 北京:人民卫生出版社,2003
5. 傅献彩主编. 大学化学. 北京:高等教育出版社,1999
6. 朱裕贞,顾达,黑恩成. 现代基础化学. 北京:化学工业出版社,1998
7. 北京大学《大学基础化学》编写组. 大学基础化学. 北京:高等教育出版社,2003
8. 王夔主编. 化学原理和无机化学. 北京:北京大学医学出版社,2005
9. 朱旭祥等. 中药研究前沿—中药配位化学[J]. 中草药,1997,28(6)
10. 李英华等. 中药配位化学研究进展[J]. 中国中草杂志,2006,31(16)

习 题

1. 指出下列配合物(或配离子)的中心原子、配体、配位原子及中心原子的配位数。
(1) $H_2[PtCl_6]$　(2) $[Co(ONO)(NH_3)_5]SO_4$　(3) $NH_4[Co(NO_2)_4(NH_3)_2]$
(4) $[Ni(CO)_4]$　(5) $Na_3[Ag(S_2O_3)_2]$　(6) $[PtCl_5(NH_3)]^-$　(7) $[Al(OH)_4]^-$

2. 命名下列配离子和配合物,并指出配离子的电荷数和中心原子氧化值。
(1) $[Co(NO_2)_3(NH_3)_3]$　(2) $[Co(en)_3]_2(SO_4)_3$　(3) $Na_2[SiF_6]$
(4) $[PtCl(NO_2)(NH_3)_4]$　(5) $[CoCl_2(NH_3)_3(H_2O)]Cl$
(6) $[PtCl_4]^{2-}$　(7) $[PtCl_2(en)]$　(8) $K_3[Fe(CN)_6]$

3. 写出下列配合物的化学式:
(1) 六氯合铂(Ⅳ)酸
(2) 四(异硫氰酸根)·二氨合铬(Ⅲ)酸铵
(3) 高氯酸六氨合钴(Ⅱ)
(4) 五氰·一羰基合铁(Ⅲ)酸钠

（5）一羟基·一草酸根·一水·一（乙二胺）合铬（Ⅲ）

4. 已知$[PdCl_4]^{2-}$为平面四方形结构，$[Cd(CN)_4]^{2-}$为四面体结构，根据价键理论分析它们的成键杂化轨道，并指出配离子是顺磁性（$\mu \neq 0 \ \mu_B$）还是反磁性（$\mu = 0 \ \mu_B$）。

5. 根据实测磁矩，推断下列配合物的空间构型，并指出是内轨还是外轨配合物。

（1）$[Fe(CN)_6]^{3-}$，$\mu = 2.13 \ \mu_B$ （2）$[Fe(C_2O_4)_3]^{3-}$，$\mu = 5.75 \ \mu_B$

（3）$[Co(en)_3]^{2+}$，$\mu = 3.82 \ \mu_B$ （4）$[Co(en)_2Cl_2]Cl$，$\mu = 0 \ \mu_B$

6. 已知高自旋配离子$[Fe(H_2O)_6]^{2+}$的$\Delta_o = 124.38 \ kJ \cdot mol^{-1}$，低自旋配离子$[Fe(CN)_6]^{4-}$的$\Delta_o = 394.68 \ kJ \cdot mol^{-1}$，两者的电子成对能$P$均为$179.40 \ kJ \cdot mol^{-1}$，分别计算它们的晶体场稳定化能。

7. 计算下列反应的平衡常数，并判断下列反应进行的方向。

已知$\lg K_s^\theta([Hg(NH_3)_4]^{2+}) = 19.28$；$\lg K_s^\theta(HgY^{2-}) = 21.8$；$\lg K_s^\theta([Cu(NH_3)_4]^{2+}) = 13.32$；$\lg K_s^\theta([Zn(NH_3)_4]^{2+}) = 9.46$；$\lg K_s^\theta([Fe(C_2O_4)_3]^{3-}) = 20.2$；$\lg K_s^\theta([Fe(CN)_6]^{3-}) = 42$

（1）$[Hg(NH_3)_4]^{2+} + Y^{4-} \rightleftharpoons HgY^{2-} + 4NH_3$

（2）$[Cu(NH_3)_4]^{2+} + Zn^{2+} \rightleftharpoons [Zn(NH_3)_4]^{2+} + Cu^{2+}$

（3）$[Fe(C_2O_4)_3]^{3-} + 6CN^- \rightleftharpoons [Fe(CN)_6]^{3-} + 3C_2O_4^{2-}$

8. $10 \ mL \ 0.10 \ mol \cdot L^{-1} \ CuSO_4$溶液与$10 \ mL \ 6.0 \ mol \cdot L^{-1} \ NH_3 \cdot H_2O$混合并达平衡，计算溶液中$Cu^{2+}$、$NH_3 \cdot H_2O$及$[Cu(NH_3)_4]^{2+}$的浓度各是多少？若向此混合溶液中加入$0.0010 \ mol \ NaOH$固体，问是否有$Cu(OH)_2$沉淀生成？

9. 向$0.10 \ mol \cdot L^{-1} \ AgNO_3$溶液$50 \ mL$中加入质量分数为$18.3\%$（$\rho = 0.929 \ kg \cdot L^{-1}$）的氨水$30.0 \ mL$，然后用水稀释至$100 \ mL$，求：（1）溶液中$Ag^+$、$[Ag(NH_3)_2]^+$、$NH_3$的浓度；（2）加$0.100 \ mol \cdot L^{-1} \ KCl$溶液$10.0 \ mL$时，是否有$AgCl$沉淀生成？通过计算指出，溶液中无$AgCl$沉淀生成时，$NH_3$的最低平衡浓度应为多少？

10. 将$0.20 \ mol \cdot L^{-1}$的$AgNO_3$溶液与$0.60 \ mol \cdot L^{-1}$的KCN溶液等体积混合后，加入固体KI（忽略体积的变化），使I^-浓度为$0.10 \ mol \cdot L^{-1}$，问能否产生AgI沉淀？溶液中CN^-浓度低于多少时才可出现AgI沉淀？

11. 已知$\varphi^\theta(Zn^{2+}/Zn) = -0.7618 \ V$，$\lg K_s^\theta([Zn(NH_3)_4]^{2+}) = 9.46$，求$\varphi^\theta([Zn(NH_3)_4]^{3+}/Zn)$为多少？

12. 已知$\varphi^\theta(Fe^{3+}/Fe^{2+}) = 0.771 \ V$，$\lg K_s^\theta([Fe(CN)_6]^{3-}) = 42$，$\lg K_s^\theta([Fe(CN)_6]^{4-}) = 35$，求$\varphi^\theta([Fe(CN)_6]^{3-}/[Fe(CN)_6]^{4-})$为多少？

13. $298.15 \ K$时，在$1 \ L \ 0.05 \ mol \cdot L^{-1} \ AgNO_3$过量氨溶液中，加入固体$KCl$，使$Cl^-$的浓度为$9 \times 10^{-3} \ mol \cdot L^{-1}$（忽略因加入固体$KCl$而引起的体积变化），回答下列问题：

（1）$298.15 \ K$时，为了阻止$AgCl$沉淀生成，上述溶液中NH_3浓度至少应为多少$mol \cdot L^{-1}$？

(2) 298.15 K 时，$\varphi^{\theta}([Ag(NH_3)_2]^+/Ag)$ 为多少伏？

(3) 298.15 K 时，上述溶液中 $\varphi^{\theta}([Ag(NH_3)_2]^+/Ag)$ 为多少伏？

14. 已知 $\varphi^{\theta}(Ag^+/Ag)=0.7996$ V，$K_{sp}^{\theta}(AgBr)=5.38\times10^{-13}$，$\varphi^{\theta}([Ag(S_2O_3)_2]^{3-}/Ag)=0.017$ V。计算 $[Ag(S_2O_3)_2]^{3-}$ 的 $K_s^{\theta}([Ag(S_2O_3)_2]^{3-})$。要使 0.10 mol AgBr(s) 完全溶解在 1.0 L Na$_2$S$_2$O$_3$ 溶液中，则 Na$_2$S$_2$O$_3$ 溶液的最初浓度应为多少？

（刘君　编写）

第十二章
滴定分析

分析化学是化学学科的一个重要分支,是研究物质化学组成的表征和测量的科学。它要解决的主要问题是物质中含有哪些组分,这些组分的存在形式以及各个组分的含量是多少。它是人们认识世界、了解自然的重要手段,广泛应用于矿物学、材料科学、生命科学、医药学、环境科学、天文学、考古学及农业科学等领域。分析化学包括定性分析、定量分析和结构分析。根据分析原理的不同,定量分析又可分为化学分析和仪器分析。化学分析是以物质之间的化学反应和定量关系为基础的分析方法,一般适合于常量组分的测定,即分析组分含量大于 1‰或质量大于 0.1 g,体积大于 10 mL 的试样。**滴定分析**(titrimetric analysis)是定量分析中常用的化学分析方法,其方法简便、快速、并具有足够的准确度。

第一节　滴定分析概述

一、滴定分析的方法和特点

（一）滴定分析的基本概念

将一种已知准确浓度的试剂溶液,滴加到被测组分的溶液中,直到恰好与被测组分完全反应为止,由消耗的试剂溶液的浓度和体积计算被测组分含量的方法,称为**滴定分析法**(titration analysis),又称为**容量分析法**(volumetric analysis)。已知准确浓度的试剂溶液称为**标准溶液**(standard solution)或滴定剂。标准溶液与被测组分恰好完全反应时,称为**化学计量点**(stoichiometric point)。理论上,滴定操作应在化学计量点停止,但在大多数滴定过程中,试液外观并没有明显变化,无法准确指示化学计量点的到达,为此,在被测溶液中常需加入某种**指示剂**(indicator),当指示剂发生颜色突变时停止滴定,此时称为**滴定终点**(end point of titration)。滴定终点常常与化学计量点不一致,由此造成的分析误差称为**滴定误差**(titration error)。从分析方法本身来讲,滴定分析误差的大小与滴定反应的完全程度以及指示剂的选择是否恰当有关。

（二）滴定分析对化学反应的要求

并不是所有化学反应都可作为滴定反应,能够用于滴定分析的反应,必须具备以下条件:

1. 反应要定量完成。滴定剂与被测物质,必须按照化学反应方程式定量地进行反应,不发生副反应,通常要求反应的完全程度达 99.9% 以上。

2. 反应速度要快。对于反应速率慢的反应,可通过加热或加入催化剂等来加快反应速率。

3. 要有简便可靠的方法确定终点,如有合适的指示剂等。

(三)滴定分析方法的分类

1. 根据滴定反应的类型,滴定分析法分为酸碱滴定法、氧化还原滴定法、配位滴定法和沉淀滴定法等。**酸碱滴定法**(acid-base titration)是以质子传递反应为基础的滴定分析法,可用来测定酸性或者碱性物质,也可以测定能与酸碱性物质定量反应的其他物质。**氧化还原滴定法**(oxidation-reduction titration)以氧化还原反应为定量基础,可测定氧化性或还原性物质以及能与氧化性或还原性物质定量反应的其他物质。**配位滴定法**(complexometric titration)以配位反应为基础,主要用于测定各种金属离子,也可以测定配体的含量。**沉淀滴定法**(precipitation titration)是以沉淀反应为基础的滴定分析法,可测定 Ag^+、CN^-、SCN^- 及卤族元素等物质的含量。

2. 按照滴定的操作方法,滴定分析又分为直接滴定法、返滴定法、置换滴定法和间接滴定法。如果滴定反应能满足滴定分析的要求,就可以直接采用标准溶液对试样进行滴定,称为**直接滴定法**(direct titration),这是最常用和最基本的滴定方式。若滴定反应速率较慢或滴定固体物质时,反应不能立即完成或者没有合适的指示剂指示滴定终点时,则不能用直接滴定法,此时可先准确地加入过量的标准溶液,待反应完成后,再用另一种标准溶液滴定该标准溶液的剩余量,这种滴定方式称为**返滴定法**(back titration)。例如,用 HCl 测定 $CaCO_3$ 时,因 $CaCO_3$ 的溶解度较小,它和 HCl 的反应很慢,不宜直接滴定。此时可加入定量过量的 HCl 标准溶液,使之与 $CaCO_3$ 反应,剩余的 HCl 可用标准 NaOH 溶液返滴定,根据 HCl 和 NaOH 的量算出 $CaCO_3$ 的含量。对于一些不按一定反应式进行,或伴有副反应发生的反应,可通过它与另一种试剂起反应,转换出一定量的能被滴定的物质,然后用适当的标准溶液进行滴定,这种方式称为**置换滴定法**(substitution titration)。例如,$Na_2S_2O_3$ 不能用来直接滴定 $K_2Cr_2O_7$ 或其他强氧化剂,因为在酸性溶液中这些强氧化剂能将 $S_2O_3^{2-}$ 氧化为 SO_4^{2-} 及 $S_4O_6^{2-}$ 等混合物,反应没有定量的化学计量关系。但若在 $K_2Cr_2O_7$ 的酸性溶液中加入过量的 KI,KI 与 $K_2Cr_2O_7$ 起氧化还原反应并析出一定量的 I_2,再将溶液调为弱酸性,即可用 $Na_2S_2O_3$ 标准溶液滴定生成的 I_2,从而计算出 $K_2Cr_2O_7$ 的含量。对不能与标准溶液直接反应的物质,有时可以通过另外的化学反应采用**间接滴定法**(indirect titration)。例如,Ca^{2+} 不能直接用氧化还原法滴定,但可先将 Ca^{2+} 转化成 CaC_2O_4 沉淀,过滤洗净后用 H_2SO_4 溶解,产生的 $H_2C_2O_4$ 便可用 $KMnO_4$ 标准溶液滴定,从而间接测得 Ca^{2+} 的含量。

二、滴定分析法的操作程序

滴定分析的操作过程主要包括三个部分,即标准溶液的配制、标准溶液的标定和试样组分含量的测定。

在滴定分析中,无论采用何种滴定法,都需要标准溶液,标准溶液的配制方法分为直接配制法和间接配制法。如果试剂稳定且纯度高,则用直接法配制,即准确称量一定量的一级标准试剂,溶解后转移至容量瓶中定容,即得已知准确浓度的标准溶液。能用于直接配制标准溶液的物质,称为**基准物质**(standard substance)或**一级标准物质**(primary standard substance)。作为基准物质必须具备下列条件:

(1)必须具有足够高的纯度,一般要求其纯度在 99.9% 以上,所含的杂质应不影响滴定反应的准确度。

(2)实际组成与它的化学式完全符合。若含有结晶水,其结晶水的数目也应与化学式完全相等。

(3)化学性质稳定。例如,不易吸收空气中的水分和二氧化碳,不易被空气氧化,加热干燥时不易分解等。

(4)最好有较大的摩尔质量。这样可以减少称量误差。

常用的基准物质有纯金属和某些纯化合物,如 Cu,Zn,Al,Fe 以及 $K_2Cr_2O_7$,Na_2CO_3,MgO,$KBrO_3$ 等。

如果试剂不够纯或不稳定,则用间接法配制,即先配制成近似所需浓度的溶液,其准确浓度用基准物质或其他标准溶液测定。利用基准物质直接确定标准溶液浓度的操作过程,称为**标定**(standardization)。利用其他已知准确浓度的试剂溶液来测定标准溶液浓度的操作,称为**比较**(Comparison)。

三、滴定分析的计算

在滴定分析中,标准溶液 A 与分析组分 B 发生反应,反应物 A、B 的消耗量与产物 C、D 的生成量之间存在如下定量关系:

$$aA+bB=dD+eE$$

$$\frac{n_A}{a}=\frac{n_B}{b}=\frac{n_D}{d}=\frac{n_E}{e} \tag{12.1}$$

以浓度为 c_A 的标准溶液对试样 B 进行滴定,达到化学计量点时若消耗标准溶液的体积为 V_A,则试样中被测组分 B 的浓度为

$$c_B=\frac{b}{a}\times\frac{c_A V_A}{V_B} \tag{12.2}$$

若被测试样为固体物质,取样质量为 m,则摩尔质量为 M_B 的被测物质 B 的质量分数为

$$\omega_B=\frac{b}{a}\times\frac{c_A V_A M_B}{m} \tag{12.3}$$

第二节　分析结果的误差和有效数字

任何测量客观上都存在误差。定量分析通常包括采样、量取、溶解、分离、测定及计算等多个分析步骤,每一步骤都将带来误差。即使采用最可靠的方法,使用最精密的仪器,由熟练的分析人员在相同的条件下对同一试样进行多次测定,也不可能获得完全一致的分析结果。了解分析过程中产生误差的原因,可以针对性地采取措施减小误差,使测定结果尽量接近真实值。因此在分析过程中,不仅要得到被测组分的含量,而且必须对分析结果进行评价,判断分析结果的准确性,检查产生误差的原因,采取减小误差的有效措施,从而不断提高分析结果的准确程度。

一、误差产生的原因和分类

在定量分析中产生误差的原因很多,根据其性质和来源一般可分为**系统误差**(systematic error)和**偶然误差**(accidental error)。

(一) 系统误差

系统误差是由分析过程中的某些固定因素引起的,它在重复测定时会重复出现,因而也称为可测误差。它的主要来源有以下几方面:

1. 方法误差(methodic error)

由于分析方法不够完善而引起的误差。例如,反应进行不完全,有副反应发生,滴定终点与化学计量点不一致等。

2. 仪器误差(instrumental error)

因测定所用仪器不够准确而引起的误差为仪器误差。例如,分析天平两臂不等、砝码生锈、容量仪器刻度不准等。

3. 试剂误差(reagent error)

所用试剂或蒸馏水中含有微量杂质或干扰物质而引起的误差。

4. 操作误差(operational error)

由于操作者的生理缺陷、主观偏见、不良习惯或不规范操作而产生的误差。操作误差是与操作人员的素质有关的,因此,又称为个人误差。如操作者对颜色的判断不够灵敏,造成终点总是提前或拖后等。

系统误差一般可通过空白试验、对照试验、校正仪器和改进分析方法等手段来发现和排除。

(二) 偶然误差

由能影响分析结果的某些偶然因素所引起的误差称为偶然误差。如在分析测定时,环境温度、湿度和气压等条件的微小波动,仪器性能的微小改变等都会产生偶然误差。

表面上看,偶然误差造成测量值时大时小,时正时负,难以控制。但在平行条件下进行多次测定则可发现其统计规律:小误差出现的几率大,大误差出现的几率小,特别大的误差出现的几率非常小;绝对值相同的正负误差出现几率基本相等。因此,增加平行测定次数,用多次测定结果的平均值表示分析结果,可以减少偶然误差。

需要注意的是,除了上面讨论的误差之外,分析过程中也可能存在由于操作者粗心大意或违反操作要求等原因造成的过失误差,如加错试剂、打翻容器、读错数据、计算错误等,遇到这类测定数据应果断舍弃,不计入分析结果的计算。

二、准确度与精密度

(一) 准确度

测定值(x)与真实值(T)符合的程度称为**准确度**(accuracy)。准确度的高低用误差来衡量,**误差**是指测量值与真实值之差。误差越小,表示分析结果的准确度越高。

误差可分为绝对误差(E)和相对误差(E_r),分别表示为

$$E = x - T \tag{12.4}$$

$$E_r = \frac{E}{T} \times 100\% \tag{12.5}$$

相对误差反映出了误差在真实值中所占的分数,对于比较测定结果的准确度更为合理。因此,通常用相对误差来表示分析结果的准确度。误差可有正值和负值,分别表示测定结果偏高和偏低于真实值。

(二) 精密度

通常试样含量的真实值是未知的,因此分析结果的准确度无法求得。在实际工作中,常用**精密度**(precision)来判断分析结果的可靠性。精密度是指在相同条件下多次平行测定结果之间相互接近的程度。精密度用**偏差**(deviation)来衡量,偏差愈小,表明分析结果的精密度愈高,再现性愈好。

单次测定值(x)与平均值($\bar{x}$)的差值称为绝对偏差(d),即

$$d = x - \bar{x} \tag{12.6}$$

在实际分析工作中,常用绝对平均偏差($\bar{d}$)、相对平均偏差($\bar{d}_r$)和标准偏差(s)来表示分析结果的精密度。

$$\bar{d} = \frac{|d_1| + |d_2| + |d_3| + \cdots + |d_n|}{n} \tag{12.7}$$

$$\bar{d}_r = \frac{\bar{d}}{x} \times 100\% \tag{12.8}$$

$$s = \sqrt{\frac{d_1^2 + d_2^2 + d_3^2 + \cdots + d_n^2}{n-1}} \tag{12.9}$$

式中$|d|$表示偏差的绝对值,n为测定次数。测定常量组分时,滴定分析结果的相对平均偏差一般应小于0.2%。

需要说明的是,由于真实值实际上是无法知道的,因此,用相对真实值计算所得误差

严格说来仍是偏差。所以,在实际工作中,误差和偏差并没有严格的区别。

准确度和精密度是两个不同的概念,但它们之间有一定的关系。这种关系可用图 12.1 说明。图中甲的结果离真实值最远,准确度和精密度都不高;乙的结

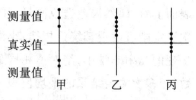

图 12.1 准确度与精密度

果集中在同一区域,重现性好,即精密度高,但准确度并不高;丙的结果准确度和精密度都高。

没有高的精密度,则一定得不到准确的测定结果,精密度是保证准确度的先决条件;但精密度高并不意味着准确度一定高。只有在消除了系统误差以后,好的精密度才能保证好的准确度。

三、提高分析结果准确度的方法

(一) 消除系统误差

1. 选择适当的分析方法

通常情况下,滴定分析法适合常量组分的测定,仪器分析法适合微量或痕量组分的测定。测定结果要求的准确度与试样的组成、性质和待测组分的相对含量有关。滴定分析法的灵敏度虽然不高,但对于常量组分的测定能得到较准确的结果,相对误差一般不超过千分之几。仪器分析法具有较高的灵敏度,对于微量或痕量组分的测定,允许有较大的相对误差。例如用光谱法测定纯硅中的硼,测定结果为 $2.0 \times 10^{-6}\%$,若此方法的相对误差为 $\pm 50\%$,则试样中硼的含量应在 $1.0 \times 10^{-6}\%$ 至 $3.0 \times 10^{-6}\%$ 之间。看起来相对误差很大,但由于待测组分含量很低,引入的绝对误差是很小的,能满足对测定结果准确度的要求,如果采用滴定分析法则根本无法进行测定。再如,采用重铬酸钾滴定法测得某矿石中铁的质量分数为 58.26%,若测定的相对误差为 $\pm 0.2\%$,则试样中铁的质量分数应在 $58.14\% \sim 58.38\%$ 之间。如果采用光度法来测定这一试样,方法的相对误差为 $\pm 2\%$。由此得出铁的含量范围是 $57.1\% \sim 59.4\%$,准确度较前低了很多。此时采用准确度较高的滴定分析法测定是正确的选择。

2. 校正仪器

由于仪器不准而引起的系统误差,可通过校准仪器来消除或减小。在精确分析中,砝码、滴定管和移液管等仪器都必须进行校准,并采取校准值计算分析结果。

3. 消除测量误差

仪器和量器的测量误差也是产生系统误差的因素之一。为了保证分析结果的准确度,必须尽量减小测量误差。例如,用万分之一分析天平称取试样时,其称量的绝对误差为 ± 0.0001 g。用减量法取试样时,需称量两次,两次称量的绝对误差可达 ± 0.0002 g。为使称量的相对误差不超过 0.1%,则称取试样的质量应不少于 0.2 g。又如,在滴定分析中,常量滴定管读数的绝对误差为 ± 0.01 mL,一次滴定需读数两次,读数的误差可达 ± 0.02 mL,为使滴定管两次读数的相对误差小于 0.1%,则由滴定管滴定的体积必须在 20 mL 以上。

4. 对照实验

通常利用对照实验来较正分析方法本身的误差,即在相同的实验条件下,用已知准确含量的标准试样代替被测试样进行分析,将测定结果与已知含量进行比较,可以了解测定中有无系统误差,并加以校正。除了用标准试样进行对照外,也可与经典可靠的分析方法进行对照。

5. 空白实验

在不加试样的情况下,按照分析试样相同的条件、方法和步骤进行分析,所得结果称为空白值,从试样的分析结果中扣除空白值,就能得到更准确的分析结果。空白试验可以消除或减小由试剂、蒸馏水带入的杂质以及实验器皿引起的误差。

(二)减小偶然误差

在消除系统误差的前提下,平行测定的次数越多,平均值越接近真实值。因此,增加测定次数,可以减少偶然误差。但过多增加平行测定次数,人力、物力、时间上耗费太多。在分析化学中,对同一试样,通常要求平行测定 3～4 次。

四、有效数字及其运算规则

(一)有效数字的概念

要获得准确的分析结果,不仅要准确地进行测量,还要正确地记录和计算所得数据。即在测量过程中要使用**有效数字**(significant figure)。有效数字包括仪器测得的全部准确数字和一位可疑数字。它不仅应反映测量值的大小,而且应反映测量的准确程度。

有效数字中的可疑数字通常是根据测量仪器的最小分度估计的,反映了仪器实际达到的精度。例如滴定管读数为 24.02 mL,其中"24.0"是准确的,而末位的"2"是估计的,表明滴定管能精确到 0.01 mL,它可能有 ±0.01 mL 的误差,溶液的实际体积应为 24.02 mL±0.01 mL 范围内的某一数值。又如用万分之一分析天平称得某样品质量为 0.1800 g,其中"0.180"是准确的,最后一位"0"是可疑的,反映了所用分析天平能准确至 0.0001 g,它可能有 ±0.0001 g 的误差,样品实际质量在 0.1800 g±0.0001 g 范围内。反过来,按照数字的精度也可选择合适的仪器,例如取样品 20.00 mL,必须使用移液管或滴定管;取样品 2.00 mL,要求用刻度吸量管,取样品 2.0 mL,用量筒即可,而若取样品 2 mL,则可粗略估计。

有效数字的表示中,"0"这个数字可以是有效数字,也可以不是。当"0"表示实际测量值时,是有效数字,当"0"用作定位时是非有效数字。例如,用滴定管量取某溶液的体积为 10.50 mL,若用 L 作单位时该数转化为 0.01050 L,1 前面的两个"0"只起定位作用,为非测量所得,属于非有效数字,1 后面的两个"0"为测量所得,是有效数字。0.01050 L 有 4 个有效数字。所以,在第一个非零数字前的"0"均为非有效数字,在数字(1～9)中间及末尾的"0"均为有效数字。化学中常见的 pH、pK 及 lg$c$ 等对数值,其有效数字的位数只取决于小数部分的位数,因为整数部分只对应真数中 10 的方次,起定位作用。如 pH=11.20,换算为 H^+ 浓度时,应为 $[H^+]=6.3×10^{-12}$,有效数字的位数是二位,不是四位。

还应注意,像 1200 这样的数字,有效数字的位数比较模糊。为了准确表述有效数字,应该根据实际测量情况,采用**科学计数法**(scientific notation)。科学计数法用一位整数、若干位小数和 10 的幂次表示有效数字。如 1.2×10^3 有两位有效数字,1.20×10^3 有三位有效数字。

在计算过程中,还会遇到一些非测量值(如倍数、分数等),它们的有效数字的位数可以认为是无限多位的。

(二)有效数字的运算规则

1. 修约

当各测定值和计算值的有效位数确定之后,要对它后面的多余的数字进行取舍,这一过程称为**修约**(rounding),通常按"四舍六入五成双"规则进行处理。即当被修约的数为 4 时则舍弃,为 6 时则进位;当被修约的数为 5 而后面全部为 0 或无其他数字时,若保留数是偶数(包括 0)则舍去,为奇数则进位,使整理后的最后一位为偶数。如 16.215 和 16.225 取四位有效数字时,结果均为 16.22。若 5 的后面还有数字,则应进位,如 16.2250001 取四位有效数字时,结果为 16.23。注意,修约只能一次完成。例如,欲将 2.7495 修约为 2 位有效数字,不能先修约为 2.75 再进而修约为 2.8,而只能一次修约为 2.7。对于需要经过计算方能得出的结果应先计算后修约。

2. 加减运算

有效数字相加减,所得结果的有效数字位数以小数点后位数最少的数为准。例如 $0.4362 + 0.25$,和为 0.69。

3. 乘除运算

有效数字相乘除,所得结果的有效数字位数以参加运算各数字中有效数字位数最少的数为准。例如 0.0121×25.64,积为 0.310。

使用计算器处理结果时,只对最后结果进行修约,不必对每一步的计算数字进行取舍。有些科学型计算器能预设有效数字位数。

第三节 酸碱滴定法

酸碱滴定法是以酸碱反应为基础的滴定分析方法。由于酸碱反应在外观上没有明显的变化,常需要借助指示剂的颜色变化反映终点的到达。为减少滴定误差,需要了解酸碱指示剂的变色原理和变色范围,酸碱滴定曲线和酸碱指示剂的选择等内容。

一、酸碱指示剂

(一)酸碱指示剂的变色原理

酸碱指示剂(acid-base indicator)是一类在特定 pH 范围内,能随着 pH 的变化而改变颜色的试剂。酸碱指示剂通常为有机弱酸或有机弱碱。它们在溶液中都存在酸式和碱式两种形式,而且这两种形式具有不同的颜色。当溶液的 pH 值变化时,酸式和碱式相互转变,从而引起颜色变化。

例如,甲基橙为有机弱碱,在溶液中存在下列平衡:

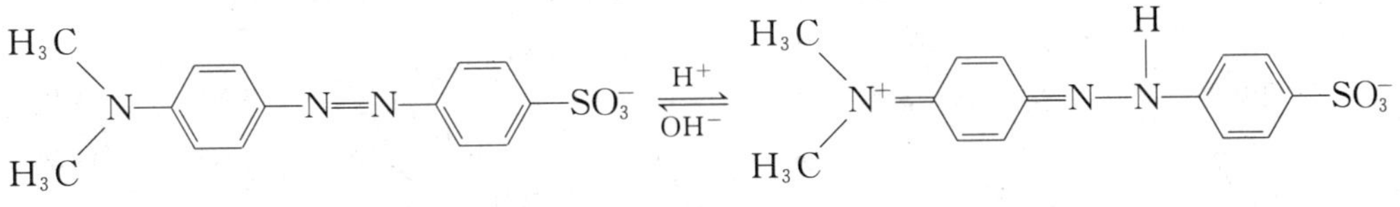

当增大溶液的酸度时,上述平衡右移,甲基橙由弱碱转变为共轭酸,溶液显红色。反之,溶液呈现黄色。像甲基橙这样酸式和碱式各具有特殊颜色的指示剂,称为双色指示剂。再如,酚酞是有机弱酸,在溶液中存在下列平衡:

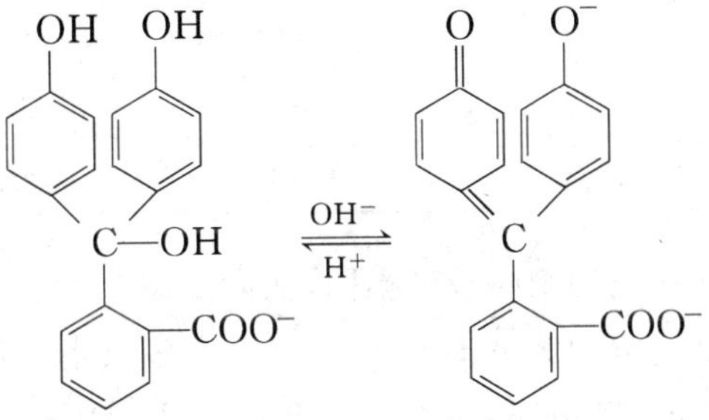

当溶液由酸性变为碱性时,酚酞弱酸转变为其共轭碱,显红色。反之,溶液变为无色。

指示剂的弱酸结构用 HIn 表示,共轭碱结构用 In⁻ 表示,质子转移平衡可表示如下

$$HIn + H_2O \Longrightarrow H_3O^+ + In^-$$

酸式　　　　　　碱式

$$K_{HIn}^{\theta} = \frac{[H_3O^+][In^-]}{[HIn]} \tag{12.10}$$

式中 K_{HIn} 是酸碱指示剂的离解常数,简称指示剂的酸常数,由式 12.10 得:

$$pH = pK_{HIn}^{\theta} + \lg \frac{[In^-]}{[HIn]} \tag{12.11}$$

由式(12.11)可知,$[In^-]/[HIn]$ 取决于溶液的 pH,指示剂显现的颜色随着溶液 pH 的变化而变化。这就是酸碱指示剂的变色原理。

(二)酸碱指示剂的变色范围和变色点

通常情况下,只有当 $[In^-]/[HIn] \geqslant 10$ 时,人眼只能察觉 In⁻ 的颜色;当 $[In^-]/[HIn] \leqslant 0.1$ 时,只能察觉到 HIn 的颜色;当 $0.1 < [In^-]/[HIn] < 10$ 时,只能看到指示剂由酸式色到碱式色的过渡。因此,溶液的 $pH = pK_{HIn}^{\theta} \pm 1$,称为指示剂的**变色范围**(color change interval)。$pH = pK_{HIn}^{\theta}$ 时,$[In^-] = [HIn]$,指示剂的颜色为两种等量成分的混合色,此时溶液的 pH 值称为酸碱指示剂的**变色点**(color change point)。如甲基橙的变色点 $pH = pK_{HIn}^{\theta} = 3.7$,理论计算变色范围为 $pH = 2.7 \sim 4.7$。几种常用的酸碱指示

剂及变色范围列于表 12.1。

表 12.1　常用的酸碱指示剂及变色范围

指示剂	变色点($pH=pK_{HIn}$)	变色范围(pH)	酸色	过渡色	碱色
百里酚蓝(第一次变色)	1.7	1.2～2.8	红色	橙色	黄色
甲基橙	3.7	3.1～4.4	红色	橙色	黄色
溴酚蓝	4.1	3.1～4.6	黄色	蓝紫	紫色
溴甲酚绿	4.9	3.8～5.4	黄色	绿色	蓝色
甲基红	5.0	4.4～6.2	红色	橙色	黄色
溴百里酚蓝	7.3	6.0～7.6	黄色	绿色	蓝色
中性红	7.4	6.8～8.0	红色	橙色	黄色
酚酞	9.1	8.0～9.6	无色	粉红	红色
百里酚蓝(第二次变色)	8.9	8.0～9.6	黄色	绿色	蓝色
百里酚酞	10.0	9.4～10.6	无色	淡蓝	蓝色

由于人的视觉对不同颜色的敏感程度不同,实际观察的变色范围并非与理论值完全一致。如甲基橙的实际变色范围为 pH 为 3.1～4.4。多数指示剂的实际变色范围都不足 2 个 pH 单位。不同指示剂的变色点和变色范围不同。滴定分析中,应根据化学计量点选择合适的指示剂。另外,指示剂加入量的多少会影响变色的敏锐程度,因为指示剂本身是弱酸(碱),加得过多,会消耗一部分标准溶液或被测溶液,引起误差,适当少加一些,变色会更敏锐。

二、滴定曲线与指示剂的选择

为减少滴定误差,在酸碱滴定中,必须选择合适的指示剂,使滴定终点与计量点尽量吻合。为此,应当了解滴定过程中尤其是在计量点前后溶液 pH 值的变化情况。以滴定过程中混合溶液的 pH 为纵坐标,以所加入的酸碱标准溶液的量为横坐标,所绘制的关系曲线称为**酸碱滴定曲线**(acid-base titration curve)。下面分别讨论各种类型的酸碱滴定曲线和指示剂的选择。

(一) 强酸、强碱的滴定

1. 滴定曲线

以 $0.1000\ mol \cdot L^{-1}$ NaOH 滴定 20.00 mL $0.1000\ mol \cdot L^{-1}$ HCl 为例,说明滴定过程中溶液 pH 的变化情况。

(1) 滴定前:溶液的 pH 取决于 HCl 的初始浓度

$$[H^+]=0.1000, pH=1.00$$

(2) 滴定开始至计量点以前:溶液的酸度取决于剩余 HCl 的浓度。当滴入 NaOH 溶液 19.98 mL(即滴定误差为 −0.1%)时,溶液的 $[H^+]$ 为

$$[H^+]=\frac{0.1000\times0.02}{20.00+19.98}=5\times10^{-5}, pH=4.30$$

（3）化学计量点时：滴入的 20.00 mL NaOH 与 20.00 mL HCl 恰好完全反应，溶液组成为 NaCl 水溶液，呈中性。

$$[H^+]=[OH^-]=1.00\times10^{-7}, pH=7.00$$

（4）计量点以后：溶液的组成为 NaCl 与 NaOH 混合溶液，溶液 pH 取决于过量的 NaOH。当滴入 NaOH 溶液 20.02 mL（即滴定误差为 0.1％）时，溶液中的 $[OH^-]$ 为

$$[OH^-]=\frac{0.1000\times0.02}{20.00+20.02}=5\times10^{-5}, pOH=4.30, pH=9.70$$

按上述方法计算出的溶液 pH，列于表 12.2 中。以 NaOH 的加入量为横坐标，混合溶液的 pH 为纵坐标作图，即得滴定曲线，如图 12.2 所示。

表 12.2　$0.1000\ mol\cdot L^{-1}$ NaOH 滴定 $0.1000\ mol\cdot L^{-1}$ HCl pH 的变化

NaOH 的加入/mL	滴定百分数	HCl 的剩余量/mL	过量 NaOH/mL	pH
0.00	0.00	20.00		1.00
19.80	99.00	0.20		3.30
19.96	99.80	0.04		4.00
19.98	99.90	0.02		4.3
20.00	100.0	0.00		7.00
20.02	100.1		0.02	9.7
20.04	100.2		0.04	10.00
20.20	101.0		0.20	10.70
22.00	110.0		2.00	11.70

由表 12.2 和图 12.2 可知：从滴定开始到加入 NaOH 溶液 19.98 mL 时为止，溶液的 pH 从 1.00 增大到 4.30，仅改变了 3.30，曲线前段较平坦。在计量点 pH＝7.00 附近，NaOH 溶液的加入量仅仅从 19.98 mL 到 20.02 mL，溶液的 pH 值从 4.30 猛增到 9.70，pH 陡然改变了 5.40。这种 pH 的急剧改变，称为**滴定突跃**（titration jump），简称突跃。滴定误差从 −0.1％ 到 +0.1％ 的滴定曲线的 pH 范围，称为滴定突跃范围，简称突跃范围。曲线中段近于垂直部分即是滴定突跃（4.30～9.70），其计量点为 pH 为 7.00。突跃后继续加入 NaOH 溶液，溶液 pH 值的变化比较缓慢，所以曲线后段又转为平坦。

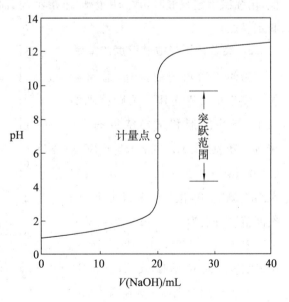

图 12.2　$0.1000\ mol\cdot L^{-1}$ NaOH 滴定 20.00 mL $0.1000\ mol\cdot L^{-1}$ HCl 的滴定曲线

247

强酸滴定强碱,如 0.1000 mol·L^{-1} HCl 滴定 20.00 mL 0.1000 mol·L^{-1} NaOH 溶液,滴定过程中 pH 的变化规律与上述相似,只不过 pH 由高到低。滴定曲线的形状与强碱滴定强酸正好相反,如图 12.3 所示。

2. 指示剂的选择

理想的指示剂应恰好在计量点变色,但实际上这样的指示剂很难找到,而且也没有必要。选择指示剂的原则是:指示剂的变色范围全部或部分落在突跃范围之内。指示剂在突跃范围内发生颜色突变而停止滴定,就可以控制滴定误差不超过±0.1%。强酸强碱滴定的 pH 突跃范围为 4.30~9.70,所以,甲基橙、酚酞、甲基红等都可选作强碱与强酸滴定的指示剂。

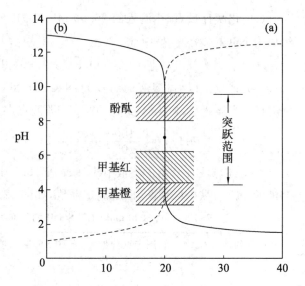

(a) 0.1000 mol·L^{-1} NaOH 滴定 20.00 mL 0.1000 mol·L^{-1} HCl;(b) 0.1000 mol·L^{-1} HCl 滴定 20.00 mL 0.1000 mol·L^{-1} NaOH

图 12.3 强酸和强碱的滴定曲线

在实际滴定中,指示剂的选择还应考虑人的视觉对颜色变化的敏感性。如酚酞由无色变为粉红色,甲基橙由黄色变为橙色容易辨别,即颜色由浅到深,人的视觉较敏感。因此,用强碱滴定强酸时,常选用酚酞作指示剂;而用强酸滴定强碱时,常选用甲基橙指示滴定终点。

3. 突跃范围与酸碱浓度的关系

为便于指示剂的选择,总希望扩大滴定的突跃范围。突跃范围的大小,与滴定剂和试样浓度有关。例如,分别用 1.000 mol·L^{-1}、0.1000 mol·L^{-1}、0.01000 mol·L^{-1} NaOH,滴定相应浓度的 HCl,所得 pH 突跃范围分别为 3.30~10.70、4.30~9.70 和 5.30~8.70,如图 12.4 所示。酸碱浓度降低 10 倍时,突跃范围将减少 2 个 pH 单位,因而在选择指示剂时应考虑酸、碱浓度对突跃范围的影响。例如,用 0.01000 mol·L^{-1} 强碱滴定 0.01000 mol·L^{-1} 强酸时,pH 突跃范

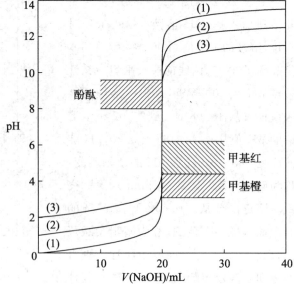

NaOH 滴定同浓度 HCl,浓度分别为(1) 1.000 mol·L^{-1},(2) 0.1000 mol·L^{-1},(3) 0.01000 mol·L^{-1}

图 12.4 突跃范围与酸碱浓度的关系

围为 5.30～8.70,就不能用甲基橙作指示剂。当酸和碱的浓度低于 10^{-4} mol·L^{-1} 时,已没有明显的滴定突跃,无法选择指示剂进行滴定。因此测定时,不宜使用浓度太小的标准溶液。当然,标准溶液浓度也不能太高,浓度高虽然有利于指示剂的选择,但每滴溶液中所含标准物质的量较多,在化学计量点附近多加或少加半滴标准溶液,引起的误差就较大。通常标准溶液和样品的浓度应控制在 0.1～0.5 mol·L^{-1} 之间。

（二）一元弱酸和一元弱碱的滴定

为保证滴定反应具有足够的完成程度,弱酸只能用强碱进行滴定,弱碱只能用强酸进行滴定。

1. 滴定曲线

以 0.1000 mol·L^{-1} NaOH 滴定 20.00 mL 0.1000 mol·L^{-1} HAc 为例讨论滴定过程中溶液的 pH 变化,与强酸滴定强碱相似,整个滴定过程也分为四个阶段:

(1) 滴定前:溶液为 0.1000 mol·L^{-1} HAc,溶液中 H^+ 浓度为:

$$[H^+] = \sqrt{K_a^\theta c_{ra}} = \sqrt{1.8 \times 10^{-5} \times 0.1000} = 1.34 \times 10^{-3}, pH = 2.87$$

(2) 滴定开始至计量点前:溶液中过量的 HAc 及反应产物 NaAc 组成缓冲溶液,溶液 pH 可用下式计算:

$$pH = pK_a^\theta + \lg \frac{[Ac^-]}{[HAc]}$$

当滴入 19.98 mL NaOH 溶液时(相对误差为 -0.1%),溶液的 [HAc] 和 [Ac^-] 分别为:

$$pH = 4.75 + \lg \frac{0.1000 \times 19.98}{0.1000 \times (20.00 - 19.98)} = 7.80$$

(3) 计量点时:加入的 NaOH 与 HAc 恰好反应完全,得到 0.05000 mol·L^{-1} 的 NaAc 溶液,溶液中 [OH^-] 可用下式计算:

$$[OH^-] = \sqrt{K_b^\theta c_{rb}} = \sqrt{5.6 \times 10^{-10} \times 0.05000} = 5.33 \times 10^{-6}$$

$$pOH = 5.27, pH = 14 - 5.27 = 8.73$$

(4) 计量点后:NaOH 过量,溶液的组成为 NaAc 和 NaOH 的混合溶液,溶液的 pH 取决于过量 NaOH 的量。当滴入 20.02 mL NaOH 溶液时(相对误差为 $+0.1\%$):

$$[OH^-] = \frac{0.1000 \times (20.02 - 20.00)}{20.02 + 20.00} = 5.0 \times 10^{-5}$$

$$pOH = 4.30, pH = 14 - 4.30 = 9.70$$

按上述方法计算出的溶液 pH,列于表 12.3 中。滴定曲线如图 12.5 所示。

表 12.3　0.1000 mol·L⁻¹ NaOH 滴定 20.00 mL 0.1000 mol·L⁻¹ HAc 溶液的 pH

加入 NaOH/mL	滴定百分数	溶液组成	酸度计算公式	pH
0.00	0.0%	HAc	$[H^+] = \sqrt{K_a^\theta c_{ra}}$	2.87
10.00	50.0%			4.75
18.00	90.0%	HAc + Ac⁻	$pH = pK_a^\theta + \lg\dfrac{[Ac^-]}{[HAc]}$	5.70
19.80	99.0%			6.74
19.98	99.9%			7.80
20.00	100.0%	Ac⁻	$[OH^-] = \sqrt{K_b^\theta c_{rb}}$	8.73
20.02	100.1%			9.70
20.20	101.0%	OH⁻ + Ac⁻	$[OH^-] = \dfrac{c(NaOH)V(NaOH)}{V_{总}}$	10.70
22.00	110.0%			11.68
40.00	200.0%			12.50

2. 滴定曲线的特点和指示剂的选择

比较图 12.5 和图 12.2,可以看出强碱滴定一元弱酸有以下特点:滴定前,0.1000 mol·L⁻¹ HAc 溶液的 pH=2.87,比 0.1000 mol·L⁻¹ HCl 溶液约大 2 个 pH 单位。滴定开始至计量点前,曲线两端坡度较大,中部较为平缓。这是因为,滴定开始时,生成的 NaAc 抑制了 HAc 的解离,溶液中的[H⁺]降低较为迅速;随着滴定的进行,形成了缓冲溶液,且溶液中 Ac⁻ 与 HAc 的浓度比值越趋近于 1,缓冲能力越强,溶液的 pH 变化幅度减小;继续滴定,溶液中 Ac⁻ 与 HAc 的浓度相差越来越大,缓冲能力减小,使溶液的 pH 变化幅度变大,又出现坡度较大的曲线部分;接

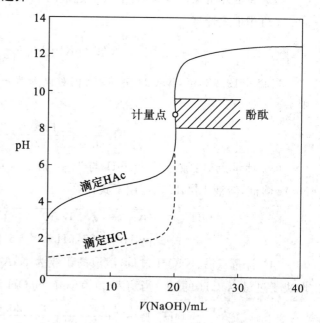

图 12.5　0.1000 mol·L⁻¹ NaOH 滴定 0.1000 mol·L⁻¹ HAc 20.00 mL 的滴定曲线

近计量点时,HAc 浓度已很低,NaOH 溶液的加入引起溶液 pH 发生较大改变,因此出现坡度更大的曲线部分;滴定达计量点时,HAc 与 NaOH 完全反应生成 NaAc,pH 为8.73。滴定的突跃范围是 7.80～9.70,比相同浓度的强碱滴定强酸的突跃范围小得多。根据滴定突跃范围,应选择在碱性范围内变色的指示剂。酚酞的变色范围为 8.0～9.6,是合适的指示剂。

3. 滴定突跃与弱酸强度的关系

在弱酸的滴定中,突跃范围的大小除与标准溶液及弱酸的浓度有关外,还与弱酸的强度有关。图12.6显示了用 $0.1000\ mol \cdot L^{-1}$ NaOH 滴定不同强度浓度均为 $0.1000\ mol \cdot L^{-1}$ 的各种弱酸的滴定曲线,可以看出,K_a^θ 值愈小,突跃范围愈小。当 $K_a^\theta \leqslant 10^{-7}$ 时,其滴定突跃已不明显,用一般的指示剂无法确定滴定终点。因此,弱酸能否用强碱直接进行滴定是有条件的。实验证明,当弱酸的 $K_a^\theta c_r \geqslant 10^{-8}$ 时,才能用强碱准确滴定。

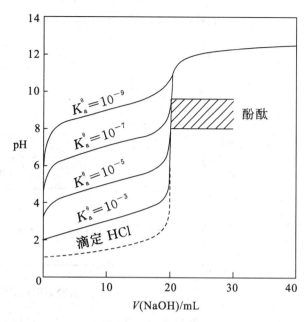

图 12.6　$0.100\ mol \cdot L^{-1}$ NaOH 滴定 20.00 mL $0.1000\ mol \cdot L^{-1}$ 各种不同强度的弱酸

强酸滴定一元弱碱与强碱滴定一元弱酸的情况类似。如用 $0.1000\ mol \cdot L^{-1}$ HCl 滴定 20.00 mL $0.1000\ mol \cdot L^{-1} NH_3 \cdot H_2O$ 溶液,滴定曲线如图 12.7 所示。滴定突跃范围为 $4.30 \sim 6.30$,计量点 pH 为 5.28。应选择在酸性范围内变色的指示剂,如甲基橙或甲基红等。

强酸滴定弱碱的突跃范围也与弱碱的强度及其浓度有关。弱碱能否被强酸直接准确滴定,通常也以 $c_r K_b^\theta \geqslant 10^{-8}$ 作为依据。

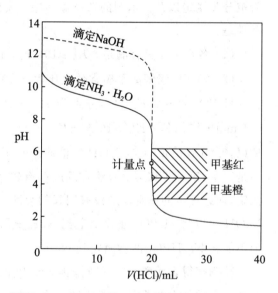

图 12.7　$0.100\ mol \cdot L^{-1}$ HCl 滴定 20.00 mL $0.1000\ mol \cdot L^{-1} NH_3 \cdot H_2O$

(三)多元酸和多元碱的滴定

强碱滴定多元酸或强酸滴定多元碱,其滴定是分步进行的,溶液 pH 的计算比较复杂,通常可采用酸度计直接测定溶液的 pH,绘制滴定曲线。例如,用 $0.1000\ mol \cdot L^{-1}$ NaOH 溶液滴定 $0.1000\ mol \cdot L^{-1} H_3PO_4$。$H_3PO_4$ 是三元酸,滴定反应分三步进行:

$$H_3PO_4 + NaOH \longrightarrow NaH_2PO_4 + H_2O$$

$$NaH_2PO_4 + NaOH \longrightarrow Na_2HPO_4 + H_2O$$

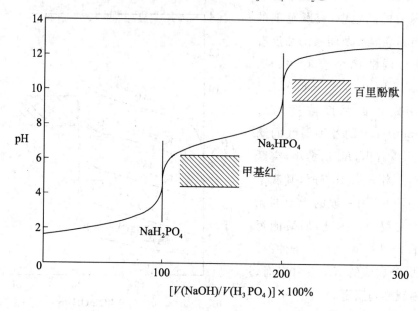

$$Na_2HPO_4 + NaOH \Longrightarrow Na_3PO_4 + H_2O$$

图 12.8   0.1000 mol·L⁻¹ NaOH 滴定 0.1000 mol·L⁻¹ H₃PO₄

滴定曲线如图 12.8 所示。对于多元弱酸,滴定分析关心的是它能否被准确滴定,能否被分步滴定以及指示剂的选择等问题。实践表明,多元弱酸被准确滴定和分步滴定的条件是:

(1) 各步反应只有满足 $c_r K_a^\theta \geqslant 10^{-8}$ 时,才能被强碱准确滴定。

(2) 相邻两级解离平衡常数之比大于 10^4 时,才能进行分步滴定。

H₃PO₄ 的 K_{a1}^θ、K_{a2}^θ、K_{a3}^θ 分别为 7.6×10^{-3}、6.2×10^{-8}、4.8×10^{-13},如果其浓度为 0.1 mol·L⁻¹,其 $c_r K_{a1}^\theta > 10^{-8}$、$c_r K_{a2}^\theta \approx 10^{-8}$、$c_r K_{a3}^\theta < 10^{-8}$;$K_{a1}^\theta / K_{a2}^\theta > 10^4$,$K_{a2}^\theta / K_{a3}^\theta > 10^4$。所以,0.1000 mol·L⁻¹ NaOH 溶液滴定 0.1000 mol·L⁻¹ H₃PO₄,只有两个滴定突跃而不是三个,第一步和第二步滴定反应都有较明显的突跃,可用 NaOH 溶液直接进行分步滴定,而第三步的滴定反应没有明显的突跃,无法用 NaOH 溶液直接进行滴定,也就是说 NaOH 可以将 H₃PO₄ 准确滴定到 NaH₂PO₄,继而将 NaH₂PO₄ 准确滴定到 Na₂HPO₄,但不能将 Na₂HPO₄ 准确滴定到 Na₃PO₄。

准确获得多元酸的突跃范围涉及到比较复杂的处理过程,实际工作中,一般只须计算计量点的 pH,根据计量点选择合适的指示剂。如 H₃PO₄ 的滴定过程中有两个突跃,即有两个计量点,其 pH 可近似计算如下。

达到第一计量点时,产物为 NaH₂PO₄,溶液 pH 为

$$pH = \frac{1}{2}(pK_{a1}^\theta + pK_{a2}^\theta) = \frac{1}{2} \times (2.16 + 7.21) = 4.68$$

因此,这一步滴定可选择甲基红作指示剂,终点由红变黄。

达到第二计量点时,产物为 Na₂HPO₄,溶液 pH 为

$$pH = \frac{1}{2}(pK_{a2}^{\theta} + pK_{a3}^{\theta}) = \frac{1}{2} \times (7.21 + 12.32) = 9.76$$

这一步滴定可选择百里酚酞作指示剂,终点由无色变为浅蓝色。

第三计量点,由于 K_{a3}^{θ} 太小,无法用 NaOH 溶液直接进行滴定。但可加入 $CaCl_2$ 沉淀 PO_4^{3-},将 H^+ 释放出来,这样第三个 H^+ 就可以准确滴定了。

多元碱的滴定如 Na_2CO_3、$Na_2B_4O_7$ 等。能否用强酸直接准确滴定,判断的原则与多元酸类似:当 $c_r K_b^{\theta} \geqslant 10^{-8}$ 时,可以被强酸准确滴定;多元碱相邻两级 K_b^{θ} 的比值大于 10^4 时,可以进行分步滴定。

例如 $0.1000 \text{ mol} \cdot \text{L}^{-1}$ HCl 滴定 $0.05000 \text{ mol} \cdot \text{L}^{-1}$ Na_2CO_3,滴定反应分两步进行,

$$CO_3^{2-} + H^+ \Longrightarrow HCO_3^- \qquad K_{b1}^{\theta} = K_w^{\theta}/K_{a2}^{\theta} = 2.14 \times 10^{-4}$$

$$HCO_3^- + H^+ \Longrightarrow H_2CO_3 \qquad K_{b2}^{\theta} = K_w^{\theta}/K_{a1}^{\theta} = 2.24 \times 10^{-8}$$

两步反应的 $c_r K_b^{\theta}$ 大于或近于 10^{-8},并且 $K_{b1}^{\theta}/K_{b2}^{\theta}$ 近于 10^4,所以,Na_2CO_3 可用 HCl 溶液直接进行分步滴定。

滴定曲线将会出现两个突跃,有两个计量点,如图 12.9 所示。HCl 首先与 CO_3^{2-} 反应,生成 HCO_3^-,达到第一个化学计量点。第一计量点的产物为 $NaHCO_3$,溶液的 pH 值近似为

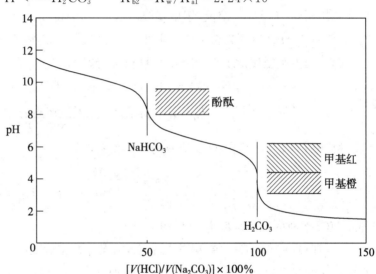

图 12.9　用 $0.1000 \text{ mol} \cdot \text{L}^{-1}$ HCl 标准溶液滴定 $0.05000 \text{ mol} \cdot \text{L}^{-1}$ Na_2CO_3

$$pH = \frac{1}{2}(pK_{a1}^{\theta} + pK_{a2}^{\theta}) = \frac{1}{2} \times (6.35 + 10.33) = 8.34$$

在这一步滴定可选择酚酞作指示剂。但由于 K_{b1}/K_{b2} 接近于 10^4,加之 HCO_3^- 的缓冲作用,突跃不太明显,终点误差较大。为了准确判断第一终点,通常采用 $NaHCO_3$ 溶液作参比溶液,或使用混合指示剂。如果采用甲酚红与百里酚蓝混合指示剂指示终点,其 pH 变色范围为 $8.2 \sim 8.4$,可减少误差。

达到第二计量点时,产物为 H_2CO_3,它在溶液中主要是以溶解状态的 CO_2 形式存在,常温下其饱和溶液的浓度约为 $0.04 \text{ mol} \cdot \text{L}^{-1}$,所以这时溶液的酸度为

$$[H^+] = \sqrt{K_{a1}^{\theta} c_r} = \sqrt{4.5 \times 10^{-7} \times 0.04} = 1.3 \times 10^{-4}, pH = 3.87$$

这一步滴定选用甲基橙作指示剂是适宜的。但 CO_2 易形成过饱和溶液,滴定过程中

生成的 H_2CO_3 只能慢慢地转变为 CO_2，这样就使溶液的酸度稍稍增大，终点提前出现。因此，滴定快到终点时，应剧烈摇动溶液，或加热煮沸使 CO_2 逸出，冷却后再继续滴定至终点。

三、酸碱标准溶液的配制与标定

可以配制酸标准溶液的物质有 HCl 和 H_2SO_4，HCl 最常用。浓盐酸易挥发，只能用间接法配制成近似所需浓度的溶液，然后用基准物质进行标定。

标定 HCl 最常用的基准物质有无水碳酸钠（Na_2CO_3）和硼砂（$Na_2B_4O_7 \cdot 10H_2O$）。碳酸钠易制得纯品、价廉，但有吸湿性，且能吸收 CO_2，用前必须在 270℃～300℃加热约 1 小时，稍冷后置于干燥器中冷至室温备用。

例 12.1 称取 1.2854 g 分析纯 Na_2CO_3，配成标准溶液 250.0 mL，用来标定近似浓度为 0.1 mol·L^{-1} HCl 溶液，用甲基橙作指示剂，测得 25.00 mL Na_2CO_3 标准溶液恰好与 23.56 mL HCl 溶液完全反应。求此 HCl 溶液的准确浓度。

解 用甲基橙作指示剂，Na_2CO_3 可被滴定到 H_2CO_3，反应方程式如下：

$$Na_2CO_3 + 2HCl = 2NaCl + CO_2 + H_2O$$

$$\frac{1}{2}c(HCl)V(HCl) = \frac{m(Na_2CO_3)}{M(Na_2CO_3)}$$

根据用 Na_2CO_3 标定 HCl 溶液的计量关系，得

$$c(HCl) = \frac{2 \times 1.2854 \times \frac{25.00}{250.0}}{0.02356 \times 106.0} = 0.1029(mol \cdot L^{-1})$$

即此 HCl 溶液的准确浓度为 0.1029 mol·L^{-1}。

$Na_2B_4O_7 \cdot 10H_2O$ 含有 10 个结晶水，须保存在相对湿度为 60% 的恒湿器中，以免其组成与化学式不符合。它与 HCl 的反应式如下

$$Na_2B_4O_7 + 5H_2O + 2HCl = 4H_3BO_3 + 2NaCl$$

化学计量点时 $Na_2B_4O_7$ 被定量中和成 H_3BO_3，溶液呈酸性，计量点 pH=5.1，用甲基红（pH 变色范围 4.4～6.2）作指示剂，滴定的精密度和准确度均相当好。

用来配制碱标准溶液的物质有 NaOH 和 KOH，因 NaOH 价格低而更常用。但它有很强的吸湿性，且易吸收空气中的 CO_2，所以也只能用间接法配制标准溶液。标定 NaOH 常用邻苯二甲酸氢钾（$KHC_8H_4O_4$）或结晶草酸（$H_2C_2O_4 \cdot 2H_2O$）。邻苯二甲酸氢钾易制得纯品、性质稳定、摩尔质量较大，是标定 NaOH 溶液较好的基准物质，其反应式为

$$KHC_8H_4O_4 + NaOH = KNaC_8H_4O_4 + H_2O$$

在计量点时，溶液的 pH 约为 9.1，可选用酚酞作指示剂。

结晶草酸性质相当稳定，但摩尔质量较小。草酸是二元酸，其 K_{a1}^{θ} 和 K_{a2}^{θ} 分别为 5.90×10^{-2} 和 6.46×10^{-5}，K_{a1}^{θ} 与 K_{a2}^{θ} 比值小于 10^4，因此用它标定 NaOH 溶液时只有一个突跃，反应式为

$$H_2C_2O_4 + 2NaOH \xrightarrow{} Na_2C_2O_4 + 2H_2O$$

计量点时,溶液的 pH 约为 8.4,可选用酚酞指示剂指示滴定终点。

四、酸碱滴定法的应用实例

许多酸性或碱性物质可用酸碱滴定法直接测定,而更多的物质,包括非酸(碱)物质,可用间接的酸碱滴定法测定,因此酸碱滴定法的应用范围相当广泛。

(一)阿司匹林中乙酰水杨酸含量的测定

阿司匹林是一种常用的解热镇痛药,还可用于老年心血管病的预防及治疗。其有效成分乙酰水杨酸分子中含有羧基,可用 NaOH 标准溶液直接滴定,反应方程式为

$$\underset{\text{OCOCH}_3}{\overset{\text{COOH}}{\bigcirc}} + NaOH \longrightarrow \underset{\text{OCOCH}_3}{\overset{\text{COONa}}{\bigcirc}} + H_2O$$

准确称量一定量的乙酰水杨酸试样,加水溶解后,滴酚酞指示剂,用 NaOH 标准溶液进行滴定。当滴定至溶液由无色变成粉红色,并且 30 秒不退色时停止滴定。根据 NaOH 标准溶液的浓度和消耗的体积,就可计算乙酰水杨酸的含量。因乙酰水杨酸分子中酯基($-OCOCH_3$)易发生水解,为防止乙酰水杨酸在滴定时发生水解而使测定结果偏高,滴定时要在乙醇溶液中进行,并且控制滴定温度在 10℃以下。

(二)烧碱中 NaOH 和 Na_2CO_3 含量的测定

氢氧化钠俗称烧碱,在生产和贮存过程中,由于吸收空气中的 CO_2 而生成 Na_2CO_3,因此,经常要对烧碱进行 NaOH 和 Na_2CO_3 含量的测定。

准确称取一定量试样,溶解后,以酚酞为指示剂,用 HCl 标准溶液滴定至红色刚刚消失,记下用去 HCl 的体积 V_1。这时 NaOH 全部被中和,而 Na_2CO_3 仅被中和到 $NaHCO_3$。向溶液中加入甲基橙,继续用 HCl 滴定至橙红色,记下用去 HCl 的体积 V_2,V_2 是滴定 $NaHCO_3$ 所消耗 HCl 体积。为了使终点变色明显,在近终点时可暂停滴定,加热除去 CO_2。

由化学计量关系可知,Na_2CO_3 被中和至 $NaHCO_3$ 以及 $NaHCO_3$ 被中和至 H_2CO_3 所消耗 HCl 的体积是相等的。所以

$$\omega(NaOH) = \frac{c(HCl)(V_1 - V_2)M(NaOH)}{m(样品)}$$

$$\omega(Na_2CO_3) = \frac{c(HCl)V_2M(Na_2CO_3)}{m(样品)}$$

$NaHCO_3$ 和 Na_2CO_3 混合物的分析与 NaOH 与 Na_2CO_3 的分析方法类似,请同学们推导出其计算质量分数的表达式。

第四节 氧化还原滴定法

一、概述

氧化还原滴定法(oxidation-reduction titration)是以氧化还原反应为基础的滴定分析方法。和酸碱滴定法一样,氧化还原滴定法也是滴定分析中应用最广的方法之一。它不仅可以直接测定许多具有氧化还原性物质,还可以间接测定一些本身没有氧化还原性但能与氧化剂或还原剂定量反应的物质。氧化还原反应机理复杂,有些反应的反应速度十分缓慢,并且经常伴有各种副反应。因此,在氧化还原滴定法中,为保证滴定分析的要求,反应条件的控制是非常重要的。

(1) 为使反应的平衡常数 $K^{\theta} > 10^6$,一般要求反应的 $E^{\theta} > 0.4$ V,这需要被测物质处于适当的氧化态或还原态。

(2) 要保证较快的反应速率,需要考虑酸度、温度和催化剂等影响反应速率的因素。

(3) 要有合适的指示剂指示滴定终点。

根据所用氧化剂标准溶液的类型,通常将氧化还原滴定法分为**高锰酸钾法**(potassium permanganate method)、**碘量法**(iodimetry)、重铬酸钾法、溴酸盐法等,本节介绍高锰酸钾法和碘量法。

二、高锰酸钾法

以高锰酸钾为滴定剂的氧化还原滴定法称为高锰酸钾法。高锰酸钾的氧化能力和还原产物随着溶液的酸度不同而有所不同。

在酸性溶液中,MnO_4^- 是强氧化剂,本身被还原为 Mn^{2+}。其半反应为:

$$MnO_4^- + 8H^+ + 5e \longrightarrow Mn^{2+} + 4H_2O \quad \varphi^{\theta} = 1.507 \text{ V}$$

在弱酸性、中性或弱碱性溶液中,MnO_4^- 的氧化能力降低,本身被还原为褐色的 MnO_2。其半反应为

$$MnO_4^- + 2H_2O + 3e \longrightarrow MnO_2 \downarrow + 4OH^- \quad \varphi^{\theta} = 0.595 \text{ V}$$

在强碱性溶液中,MnO_4^- 的氧化能力进一步降低,本身被还原为 MnO_4^{2-}。其半反应为

$$MnO_4^- + e \longrightarrow MnO_4^{2-} \quad \varphi^{\theta} = 0.558 \text{ V}$$

由此可见,酸度的控制对 $KMnO_4$ 法来说是非常重要的。为增强高锰酸钾的氧化性,滴定分析一般都在强酸性溶液中进行。酸度调整采用 H_2SO_4 而不用 HCl 和 HNO_3。因为 HNO_3 有氧化性,可与被测物反应;HCl 有还原性,可与 MnO_4^- 反应。H_2SO_4 的适宜浓度为 $0.5 \sim 1$ mol·L^{-1}。酸度过低,$KMnO_4$ 的还原产物变为褐色的 MnO_2 沉淀,不能作为滴定剂;酸度过高,则会引起 $KMnO_4$ 分解。

$$4MnO_4^- + 12H^+ \longrightarrow 4Mn^{2+} + 5O_2\uparrow + 6H_2O$$

$KMnO_4$ 本身呈紫红色，只要 MnO_4^- 的浓度达到 2×10^{-6} mol·L^{-1} 就能显示其紫红色，其还原产物 Mn^{2+} 几乎无色，因此用高锰酸钾标准溶液滴定无色或浅色溶液时，一般不需另加指示剂。

高锰酸钾法除了采用直接滴定法测定还原性物质外，也可以用返滴定法测定某些氧化性物质，如测定 MnO_2，可在 H_2SO_4 介质中加入过量的 $Na_2C_2O_4$ 标准溶液，待 MnO_2 与 $C_2O_4^{2-}$ 作用完成后，再用 $KMnO_4$ 标准溶液滴定剩余的 $C_2O_4^{2-}$；此外，还可用 $KMnO_4$ 法间接测定一些非氧化性（或非还原性）物质，例如用来测定 Ca^{2+} 等。

（一）$KMnO_4$ 标准溶液的配制与标定

1. 高锰酸钾标准溶液的配制

市售 $KMnO_4$ 试剂中常含有少量 MnO_2 杂质，$KMnO_4$ 溶液还能自行分解，热、光、酸、碱等外界条件都会促进其分解：

$$4KMnO_4 + 2H_2O \Longrightarrow 4MnO_2 + 4KOH + 3O_2$$

$KMnO_4$ 溶液的浓度容易改变，通常用间接法配制 $KMnO_4$ 标准溶液，然后再进行标定。为使 $KMnO_4$ 溶液浓度稳定，常将配好的溶液加热至沸，并保持微沸 1 小时，然后放置 2～3 天，并用烧结的砂芯漏斗过滤，以除去 MnO_2。通常配制的 $KMnO_4$ 溶液浓度约 0.02 mol·L^{-1}，储存于棕色玻璃瓶中。

2. 高锰酸钾标准溶液的标定

标定 $KMnO_4$ 溶液常用的基准物质有 $Na_2C_2O_4$、$H_2C_2O_4\cdot2H_2O$ 及纯 Fe 等，其中以 $Na_2C_2O_4$ 最为常用，标定反应离子方程式为：

$$2MnO_4^- + 5C_2O_4^{2-} + 16H^+ \Longrightarrow 2Mn^{2+} + 10CO_2\uparrow + 8H_2O$$

此反应在常温下起始速率较慢。为了加速反应，可将 $Na_2C_2O_4$ 溶液预热到 70℃～80℃ 后再滴定。如果溶液的温度高于 90℃，会使部分草酸发生分解。滴定开始以后，反应产生的 Mn^{2+} 能催化上述滴定反应（称为自催化反应），反应速率大大加快。当溶液呈粉红色并在 30 秒内不退色时停止滴定，根据 $Na_2C_2O_4$ 的质量和消耗的 $KMnO_4$ 的体积，即可计算出 $KMnO_4$ 溶液的准确浓度。

$$c(KMnO_4) = \frac{2}{5} \times \frac{m(Na_2C_2O_4)}{M(Na_2C_2O_4)V(KMnO_4)}$$

（二）高锰酸钾法应用示例

1. 双氧水含量的测定

在酸性溶液中，用 $KMnO_4$ 溶液可直接滴定 H_2O_2，反应方程式为：

$$2MnO_4^- + 5H_2O_2 + 6H^+ \Longrightarrow 2Mn^{2+} + 5O_2\uparrow + 8H_2O$$

因为 H_2O_2 易分解，不能加热，与 $KMnO_4$ 直接滴定草酸一样，开始时反应较慢，在反应产生 Mn^{2+} 后，可加速反应。许多还原性物质，如 Fe^{2+}、As（Ⅲ）、Sb（Ⅲ）、$C_2O_4^{2-}$、NO_2^- 等都可用 $KMnO_4$ 标准溶液直接测定。

2. 钙离子的测定

Ca^{2+} 不能直接被 MnO_4^- 氧化，MnO_4^- 法测定 Ca^{2+} 是一种间接滴定法。先将 Ca^{2+} 定量地沉淀为 CaC_2O_4。CaC_2O_4 经过滤、洗涤后溶于稀的热 H_2SO_4 中，用 $KMnO_4$ 标准溶液滴定试液中的 $H_2C_2O_4$，根据消耗的 $KMnO_4$ 的量计算 Ca^{2+} 的含量。凡能与 $C_2O_4^{2-}$ 定量地生成沉淀的金属离子，都可用上述方法测定。

3. 化学耗氧量的测定

化学耗氧量(chemical oxygen demand，COD)是水体受还原性物质(主要是有机物)污染程度的综合性指标。是指在特定条件下，定量地氧化水体中还原性物质时所消耗的氧化剂的量，以每升多少毫克表示(O_2 mg · L^{-1})。测定时，在水样中加入适量的硫酸及准确过量的 $KMnO_4$ 溶液，于沸水浴中加热，使其中的还原性物质氧化完全。剩余的 $KMnO_4$ 用一定量过量的 $Na_2C_2O_4$ 还原，再用 $KMnO_4$ 标准溶液返滴定。该法主要用于地表水、饮用水和轻度污染的生活污水中 COD 测定。

三、碘量法

碘量法是以 I_2 的氧化性和 I^- 的还原性为基础的滴定分析方法，其基本反应为：

$$I_2 + 2e \longrightarrow 2I^- \quad \varphi^\theta = 0.5355 \text{ V}$$

φ^θ 值中等大小。I_2 是一种中等强度的氧化剂，它能与较强的还原剂作用；同时 I^- 又是一种中等强度的还原剂，能与许多氧化剂作用。以 I_2 为滴定剂，直接测定强还原剂如 S^{2-}、SO_3^{2-}、As(Ⅲ)等的滴定方法称为**直接碘量法**。以 I^- 为还原剂，将氧化剂如 $K_2Cr_2O_7$、KIO_3、Cu^{2+}、Br_2 还原析出定量 I_2，然后用 $Na_2S_2O_3$ 标准溶液滴定 I_2，从而测定氧化性物质的方法称为**间接碘量法**。

由于 I_2 的氧化能力不强，能被 I_2 氧化的物质不多，同时由于 I_2 标准溶液不易配制和贮存，所以直接碘量法的应用受到限制；而能与 KI 作用定量析出 I_2 的氧化性物质很多，因此间接碘量法应用较为广泛。一般所谓的碘量法大都是指间接碘量法。间接碘量法以下列反应为基础：

$$I_2 + 2S_2O_3^{2-} \Longrightarrow S_4O_6^{2-} + 2I^-$$

间接碘量法的反应条件非常重要，为获得准确的分析结果，必须注意问题：

(1) 控制溶液的酸度

反应必须在中性或弱酸性溶液中进行。

在强酸性溶液中，$Na_2S_2O_3$ 会发生分解：$S_2O_3^{2-} + 2H^+ \Longrightarrow SO_2 \uparrow + S \downarrow + H_2O$

同时 I^- 在酸性溶液中容易被空气中的 O_2 氧化：$4I^- + 4H^+ + O_2 \Longrightarrow 2I_2 + 2H_2O$

在碱性溶液中，$S_2O_3^{2-}$ 和 I_2 将发生副反应：$S_2O_3^{2-} + 4I_2 + 10OH^- \Longrightarrow 2SO_4^{2-} + 8I^- + 5H_2O$

I_2 在碱性溶液中还会发生歧化反应：$3I_2 + 6OH^- \Longrightarrow IO_3^- + 5I^- + 3H_2O$

(2) 尽量减少 I_2 和 I^- 的损失

I_2 的易挥发和 I^- 的易氧化是误差的主要来源。为此应做到以下几点：① 必须加入过量的 KI。一方面可以促使反应完全进行,另一方面,过量 I^- 可与 I_2 结合成 I_3^- 以增大 I_2 的溶解度,降低 I_2 的挥发。② 反应在室温下进行,不能加热。③ 应使用带磨口玻璃塞的碘量瓶,避免阳光直射。滴定时不要过分摇晃,操作宜迅速,以减少 I^- 与空气的接触等。

碘量法用淀粉作指示剂。在 I^- 的作用下,淀粉可与 I_2 作用形成蓝色配合物,其灵敏度很高。在间接碘量法中,淀粉指示剂应在临近终点(溶液呈黄色)时加入,因为 I_2 浓度较高时,可被淀粉牢固地吸附而难于与 $Na_2S_2O_3$ 立即作用,致使终点延迟。

(一) 标准溶液的配制和标定

1. 碘标准溶液的配制和标定

用升华法制得的纯碘,可用直接法配制标准溶液。但由于碘的挥发性,不宜在分析天平上称量。市售碘通常是先配制成近似浓度的溶液,然后用基准物质 As_2O_3 标定。I_2 在水中溶解度很小,配制时应加入 KI。基准物质 As_2O_3 难溶于水,易溶于 NaOH 溶液,生成 Na_3AsO_3。

$$As_2O_3 + 6OH^- \rightleftharpoons 2AsO_3^{3-} + 3H_2O$$

AsO_3^{3-} 和 I_2 的标定反应为:

$$AsO_3^{3-} + I_2 + H_2O \rightleftharpoons AsO_4^{3-} + 2I^- + 2H^+$$

总反应式为:

$$As_2O_3 + 2I_2 + 6OH^- \rightleftharpoons 2AsO_4^{3-} + 4I^- + 4H^+ + H_2O$$

反应达计量点时,有下列计量关系:

$$c(I_2) = \frac{2m(As_2O_3)}{M(As_2O_3)V(I_2)}$$

2. 硫代硫酸钠标准溶液的配制和标定

硫代硫酸钠($Na_2S_2O_3 \cdot 5H_2O$)为无色晶体。常含有少量的杂质(如 S、Na_2SO_3、Na_2CO_3 和 S^{2-} 等),同时易风化、潮解,同时,$Na_2S_2O_3$ 水溶液不稳定,溶解在水中的 CO_2、O_2 和细菌能促进 $Na_2S_2O_3$ 分解。通常是用新煮沸并冷却的蒸馏水配制溶液,加少量 Na_2CO_3 作稳定剂,保持溶液 pH 在 9～10,放置 8～9 天后,用基准物质标定。常用的基准物质为 $K_2Cr_2O_7$。在酸性溶液中,定量 $K_2Cr_2O_7$ 与过量 KI 作用生成定量 I_2,再用 $Na_2S_2O_3$ 溶液滴定。反应为:

$$K_2Cr_2O_7 + 6KI + 14HCl \rightleftharpoons 2CrCl_3 + 3I_2 + 8KCl + 7H_2O$$

$$I_2 + 2Na_2S_2O_3 \rightleftharpoons 2NaI + Na_2S_4O_6$$

当反应达计量点时,根据下列计算硫代硫酸钠标准溶液浓度:

$$c(Na_2S_2O_3) = \frac{6m(K_2Cr_2O_7)}{M(K_2Cr_2O_7)V(Na_2S_2O_3)}$$

例 12.2　为了标定 $Na_2S_2O_3$ 溶液,精密称取 2.4530 g 分析纯 $K_2Cr_2O_7$,溶解后配成 500 mL 溶液,量取此 $K_2Cr_2O_7$ 溶液 25.00 mL,加 H_2SO_4 及过量 KI,再用 $Na_2S_2O_3$ 待标液滴定析出的 I_2,用去 $Na_2S_2O_3$ 溶液 26.12 mL,求 $Na_2S_2O_3$ 的浓度。

解　反应过程如下:

$$Cr_2O_7^{2-}+6I^-+14H^+=2Cr^{3+}+3I_2+7H_2O$$

$$I_2+2S_2O_3^{2-}=2I^-+S_4O_6^{2-}$$

$$Cr_2O_7^{2-}\underline{\quad\quad}3I_2\underline{\quad\quad}6S_2O_3^{2-}$$

$$n_{Na_2S_2O_3}=6n_{K_2Cr_2O_7}$$

$$c_{Na_2S_2O_3}V_{Na_2S_2O_3}=6c_{K_2Cr_2O_7}V_{K_2Cr_2O_7}$$

$$c_{Na_2S_2O_3}=\frac{6c_{K_2Cr_2O_7}V_{K_2Cr_2O_7}}{V_{Na_2S_2O_3}}=\frac{6\times\dfrac{\dfrac{2.4530}{294.19}}{0.5}\times25}{26.12}=0.09577$$

即 $Na_2S_2O_3$ 溶液的浓度为 $0.09577\ mol\cdot L^{-1}$

（二）碘量法应用示例

1. 直接碘量法测定维生素 C 的含量

维生素 $C(C_6H_8O_6)$ 即抗坏血酸，有较强的还原性，能被 I_2 定量氧化成脱氢抗坏血酸 $(C_6H_6O_6)$：

从上式看，碱性条件更有利于反应进行。但维生素 C 的还原性很强，在碱性溶液中易被空气中的 O_2 氧化，所以在滴定时需加入一些 HAc，使溶液保持一定的酸度。当反应达计量点时，存在下列计算关系：

$$n(C_6H_8O_6)=n(I_2)$$

$$\omega(C_6H_8O_6)=\frac{c(I_2)V(I_2)M(C_6H_8O_6)}{m(样品)}$$

2. 间接碘量法测定次氯酸钠含量

次氯酸钠为杀菌剂，在酸性溶液中能将 I^- 氧化成 I_2，后者可用 $Na_2S_2O_3$ 标准溶液滴定，有关反应如下：

$$NaClO+2HCl=\!=\!=Cl_2+NaCl+H_2O$$

$$Cl_2+2KI=\!=\!=I_2+2KCl$$

$$I_2+2Na_2S_2O_3=\!=\!=2NaI+Na_2S_4O_6$$

从反应方程式看，当反应达计量点时，存在下列计算关系：

$$n(NaClO)=n(Cl_2)=n(I_2)=n(2Na_2S_2O_3)$$

$$m(NaClO)=\frac{c(Na_2S_2O_3)V(Na_2S_2O_3)M(NaClO)}{2}$$

3. 水中溶解氧（DO）的测定

溶解于水中的氧称为溶解氧（dissolved oxygen），常以符号 DO 表示。水中溶解氧的含量与空气中氧的分压,大气压力和水的温度都有密切关系。清洁的地表水在正常情况下所含溶解氧接近饱和状态。如果水源被易于氧化的有机物污染,则水中的溶解氧渐渐减少,厌氧菌过度繁殖,有机物发生腐败而使水源发臭。溶解氧的测定对水源自净作用的研究有极其重要的作用。溶解氧的测定一般采用碘量法。其基本原理是,往水样中加入 $MnSO_4$ 和 $NaOH$ 溶液,生成的 $Mn(OH)_2$ 沉淀立即吸收水中的溶解氧,形成 $MnO(OH)_2$ 棕色沉淀。它把水中的溶解氧全部固定在其中,溶解氧越多,沉淀颜色越深。其反应为

$$Mn^{2+} + 2OH^- \xrightarrow{} Mn(OH)_2 \downarrow$$

$$2Mn(OH)_2 + O_2 \xrightarrow{} 2MnO(OH)_2$$

在过量 KI 存在下,加硫酸溶解 $MnO(OH)_2$ 沉淀,析出定量的 I_2,以 $Na_2S_2O_3$ 标准溶液滴定。

$$MnO(OH)_2 + 2I^- + 4H^+ \xrightarrow{} Mn^{2+} + I_2 + 3H_2O$$

$$I_2 + 2S_2O_3^{2-} \xrightarrow{} 2I^- + S_4O_6^{2-}$$

由消耗 $Na_2S_2O_3$ 的物质的量计算水中的溶解氧。此方法仅适合清洁的地面水或地下水。若水中有 Fe^{2+}、Fe^{3+}、S^{2-}、NO_2^-、$S_2O_3^{2-}$、Cl_2 以及各种有机物等,将影响测定,应选择适当方法消除干扰。

第五节　配位滴定法

一、EDTA 配位滴定的基本原理

配位滴定法(complexometric titration)是指以配位反应为基础的滴定分析方法。配位滴定常用的滴定剂为乙二胺四乙酸(ethylenediaminetetraacetic acid),用 H_4Y 表示其分子式。由于乙二胺四乙酸在水中的溶解度较小,通常使用它的二钠盐($Na_2H_4Y \cdot 2H_2O$),它与乙二胺四乙酸一起,称为 EDTA。以 EDTA 为滴定剂的分析方法又称 **EDTA滴定法**。

EDTA 滴定反应的特点是:① EDTA 有很强的配位能力,几乎能与所有的金属离子反应形成十分稳定的螯合物;② 不论金属原子的价数多少,它们与 EDTA 一般以 1∶1 螯合,即 M+Y=MY(略去电荷);③ 形成的螯合物易溶于水;④ EDTA 与无色的金属离子配位时,则形成无色的螯合物,与有色的金属离子配位时,一般可形成颜色更深的螯合物。

(一) EDTA 在溶液中的存在型体

乙二胺四乙酸(H_4Y)有 2 个氨基和 4 个羧基,为四元酸。在 pH<2 的溶液中,可以接受两个质子形成 H_6Y^{2+},这样 EDTA 就相当于六元酸。在水溶液中存在六级解离平衡。

$$H_6Y^{2+} \Longrightarrow H^+ + H_5Y^+ \qquad K_{a1}^{\theta} = 10^{-0.90}$$

$$H_5Y^+ \Longrightarrow H^+ + H_4Y \qquad K_{a2}^{\theta} = 10^{-1.60}$$

$$H_4Y \Longrightarrow H^+ + H_3Y^- \qquad K_{a3}^{\theta} = 10^{-2.00}$$

$$H_3Y^- \Longrightarrow H^+ + H_2Y^{2-} \qquad K_{a4}^{\theta} = 10^{-2.67}$$

$$H_2Y^{2-} \Longrightarrow H^+ + HY^{3-} \qquad K_{a5}^{\theta} = 10^{-6.16}$$

$$HY^{3-} \Longrightarrow H^+ + Y^{4-} \qquad K_{a6}^{\theta} = 10^{-10.26}$$

在水溶液中,EDTA 存在 H_6Y^{2+}、H_5Y^+、H_4Y、H_3Y^-、H_2Y^{2-}、HY^{3-}、Y^{4-} 七种型体。溶液 pH 不同,各种型体的摩尔分数不同,但在七种型体中,以 Y^{4-} 与金属离子形成的螯合物最为稳定,因此,控制溶液的 pH 是提高配位滴定准确度的重要措施。

（二）滴定时干扰因素的控制

MY 的稳定性除与 $K_S^{\theta}(MY)$ 的大小有关以外,还与溶液的酸度有关。与其他配合物一样,存在酸效应和水解效应。酸度过大,Y^{4-} 与 H^+ 结合成难解离的 HY^{3-}、H_2Y^{2-}、H_3Y^-、H_4Y,致使 MY 发生解离;碱性过高,金属离子与 OH^- 结合生成氢氧化物沉淀,MY 也不稳定,所以滴定过程中溶液的 pH 既不能过小也不能过大。为维持溶液 pH 基本稳定,在滴定前必须加入合适的缓冲溶液。表 12.4 列出了一些金属离子被 EDTA 滴定的最低 pH。

表 12.4　一些金属离子能被 EDTA 滴定的最低 pH

金属离子	$\lg K_S^{\theta}(MY)$	最低 pH	金属离子	$\lg K_S^{\theta}(MY)$	最低 pH
Mg^{2+}	8.64	9.7	Zn^{2+}	16.4	3.9
Ca^{2+}	11.0	7.5	Pb^{2+}	18.3	3.2
Mn^{2+}	13.8	5.2	Ni^{2+}	18.56	3.0
Fe^{2+}	14.33	5.0	Cu^{2+}	18.7	2.9
Al^{3+}	16.11	4.2	Hg^{2+}	21.8	1.9
Co^{2+}	16.31	4.0	Sn^{2+}	22.1	1.7
Cd^{2+}	16.4	3.9	Fe^{3+}	24.23	1.0

另外,溶液中若存在能与金属离子反应的其他配位剂（L）时,也会影响 MY 的稳定性,这种现象称为配位效应。ML_n 的 $K_S^{\theta}(ML_n)$ 愈大,配位效应愈强。如在 pH 为 5～6 时,用 EDTA 标准溶液滴定 Al^{3+} 时,溶液中如有 F^-,F^- 可与 Al^{3+} 形成稳定的 $[AlF_6]^{3-}$,从而影响 AlY^- 的形成,使结果偏低。但在 pH 为 10 时,滴定 Zn^{2+},NH_3- NH_4Cl 缓冲液中的 NH_3 并不影响滴定,因 $[Zn(NH_3)_4]^{2+}$ 的 K_S^{θ} 小,终点时,Y^{4-} 可从 $[Zn(NH_3)_4]^{2+}$ 中把 Zn^{2+} 夺取过来,形成稳定的 ZnY^{2-}。共存物质干扰测定时需要采取相应措施加以消除。

（三）金属离子指示剂

配位滴定中,通常用一种能与金属离子生成有色配合物的显色剂来指示终点的到达,这种显色剂称为金属离子指示剂,简称**金属指示剂**（metal indicator）。金属指示剂大多是一些有机配位体,在一定条件下能与被滴定金属离子反应,形成与指示剂本身颜色不同的配合物。金属指示剂的种类较多,有铬黑 T(EBT)、二甲酚橙、钙指示剂、酸性铬蓝 K、PAN 等。现以常用的金属指示剂铬黑 T 为例,说明金属指示剂的变色原理和滴定终点的判断。

铬黑 T 为弱酸性偶氮染料,其结构为:

可用符号 NaH_2In 表示。它在水溶液中存在下列解离平衡:

$$In^{3-} \underset{pK_2^\theta=6.3}{\xrightarrow{-H^+}} HIn^{2-} \underset{pK_3^\theta=11.6}{\xrightarrow{-H^+}} H_2In^-$$

（紫红色）　　　　　（蓝色）　　　　　（橙色）

pH＜6.3　　　　pH＝6.3～11.6　　　pH＞11.6

在 pH＜6.3 或 pH＞11.6 时,铬黑 T 本身的颜色与配合物 MY 的酒红色没有明显区别,无法判断滴定终点;在 pH 为 6.3～11.6 时,铬黑 T 显蓝色,与 MY 的酒红色有区别显著,终点颜色变化明显。因此,铬黑 T 作指示剂时最适宜的 pH 值范围为 9～10.5。一般用 NH_3-NH_4Cl 缓冲溶液控制溶液 pH 值在 10 左右进行滴定。铬黑 T 可用作滴定 Mg^{2+}、Zn^{2+}、Pb^{2+}、Cd^{2+}、Hg^{2+} 等离子时的指示剂。以 EDTA 滴定 Mg^{2+} 为例,其变色情况为

滴定前:$Mg^{2+}+HIn^{2-} \Longrightarrow H^+ + MgIn^-$（酒红色）

滴定过程中:$Mg^{2+}+HY^{3-} \Longrightarrow MgY^{2-}+H^+$

终点时:$MgIn^- + HY^{3-} \Longrightarrow MgY^{2-}+HIn^-$

　　　　（酒红色）　　　　　　　（蓝色）

由显色过程可知,作为金属指示剂必须具备下列条件:① 与金属离子形成的配合物 (MIn)的颜色与指示剂(In)的颜色应显著不同;② 显色反应要灵敏、迅速,有良好的变色可逆性;③ 显色配合物的稳定性要适当。它既要有足够的稳定性,又要应比 MY 的稳定性差。如果稳定性太低,就会提前出现终点,而且变色不敏锐;如果稳定性太高,就会使终点拖后,甚至有可能使 EDTA 不能夺出其中的金属离子,无法显色滴定终点;④ 金属指示剂应比较稳定,便于储藏和使用。

（四）标准溶液的配制与标定

1. EDTA 标准溶液的配制与标定

一般采用间接法配制 EDTA 标准溶液,先用 EDTA 二钠盐配成近似浓度的溶液,然后以铬黑 T 为指示剂,用 NH_3-NH_4Cl 缓冲液调节 pH＝10 左右,用 Zn、$ZnSO_4$、$CaCO_3$、$MgCO_3$

等基准物质标定。EDTA 标准溶液的常用浓度为 $0.01 \sim 0.05 \ mol \cdot L^{-1}$。

2. Zn 标准溶液的配制与标定

Zn 标准溶液可采取直接法配制。准确称取一定量分析纯 Zn 粒,用 HCl 溶解后直接配制。也可用分析纯 $ZnSO_4$ 直接配制,或者用间接法配制,用 EDTA 标准溶液比较。

二、EDTA 配位滴定应用示例——水的总硬度测定

水的总硬度是指水中钙镁离子的总量。测定水的硬度常采用配位滴定法,用 EDTA 滴定钙镁离子总量时,一般是在 pH＝10 的 NH_3—NH_4Cl 缓冲溶液中进行,以铬黑 T 为指示剂。化学计量点前,Mg^{2+} 与铬黑 T 形成酒红色络合物,滴入 EDTA 后,金属离子逐步减少,当达到反应化学计量点时,与指示剂配位的金属离子已被 EDTA 夺出,指示剂游离,溶液由酒红色变为纯蓝色。滴定过程反应如下:

滴定前:EBT＋Mg^{2+}＝＝＝Mg—EBT

       蓝色   酒红色

滴定时:EDTA＋Ca^{2+}＝＝＝Ca—EDTA   无色

        EDTA＋Mg^{2+}＝＝＝Mg—EDTA   无色

终点时:EDTA＋Mg—EBT＝＝＝Mg—EDTA＋EBT

       酒红色   蓝色

lgK_s^{θ}(Mg—EBT)$>lgK_s^{\theta}$(Ca—EBT),而 lgK_s^{θ}(Mg—EDTA)$<lgK_s^{\theta}$(Ca—EDTA),因此滴定前,铬黑 T 优先与 Mg^{2+} 反应,滴定时 EDTA 优先与 Ca^{2+} 反应。若水样中存在 Fe^{3+},Al^{3+} 等微量杂质时,可用三乙醇胺进行掩蔽,Cu^{2+}、Pb^{2+}、Zn^{2+} 等重金属离子可用 Na_2S 沉淀或 KCN 掩蔽而消除干扰。

水硬度的测定分为水的总硬度以及钙—镁硬度,前者是测定 Ca、Mg 总量,后者是分别测定 Ca、Mg 分量。如测定钙硬度,可控制 pH 介于 12～13 之间,选用钙指示剂进行测定。镁硬度可由总硬度减去钙硬度求出。

由于 Mg—EBT 显色灵敏,为此在 pH＝10 的溶液中用 EDRA 滴定 Ca^{2+} 时,常于溶液中先加入少量 MgY,使之发生置换反应:

$$MgY＋Ca^{2+}＝＝＝CaY＋Mg^{2+}$$

置换出的 Mg^{2+} 与铬黑 T 显出很深的红色:

$$Mg^{2+}＋EBT＝＝＝Mg—EBT(红色)$$

因为 EDTA 与 Ca^{2+} 的配位能力比 Mg^{2+} 强,滴定时,EDTA 先与 Ca^{2+} 络合,当达到终点时,EDTA 夺取 Mg—EBT 中的 Mg^{2+},形成 MgY:

$$Y＋Mg—EBT＝＝＝MgY＋EBT(蓝色)$$

游离出的指示剂显蓝色,变色很明显,在这里,滴定前的 MgY 与最后生成的 MgY 物质的量相等,故不影响滴定结果。

化学视窗

电位滴定法

电位滴定法是一种基于滴定过程中电位的突变来确定终点的分析方法。在待测溶液中,插入指示电极和参比电极组成原电他,如图 12.10 所示。随着滴定的进行,被测离子的浓度不断变化,指示电极电位也相应地变化。在化学计量点附近,离子浓度急剧变化,引起指示电极电位以及原电池电动势发生相应的突变。通过测量电池电动势的变化即可确定滴定终点。如果使用自动电位滴定仪,在滴定过程中可以自动绘出滴定曲线、找出滴定终点、给出体积,滴定更加快捷方便。电位变化代替了经典滴定法用指示剂的颜色变化确定终点,使其测量的准确度和精度都有了较大

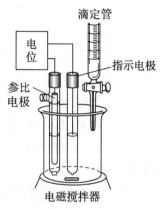

图 12.10　电位滴定装置

改善,它不受溶液浑浊度、有无颜色或有无合适指示剂等条件的限制,适用范围更加广泛。

(1) 酸碱滴定:对 0.1 mol·L^{-1}一元弱酸,指示剂法要求$K_a^\theta \geqslant 10^{-8}$,而电位法通常用$K_a^\theta \geqslant 10^{-10}$作为弱酸被准确滴定的判据。以甘汞电极为参比电极,玻璃电极为指示电极,一般酸碱滴定均可用电位法进行,特别是弱酸弱碱以及非水溶液的滴定更具有实际意义。例如,在 HAc 介质中可以用 $HClO_4$ 滴定吡啶,在乙酸介质中可以用 HCl 滴定三乙醇胺,在有机溶剂中可以用 KOH 的乙醇溶液测定润滑剂、防腐剂、有机工业原料等物质中的游离酸。

(2) 氧化还原滴定:指示剂法准确滴定的要求是氧化剂和还原剂的标准电位差 $\Delta\varphi^\theta \geqslant 0.36$ V($n=1$),而电位法只需 $\Delta\varphi^\theta \geqslant 0.2$ V。采用惰性铂电极作指示电极,可以用 KMO_4 溶液滴定 I^-、NO_2^-、Fe^{2+}、V^{4+}、Sn^{2+}、Sb^{3+} 等离子,用 $K_2Cr_2O_7$ 溶液滴定 Fe^{2+}、I^-、Sn^{2+}、Sb^{3+} 等离子。

(3) 沉淀滴定法:电位法的应用比指示剂法广泛,尤其是那些难以找到指示剂或难以滴定的体系。电位法所用的指示电极主要是离子选择电极,也可用银电极或汞电极。

(4) 配位滴定法:指示剂法准确滴定的要求是 $K_s^\theta \geqslant 10^6$,而电位法可用于稳定常数更小的配合物。配位法常用的指示电极有离子选择性电极、铂电极和汞电极,参比电极为饱和甘汞电极。例如,以钙离子选择性电极作指示电极,可用 EDTA 滴定钙。

参考文献

1. 魏祖期,刘德育. 基础化学(第 8 版),北京:人民卫生出版社,2013

2. 席晓兰. 基础化学(第 2 版)北京:科学出版社,2011

3. Gary L. Miessler, Donald A. Tarr. 无机化学(英文版·原书第四版),成都:机械工业出版社,2012

4. 李发美. 分析化学(第 7 版),北京:人民卫生出版社,2011

5. 张寒琦. 仪器分析,北京:高等教育出版社,2009

习　题

1. 何谓滴定分析？根据滴定反应的类型,滴定分析主要有哪些类型？

2. 能用于滴定分析的化学反应,必须满足哪些条件？

3. 什么叫做标准溶液？如何配制标准溶液？

4. 解释下列名词:系统误差、偶然误差、平均偏差、相对平均偏差和标准偏差。

5. 选择酸碱指示剂的依据是什么？化学计量点的 pH 与酸碱指示剂的选择有何关系？

6. 何谓酸碱滴定的 pH 突跃范围？影响突跃范围的因素有哪些？

7. 准确度和精密度有何区别,它们的关系如何？用平均偏差和标准偏差中的哪一个表示测定结果的精密度较好？

8. 将下列数字修约为 4 位有效数字。

(1) 2.3456　(2) 4.89501　(3) 21.4350　(4) 0.238749　(5) 3.31149

9. 根据有效数字的计算规则,计算下列结果。

(1) $2.463 \div 1.2 - 1.21 =$

(2) $1.4 \times 10^{-2} \times 1.534 + 2.1567 =$

(3) $pH = 10.45, [H^+] =$

(4) $\dfrac{2 \times 0.02348 \times \dfrac{25.00}{250.0}}{197.82 \times 20.30 \times 10^{-3}} =$

10. 用含结晶水的基准物质标定某标准溶液的浓度,若该基准物质部分风化,则标定所得标准溶液的浓度是偏高,偏低还是准确？

11. 用 $0.01000\ mol \cdot L^{-1}$ HCl 溶液滴定 $0.01000\ mol \cdot L^{-1}$ NaOH 溶液,计算滴定的 pH 突跃范围。

12. 下列酸碱能否用强碱或强酸溶液直接准确滴定？

(1) $0.10\ mol \cdot L^{-1}$ HNO_2　(2) $0.10\ mol \cdot L^{-1}$ NH_3　(3) $0.10\ mol \cdot L^{-1}$ NaAc
(4) $0.10\ mol \cdot L^{-1}$ NH_4Cl

13. 称取 $1.5632\ g$ $H_2C_2O_4 \cdot 2H_2O$,溶解后转入 250 mL 容量瓶,稀释至标线,摇匀后吸取 25.00 mL 用以标定 NaOH 溶液的浓度,滴定至终点时消耗 NaOH 溶液 20.24 mL,计算溶液 NaOH 溶液的浓度。

14. 分析 $0.5000\ g$ 含 Na_2CO_3 及惰性杂质的试样,加入 50.00 mL $0.1000\ mol \cdot L^{-1}$ HCl

溶液,煮沸除去 CO_2。过量的酸用 0.1000 mol·L^{-1} NaOH 溶液回滴,消耗 NaOH 溶液 5.60 mL,计算试样中 Na_2CO_3 的百分含量。

15. 取 0.1000 g 工业甲醇,在 H_2SO_4 溶液与 25.00 mL 0.01547 mol·L^{-1} $KMnO_4$ 溶液作用。反应完成后以 0.1000 mol·L^{-1} $(NH_4)_2Fe(SO_4)_2$ 标准溶液滴定剩余的 $KMnO_4$,用去 4.06 mL。求试样中甲醇的百分含量。

16. 测定血液中 Ca^{2+} 的浓度时,常将其沉淀为 CaC_2O_4,然后将沉淀溶解于 H_2SO_4 溶液中,再用 $KMnO_4$ 标准溶液进行滴定。取 10.00 mL 血液试样按上述方法处理后,用 0.001000 mol·L^{-1} $KMnO_4$ 溶液滴定,用去 10.02 mL。计算此血液试样中 Ca^{2+} 的浓度。

17. What would be the correct result of significant figure of $(23.8567-2+20.21)/42.083$?

18. A 0.2521 g sample of an unknown weak acid is titrated with a 0.1005 mol·L^{-1} solution of NaOH, requiring 42.68 mL to reach the phenolphthalein end point. Determine the compound's equivalent weight. Which of the following compounds is most likely to be the unknown weak acid?

	ascorbic acid	malonic acid	succinic acid	citric acid
structure	$C_6H_8O_6$	$C_3H_4O_4$	$C_4H_6O_4$	$C_6H_8O_7$
M_r	176.1	104.1	118.1	192.1
n(protic number)	1	2	2	3

19. A 50.99 mL sample of a citrus drink requires 20.62 mL of 0.04006 mol·L^{-1} NaOH to reach the phenolphthalein end point. Express the sample's acidity in terms of grams of citric acid per 100 mL.

(马丽英 编写)

第十三章
紫外—可见分光光度法

第一节 分光光度法的基本原理

一、物质对光的选择性吸收

(一)光的基本性质

光是一种电磁波,具有一定的频率和波长,波长在 200 nm～400 nm 范围内的电磁波是常用的紫外光,400 nm～760 nm 范围内的电磁波称为可见光。光的能量 E、频率 ν 和波长 λ 之间的关系可用下式表示:

$$E=h\nu=h\frac{c}{\lambda} \tag{13.1}$$

式中,c 为光速;h 为 Planck 常数,其值为 6.626×10^{-34} J·s。由式 13.1 可见,频率越高,其波长越短,所以光的能量与波长成反比,而与频率成正比。

可见光区的电磁波随着波长的不同,而呈不同的颜色,一般分为红、橙、黄、绿、青、蓝、紫七色光。白光是由七色光按照一定比例混合而成的复合光。具有单一波长的光称为**单色光**(monochromatic light)。如果把两种适当颜色的单色光按一定的强度比例混合也可得到白光,这两种颜色的光称为互补色光。如图 13.1 所示,图中处于一条直线的两种单色光,都属于互补色光,如绿色和紫色光、黄色和蓝色光等。

图 13.1 互补色光示意图

物质对光的吸收具有选择性。当白光通过有色溶液时,若溶液选择性地吸收了某种颜色的光,则溶液呈现所吸收光的互补色。如 $CuSO_4$ 溶液吸收白光中的黄色光而呈现其互补色——蓝色。物质的颜色与吸收光颜色的互补关系见表 13.1。

表 13.1 物质的颜色与吸收光颜色的关系

物质颜色	黄绿	黄	橙	红	紫红	紫	蓝	绿蓝	蓝绿
吸收光颜色	紫	蓝	绿蓝	蓝绿	绿	黄绿	黄	橙	红
波长/nm	400～450	450～480	480～490	490～500	500～560	560～580	580～600	600～650	650～760

（二）物质的吸收光谱

物质的分子中存在着电子的运动、原子之间的振动和分子的转动，这些运动都是量子化的，都有各自的能级。电子能级之间的差值在 $1\sim20$ eV（电子伏特），相当于紫外到可见光的能量，一个电子能级中有几个振动能级，一个振动能级中有几个转动能级。当用光照射分子时，分子就会吸收与其电子能级相

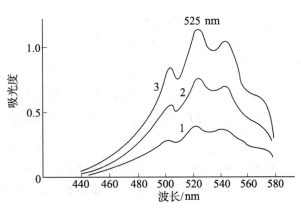

图 13.2　$KMnO_4$ 溶液的吸收曲线

对应的光线，发生电子能级跃迁，与此同时，分子还会吸收与其振动能级和转动能级相对应的波长更长（能量更低）的光线，发生振动和转动能级的跃迁，因而产生分子吸收光谱。

物质对不同波长光的吸收程度是不同的，如果测定某种物质的溶液对不同波长光的吸收程度，并以波长 λ 为横坐标，以溶液对光的吸收程度（吸光度 A）为纵坐标作图，得到一条曲线，称为**吸收曲线**（absorption curve）或**吸收光谱**（absorption spectrum）。吸收光谱能更清楚地反映出吸光物质对不同波长光的吸收情况，图 13.2 为不同浓度 $KMnO_4$ 溶液的吸收曲线。

吸收曲线中，吸光度最大处的波长为最大吸收波长，用 λ_{max} 表示。图 13.2 中 λ_{max} 为 525 nm，说明 $KMnO_4$ 溶液对此波长的光（绿色光）最容易吸收，而对波长较长的红色光和波长较短的紫色光则吸收较弱。图中的几条曲线分别代表不同浓度 $KMnO_4$ 溶液的吸收曲线，其形状和 λ_{max} 的位置不变，但吸光度不同。溶液浓度愈大，吸收曲线的峰值愈高。在溶液最大吸收波长处测定吸光度，灵敏度最高。

二、光的吸收定律

（一）透光率和吸光度

当一束平行的单色光通过有色溶液时，光的一部分被吸收，一部分透过溶液，一部分被器皿反射。若入射光的强度为 I_0、透过光强度为 I_t，则透过光强度 I_t 与入射光强度 I_0 之比称为**透光率**（transmittance），用 T 表示。

$$T=\frac{I_t}{I_0} \tag{13.2}$$

透光率一般用百分比表示，介于 $0\sim100\%$ 之间。透光率愈大，溶液对光的吸收愈少；反之，透光率愈小，溶液对光的吸收愈多。

透光率的负对数称为**吸光度**（absorbance），用符号 A 表示。

$$A=-\lg T=\lg\frac{I_0}{I_t} \tag{13.3}$$

吸光度 A 是一个无因次的量，A 愈大，表示溶液对光的吸收程度愈大；反之，A 愈小，表示溶液对光的吸收程度愈小。

（二）Lambert-Beer 定律

Lambert(朗伯)和 Beer(比尔)分别于 1760 年和 1852 年研究了吸光度与液层厚度和溶液浓度之间的定量关系，综合他们的研究成果得出：在一定温度下，当一束平行单色光通过某一有色溶液时，吸光度 A 与液层厚度和溶液浓度成正比，即

$$A = \varepsilon bc \tag{13.4}$$

此式为 Lambert-Beer 定律的数学表达式，也称为**光的吸收定律**。式中，b 为液层厚度，单位是 cm；c 为物质的量浓度，单位是 mol·L^{-1}；ε 为**摩尔吸光系数**(molar absorptivity)，单位为 L·mol^{-1}·cm^{-1}，它表示当溶液浓度为 1 mol·L^{-1}、液层厚度为 1 cm 时该溶液的吸光度。在一定的溶剂、温度、入射光波长下，对于给定的化合物，其摩尔吸光系数为一定值，而与浓度无关。

不同物质对同一波长光的吸收程度不同，ε 愈大，表示物质对这一波长光的吸收愈强，测定的灵敏度就愈高。

吸光系数与浓度的单位有关。当浓度采用质量浓度 ρ(g·L^{-1})，则 ε 用 a 表示，称为**质量吸光系数**(mass absorptivity)，单位为 L·g^{-1}·cm^{-1}。它表示当溶液浓度为 1 g·L^{-1}、液层厚度为 1 cm 时该溶液的吸光度。Lambert—Beer 定律表达式可写为：

$$A = ab\rho \tag{13.5}$$

质量吸光系数 a 与摩尔吸光系数 ε 的关系为

$$\varepsilon = aM_B \tag{13.6}$$

式中 M_B 为被测物质的摩尔质量。

另外，医药学上还常用**比吸光系数**(specific absorptivity)来代替摩尔吸光系数。比吸光系数是指 100 mL 溶液中含被测物质 1 g，液层厚度为 1 cm 时的吸光度值，用 $E_{1\,cm}^{1\%}$ 表示，它与 ε 的关系为

$$\varepsilon = E_{1\,cm}^{1\%} \cdot \frac{M}{10} \tag{13.7}$$

例 13.1 用邻二氮菲法测定 Fe^{3+} 时，用 1 cm 比色皿在 508 nm 波长处，测得吸光度为 0.256，已知铁与邻二氮菲生成的配合物的摩尔吸光系数 ε 为 1.1×10^4 L·mol^{-1}·cm^{-1}，求溶液中 Fe^{3+} 的浓度。

解 根据 Lambert-Beer 定律 $A = \varepsilon bc$，

$$c = \frac{A}{\varepsilon b} = \frac{0.256}{1.1 \times 10^4 \text{ L·mol}^{-1}\text{·cm}^{-1} \times 1 \text{ cm}} = 2.327 \times 10^{-5} \text{ mol·L}^{-1}$$

第二节 紫外—可见分光光度计及测定方法

一、紫外—可见分光光度计

分光光度计(spectrophotometer)是测定溶液吸光度或透光率所用的仪器。尽管仪器型号很多,但其基本结构相似,主要分为以下 5 个部分:

$$光源 \rightarrow 单色器 \rightarrow 吸收池 \rightarrow 检测器 \rightarrow 指示器$$

(一)光源

光源(light source)是提供入射光的装置,应有足够的辐射强度和稳定性,一般仪器中都配有电源稳压器,保证光的强度恒定不变。在可见光区测定时,一般使用钨灯或碘钨灯作为光源,辐射波长范围为 320 nm～2500 nm。在紫外区测定时,一般使用氢灯或氘灯作为光源,辐射波长范围为 180 nm～375 nm。

(二)单色器

单色器(monochromator)又称波长控制器,其作用是将光源发出的连续光按波长的长短顺序分散为单色光。单色器由入射狭缝和出射狭缝、准直镜、色散元件、聚焦镜等组成,其中色散元件是单色器的关键部分,有棱镜和光栅两种。

棱镜单色器是基于光在不同介质中折光率不同而形成色散光谱的,棱镜通常用玻璃、石英等制成。光栅单色器是基于光的衍射与干涉来分光的。其特点是适用波长范围宽,色散均匀,分辨率高,可用于可见光和紫外线的分光。

(三)吸收池

吸收池(absorption cell)又称为比色皿,是用来盛放待测溶液和参比溶液的容器,由无色透明、耐腐蚀的光学玻璃或石英材料制成。由于玻璃对紫外线有较强的吸收,因此,玻璃吸收池只能用于可见光区,石英吸收池适用于可见和紫外光区。在测定中同时配套使用的吸收池应相互匹配,即有相同的厚度和相同的透光性。吸收池的透光面必须严格平行并保持洁净,切勿直接用手接触。常用的吸收池有 0.5 cm、1.0 cm 和 2.0 cm 等不同规格,可根据需要选择使用。

(四)检测器

检测器(detector)是基于光电效应将光信号转变为电信号,测量单色光透过溶液后光强度变化的装置。在紫外—可见分光光度计中,常用光电管和光电倍增管等做检测器。

光电管是由一个阳极和涂有光敏材料的阴极组成的真空二极管,当足够能量的光照射到阴极时,光敏物质受光照射会发射出电子,向阳极流动形成光电流。光电流的大小取决于照射光强度,测量电流即可测得光强度的大小。光电倍增管是由多级倍增电极组成的光电管,灵敏度比光电管高,而且其本身有放大作用。目前分光光度计的检测器多使用光电倍增管。

（五）指示器

指示器(indicator)是把光电流信号放大并记录下来的装置。指示器一般有微安电表、记录器、数字显示和打印装置等。在微安电表的标尺上同时刻有吸光度和透光率。现代精密的分光光度计多带有微机,能在屏幕上显示操作条件、各项数据,并可对吸收光谱进行数据记录和处理,使测定快捷方便,数据更加准确可靠。

二、测定方法

分光光度法常用的定量分析方法有标准曲线法、标准对照法、比吸光系数比较法等。

（一）标准曲线法

标准曲线法是分光光度法中最为常用的方法。其方法是首先配制一系列不同浓度的标准溶液,在选定波长处(通常为 λ_{max}),用同样厚度的吸收池分别测定其吸光度。以吸光度为纵坐标,溶液浓度为横坐标作图,得到一条经过坐标原点的直线——标准曲线(图13.3)。再在相同条件下配制待测溶液,测其吸光度 A_x,由标准曲线上相应位置即可查出待测溶液浓度 c_x。

该方法适用于经常性批量测定。在仪器、方法和条件都固定的情况下,标准曲线可多次使用而不必重新绘制,但需注意其溶液的浓度应在标准曲线的线性范围内。

（二）标准对照法

标准对照法又称直接比较法。其方法是在和待测溶液相同条件下配制一份标准溶液,在同一波长下分别测出它们的吸光度,根据 Lambert-Beer 定律,有如下关系:

$$A_s = \varepsilon b c_s$$

$$A_x = \varepsilon b c_x$$

s 代表标准溶液,x 代表待测溶液。由两式可得:

$$c_x = \frac{A_x}{A_s} \times c_s \qquad (13.8)$$

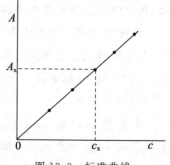

图 13.3　标准曲线

标准对照法操作简便、快速,但标准溶液应与被测试样的浓度相近,以免产生较大误差。此方法适用于非经常性的分析工作。

例 13.2　某一标准 Cd^{2+} 溶液浓度为 1.034×10^{-4} mol·L^{-1},测其吸光度为 0.304。另一待测溶液在相同条件下的吸光度为 0.510,求待测溶液中 Cd^{2+} 的浓度。

解　根据式 13.8,

$$c_x = \frac{A_x}{A_s} \times c_s = \frac{0.510}{0.304} \times 1.034 \times 10^{-4}\ \text{mol·}L^{-1} = 1.735 \times 10^{-4}\ \text{mol·}L^{-1}$$

（三）比吸光系数比较法

比吸光系数比较法是利用标准的 $E_{1\,cm}^{1\%}$ 值进行定量测定的方法,中国药典(2005年版)规定部分药物采用此法测定。将试样的比吸光系数与标准物质的比吸光系数(从手册中查得)进行比较,可计算出试样的含量(质量分数或体积分数)。例如:抗菌药物呋喃

妥因纯品的 $E_{1\,cm}^{1\%}$（367 nm）＝766，相同条件下测得呋喃妥因试样 $E_{1\,cm}^{1\%}$（367 nm）＝739，故该试样中呋喃妥因的质量分数为 $\dfrac{739}{766}=0.965$。

第三节　分光光度法的误差和分析条件的选择

一、分光光度法的误差

分光光度法的误差来源主要有两个方面：溶液偏离 Lambert-Beer 定律引起的误差和仪器测定的误差。

（一）溶液偏离 Lambert-Beer 定律引起的误差

溶液对光的吸收偏离 Lambert-Beer 定律时，A-c 曲线的线性较差，常出现弯曲现象。

产生偏离的原因比较复杂。一方面是由于吸光物质不稳定，发生解离、缔合、溶剂化等现象，导致组成标度改变而使溶液的吸光度改变；另一方面，Lambert-Beer 定律仅适用于单色光，而实际上由分光光度计的单色器获得的是一个狭小波长范围（称为通带宽度）内的复合光，由于物质对各波长光的吸收能力不同，便可引起对光吸收定律的偏离，吸光系数差值越大，偏离越多。以上化学和物理两方面的因素均会导致被测溶液的吸光度与组成标度间的关系不符合 Lambert-Beer 定律，从而产生误差，影响测定的准确度。

（二）仪器测定误差

在仪器测量过程中，光源的不稳定、检测器的灵敏度变化以及其他的一些偶然因素，都会带来测量误差，而透光率读数范围的不同，则可使这种误差放大或减小。设样品的透光率为 T，测量误差为 ΔT，浓度为 c，浓度误差为 Δc。若样品溶液服从 Lambert-Beer 定律，则可推导得出浓度的相对误差与透光率的关系式：

$$\frac{\Delta c}{c}=\frac{0.434\Delta T}{T\lg T} \tag{13.9}$$

由上式可见，浓度测量的相对误差 $\Delta c/c$ 与透光率测量误差 ΔT 和透光率 T 有关，而一般仪器的透光率误差变化不大，则 $\Delta c/c$ 只与 T 有关。作 $\Delta c/c \sim T$ 曲线，得图 13.4。

由图 13.4 可见，溶液透光率很大或很小时，所产生的浓度相对误差都较大，只有在中间一段时，所产生的浓度相对误差较小。曲线最低点，对应于 $T=36.8\%$，$A=0.434$ 时所产生的浓度相对误差最小。

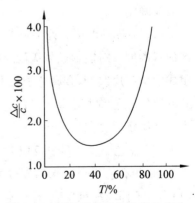

图 13.4　测量误差和透光率的关系

二、分析条件的选择

(一) 显色反应及显色条件的选择

1. 显色反应与显色剂

有些被测物质的溶液颜色很浅或无色,它们对光的吸收较弱,无法使测量仪器有足够的响应信号。一般采用加入适当的试剂,使其与被测物质反应,生成对紫外或可见光有较大吸收的物质,然后再进行测定。这种将被测组分转变成有色化合物的化学反应称为显色反应,所用的试剂称为显色剂。显色反应的主要类型有氧化还原反应和配位反应等,其中配位反应应用最广泛。显色剂必须具备下列条件:

(1) 灵敏度高。即被测物含量很低时,显色剂也能与其反应产生明显的颜色。灵敏度的高低可用显色后有色物质的吸光系数来衡量:吸光系数愈大,灵敏度愈高。当摩尔吸光系数 $\varepsilon > 1 \times 10^4$ 时,可认为测定的灵敏度较高。

(2) 选择性好。所用显色剂尽可能只与被测物质显色,而与其他共存物质不显色,或者与被测物所显颜色和与共存物所显颜色有明显差别,以消除共存物质的干扰。

(3) 组成恒定。显色剂与被测物质反应生成有色配合物的组成要恒定,符合一定的化学式,以保证测定结果的重现性。

(4) 稳定性好。生成的有色物质要有足够的稳定性,要求有较大的稳定常数,不易受外界条件的影响而发生变化。

(5) 对照性好。显色剂与生成的吸光物质之间的颜色差别要大。这样,试剂空白值小,显色时颜色变化明显,可提高测定的准确度。一般两者的 λ_{max} 差值要大于 60 nm。

2. 显色条件的选择

显色反应的条件通常是通过实验得到的,包括显色剂的用量、溶液的酸度、显色温度和时间等。

(1) 显色剂用量。为使显色反应尽可能进行完全,应加入适当过量的显色剂。但显色剂的用量也不能太大,否则对某些显色反应,可能会引起有色化合物的组成改变,使溶液颜色发生变化,反而不利于测定。合适的显色剂用量可以通过绘制吸光度与显色剂用量曲线确定。

(2) 溶液的酸度。许多显色剂都是有机弱酸或有机弱碱,溶液的酸度直接影响显色剂的解离度。对能形成多级配合物的配位平衡反应来说,随着溶液 pH 的改变生成物的组成发生相应改变,金属离子也可能随 pH 的增大发生水解或生成沉淀。这些都会影响到溶液的颜色和吸光度。显色反应最适宜的酸度条件通常由实验确定,并采用缓冲溶液维持其恒定。

(3) 显色温度。显色反应多在室温下进行,少数显色反应需加热至一定温度才能完成,而有些有色化合物当温度较高时又易发生分解。同时,温度对光的吸收也有影响。因此,对不同的显色反应,也应通过实验确定其最佳温度范围。

(4) 显色时间。各种显色反应进行的速率不同,各有色物质的稳定性也不同,使有色物质达到颜色稳定、吸光度最大所需的时间也不相同,所以要选择适当的显色时间进行测定,才能得到可靠的分析结果。合理的显色时间可通过实验,测定同一试样在不同时间的吸光度,然后绘制 $A\sim t$ 曲线来确定。

此外,应选择适宜的溶剂以提高显色反应的灵敏度或显色速率。试样溶液中的共存离子也会给测定带来干扰,可通过控制酸度、加入掩蔽剂、分离或选择适当波长等方法加以消除。

（二）测定条件的选择

1. 入射光波长的选择

入射光波长选择的依据是吸收曲线,通常选择波长为 λ_{max} 的光作为入射光,此时吸光系数最大,测定灵敏度最高。图 13.5 表明,选用 a 波段的单色光,吸光度 A 随波长变化小,且与浓度 c 呈线性关系;而选用陡峭部分 b 波段的单色光,则因单色光不纯和吸光系数变化较大,吸光度 A 与浓度 c 不成线性关系,测定误差大。

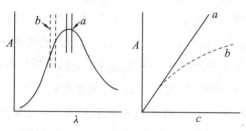

图 13.5　入射光波长的选择与误差

2. 透光率读数范围的选择

溶液透光率很大或很小时,测量误差都较大。因此,实际工作中常通过调节溶液浓度或选择适宜厚度的吸收池,将溶液透光率控制在 $20\%\sim65\%$（即吸光度在 $0.2\sim0.7$）之间,测量误差较小。

3. 参比溶液的选择

选择参比溶液的原则是使试液的吸光度能真正反映待测物质的浓度。测定时首先以参比溶液调节透光率为 100%,以消除溶剂或其他试剂的吸收、器皿对入射光反射等所带来的误差。常用的参比溶液有下列 3 种,可根据实际情况合理选择。

（1）纯溶剂参比。如果仅待测组分与显色剂的反应产物有吸收,可用纯溶剂作参比溶液。

（2）试剂参比。如果显色剂或其他试剂略有吸收,可用不含待测组分的试剂作参比溶液。

（3）试样参比。如果试样中的其他组分也有吸收,但不与显色剂反应,则当显色剂无吸收时,可用试样溶液作参比溶液;当显色剂略有吸收时,在试样中加入适当掩蔽剂,将待测组分掩蔽后再加显色剂,以此溶液作参比溶液。

生物超微弱发光及其应用

生物超微弱发光是自然界中的一种普遍现象。它与生物体的生理、生化过程和病理状态密切相关。早在1923年,俄罗斯细胞生物学家 A. G. Gurwitsch 在"洋葱实验"中发现了生物超微弱发光现象。近年来,生物超微弱发光的研究更加广泛,已经深入到细胞、亚细胞甚至分子的水平,成为生物学、医学、农学和生物物理学等学科交叉领域的新生长点,对研究生命活动、生命现象具有重要意义。

生物超微弱发光通常包括两类,一类为自发的超微弱发光,它与生物体的代谢有关。主要来源于氧化还原等代谢反应,如脂肪酸氧化、酚和醛的氧化、H_2O_2 的酶解、氨基酸的氧化等。其发光机理一般认为是不饱和脂肪酸氧化产生的过氧化自由基复合后形成的三重激发态过氧化物褪激所致;另一类为外因诱导发光,取决于光、电离辐射、超声、化学药物等外界因素。如用 X 射线和 γ 射线照射细胞,由辐射诱导的超微弱发光强度与辐射剂量成线性相关,照射剂量越大,发光强度越大,但发光峰值不发生任何位移。光诱导发光又称为荧光,是光照射生物后,生物体向外辐射发光,这类发光强度衰减变化快,且辐射光的波长比照射光的波长要长,如叶绿体的光照发光就是荧光。

生物超微弱发光有其产生、变化、消亡过程,这一过程时刻反映着生命体内部的生理状态,因而生物超微弱发光在医学、生物学等领域得到较为广泛的应用。基于超微弱发光原理发展起来的发光检测技术与发光增强剂和发光抑制剂相结合,已广泛应用于研究活性氧和自由基的产生、消亡。将发光技术与高效液相色谱技术结合形成了 HPLC-CL 技术,可用来研究受到氧化胁迫时,由自由基产生的肝损伤;也可以测量达生物组织中的过氧化产物,最低可测量达到 10^{-11} mol 水平。Grasso 等研究了16例肿瘤病人的组织和6例正常人的组织后,发现所有肿瘤组织的超微弱发光比正常人组织要高得多。超微弱发光分析技术用于肿瘤诊断既快速方便,又不会对组织造成损伤。生物超微弱发光分析技术还可以用于检测生物体内的超氧化物歧化酶(SOD)的活性。

生物超微弱发光与生物体的细胞分裂、细胞死亡、生物氧化、光合作用、肿瘤发生、细胞内和细胞间的信息传递与功能调节等重要的生命过程有着密切的联系。生物超微弱发光技术的研究不仅在生命科学领域具有重大意义,而且在医学、农业、食品和环境科学等领域也具有广泛的应用前景。

参考文献

1. 魏祖期,刘德育. 基础化学(第8版). 北京:人民卫生出版社,2013
2. 董元彦. 无机及分析化学(第二版). 北京:科学出版社,2005

3. 浙江大学. 无机及分析化学. 北京:高等教育出版社,2003

4. 阎芳,马丽英,孙勤枢. 基础化学. 济南:山东人民出版社,2010

5. 徐春祥,徐瑞兴. 医学化学. 北京:高等教育出版社,2004

习　题

1. 什么是吸收光谱? 什么是标准曲线? 各有什么实际应用?

2. 符合 Lambert-Beer 定律的某有色溶液,当溶液浓度增大时,λ_{max}、T、A 和 ε 各有何变化? 当浓度不变而改变吸收池厚度时,上述物理量各有何变化?

3. 某溶液浓度为 c,测得其 T 为 60%,在同样条件下浓度为 $2c$ 的同一物质的溶液,其透光率和吸光度应为多少?

4. 将纯品氯霉素($M_B = 323$ g·mol^{-1})配成 2.00×10^{-2} g·L^{-1} 的溶液,在波长为 278 nm处,用 1 cm 吸收池测得吸光度为 0.614。试求氯霉素的摩尔吸光系数。

5. 强心药托巴丁胺($M_B = 270$ g·mol^{-1})在 260 nm 波长处有最大吸收,摩尔吸光系数 ε(260 nm)$= 703$ L·mol^{-1}·cm^{-1}。取该片剂 1 片,溶于水稀释成 2.00 L,静置后取上清液用 1.00 cm 吸收池于 260 nm 波长处测得吸光度为 0.687,计算该药片中含托巴丁胺多少克?

6. 浓度为 7.7×10^{-6} mol·L^{-1} 的 Pb^{2+} 离子标准溶液,在波长 520 nm 处测得其吸光度为 0.721。某一含 Pb^{2+} 离子的样品溶液,在相同条件下测得透光率为 23.0%,计算该样品溶液中 Pb^{2+} 离子的浓度。

7. If monochromatic light passes through a solution of length 1 cm. The ratio I_t/I_0 is 0.25. Calculate the changes in transmittance and absorbance for the solution of a thickness of 2 cm.

8. A solution containing 1.00 mg iron (as the thiocyanate complex) in 100 mL was observed to transmit 70.0% of the incident light compared to an appropriate blank. (1) What is the absorbance of the solution at this wavelength? (2) What fraction of light would be transmitted by a solution of iron four times as concentrated?

(赵全芹　编写)

附　录

附录一　我国的法定计量单位

表1　SI基本单位

量的名称	单位名称	单位符号
长度	米	M
质量	千克（公斤）	kg
时间	秒	s
电流	安[培]	A
热力学温度	开[尔文]	K
物质的量	摩[尔]	mol
发光强度	坎[德拉]	cd

表2　SI词头

因数	词头名称 英文	词头名称 中文	符号
10^{24}	yotta	尧[它]	Y
10^{21}	zetta	泽[它]	Z
10^{18}	exa	艾[克萨]	E
10^{15}	peta	拍[它]	P
10^{12}	tera	太[拉]	T
10^{9}	giga	吉[珈]	G
10^{6}	mega	兆	M
10^{3}	kilo	千	k
10^{2}	hecto	百	h
10^{1}	deca	十	da
10^{-1}	deci	分	d
10^{-2}	centi	厘	c
10^{-3}	mili	毫	m
10^{-6}	micro	微	μ
10^{-9}	nano	纳[诺]	n

因数	词头名称		符号
	英文	中文	
10^{-12}	pico	皮[克]	p
10^{-15}	femto	飞[姆托]	f
10^{-18}	atto	阿[托]	a
10^{-21}	zepto	仄[普托]	z
10^{-24}	yocto	[科托]	y

表 3　可与国际单位制并用的我国法定计量单位

量的名称	单位名称	单位符号	与 SI 单位的关系
时间	分	min	1 min＝60 s
	[小]时	H	1 h＝60 min＝3600 s
	日,(天)	d	1 d＝24 h＝86400 s
[平面]角	度	°	$1°＝(\pi/180)\mathrm{rad}$
	[角]分	′	$1′＝(1/60)°$
	[角]秒	″	$1″＝(1/60)′$
体积	升	L	1 L＝1 dm³
质量	吨	t	1 t＝10^3 kg
	原子质量单位	u	1 u≈$1.660540×10^{-27}$ kg
旋转速度	转每分	r/min	1 r/min＝(1/60) s
长度	海里	n mile	1 n mile＝1852 m
速度	节	kn	1 kn＝1 n mile/h
能	电子伏	eV	1 eV≈$1.602177×10^{-19}$ J
级差	分贝	dB	
线密度	[特]克斯	tex	1 tex＝10^{-6} kg/m
面积	公顷	hm²	1 hm＝10^4 m²

附录二　常见酸碱的标准解离常数(298 K)

化合物	化学式	分步	K_a^{θ}(或 K_b^{θ})	pK_a^{θ}(或 pK_b^{θ})
硼酸	H_3BO_3	1	5.8×10^{-10}	9.24
碳酸	H_2CO_3	1	4.5×10^{-7}	6.35
		2	4.7×10^{-11}	10.33
铬酸	H_2CrO_4	1	1.8×10^{-1}	0.74
		2	3.2×10^{-7}	6.49
氢氟酸	HF	1	6.3×10^{-4}	3.20
氢氰酸	HCN	1	4.9×10^{-10}	9.31
氢硫酸	H_2S	1	9.1×10^{-8}(291 K)	1.81
		2	1.1×10^{-12}	11.96
过氧化氢	H_2O_2	—	2.4×10^{-12}	11.62
次溴酸	HBrO	—	2.1×10^{-9}	8.69
次氯酸	HClO	—	2.9×10^{-8}(291 K)	7.53
次碘酸	HIO	—	2.3×10^{-11}	10.64
碘酸	HIO_3	—	1.7×10^{-1}	0.77
亚硝酸	HNO_2	—	4.6×10^{-4}(285.5 K)	3.37
高碘酸	HIO_4	—	2.3×10^{-2}	1.64
磷酸	H_3PO_4	1	7.6×10^{-3}	2.16
		2	6.2×10^{-8}	7.21
		3	2.2×10^{-12}(291 K)	12.67
砷酸	H_3AsO_4	1	5.6×10^{-3}(291 K)	2.25
		2	1.7×10^{-7}	6.77
		3	3.9×10^{-12}	11.40
硫酸	H_2SO_4	2	1.2×10^{-2}	1.92
亚硫酸	H_2SO_3	1	1.5×10^{-2}(291 K)	1.81
		2	1.0×10^{-7}	7.00
氨水	NH_3	1	1.8×10^{-5}	4.75
氢氧化钙	$Ca(OH)_2$	2	6.3×10^{-2}	1.20
氢氧化铝	$Al(OH)_3$	—	5.0×10^{-9}	8.30
甲酸	HCOOH	1	1.8×10^{-4}	3.75
乙酸	CH_3COOH	1	1.8×10^{-5}	4.75

化合物	化学式	分步	K_a^θ（或 K_b^θ）	pK_a^θ（或 pK_b^θ）
丙酸	CH_3CH_2COOH	1	1.3×10^{-5}	4.86
一氯乙酸	$ClCH_2COOH$	1	1.4×10^{-3}	2.85
草酸	$H_2C_2O_4$	1	5.9×10^{-2}	1.23
		2	6.4×10^{-5}	4.19
柠檬酸	$(HOOCCH_2)_2C(OH)COOH$	1	7.1×10^{-4}（293 K）	3.14
		2	1.7×10^{-5}	4.77
		3	4.1×10^{-7}	6.39
乳酸	$CH_3CHOHCOOH$	1	1.4×10^{-4}	3.86
苯甲酸	C_6H_5COOH	1	6.5×10^{-5}	4.19
邻苯二甲酸	$C_6H_4(COOH)_2$	1	1.30×10^{-3}	2.89
		2	3.9×10^{-6}	5.51

附录三 一些难溶化合物的溶度积常数(298.15 K)

化合物	K_{sp}^{θ}	化合物	K_{sp}^{θ}	化合物	K_{sp}^{θ}
AgAc	1.94×10^{-3}	$CdCO_3$	1.0×10^{-12}	$LiCO_3$	8.15×10^{-4}
AgBr	5.35×10^{-13}	CdF_2	6.44×10^{-3}	$MgCO_3$	6.82×10^{-6}
$AgBrO_3$	5.38×10^{-5}	$Cd(IO_3)_2$	2.5×10^{-8}	MgF_2	5.16×10^{-11}
AgCN	5.97×10^{-17}	$Cd(OH)_2$	7.2×10^{-15}	$Mg(OH)_2$	5.61×10^{-12}
AgCl	1.77×10^{-10}	CdS	8.0×10^{-27}	$Mg_3(PO_4)_2$	1.04×10^{-24}
AgI	8.52×10^{-17}	$Cd_3(PO_4)_2$	2.53×10^{-33}	$MnCO_3$	2.24×10^{-11}
$AgIO_3$	3.17×10^{-8}	$Co_3(PO_4)_2$	2.05×10^{-35}	$Mn(IO_3)_2$	4.37×10^{-7}
AgSCN	1.03×10^{-12}	CuBr	6.27×10^{-9}	$Mn(OH)_2$	2.06×10^{-13}
Ag_2CO_3	8.46×10^{-12}	CuC_2O_4	4.43×10^{-10}	MnS	2.5×10^{-13}
$Ag_2C_2O_4$	5.40×10^{-12}	CuCl	1.72×10^{-7}	$NiCO_3$	1.42×10^{-7}
Ag_2CrO_4	1.12×10^{-12}	CuI	1.27×10^{-12}	$Ni(IO_3)_2$	4.71×10^{-5}
Ag_2S	6.3×10^{-50}	CuS	6.3×10^{-36}	$Ni(OH)_2$	5.48×10^{-16}
Ag_2SO_3	1.50×10^{-14}	CuSCN	1.77×10^{-13}	$\alpha-NiS$	3.2×10^{-19}
Ag_2SO_4	1.20×10^{-5}	Cu_2S	2.5×10^{-48}	$Ni_3(PO_4)_2$	4.74×10^{-32}
Ag_3AsO_4	1.03×10^{-22}	$Cu_3(PO_4)_2$	1.40×10^{-37}	$PbCO_3$	7.40×10^{-14}
Ag_3PO_4	8.89×10^{-17}	$FeCO_3$	3.13×10^{-11}	$PbCl_2$	1.70×10^{-5}
$Al(OH)_3$	1.1×10^{-33}	FeF_2	2.36×10^{-6}	PbF_2	3.3×10^{-8}
$AlPO_4$	9.84×10^{-21}	$Fe(OH)_2$	4.87×10^{-17}	PbI_2	9.8×10^{-9}
$BaCO_3$	2.58×10^{-9}	$Fe(OH)_3$	2.79×10^{-39}	$PbSO_4$	2.53×10^{-8}
$BaCrO_4$	1.17×10^{-10}	FeS	6.3×10^{-18}	PbS	8×10^{-28}
BaF_2	1.84×10^{-7}	HgI_2	2.9×10^{-29}	$Pb(OH)_2$	1.43×10^{-20}
$Ba(IO_3)_2$	4.01×10^{-9}	HgS	4×10^{-53}	$Sn(OH)_2$	5.45×10^{-27}
$BaSO_4$	1.08×10^{-10}	Hg_2Br_2	6.40×10^{-23}	SnS	1.0×10^{-25}
$BiAsO_4$	4.43×10^{-10}	Hg_2CO_3	3.6×10^{-17}	$SrCO_3$	5.60×10^{-10}
CaC_2O_4	2.32×10^{-9}	$Hg_2C_2O_4$	1.75×10^{-13}	SrF_2	4.33×10^{-9}
$CaCO_3$	3.36×10^{-9}	Hg_2Cl_2	1.43×10^{-18}	$Sr(IO_3)_2$	1.14×10^{-7}
CaF_2	3.45×10^{-11}	Hg_2F_2	3.10×10^{-6}	$SrSO_4$	3.44×10^{-7}
$Ca(IO_3)_2$	6.47×10^{-6}	Hg_2I_2	5.2×10^{-29}	$ZnCO_3$	1.46×10^{-10}
$Ca(OH)_2$	5.02×10^{-6}	Hg_2SO_4	6.5×10^{-7}	ZnF_2	3.04×10^{-2}
$CaSO_4$	4.93×10^{-5}	$KClO_4$	1.05×10^{-2}	$Zn(OH)_2$	3×10^{-17}
$Ca_3(PO_4)_2$	2.07×10^{-33}	$K_2[PtCl_6]$	7.48×10^{-6}	$\alpha-ZnS$	1.6×10^{-24}

附录四　一些物质的基本热力学数据

表 1　298 K 的标准摩尔生成焓、标准摩尔生成自由能和标准摩尔熵的数据

物质	$\Delta_f H_m^\theta$ $(kJ \cdot mol^{-1})$	$\Delta_f G_m^\theta$ $(kJ \cdot mol^{-1})$	S_m^θ $(J \cdot K^{-1} mol^{-1})$
Ag(s)	0	0	42.6
Ag^+(aq)	105.6	77.1	72.7
Ag_2O(s)	−31.05	−11.20	121.3
$AgNO_3$(s)	−124.4	−33.4	140.9
AgCl(s)	−127.0	−109.8	96.3
AgBr(s)	−100.4	−96.9	107.1
AgI(s)	−61.8	−66.2	115.5
Al(s)	0	0	28.83
Al^{3+}(aq)	−531	−485	−321.7
Ba(s)	0	0	62.5
Ba^{2+}(aq)	−537.6	−560.8	9.6
BaO(s)	−553.5	−525.1	70.42
$BaCl_2$(s)	−855.0	−806.7	123.7
$BaSO_4$(s)	−1473.2	−1362.2	132.2
Br_2(g)	30.9	3.1	245.5
Br_2(l)	0	0	152.2
C(dia)	1.9	2.9	2.4
C(gra)	0	0	5.7
CO(g)	−110.5	−137.2	197.7
CO_2(g)	−393.5	−394.4	213.8
CO_3^{2-}(aq)	−677.14	−527.81	−56.9
Ca(s)	0	0	41.6
Ca^{2+}(aq)	−542.8	−553.6	−53.1
CaO(s)	−634.9	−603.3	38.1
$CaCl_2$(s)	−795.4	−748.8	108.4
$CaCO_3$(s)	−1206.9	−1128.8	92.9
$CaC_2O_4 \cdot H_2O$(s)	−1674.86	−1513.87	156.5
$Ca(OH)_2$(s)	−985.2	−897.5	83.4
Cl_2(g)	0	0	223

物质	$\Delta_f H_m^\theta$ $(kJ \cdot mol^{-1})$	$\Delta_f G_m^\theta$ $(kJ \cdot mol^{-1})$	S_m^θ $(J \cdot K^{-1} mol^{-1})$
$Cl^-(aq)$	−167.2	−131.2	56.5
$Cu(s)$	0	0	33.2
$Cu^{2+}(aq)$	64.8	65.5	−99.6
$CuO(s)$	−157.3	−129.7	42.63
$CuSO_4(s)$	−771.36	−661.8	109
$F_2(g)$	0	0	202.8
$F^-(aq)$	−332.6	−278.8	−13.8
$Fe(s)$	0	0	27.3
$Fe^{2+}(aq)$	−89.1	−78.9	−137.7
$Fe^{3+}(aq)$	−48.5	−4.7	−315.9
$FeO(s)$	−272.0	−251	61
$Fe_3O_4(s)$	−1118.4	−1015.4	146.4
$Fe_2O_3(s)$	−824.2	−742.2	87.4
$H_2(g)$	0	0	130
$H^+(aq)$	0	0	0
$HCl(g)$	−92.3	−95.3	186.6
$HCl(aq)$	−167.2	−131.2	56.5
$HF(g)$	−273.3	−275.4	173.78
$HBr(g)$	−36.29	−53.4	198.70
$HI(g)$	26.55	1.7	206.6
$H_2O(g)$	−241.8	−228.6	188.8
$H_2O(l)$	−285.83	−273.2	70.0
$H_2O_2(aq)$	−191.17	−134.03	143.9
$Hg(l)$	0	0	76.02
$Hg(g)$	61.32	31.82	174.96
$H_2S(g)$	−20.6	−33.4	205.8
$I_2(g)$	62.4	19.3	260.7
$I_2(s)$	0	0	116.1
$I^-(aq)$	−55.2	−51.6	111.3
$K(s)$	0	0	64.7
$K^+(aq)$	−252.4	−283.3	102.5

物质	$\Delta_f H_m^\theta$ (kJ·mol^{-1})	$\Delta_f G_m^\theta$ (kJ·mol^{-1})	S_m^θ (J·K^{-1}mol^{-1})
KCl(s)	-436.5	-408.5	82.6
KBr(s)	-393.80	-380.66	95.90
KI(s)	-327.9	-324.9	106.3
KNO$_3$(s)	-494.63	-394.86	133.05
KMnO$_4$(s)	-837.2	-737.6	171.71
Mg(s)	0	0	32.7
Mg^{2+}(aq)	-466.9	-454.8	-138.1
MgO(s)	-601.6	-569.3	27.0
MnO$_2$(s)	-520.0	-465.1	53.1
Mn^{2+}(aq)	-220.8	-228.1	-73.6
N$_2$(g)	0	0	191.6
NH$_3$(g)	-45.9	-16.5	192.8
NH$_4^+$(aq)	-132.51	-79.31	113.4
NH$_4$Cl(s)	-314.4	-202.9	94.6
NO(g)	91.3	86.6	210.8
NO$_2$(g)	33.2	51.3	240.1
Na(s)	0	0	51.3
Na$^+$(aq)	-240.1	-261.9	59.0
NaCl(s)	-411.2	-384.1	72.1
Na$_2$CO$_3$(s)	-1130.68	-1044.44	134.98
NaHCO$_3$(s)	-950.81	-851.0	101.7
O$_2$(g)	0	0	205.2
O$_3$(g)	142.7	163.2	238.93
OH$^-$(aq)	-230.0	-157.2	-10.8
SO$_2$(g)	-296.81	-300.1	248.22
SO$_3$(g)	-395.7	-371.1	256.8
SO$_4^{2-}$(aq)	-909.27	-744.53	20.1
Zn(s)	0	0	41.6
Zn^{2+}(aq)	-153.9	-147.1	-112.1
ZnO(s)	-350.46	-320.5	43.65
CH$_4$(g)	-74.6	-50.5	186.3

物质	$\Delta_f H_m^{\theta}$ $(kJ \cdot mol^{-1})$	$\Delta_f G_m^{\theta}$ $(kJ \cdot mol^{-1})$	S_m^{θ} $(J \cdot K^{-1} mol^{-1})$
$C_2H_2(g)$	227.4	209.9	200.9
$C_2H_4(g)$	52.4	68.4	219.3
$C_2H_6(g)$	−84.0	−32.0	229.2
$C_6H_6(g)$	82.9	129.7	269.2
$C_6H_6(l)$	49.1	124.5	173.4
$CH_3OH(g)$	−201.0	−162.3	239.9
$CH_3OH(l)$	−239.2	−166.6	126.8
$HCHO(g)$	−108.6	−102.5	218.8
$HCOOH(l)$	−425.0	−361.4	129.0
$C_2H_5OH(g)$	−234.8	−167.9	281.6
$C_2H_5OH(l)$	−277.6	−174.8	160.7
$CH_3CHO(l)$	−192.2	−127.6	160.2
$CH_3COOH(l)$	−484.3	−389.9	159.8
$H_2NCONH_2(s)$	−333.1	−197.33	104.60
$C_6H_{12}O_6(s)$	−1273.3	−910.6	212.1
$C_{12}H_{22}O_{11}(s)$	−2226.1	−1544.6	360.2

　　本表数据主要录自 Lide DR，Handbook of Chemistry and Physics，80th ed，New York：CRC Press，1999～2000；5-1～5-60。

表2　一些有机化合物的标准摩尔燃烧热

化合物	$\Delta_c H_m^{\theta}$ $(kJ \cdot mol^{-1})$	化合物	$\Delta_c H_m^{\theta}$ $(kJ \cdot mol^{-1})$
$CH_4(g)$	−890.8	$CH_3CHO(l)$	−1166.9
$C_2H_2(g)$	−1301.1	$CH_3COCH_3(l)$	−1789.9
$C_2H_4(g)$	−1411.2	$HCOOH(l)$	−254.6
$C_2H_6(g)$	−1560.7	$CH_3COOH(l)$	−874.2
$C_3H_8(g)$	−2219.2	$C_6H_{12}O_6$ 葡萄糖(s)	−2803.0
$C_5H_{12}(l)$	−3509.0	$C_6H_{12}O_6$ 果糖(s)	−2829.6
$C_6H_6(l)$	−3267.6	$C_{12}H_{22}O_{11}$ 蔗糖(s)	−5640.9
CH_3OH	−726.64	$C_{12}H_{22}O_{11}$ 乳糖(s)	−5648.4
C_2H_5OH	−1366.8	$C_{17}H_{35}COOH$ 硬脂酸(s)	−11281
$HCHO(g)$	−563.58	$CO(NH_2)_2$ 尿素(s)	−631.7

　　本表数据主要录自 Lide DR，Handbook of Chemistry and Physics，80th ed，New York：CRC Press，1999～2000；5-89。

附录五　常见氧化还原电对的标准电极电势表(298 K)

电极	电极反应	电对	φ^{θ}/V
$Li^+\mid Li$	$Li^+ + e^- \longrightarrow K$	Li^+/Li	-3.0401
$K^+\mid K$	$K^+ + e^- \longrightarrow K$	K^+/K	-2.931
$Na^+\mid Na$	$Na^+ + e^- \longrightarrow Na$	Na^+/Na	-2.71
$Mg^{2+}\mid Mg$	$Mg^{2+} + 2e^- \longrightarrow Mg$	Mg^{2+}/Mg	-2.70
$Zn^{2+}\mid Zn$	$Zn^{2+} + 2e^- \longrightarrow Zn$	Zn^{2+}/Zn	-0.7618
$Fe^{2+}\mid Fe$	$Fe^{2+} + 2e^- \longrightarrow Fe$	Fe^{2+}/Fe	-0.447
$SO_4^{2-}\mid PbSO_4\mid Pb$	$PbSO_4 + 2e^- \longrightarrow Pb + SO_4^{2-}$	$PbSO_4/Pb$	-0.3590
$I^-\mid AgI\mid Ag$	$AgI + e^- \longrightarrow Ag + I^-$	AgI/Ag	-0.15224
$Sn^{2+}\mid Sn$	$Sn^{2+} + 2e^- \longrightarrow Sn$	Sn^{2+}/Sn	-0.1375
$Pb^{2+}\mid Pb$	$Pb^{2+} + 2e^- \longrightarrow Pb$	Pb^{2+}/Pb	-0.1262
$H^+\mid H_2\mid Pt$	$2H^+ + 2e^- \longrightarrow H_2$	H^+/H_2	0
$Br^-\mid AgBr\mid Ag$	$AgBr + e^- \longrightarrow Ag + Br^-$	$AgBr/Ag$	0.07116
$Cu^{2+}, Cu^+\mid Pt$	$Cu^{2+} + e^- \longrightarrow Cu^+$	Cu^{2+}/Cu^+	0.153
$Cl^-\mid AgCl\mid Ag$	$AgCl + e^- \longrightarrow Ag + Cl^-$	$AgCl/Ag$	0.22233
$Cu^{2+}\mid Cu$	$Cu^{2+} + 2e^- \longrightarrow Cu$	Cu^{2+}/Cu	0.3419
$Cu^+\mid Cu$	$Cu^+ + e^- \longrightarrow Cu$	Cu^+/Cu	0.521
$I^-\mid I_2\mid Pt$	$I_2 + 2e^- \longrightarrow 2I^-$	I_2/I^-	0.5355
$Fe^{3+}, Fe^{2+}\mid Pt$	$Fe^{3+} + e^- \longrightarrow Fe^{2+}$	Fe^{3+}/Fe^{2+}	0.771
$Hg_2^{2+}\mid Hg$	$Hg_2^{2+} + 2e^- \longrightarrow 2Hg$	Hg_2^{2+}/Hg	0.7971
$Ag^+\mid Ag$	$Ag^+ + e^- \longrightarrow Ag$	Ag^+/Ag	0.7996
$Hg^{2+}\mid Hg$	$Hg^{2+} + 2e^- \longrightarrow Hg$	Hg^{2+}/Hg	0.851
$Br^-\mid Br_2\mid Pt$	$Br_2 + 2e^- \longrightarrow 2Br^-$	Br_2/Br^-	1.066
$Cr_2O_7^{2-}, Cr^{3+}, H^+\mid Pt$	$Cr_2O_7^{2-} + 14H^+ + 6e^- \longrightarrow 2Cr^{3+} + 7H_2O$	$Cr_2O_7^{2-}/Cr^{3+}$	1.232
$Cl^-\mid Cl_2(g)\mid Pt$	$Cl_2 + 2e^- \longrightarrow 2Cl^-$	Cl_2/Cl^-	1.35827
$MnO_4^-, Mn^{2+}, H^+\mid Pt$	$MnO_4^- + 8H^+ + 5e^- \longrightarrow Mn^{2+} + 4H_2O$	MnO_4^-/Mn^{2+}	1.507
$F^-\mid F_2\mid Pt$	$F_2 + 2e^- \longrightarrow 2F^-$	F_2/F^-	2.866

本表数据主要录自 Lide DR，Handbook of Chemistry and Physics，80th ed，New York：CRC Press，1999~2000.

附录六 常见配合物的稳定常数

配体及金属离子	$\lg\beta_1$	$\lg\beta_2$	$\lg\beta_3$	$\lg\beta_4$	$\lg\beta_5$	$\lg\beta_6$
氨（NH_3）						
Co^{2+}	2.11	3.74	4.79	5.55	5.73	5.11
Co^{3+}	6.7	14.0	20.1	25.7	30.8	35.2
Cu^{2+}	4.31	7.98	11.02	13.32	12.86	
Hg^{2+}	8.8	17.5	18.5	19.28		
Ni^{2+}	2.80	5.04	6.77	7.96	8.71	8.74
Ag^+	3.24	7.05				
Zn^{2+}	2.37	4.81	7.31	9.46		
Cd^{2+}	2.65	4.75	6.19	7.12	6.80	5.14
氯离子（Cl^-）						
Sb^{3+}	2.26	3.49	4.18	4.72		
Bi^{3+}	2.44	4.7	5.0	5.6		
Cu^+		5.5	5.7			
Pt^{2+}		11.5	14.5	16.0		
Hg^{2+}	6.74	13.22	14.07	15.07		
Au^{3+}		9.8				
Ag^+	3.04	5.04				
氰离子（CN^-）						
Au^+		38.3				
Cd^{2+}	5.48	10.60	15.23	18.78		
Cu^+		24.0	28.59	30.30		
Fe^{2+}						35
Fe^{3+}						42
Hg^{2+}				41.4		
Ni^{2+}				31.3		
Ag^+		21.1	21.7	20.6		
Zn^{2+}				16.7		
氟离子（F^-）						
Al^{3+}	6.10	11.15	15.00	17.75	19.37	19.84
Fe^{3+}	5.28	9.30	12.06			

配体及金属离子	$\lg\beta_1$	$\lg\beta_2$	$\lg\beta_3$	$\lg\beta_4$	$\lg\beta_5$	$\lg\beta_6$
碘离子(I^-)						
Bi^{3+}	3.63			14.95	16.80	18.80
Hg^{2+}	12.87	23.82	27.60	29.83		
Ag^+	6.58	11.74	13.68			
硫氰酸根(SCN^-)						
Fe^{3+}	2.95	3.36				
Hg^{2+}		17.47		21.23		
Au^+		23		42		
Ag^+		7.57	9.08	10.08		
醋酸根(CH_3COO^-)						
Fe^{3+}	3.2					
Hg^{2+}		8.43				
Pb^{2+}	2.52	4.0	6.4	8.5		
草酸根($C_2O_4^{2-}$)						
Cu^{2+}	6.16	8.5				
Fe^{2+}	2.9	4.52	5.22			
Fe^{3+}	9.4	16.2	20.2			
Hg^{2+}		6.98				
Zn^{2+}	4.89	7.60	8.15			
Ni^{2+}	5.3	7.64	～8.5			

录自 Lange's Handbook of Chemistry,15th ed. ,1998:8.83—8.104。

图书在版编目(CIP)数据

基础化学/阎芳,马丽英主编.—济南:山东人民出
版社,2014.8(2023.8 重印)
ISBN 978-7-209-08688-2

Ⅰ.①基… Ⅱ.①阎…②马… Ⅲ.①化学-高等
学校-教材 Ⅳ.①O6

中国版本图书馆 CIP 数据核字(2014)第 192816 号

责任编辑:常纪栋

基础化学

阎 芳 马丽英 主编

山东出版传媒股份有限公司
山东人民出版社出版发行

社　址:济南市市中区舜耕路 517 号　邮　编:250003
网　址:http://www.sd-book.com.cn
市场部:(0531)82098027　82098028
新华书店经销
日照报业印刷有限公司印装
规　格　16 开　(184mm×260mm)
印　张　18.75
字　数　420 千字
版　次　2014 年 8 月第 1 版
印　次　2023 年 8 月第 8 次
ISBN 978-7-209-08688-2
定　价　36.00 元